高等教育医药类创新型系列规划教材

简明生物化学

简清梅　朱德艳　主编

化学工业出版社
·北京·

内容简介

《简明生物化学》以生物大分子的结构与功能、基本物质代谢途径及中心法则信息传递过程为重点，全面介绍了生物化学的基本内容和各代谢间的相互联系。本书语言简洁、内容精练，结合学科发展，更新部分章节内容。每章有学习目标，每节有学习要点，章后有思考题，书后列有参考文献。为提高学生的学习兴趣，书中以知识链接的形式对生物化学的成果、进展及应用加以介绍，扩大学生的知识面。

本书可作为农、林、医、药、食品等相关专业本科生教材使用，也可作为相关教师教学和学生考研的参考用书。

图书在版编目（CIP）数据

简明生物化学 / 简清梅，朱德艳主编. — 北京 ：化学工业出版社，2022.8 （2024.1重印）

高等教育医药类创新型系列规划教材

ISBN 978-7-122-41935-4

Ⅰ. ①简… Ⅱ. ①简… ②朱… Ⅲ. ①生物化学-高等学校-教材 Ⅳ. ①Q5

中国版本图书馆 CIP 数据核字（2022）第 139383 号

责任编辑：褚红喜　甘九林　　文字编辑：王丽娜

责任校对：刘曦阳　　装帧设计：关　飞

出版发行：化学工业出版社（北京市东城区青年湖南街 13 号　邮政编码 100011）

印　　装：三河市延风印装有限公司

787mm×1092mm　1/16　印张 19½　字数 492 千字　　2024 年 1 月北京第 1 版第 2 次印刷

购书咨询：010-64518888　　售后服务：010-64518899

网　　址：http://www.cip.com.cn

凡购买本书，如有缺损质量问题，本社销售中心负责调换。

定　　价：58.00 元

《简明生物化学》编写人员

主　　编：简清梅　朱德艳

副 主 编：王书珍　凌洁玉

编写人员（按姓氏笔画排序）

王书珍（黄冈师范学院）

王益民（黄冈师范学院）

朱德艳（荆楚理工学院）

杜红园（黄冈师范学院）

吴　娟（武汉设计工程学院）

沈　威（武汉轻工大学）

张　婷（荆楚理工学院）

张国彬（武昌理工学院）

周鑫懿（荆门市第一人民医院）

凌洁玉（武汉设计工程学院）

简清梅（荆楚理工学院）

前言

生物化学是一门运用化学的方法和原理研究生命现象、阐释生命现象化学本质的学科。近几年来，生物化学是生命科学中最为活跃的核心学科之一，是现代生物学和生物工程技术的重要基础，成为高等学校生物类专业以及食品、农林、医药、生物工程等专业的必修课程。

随着生物化学基础理论和知识体系的不断更新与扩展，其教材数目众多，仅国内就有几十种版本，从不同层次或侧重点反映了生物化学的发展。针对地方高等院校培养应用型人才的目标，编者们在参考各种生物化学教材的基础上，结合自身多年的教学经验，编写了这本体系相对简明、内容相对易懂的生物化学教材，供初学者以及学时有限的教师、学生学习选用。

本教材的编写主要具有以下几个特点：①在保持生物化学知识基本框架不变的基础上，尽量语言简洁、内容精练，结合学科发展，更新部分章节内容；②每章设置素质目标、知识目标和能力目标，将价值塑造、知识传授和能力培养三者融为一体，注重生物化学思维方法的训练和科学伦理的教育，培养学生探索未知、追求真理、勇攀科学高峰的责任感和使命感；③在纸质教材的基础上，建有数字课程在线学习资源，在超星旗下资源共享平台——学银在线上线（http：//www. xueyinonline. com/detail/216040667），为进行线上线下混合式教学提供资源。

本教材的编写分工如下：第一章由荆楚理工学院简清梅编写；第二章、第四章由武昌理工学院张国彬编写；第三章由荆楚理工学院张婷编写；第五章由武汉设计工程学院凌洁玉、吴娟编写；第六章由荆楚理工学院简清梅、荆门市第一人民医院周鑫懿编写；第七章由黄冈师范学院王书珍编写；第八章由荆楚理工学院朱德艳编写；第九章由黄冈师范学院杜红园编写；第十章由武汉轻工大学沈威编写；第十一章由黄冈师范学院王益民编写。全书由朱德艳统稿。

《简明生物化学》的编写得益于各位编者的精心编撰和精诚合作，得到了各参编高校领导的大力支持和热心帮助。由于编者水平有限，书中难免出现不足之处，敬请同行及广大读者批评指正。

编者

2021 年 10 月

目录

第一章
认识生物化学

【知识目标】掌握生物化学的基本概念、生物化学研究的主要内容；熟悉生物化学发展历程；了解生物化学与其他学科的关系、生物化学应用及发展。

【能力目标】使学生学会运用生物学和化学两方面的知识来理解生物化学的理论与方法；通过对生物化学基础知识的学习，提高学生把握学科动态、综合运用知识、创新思维和理念的能力。

【素质目标】通过学习生物化学发展史，可激励学生积极学习生物化学，为生物化学乃至生命科学的进一步发展贡献自己的力量；加深学生对探索创新的理解，提高学生的社会责任感、使命感。

第一节　生物化学研究的内容

要点

生物化学概念	是以生物体为研究对象，从分子水平来探索并揭示生命现象本质的一门学科。
生物化学研究内容	①生物体的化学组成、结构与功能；②生物体内物质代谢及其调节；③生物体基因信息的传递与表达。
生物化学学习方法	①建立整体框架，掌握知识脉络；②根据要点，化繁为简；③注意教材前后联系；④及时复习，总结归纳；⑤理论与实验相结合；⑥做习题，巩固提高。

经过数亿年的发展变化，有200多万种生物在地球上呈现出绚丽多彩、姿态万千的生命世界。生物的种类虽然千差万别，生命现象也是错综复杂，但从分子水平上看，生命的物质组成及其变化规律有着惊人的一致性——都是由蛋白质、核酸、糖类、脂类复合物等物质组成，在生命体内发生的变化——新陈代谢，从病毒到人类有着相似的过程。生物化学(biochemistry)又称生命的化学，是以生物体为研究对象，利用化学、物理学和生物学的方法研究生物体的化学组成、结构与功能、物质在生物体内发生的化学变化及其规律，是从分

子水平来探索并揭示生命现象本质的一门学科。生物化学与有机化学、生理学、物理化学、分析化学有着密切的联系，19 世纪末 20 世纪初发展为独立的学科，是生命科学中发展最快的一门前沿学科。目前，生物化学的理论和技术已经广泛渗透到多个学科和领域。按不同的生物研究对象，生物化学可分为动物生化、植物生化、微生物生化、昆虫生化等；按应用领域不同，可分为医学生化、农业生化、工业生化、营养生化等；按研究的物质不同，分为蛋白质化学、核酸化学、酶学等；

生物化学的研究内容包括静态生物化学、动态生物化学和分子生物学。静态生物化学着眼于研究生命物质的化学组成、结构、功能；动态生物化学致力于探讨维持生命活动的各种化学变化及其联系，即生命物质在体内的物质代谢和能量代谢；分子生物学涉及探索遗传信息的贮存、传递及代谢调控。

一、生物体的化学组成、结构与功能

生物体由各种组织、器官和系统构成，细胞是组成各种组织和器官的基本单位。细胞又由各种化学物质组成，其中包括无机物、小分子有机物和生物大分子。水和一些微量元素钾、钠、氯、钙等为人类正常结构和功能所必需。氨基酸、单糖及维生素等有机小分子，与体内物质代谢、能量代谢等密切相关。

知识链接

构成人体的主要物质

构成人体的主要物质有水（占体重的 55%～67%）、蛋白质（占体重的 15%～18%）、脂类（占体重的 10%～15%）、糖类（占体重的 1%～2%）、无机盐（占体重的 3%～4%），除此之外，还有核酸、维生素、激素等多种化合物。

生物大分子是指蛋白质、核酸、多糖及蛋白聚糖等，其分子量大（$>10^4$）、种类繁多、结构复杂、功能各异。生物大分子结构与功能的关系是当今生物化学研究的热门话题之一，结构是功能的基础，功能是结构的体现。生物大分子的功能还可通过分子之间的相互识别和相互作用实现，如蛋白质与蛋白质、核酸与核酸之间、蛋白质与核酸之间的相互作用在基因表达调控中起着决定性的作用。生物大分子需要进一步组装成更大的复合体，然后再装配成亚细胞结构、细胞、组织、器官和系统，最后成为能进行生命活动的生物体。从生物整体上研究生命现象和复杂疾病已成为当前生命科学的主流和发展趋势。

二、物质代谢及其调节

生物体的基本特征是新陈代谢，生物体通过不断与外界进行物质交换，摄入养料排出废物，以维持机体内环境的相对稳定，从而延续生命。外界物质进入机体后，一方面可为机体生长、发育、修补、繁殖等提供原料，进行合成代谢；另一方面又可作为机体生命活动所需的能源，进行分解代谢。

生物体内不同物质有各自的代谢途径，它们之间既相对独立，又相互协调，同时还受到内外环境的影响，需要神经、激素等整体性精确的调节以达到动态平衡。物质代谢中的大部分化学反应由酶催化完成，酶结构和酶含量的变化对物质代谢的调节起着重要作用。物质代谢一旦发生异常、调控失衡，就会影响正常的生命活动，进而发生疾病。目前生物体内主要物质的代谢途径已基本阐明，但细胞信息传递的机制和网络等问题，仍是近代生物化学研究的重要课题。

三、基因信息传递与表达

具有繁殖能力和遗传特性，是生物体的又一重要特性。生物体在繁衍后代的同时，也将其性状从亲代传给子代，且代代相传，保持性状的稳定，这是生物体遗传信息传递和表达的过程。对于大多数生物体来说，DNA 是遗传信息的载体，通过 DNA 分子半保留复制，将遗传信息传递给子代细胞，再通过蛋白质生物合成，将生物的遗传性状表达出来。

知识链接

人类基因组测序和作图计划

1985 年，美国科学家率先提出“人类基因组测序和作图”计划（简称 HGP）。核心就是测定人类基因组的全部 DNA 序列，从整体上破译人类遗传信息，在分子水平上全面地认识自我。HGP 的精神是：全球共有，国际合作，即时公布，免费共享。2004 年 10 月 21 日出版的《自然》杂志公布了人类基因组最精确的序列（包含 28.5 亿个碱基对），同时澄清人类基因组只有 2 万～2.5 万个基因（而不是原来的 10 万个基因），这标志着人类基因组计划又迈出了具有里程碑意义的一步。随着人类基因组全序列测定的完成，生命科学进入了后基因组时代，产生了功能基因组学、蛋白质组学、结构基因组学等。

基因信息传递涉及遗传、变异、生长、分化等诸多生命过程，也与遗传性疾病、代谢异常性疾病、恶性肿瘤、心血管病等多种疾病的发病机制有关。故对基因信息传递的研究在生命科学尤其是在医学中具有重要作用。随着基因工程技术的发展，许多基因工程产品已逐步应用于人类疾病的诊断和治疗，取得了显著的效果。当今，生物化学的重点就是研究 DNA 复制、RNA 转录及蛋白质生物合成等遗传信息传递过程的机制及基因表达时调控的规律。DNA 重组、转基因及人类基因组计划等的发展，将极大推动这一领域的研究。

生物化学内容丰富、发展迅速、应用范围广泛，在生命科学中的地位尤其重要，是医学、农学、生物学、药学以及食品科学等专业必修的基础课。学习生物化学，建立对生命现象基本原理的整体框架认识，掌握生物化学知识结构的脉络，以每章节的要点为基础，化繁为简，有助于对生物化学知识的理解。同时，应注意教材内容的前后联系，前述内容常常需要学到后面才能深入理解，学习后面的内容又需要前面的知识作铺垫。因此，要注意知识的连贯性，根据每章节的知识要点及时复习，总结归纳；对生物大分子结构特点、功能、代谢途径的特点及其生理意义要牢固掌握；将理论与实验的内容有机结合；多做习题，巩固、消化所学知识。

第二节　生物化学的发展动态

要点

生物化学发展动态　①100 多年的历史，但是对生命科学发展起到重要作用；②18 世纪至 20 世纪初为静态描述性阶段，主要研究生物体组成结构和功能；③20 世纪 30～50 年代动态生化阶段，主要研究生物体内物质的代谢途径；④20 世纪后半叶以来，生物化学迈入分子生物学阶段，取得许多重大成就。

生物化学直到19世纪末20世纪初才成为一门独立学科，特别是近60多年来有许多重大的进展和突破。

一、生物化学的发展阶段

1. 初级阶段

18世纪至20世纪初是生物化学发展的初级阶段，也称为静态描述性阶段，主要研究生物体的化学组成，发现了生物体主要由糖、脂、蛋白质和核酸等有机物质组成，并对生物体各种组成成分进行分离、纯化、结构测定、合成及理化性质的研究。18世纪70年代，瑞典化学家Scheele从动物、植物材料中分离出甘油及柠檬酸、苹果酸、乳酸、尿酸等有机物，人们开始认识生命的化学本质；18世纪80年代，法国化学家拉瓦锡（Lavoisier）发现呼吸作用是吸入O_2、呼出CO_2，证明了呼吸就是氧化作用；1926年，美国化学家J. B. Sumner首次得到脲酶结晶。虽然对生物体组成的鉴定是生物化学发展初期的特点，但直到今天，新物质仍不断在被发现，如陆续发现的干扰素、环核苷磷酸、钙调蛋白、黏连蛋白、外源凝集素等，已成为重要的研究课题。

2. 蓬勃发展阶段

20世纪30～50年代随着分析鉴定技术的进步，尤其是放射性同位素技术的应用，生物化学进入蓬勃发展阶段。主要研究生物体内物质的变化，即代谢途径，也称动态生化阶段。此阶段，在物质代谢方面，科学家们提出了著名的三羧酸循环和尿素循环；在研究代谢过程中能量的产生和利用方面，指出ATP是关键的化合物，提出了氧化磷酸化的理论，为生物能学的研究奠定了基础；在营养学方面，发现了人类必需氨基酸、必需脂肪酸及多种维生素，是营养学的黄金时代；在内分泌方面，发现、分离并合成了多种激素；获得了脲酶的结晶，得到了胃蛋白酶、胰蛋白酶和胰凝乳蛋白酶的结晶，证实了酶的化学本质是蛋白质，大大推动了酶学的发展。

3. 分子生物学阶段

20世纪后半叶，生物化学迈入分子生物学阶段，取得了丰硕的成果。1953年Watson和Crick提出了DNA双螺旋结构模型，为揭示遗传信息传递规律奠定了基础，也是生物化学发展进入分子生物学时期的重要标志。此后，遗传学中心法则的确定、遗传密码的发现、操纵子学说的诞生、DNA重组技术的建立、聚合酶链反应（PCR）技术的发明、DNA测序及人类基因组计划（Human Genome Project）的完成等都具有里程碑的意义，将生命科学带向一个由宏观到微观再到宏观，由分析到综合的时代。

4. 后基因组学阶段

20世纪末和21世纪初，随着人类基因组全序列测定的完成，生命科学进入了后基因组时代，产生了功能基因组学、蛋白质组学和结构基因组学等。以基因工程技术为核心的现代生物技术正在改变着世界，改变着我们的生活。

21世纪的生物化学在人类探索癌症、艾滋病等威胁人类生存疾病的致病机制上，在有效治疗药物的研制上，在疑难病的临床诊断上，在利用生物工程技术改良抗寒、抗旱、抗病虫害等新作物品种上，都发挥着越来越大的作用。生物化学为整个自然科学的发展、技术的进步带来了勃勃生机。迄今与生物化学相关的诺贝尔奖达100多项，由此看出现代生物化学正在快速发展，其基本理论和实验方法均已渗透到科学各个领域，无论在哪个方面都在不断取得重大进展。

知识链接

诺贝尔奖（Nobel Prize）

诺贝尔奖创立于1901年，是以瑞典著名化学家、硝化甘油炸药发明人阿尔弗雷德·贝恩哈德·诺贝尔（Alfred Bernhard Nobel）的名字命名的。诺贝尔1833年生于瑞典斯德哥尔摩，毕生致力于炸药研究，并取得了重大成就。他一生共获技术发明专利355项，并在20个国家开设了约100家公司和工厂，积累下巨额财富。1896年12月10日，诺贝尔在意大利逝世。逝世的前一年，他留下遗嘱提出，将其部分遗产作为基金，以其利息分设物理学、化学、生理学或医学、文学及和平5个奖项，授予世界各国在这些领域对人类做出重大贡献的人士。

二、我国科学家对生物化学发展的贡献

我国科学家对生物化学的发展也做出了重要贡献，公元前22世纪，祖先们就用谷物酿酒［以“曲”作“媒”（即酶）催化谷物淀粉发酵］；公元前12世纪，开始制酱、制饴（饴是淀粉酶催化淀粉水解的产物）；公元7世纪，孙思邈就用车前子、杏仁等中草药治疗脚气病，用猪肝治疗夜盲症等（补充维生素）；生物化学家吴宪创立了血糖测定法和血滤液制备，提出了蛋白质变性学说，在抗原抗体反应机理研究中也有重要发现；1965年人工合成结晶牛胰岛素，是世界上公认的第一个人工合成的具有全部生物活性的蛋白质；1981年又首先人工合成了具有生物活性的酵母丙氨酸转移核糖核酸；2000年完成了人类基因组计划中1%的测序工作，为世界人类基因组计划的完成贡献了力量；2002年，率先完成了水稻的基因组精细图谱，为水稻的育种和防病奠定基因基础。近代生物学家童第周，中国实验胚胎学的主要创始人，开创了中国“克隆”技术之先河，被誉为“中国克隆之父”。生物化学家邹承鲁建立了蛋白质必需基团的化学修饰和活性丧失的定量关系公式和作图法，被称为邹氏公式和邹氏作图法。科学家屠呦呦凭借对疟疾治疗做出的突出贡献，为中国本土进行的科学研究捧回了第一个诺贝尔科学奖，也让中药在世界的舞台上绽放光芒。

第三节　生物化学与其他学科的关系

要点

生物化学与其他学科的关系　①生物化学是现代生物学科的基础，广泛应用于其他发展前沿学科中；②生物工程是分子生物学与工程技术相结合发展起来的；③生物化学被称为医学学科的基础，与医学的发展密切相关；④人体生物化学与健康密切相关。

由于学科间的互相渗透，迄今已产生了许多新兴的生物化学边缘学科，如分子生物学、分子遗传学、分子细胞生物学、结构生物学、生物信息学等。生物化学是这些新兴学科的理论基础，而这些学科的发展又为生物化学提供了新的理论和研究手段。学科间相互渗透、相互推动，为阐明生命现象的分子机制开辟了更加广阔的领域。

一、生物化学与生物学科

生物化学既是现代生物学科的基础，又是其发展前沿。说它是基础，是由于生物科学发展到分子水平，必须借助生物化学的理论和方法来探讨各种生命现象，包括生长、繁殖、遗传、变异、生理、病理、生命起源和进化等，因此它是各学科的共同语言；说它是前沿，是因为各生物学科要取得更大的进展和突破，在很大程度上有赖于生物化学研究的进展和所取得的成就。没有生物化学中生物大分子（核酸和蛋白质）结构与功能的阐明，没有遗传密码和信息传递途径的发现，就没有今天的分子生物学和分子遗传学。没有生物化学对限制性核酸内切酶的发现及纯化，也就没有今天的生物工程。由此可见，生物化学与各生物学科的关系是非常密切的，在生物学科中占有重要的地位。

二、生物化学与生物工程

生物工程是分子生物学与工程技术相结合发展起来的新兴技术学科，包括基因工程、酶工程、蛋白质工程、细胞工程、发酵工程和生物化学工程等，其中基因工程是所有生物工程的基础与核心。人们希望能像设计机器或建筑物那样，定向设计、组建具有特定性状的新物种、新品系。结合发酵工程和生物化学工程的原理与技术，生产出新的生物产品。尽管尚处于起步阶段，但已经通过生物技术生产出人干扰素、生长激素、肝炎疫苗等珍贵的药物，培养出耐贮藏的西红柿以及转基因的猪、羊等家畜和大豆、玉米等重要作物新品种，展示出不可限量的应用前景，或将成为人类在新世纪实现可持续发展最重要的基础技术之一。

三、生物化学与医学

生物化学被称为医学学科的基础，与医学的发展密切相关。近年来，生物化学已渗透到医学的各个领域。如生理学、微生物免疫学、遗传学、药理学、病理学等基础医学的研究，均已深入到分子水平，并且应用生物化学的理论和技术解决各学科的问题。临床医学对疾病的诊断、预防和治疗以及对致病原因和机制的探讨，无不在运用生物化学的理论与技术。从分子水平对恶性肿瘤、心血管疾病、神经系统疾病和代谢性疾病等进行研究，加深了人们对疾病本质的认识，从而提高了人类的防病能力和诊疗水平。

四、生物化学与营养健康

健康从生物化学角度来讲是指人体内代谢的各种化学反应与体内正常生理活动相适应的状态。现代医学已认识到，生物、心理、社会和环境因素都可以影响机体内某个或多个关键化学反应或分子功能。当机体受到创伤、感染、悲哀、恐惧、噪声等因素刺激时，机体内会发生物质分解代谢加快、血糖升高、能耗增加、水盐代谢紊乱等系列异常变化，这些变化与健康密切相关。生物化学知识为人类认识疾病和维持健康提供了理论基础，从分子水平上阐述了健康理念，运用营养学知识，有效地指导人们更加合理营养膳食，从而抵御疾病，延缓衰老，维持健康。

此外，生物化学的理论和技术也已经逐渐渗透到了农业科学、食品科学及生态环境等各个研究领域。因此，对于当代的科技工作者，尤其是生命科学及相关学科的大学生，学习生物化学的基础理论、基础知识和基本技能，了解生物化学的发展动态，是十分必要的。

第四节　生物化学的应用和发展前景

要点

生物化学的应用　①在农业生产上的应用；②在工业生产上的应用；③在医药健康领域的应用。

生物化学的原理和技术在医药、卫生、农业及工业等方面都有许多应用，对推动科学与社会经济的发展起到重要作用。

一、在农业生产上的应用

在农业生产上，利用生物化学技术进行种质资源调查、品种鉴定，促进良种选育；采用基因工程技术获得动植物新品种和实现粮食作物的固氮，通过对养殖动物和种植农作物代谢过程的深刻认识，指导制定合理的饲养和栽培措施，以保证获得高产、优质的产品。另外，农产品、畜产品、水产品的贮藏、保鲜和加工，也涉及许多有关的生物化学知识。

二、在工业生产上的应用

在工业生产中，生物化学在发酵、食品、制药、纺织、皮革等行业都显示了其应用价值。例如，已经利用微生物发酵成功地生产出物美价廉的维生素C、氨基酸、核苷酸和有机酸；皮革的鞣制、脱毛，蚕丝的脱胶，棉布的浆纱等都用酶法代替了老工艺。特别是固定化酶和固定化细胞技术的应用更促进了酶工业和发酵工业的发展。还可利用生物化学技术分析检验原料和产品的质量、对生产过程进行追踪监测、指导工艺流程的改造等。

三、在医药健康领域的应用

在医药健康领域，生物化学技术已广泛用于健康检查、临床诊断、跟踪和指导治疗过程，同时还为探讨疾病产生的机制和药物作用机制提供重要依据；根据疾病的发生机制以及病原体与人体在代谢和调控上的差异，筛选或设计出各种高效低毒的药物；按照生长发育的不同需要，调配合理的饮食。对一些常见病和严重危害人类健康疾病的生化问题进行研究，有助于进行预防、诊断和治疗。PCR技术问世仅20多年，就已成为生物化学和分子生物学等众多领域不可或缺的研究手段，而且已广泛用于法医刑侦、亲子鉴定和太空生物学研究。

本章小结

生物化学的任务主要是从分子水平阐明生物体的化学组成，及其在生命活动中所进行的化学变化与其调控规律等生命现象的本质。当今生物化学越来越多地成为生命科学的共同语言，尤其是基因信息的传递、基因重组与基因工程、基因组学与医药学等前沿学科。生物化学在工业、农业、食品工业和医药的发展中也发挥出越来越明显的促进作用。

思考题

1. 什么是生物化学？生物化学的主要研究内容有哪些？

2. 举例说明生物化学在实际生活中的应用。

3. 简述生物化学与医学的关系。

4. 概述生物化学领域的重大科学研究成果，选择感兴趣的诺贝尔奖获得者的科研历程，谈谈自己的收获与体会。

第二章
蛋白质化学

【知识目标】 掌握蛋白质的组成、氨基酸的性质、蛋白质的二级结构、蛋白质的理化性质、蛋白质氨基酸序列测定的原理及方法；熟悉氨基酸的结构通式、蛋白质结构与功能的关系、蛋白质的三级和四级结构特征、蛋白质的沉淀方法、蛋白质分离和纯化技术、蛋白质含量测定方法；了解超二级结构与结构域的概念、蛋白质的分类。

【能力目标】 能够应用蛋白质的结构与性质相关理论，分析蛋白质类产品的保存过程，相关生物产品分离纯化的原理和注意事项，分析临床消毒与蛋白质变性的关系；能够通过蛋白质的结构与代谢，正确理解蛋白质类保健品的功效，通过理论联系实际，培养学以致用的能力。

【素质目标】 理解蛋白质对于维持人体健康的重要意义，在日常生活中注意蛋白质摄入与蛋白质平衡的保健意识，养成健康的饮食和生活作息习惯。

蛋白质（protein）是生命的物质基础，是生物体内含量最多、种类最丰富的生物大分子，约占人体干重的54%。食物蛋白质的质和量、各种氨基酸的比例，关系到人体蛋白质合成的量，尤其是青少年的生长发育、孕产妇的优生优育、老年人的健康长寿等。

蛋白质的需要量与膳食质量有关。蛋白质的食物来源可以分为两类：动物性蛋白质和植物性蛋白质。1985年世界粮农组织/世界卫生组织（FAO/WHO）提出蛋白质需要量不分男女均为每日每千克体重0.75g。我国膳食构成以植物性食物为主，成年人蛋白质推荐摄入量为1.16g/(kg·d)，老年人为1.27g/(kg·d)。如果蛋白质长期摄入不足，会出现疲倦、体重减轻、贫血、免疫和应激能力下降，并出现营养性水肿，表现为酶活性下降、伤口愈合不良、生殖功能障碍等。妇女会出现月经不调、乳汁分泌减少。婴幼儿、青少年对蛋白质摄入不足的反应更敏感，表现为生长发育迟缓、消瘦、体重过轻，甚至出现智力发育障碍。

蛋白质的摄入也不是越多越好，特别是动物性蛋白质摄入太多也会带来许多健康问题。长期从膳食中摄入过多动物性蛋白质对人体健康的危害包括：①加重肾脏负担；②易导致碱中毒；③患心血管疾病危险性增高；④加快骨质疏松；⑤增加患肠道癌症风险。

第一节 蛋白质的功能及分类

要点

蛋白质的功能	没有蛋白质就没有生命，蛋白质参与所有的生化活动，如参与生化反应、信号传递、机体运动和免疫调节等。
分子形状分类	①球蛋白；②纤维蛋白；③膜蛋白。
分子组成分类	①简单蛋白；②结合蛋白。
功能分类	①催化蛋白；②调节蛋白；③贮存蛋白；④转运蛋白；⑤运动蛋白；⑥免疫蛋白；⑦受体蛋白；⑧支架蛋白；⑨结构蛋白；⑩特殊功能蛋白。

一、蛋白质的功能

蛋白质在细胞和生物体的生命活动过程中起着十分重要的作用。生物的结构和性状都与蛋白质有关。蛋白质还参与基因表达的调节，以及细胞中氧化还原、电子传递、神经传递乃至学习和记忆等多种生命活动过程。

知识链接

蛋白质是不是遗传物质？

20 世纪 80 年代 Merz 等发现了引起羊瘙痒病的物质，它是一种蛋白质分子（prion），称为朊病毒（prion virus），是一类能侵染动物并在宿主细胞内复制的小分子无免疫性疏水蛋白质。朊病毒的发现对经典的遗传理论提出了挑战，传统的理论认为核酸是遗传物质，但朊病毒没有 DNA 或 RNA，不能进行自我复制。那朊病毒的遗传物质是什么？

有的学者认为，朊病毒的遗传物质就是蛋白质，只不过是自他复制，即朊病毒感染以后，影响宿主蛋白质的折叠，将宿主正常蛋白质的 α-螺旋转变成 β-折叠，形成病毒颗粒。

（1）结构成分　蛋白质是构建新组织的基础材料。人体每一个器官，每一种组织都含有蛋白质成分，特别是骨骼肌等，其中蛋白质含量高达 80%。它还是酶、激素合成的原料，也是机体储存物质之一，可以被氧化分解提供能量。

（2）转运　各种物质的运输也需要蛋白质参与，通道蛋白为物质进出细胞提供了途径，能很好地控制物质的摄入。主动运输的 Na^{+}-K^{+}-ATP 酶也是蛋白质，控制物质运输的各种载体也是主要由蛋白质构成，运输氧气的蛋白质主要是血红蛋白。

（3）运动　机体的运动主要靠肌肉收缩来完成，控制肌肉收缩的主要是肌动蛋白和肌球蛋白。通过肌肉收缩，机体才能完成运动、呼吸、消化、循环等生理机能。细菌和单细胞动物的运动主要靠鞭毛和纤毛运动，而鞭毛和纤毛也主要是由蛋白质构成。

（4）调控　激素是动植物体内的信号分子，胰岛素、生长激素、促甲状腺激素等很多激素都是蛋白类物质。各种转录因子、反式作用因子、信号肽等蛋白质控制核酸与蛋白质的合成；生长因子、阻遏蛋白、组蛋白调控细胞的基因表达。

（5）防御　抗体和免疫球蛋白是组成人体免疫系统的重要成分。补体成分也都是蛋白质，另外，免疫应答产生的物质如细胞因子、主要组织相容性复合体也是蛋白质。它们一起保护机体，及时清除外来抗原和机体内变异和衰老的细胞，保证机体免受伤害。

（6）其他　许多蛋白质在凝血作用、通透作用、记忆等方面发挥着重要的功能。另外，有些微生物也会产生毒蛋白（如苏云金杆菌），可以用来作为杀虫剂。各种动物毒素也主要是蛋白质，主要促进磷脂双分子层的水解；各种抗血清也主要是蛋白质。

二、蛋白质的分类

蛋白质的分类方法很多，可以依据蛋白质的分子形状、分子组成以及功能来分类。

（一）根据蛋白质的分子形状分类

根据蛋白质分子的形状，可以将蛋白质分为：

（1）球蛋白　分子形状近球形，一般溶解性较好，种类很多，行使多种生物学功能。如抗体均为球蛋白，行使免疫功能；肌球蛋白行使运动功能。

（2）纤维蛋白　分子外形呈棒状或纤维状，大多数水溶性很差，主要是生物体的结构物质或对生物体起保护作用，如构成指甲或角的角蛋白，增加细胞弹性的胶原蛋白等。有些纤维蛋白可以溶于水，如血纤维蛋白。也有一些球蛋白可以聚集成纤维状，如肌动蛋白。

（3）膜蛋白　膜蛋白质一般折叠成近球形，插入生物膜，也有一些通过非共价键或共价键结合在生物膜的表面。生物膜的多数功能是通过膜蛋白实现的。

（二）根据蛋白质的分子组成分类

（1）简单蛋白质　又称单纯蛋白质，这类氨基酸只含由α-氨基酸组成的肽链，不含其他成分，包括清蛋白、球蛋白、谷蛋白、精蛋白、组蛋白和硬蛋白 6 类。

（2）结合蛋白质　又称缀合蛋白质，是蛋白质和其他化合物结合而成的，被结合的其他化合物通常称为结合蛋白质的非蛋白部分（辅基）。按非蛋白部分的不同，结合蛋白可分为核蛋白、糖蛋白、脂蛋白、磷蛋白、金属蛋白（含金属）及色蛋白（含色素）等。

（三）根据蛋白质的功能分类

蛋白质功能多样，根据功能可分为催化蛋白、调节蛋白、贮存蛋白、转运蛋白、运动蛋白、免疫蛋白、受体蛋白、支架蛋白、结构蛋白、特殊功能蛋白等。

第二节　蛋白质的组成

要点

蛋白质的化学组成　组成蛋白质的元素包括碳、氢、氧、氮、硫、磷、铁、铜、碘、锌、钼等，不同蛋白质含氮量平均为 16%。

氨基酸的分类	根据侧链的性质，氨基酸可以分为非极性氨基酸、极性非解离氨基酸，后者又可以分为酸性氨基酸和碱性氨基酸。
氨基酸的性质	①氨基酸的两性解离和等电点计算；②氨基酸的化学反应；③氨基酸的光学性质。

一、蛋白质的元素组成

蛋白质的组成元素包括碳（50%）、氢（7%）、氧（23%）、氮（16%）、硫（0～3%）以及微量的磷、铁、铜、碘、锌、钼等。各种蛋白质的含氮量很接近，平均为16%。

由于体内的含氮物质以蛋白质为主，只要测定生物样品中的含氮量，就可以利用蛋白质系数6.25，根据以下公式推算出蛋白质的大致含量：

$$100g\text{样品中蛋白质的含量(g)}=\text{每克样品含氮量(g)}\times 6.25\times 100 \qquad (2\text{-}1)$$

二、蛋白质的基本单位——氨基酸

蛋白质水解产物为氨基酸，这说明蛋白质的基本组成单位是氨基酸。蛋白质水解常用的方法有酸水解、碱水解和酶水解。

酸水解是用6mol/L的浓盐酸或4mol/L的硫酸，对蛋白质进行回流煮沸20h，蛋白质水解完全，不会引起氨基酸消旋，但是会破坏色氨酸，丝氨酸、苏氨酸小部分破坏，天冬酰胺、谷氨酰胺的酰胺基部分水解。碱水解是用5mol/L的NaOH溶液与蛋白质共煮10～20h，使蛋白质完全水解，不会破坏色氨酸，但是会引起氨基酸消旋现象。酶水解不会破坏氨基酸及其旋光性，也不会破坏色氨酸，但是水解不彻底，一般一种酶无法完全消化蛋白质。

（一）氨基酸的结构

氨基酸是指既含有羧基又含有氨基的化合物，生物体内的天然氨基酸均为α-氨基酸。组成蛋白质的氨基酸有20种，还有一些称为稀有氨基酸，是多肽合成后由基本氨基酸修饰而来的。生物体内还有不组成蛋白质的氨基酸（约150种）。除脯氨酸外，组成蛋白质的氨基酸都是α-氨基酸，脯氨酸为亚氨基酸。氨基酸的结构通式为：

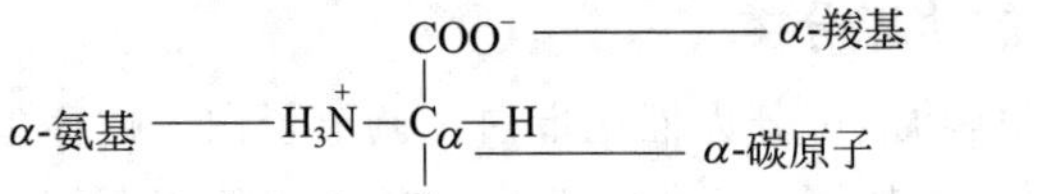

COO^- —— α-羧基

α-氨基 —— $H_3\overset{+}{N}$—C_α—H —— α-碳原子

R —— 代表氨基酸的侧链基团

由结构通式可知，组成蛋白质的氨基酸只有R基团不一样，常用氨基酸英文名的前三个字母来代替氨基酸。常见20种氨基酸的结构式如图2-1所示。

（二）氨基酸的分类

依据氨基酸侧链基团的特点，氨基酸的分类如下。

1. 按照R基的化学结构分类

（1）R为脂肪烃基的氨基酸　包括甘氨酸、丙氨酸、缬氨酸、亮氨酸、异亮氨酸、脯氨酸，这些氨基酸R基均为中性烷基（甘氨酸为H），R基对分子酸碱性影响很小，它们几乎

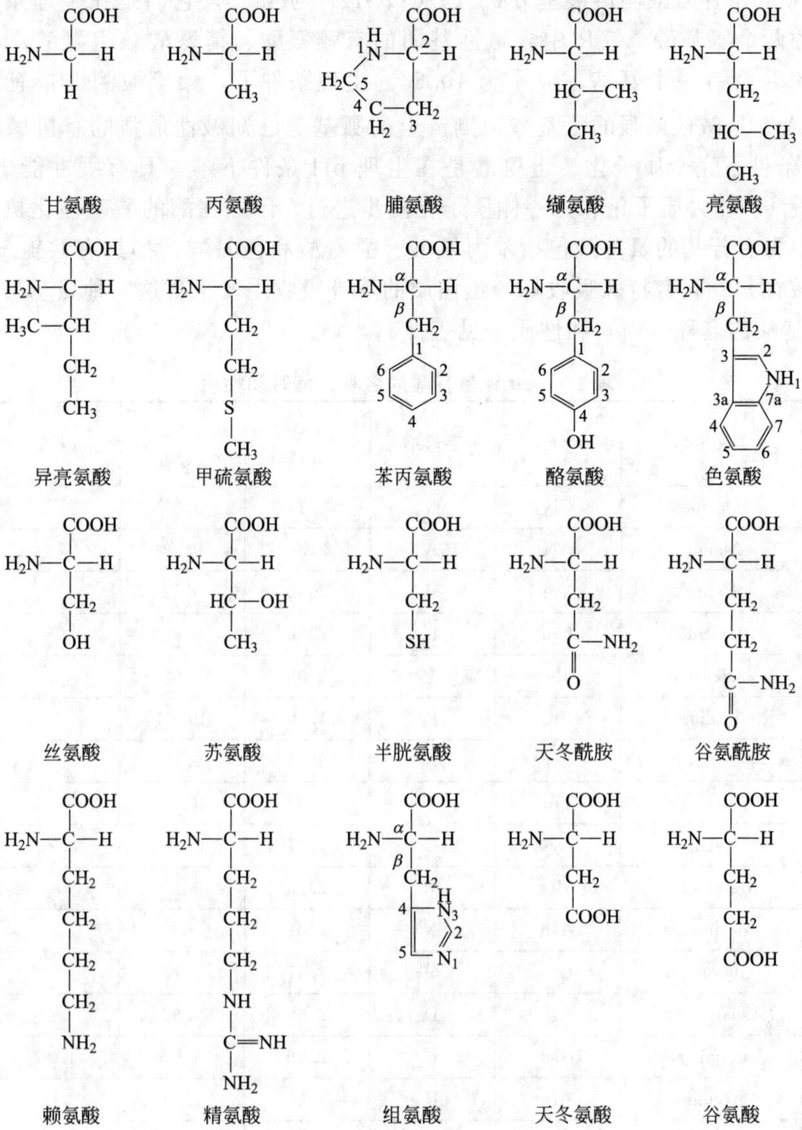

甘氨酸　丙氨酸　脯氨酸　缬氨酸　亮氨酸

异亮氨酸　甲硫氨酸　苯丙氨酸　酪氨酸　色氨酸

丝氨酸　苏氨酸　半胱氨酸　天冬酰胺　谷氨酰胺

赖氨酸　精氨酸　组氨酸　天冬氨酸　谷氨酸

图 2-1　20 种氨基酸的结构式

有相同的等电点。甘氨酸、丙氨酸、缬氨酸、亮氨酸、异亮氨酸，R 基团疏水性增加，异亮氨酸是这 20 种氨基酸中脂溶性最强的。脯氨酸的氨基和侧链成键，形成亚氨基。

（2）R 中含有羟基和硫的氨基酸　①含羟基的氨基酸有丝氨酸和苏氨酸。丝氨酸的—CH_2OH 在生理条件下不解离，是一个极性基团，能与其他基团形成氢键，具有重要的生理意义。大多数酶的活性中心都被发现有丝氨酸残基存在。苏氨酸的—OH 是仲醇，具有亲水性，但—OH 形成氢键的能力较弱。丝氨酸和苏氨酸的—OH 往往与糖链相连，形成糖蛋白。②含硫氨基酸有半胱氨酸和甲硫氨酸。半胱氨酸 R 中含巯基（—SH），两个半胱氨酸的巯基容易氧化生成二硫键，对稳定蛋白质空间结构有重要作用。甲硫氨酸 R 含有甲硫基（—SCH_3），易发生极化，是一种重要的甲基供体。③R 中含有酰胺基的有谷氨酰胺和天冬酰胺。酰胺基中氨基易发生转移反应，转氨基反应在生物合成和代谢中有重要意义。④R 中含有酸性基团的有天冬氨酸和谷氨酸，一般称酸性氨基酸，天冬氨酸侧链羧基 pK_a（β-

COOH）为 3.86，谷氨酸侧链羧基 pK_a（γ-COOH）为 4.25，它们是在生理条件下带有负电荷的仅有的两个氨基酸。⑤R 中含碱性基团的有赖氨酸、精氨酸和组氨酸，称碱性氨基酸。赖氨酸的 R 含有一个氨基，pK_a 为 10.53。生理条件下，赖氨酸侧链带有一个正电荷（$—NH_3^+$）。Arg 是碱性最强的氨基酸，侧链上的胍基是已知碱性最强的有机碱，pK_a 值为 12.48，生理条件下完全质子化。组氨酸是在生理 pH 条件下唯一具有缓冲能力的氨基酸。His 含咪唑环，一侧去质子化和另一侧质子化同步进行，因而在酶的酸碱催化机制中起重要作用。⑥R 中含有芳基的氨基酸包括苯丙氨酸、酪氨酸和色氨酸，都具有共轭 π 电子体系。这三种氨基酸在紫外区有特殊吸收峰，蛋白质的紫外吸收主要来自这三种氨基酸。

20 种氨基酸的名称、缩写和性质，见表 2-1。

表 2-1 20 种氨基酸的名称、缩写和性质

名称	英文全名	三字母缩写	单字母缩写	pK_1（α-羧基）	pK_2（α-氨基）	pK_R	pI
甘氨酸	glycine	Gly	G	2.34	9.60		5.97
丙氨酸	Alanine	Ala	A	2.34	9.69		6.02
缬氨酸	Valine	Val	V	2.32	9.62		5.97
亮氨酸	Leucine	Leu	L	2.36	9.60		5.98
异亮氨酸	Isoleucine	Ile	I	2.36	9.60		5.98
脯氨酸	Proline	Pro	P	1.99	10.60		6.30
丝氨酸	Serine	Ser	S	2.21	9.15		5.68
苏氨酸	Threonine	Thr	T	2.63	10.43		6.53
半胱氨酸	Cysteine	Cys	C	1.71	10.78	8.33	5.02
甲硫氨酸	Methionine	Met	M	2.28	9.21		5.75
天冬酰胺	Asparagine	Asn	N	2.02	8.8		5.41
谷氨酰胺	Glutamine	Gln	Q	2.17	9.13		5.65
天冬氨酸	Aspartic acid	Asp	D	2.09	9.82	3.86	2.97
谷氨酸	Glutamic acid	Gsp	E	2.19	9.67	4.25	3.22
精氨酸	Arginine	Arg	R	2.17	9.04	12.48	10.76
赖氨酸	Lysine	Lys	K	2.18	8.95	10.53	9.74
组氨酸	Histidine	His	H	1.82	9.17	6.00	7.59
苯丙氨酸	Phenylalanine	Phe	F	1.83	9.13		5.48
色氨酸	Trptophan	Trp	W	2.38	9.39		5.89
酪氨酸	Tyrosine	Gyr	Y	2.20	9.11		5.66

2. 根据侧链基团的极性来分

（1）非极性氨基酸　包括甘氨酸、丙氨酸、缬氨酸、亮氨酸、异亮氨酸、苯丙氨酸、色氨酸、甲硫氨酸、脯氨酸，这类氨基酸的 R 基都是疏水性的，在维持蛋白质的三维结构中起着重要作用。

（2）不带电荷的极性氨基酸　包括丝氨酸、苏氨酸、酪氨酸、半胱氨酸、天冬酰胺、谷氨酰胺，这类氨基酸的侧链都能与水形成氢键，易溶于水。

酪氨酸的—OH 磷酸化是一个十分普遍的调控机制，Ser 和 Thr 的—OH 往往与糖链相连，Asn 和 Gln 的—NH_2 很容易形成氢键，能增加蛋白质的稳定性。

（3）带负电荷的氨基酸　在 pH＝6～7 时，谷氨酸和天冬氨酸的第二个羧基解离，使整个氨基酸分子带负电荷，所以也称为酸性氨基酸。

（4）带正电荷的氨基酸（碱性氨基酸）　包括精氨酸、赖氨酸和组氨酸，在 pH＝7 时带净正电荷。

3. 根据营养学角度分

根据营养学角度，氨基酸可分为必需氨基酸、半必需氨基酸和非必需氨基酸。必需氨基酸指机体不能自主合成，需要从食物中摄取的氨基酸，主要有 8 种，包括亮氨酸、异亮氨酸、缬氨酸、苏氨酸、甲硫氨酸、色氨酸、赖氨酸、苯丙氨酸；半必需氨基酸，指成人可以合成，但是婴幼儿生长期合成速度不能满足的氨基酸，包括精氨酸和组氨酸；非必需氨基酸指机体可以自主合成的氨基酸，包括甘氨酸、丙氨酸、半胱氨酸、谷氨酸、天冬氨酸、谷氨酰胺、天冬酰胺、酪氨酸、脯氨酸、丝氨酸。

（三）非编码蛋白质氨基酸

非编码蛋白质氨基酸也称修饰氨基酸，是在蛋白质合成后，由基本氨基酸修饰而来。凝血酶原中含有 γ-羧基谷氨酸、存在于原核细胞紫膜中的焦谷氨酸都是由谷氨酸转变而来的，能结合 Ca^{2+}。结缔组织中最丰富的胶原蛋白含有大量 4-羟基脯氨酸和 5-羟基赖氨酸，分别是由脯氨酸和赖氨酸修饰而成的。肌球蛋白中含有 6-*N*-甲基赖氨酸，甲状腺球蛋白中的 3,3,5-三碘甲腺原氨酸是由酪氨酸碘化而成的。图 2-2 列举了几种常见非编码蛋白质氨基酸结构。

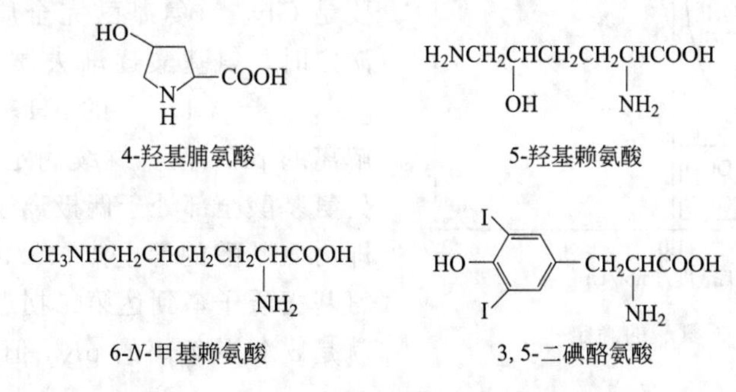

图 2-2　常见非编码蛋白质氨基酸

（四）非蛋白质氨基酸

除参与蛋白质组成的 20 多种氨基酸外，生物体内还存在不参与组成蛋白质的氨基酸，它们在生物体内具有很多生物学功能，如尿素循环中的 L-瓜氨酸和 L-鸟氨酸等。

三、氨基酸的理化性质

α-氨基酸都含有 α-羧基和 α-氨基，是不挥发的结晶固体，熔点 200～350℃，不溶于非极性溶剂，而易溶于水，这些性质与典型的羧酸（R—COOH）或胺（R—NH_2）明显不同。主要表现为晶体熔点高、不溶于非极性溶剂、介电常数高等特点，原因在于 α-羧基 pK_1 在 2.0 左右，当 pH 大于 3.5 时，α-羧基以—COO^- 形式存在。α-氨基的 pK_2 在 9.4 左右，当 pH 小于 8.0 时，α-氨基以 α-NH_3^+ 形式存在。当 pH 在 3.5～8.0 时，氨基和羧基带相反电荷，因此氨基酸在水溶液中是以两性离子的形式存在。甘氨酸（Gly）熔点 232℃，比相应的乙酸（16.5℃）、乙胺（−80.5℃）高，可推测氨基酸在晶体状态也是以两性离子形式存在。

$$H_3N^+—\underset{\displaystyle R}{\underset{|}{C}}HCOO^-$$

（一）氨基酸的两性解离及等电点

氨基酸有氨基（碱性）和羧基（酸性），在水溶液中以两性离子的形式存在。在酸性环境中，氨基电离；在碱性环境中，羧基电离。因此氨基酸有两性解离的性质。

$$H_3\overset{+}{N}\underset{\displaystyle R}{\underset{|}{C}}HCOOH \underset{H^+}{\overset{OH^-}{\rightleftharpoons}} H_3\overset{+}{N}\underset{\displaystyle R}{\underset{|}{C}}HCOO^- \underset{H^+}{\overset{OH^-}{\rightleftharpoons}} H_2N\underset{\displaystyle R}{\underset{|}{C}}HCOO^-$$

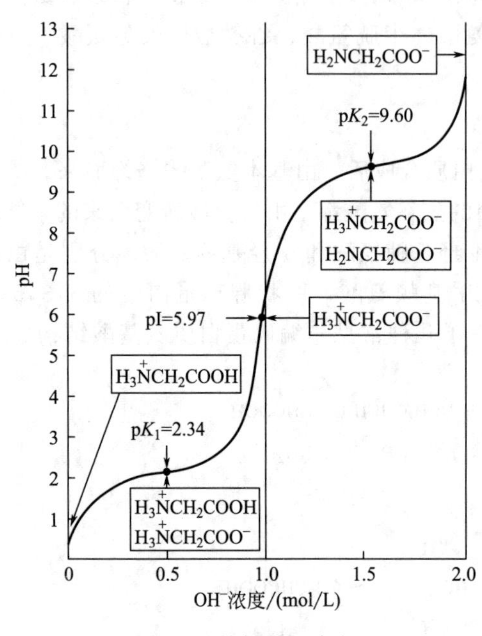

图 2-3 甘氨酸的滴定

改变氨基酸溶液的 pH，可使氨基酸分子上所带的正电荷与负电荷相等，即氨基酸所带的净电荷为零，在电场中不向任何一极移动，此时溶液的 pH 称为氨基酸的等电点，用 pI 表示。氨基酸的等电点可以通过酸碱滴定来推算。例如甘氨酸在滴定时会出现两个拐点，即 pH 为 2.34 和 pH 为 9.60，分别是 α-羧基和 α-氨基解离的 p*K* 值。

如图 2-3 所示，在开始滴定时，溶液中主要是 Gly^+（氨基酸完全质子化）；用 NaOH 滴定时，氨基酸逐渐去质子化，拐点就是当 $[Gly^+]=[Gly^\pm]$ 的 pH，也就是甘氨酸羧基解离的 pK_1 值。继续滴定，在曲线中的中点处氨基酸全部处于偶极离子状态，此时的 pH 即为氨基酸的等电点（5.97）；继续滴定，α-氨基去质子，到达第二拐点时，溶液的 pH 值就是 α-氨基解离的 pK_2 值，此时的甘氨酸全部为 Gly^-。

氨基酸的等电点是由氨基酸分子上能够解离的基团决定的，各种氨基酸的 α-羧基、α-氨基和 R 基团解离的 p*K* 值及等电点见表 2-1。

当甘氨酸在酸性环境中，可以看成一个二元弱酸，具有两个可以解离的 H^+，即 —COOH 和 NH_3^+，根据解离方程可以得到：

$$K_1=\frac{[Gly^\pm][H^+]}{[Gly^+]} \qquad [Gly^+]=\frac{[Gly^\pm][H^+]}{K_1}$$

$$K_2=\frac{[Gly^-][H^+]}{[Gly^\pm]} \qquad [Gly^-]=\frac{[Gly^\pm][H^+]}{K_2}$$

等电点时：$[Gly^-]=[Gly^+]$，用 I 表示等电点时氢离子浓度，则

$$I^2=K_1K_2 \qquad pI=\frac{1}{2}(pK_1+pK_2)$$

可以看出，甘氨酸的等电点等于两性离子状态时两侧基团 p*K* 的算术平均数。

对于侧链基团有酸性基团的氨基酸，如天冬氨酸，侧链上的羧基先于氨基解离，其等电

点为：$pI=\frac{1}{2}(pK_1+pK_R)$。

对于侧链基团有碱性基团的氨基酸，如赖氨酸氨酸，侧链上的氨基先于 α-羧基解离，其等电点为：$pI=\frac{1}{2}(pK_2+pK_R)$。

（二）氨基酸重要的化学反应

1. 与水合茚三酮的反应

氨基酸与水合茚三酮共热，发生氧化脱氨反应，生成 NH_3 与酮酸，加热过程中酮酸裂解，放出 CO_2。NH_3 与水合茚三酮脱水缩合，生成蓝紫色化合物（图 2-4）。脯氨酸和羟脯氨酸与水合茚三酮反应呈黄色。该反应可用于氨基酸的定性、定量分析。

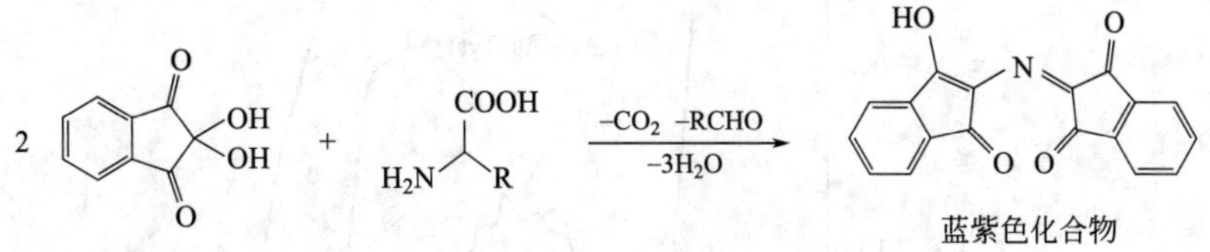

图 2-4　氨基酸和水合茚三酮的反应

2. 与 2,4-二硝基氟苯（2,4-dinitrofluorobenzene，DNFB）的反应

在弱碱性环境中，氨基酸 α-氨基的一个氢原子与 DNFB 发生亲核芳香环取代反应，生成稳定的黄色二硝基苯基氨基酸（DNP-氨基酸）（图 2-5），这是 Sanger 用于测定肽链 N-末端氨基酸的反应，又称为 Sanger 反应，也是测定蛋白质氨基端常用的方法之一。

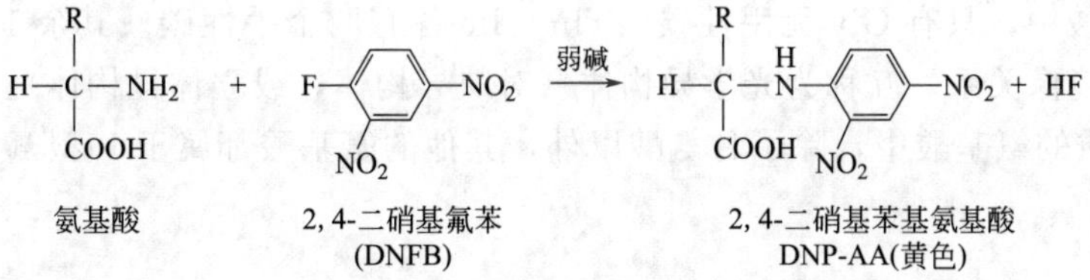

图 2-5　氨基酸与 DNFB 反应

3. 与丹磺酰氯反应

用丹磺酰氯与氨基酸的 α-氨基反应，产物有强烈的荧光，可用荧光分光光度计快速检出。该方法常用于蛋白质的氨基端检测，也可用于微量氨基酸检测，其检测灵敏度远远高于 DNFB 法，而且水解得到的 DNS-氨基酸可直接用层析检测。

4. 与异硫氰酸苯酯反应

该反应也称为 Edman 反应，在弱碱性环境中，氨基酸的 α-氨基易与异硫氰酸苯酯反应，生成黄色的苯氨基硫甲酰衍生物，在无水三氟乙酸作用下，N 端的氨基酸残基环化并自动从肽链上断裂。这种方法也是一种 N 端分析法，瑞典科学家 Edman 首先使用该方法测定蛋白质 N 端氨基酸。此法能够不断重复循环，将肽链 N 端氨基酸残基逐一进行标记和解离。氨基酸自动序列测定仪就是根据该反应的原理而设计的。

5. 缩合反应

一个氨基酸的氨基和另一个氨基酸的羧基可以缩合成肽键。这一反应是人工合成多肽的分子基础。

$$\underset{R_1}{NH_2CHCOOH} + \underset{R_2}{NH_2CHCOOH} \longrightarrow \underset{R_1}{NH_2CHCO}—\underset{R_2}{NHCHOOH}$$

（三）氨基酸的光学性质

氨基酸在可见光区没有光吸收，色氨酸、酪氨酸和苯丙氨酸因为有共轭双键，在 250～280nm 处有光吸收。酪氨酸的最大光吸收 275nm，苯丙氨酸的最大光吸收 257nm，色氨酸最大光吸收 280nm（图 2-6），所以测定蛋白质含量常使用 280nm 波长进行测定。

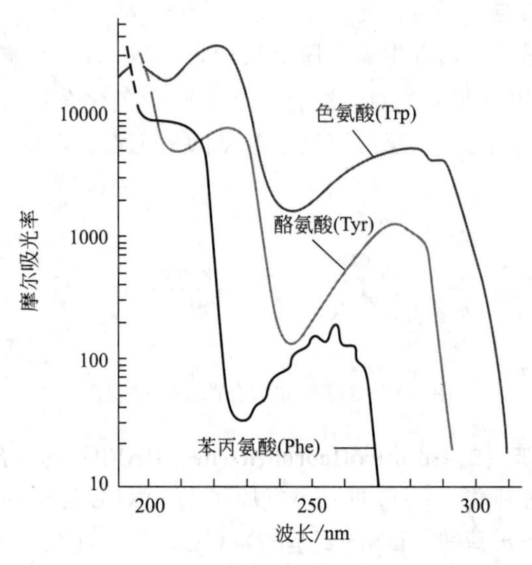

图 2-6　色氨酸、酪氨酸、苯丙氨酸

20 种氨基酸中，只有 Gly 无手性碳。Thr、Ile 各有两个手性碳。其余 17 种氨基酸的 L 型与 D 型互为镜像关系，互称为光学异构体（对映异构体，或立体异构体）。

组成蛋白质的氨基酸中，除了甘氨酸以外，其他的氨基酸都属于 L 型氨基酸。

第三节　蛋白质的结构

要点

蛋白质的一级结构	①指蛋白质中氨基酸的排列顺序；②氨基酸序列的多样性决定了蛋白质空间结构的多样性；③方向 N→C，主要化学键是肽键。
肽	①多肽的概念；②肽键平面的特点；③重要的天然活性肽。
蛋白质的二级结构	①二级结构的构象元件：α-螺旋、β-折叠、β-转角和无规则卷曲等；②主要化学键氢键。
蛋白质的三级结构	①蛋白质三级结构的元件：超二级结构、结构域；②维持三级结构的主要作用力。
蛋白质的四级结构	①亚基的特点；②四级结构的特点；③血红蛋白的氧合曲线。

一、蛋白质的基本结构

（一）肽

蛋白质分子中，氨基酸之间是通过由 α-氨基和 α-羧基缩合形成的酰胺键相连接的，其中的氨基酸单位称为氨基酸残基，酰胺键又称为肽键。各种氨基酸以肽键相连形成的结构称为肽（peptide）。20 种氨基酸的平均分子量约为 120，氨基酸残基的平均分子量为 118。

由两个氨基酸形成的肽叫二肽，由三个、四个氨基酸形成的肽分别称为三肽、四肽等。少于 20 个氨基酸的肽叫寡肽，多于 20 个氨基酸的肽叫多肽。蛋白质是由几十个、几百个甚至几千个氨基酸形成的多肽链。例如牛胰核糖核酸酶就是由 124 个氨基酸形成的多肽（图 2-7）。

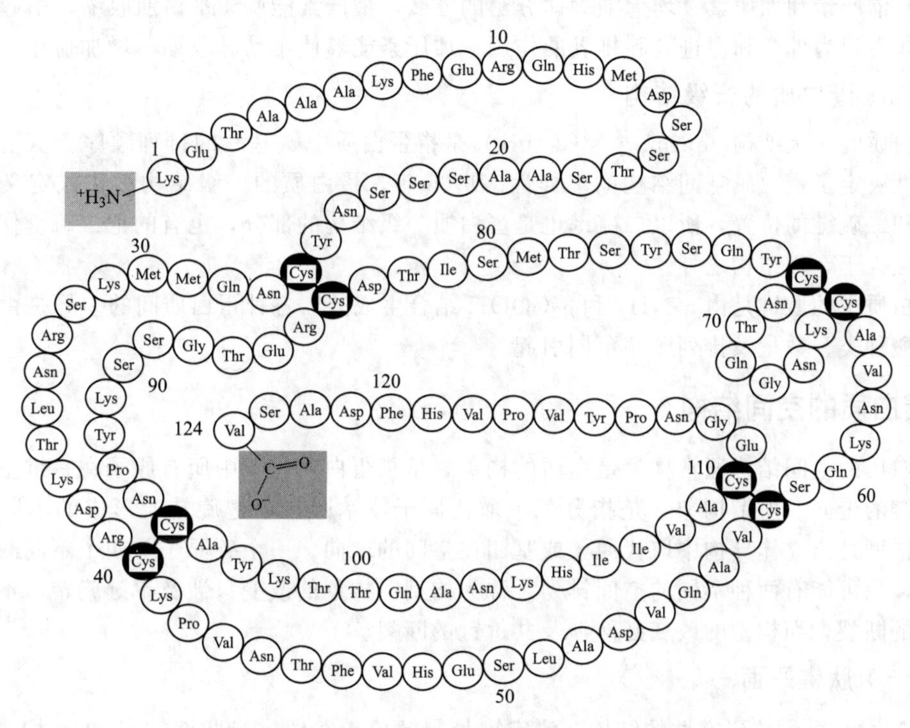

图 2-7　牛胰核糖核酸酶

1. 肽的重要性质

一般短肽的旋光度等于其各个氨基酸旋光度的总和。蛋白质水解得到的各种短肽，只要不发生消旋作用，也具有旋光性。肽和游离氨基酸一样，肽的 α-羧基、α-氨基和侧链 R 基上的活性基团都能发生与游离氨基酸相似的反应。凡是有肽键结构的化合物都会发生双缩脲反应，且可用于定量分析。双缩脲反应是肽和蛋白质特有的反应，游离氨基酸无此反应。

2. 天然存在的活性肽

生物体内存在大量的多肽和寡肽，其中有很多具有很强的生物活性，称为活性肽。活性肽是细胞内部、细胞间、器官间信息沟通的主要化学信使，生物的生长、发育、细胞分化、大脑功能、免疫、生殖、衰老、病变等都涉及活性肽。很多激素、抗生素都也属于肽类或肽的衍生物。

（1）谷胱甘肽（glutathione，GSH）　由谷氨酸、半胱氨酸和甘氨酸组成，广泛存在于动物、植物、微生物细胞内。在细胞内参与氧化还原过程，清除内源性过氧化物和自由基，维持蛋白质活性中心的巯基处于还原状态，还能帮助保持正常的免疫系统功能。谷胱甘肽有还原型（G-SH）和氧化型（G-S-S-G）两种形式，在生理条件下还原型谷胱甘肽占绝大多数。

（2）短杆菌肽（抗生素） 是从短芽孢杆菌中提取的一类物质的总称，也可以特指其中一种（如短杆菌肽 A、短杆菌肽 B、短杆菌肽 S 等）。短杆菌肽 A 是由 15 个氨基酸形成的，含有 8 个 L-氨基酸、7 个 D-氨基酸，对革兰氏阳性菌作用明显，对炭疽杆菌、肺炎双球菌和金黄色化脓微球菌等有很好的抗菌作用，在高浓度时对某些革兰氏阴性菌也有抑制作用。

（3）脑啡肽（enkephalin） 是神经递质的一种，能改变神经元对经典神经递质的反应，起修饰经典神经递质的作用，故称为神经调质（neuromodulator），又被称为“脑内吗啡”，属于内啡肽，为五肽（YGGFX）。有两种天然脑啡肽存在于脑、脊髓和肠中，都具有镇痛作用。

（4）催产素和加压素 均为脑垂体分泌的九肽，催产素能刺激平滑肌收缩，引起子宫收缩，具体表现为催产和促进乳腺排乳的作用；加压素能够使小动脉收缩，增加血压。

（二）蛋白质的一级结构

蛋白质的一级结构（primary structure）是指蛋白质中氨基酸的排列顺序。氨基酸序列的多样性决定了蛋白质空间结构的多样性。1965 年，蛋白质的一级结构被正式定义为氨基酸序列和二硫键的位置，所以二硫键也是蛋白质一级结构的部分，也有的把二硫键作为共价结构，独立于一级结构之外。

蛋白质中的肽键是由 α-NH_2 和 α-COOH 结合生成的。各种蛋白质间的差异是由蛋白质的氨基酸种类、数量及排列顺序不同引起。

二、蛋白质的空间结构

蛋白质的空间结构通常称为蛋白质的构象，是指蛋白质分子中所有原子在三维空间的分布和肽链的走向。所谓构象，是指分子中取代原子或基团在单键旋转时形成的不同立体结构。而构型是指立体异构中取代原子或基团在空间的取向。一个碳原子与四个不同的基团相连接时，只可能有两种不同的空间排列，称为构型。构象的改变只涉及单键旋转，不会引起共价键的断裂，而构型的改变必然涉及共价键的断裂。

（一）肽键平面

用 X 射线衍射法研究肽的结构，测定键长与键角，发现构成肽键的 C 和 N 均为 sp^2 杂化，C 和 N 各自的 3 个共价键均在一个平面上，键角都接近 120°，C—N 键长为 0.133nm，比正常的 C—N 单键键长（0.146nm）要短，但是比 C═N 的键长（0.125nm）要长。这说明肽键具有部分双键的特点（40%），不能够自由旋转，从而使相关的 6 个原子在同一个平面上，该平面称为肽键平面（图 2-8）。

（二）二级结构

蛋白质的二级结构（secondary structure）是指多肽链主链部分（不涉及侧链基团）在局部形成的一种有规律的折叠与盘绕，其稳定性主要靠主链上形成的氢键维持。

常见的二级结构有 α-螺旋、β-折叠、β-转角和无规则卷曲等。

1. α-螺旋

α-螺旋是 Pauling 和 Coroy 于 1951 年研究角蛋白时提出来的，随后证实了 α-螺旋是蛋白质主链的一种最常见的结构（图 2-9），广泛存在于纤维状蛋白质和球蛋白中。角蛋白属于纤维状蛋白质。要点如下：

① 在 α-螺旋中，多肽链的各个肽键平面绕同一个中心轴旋转，形成螺旋结构。天然蛋

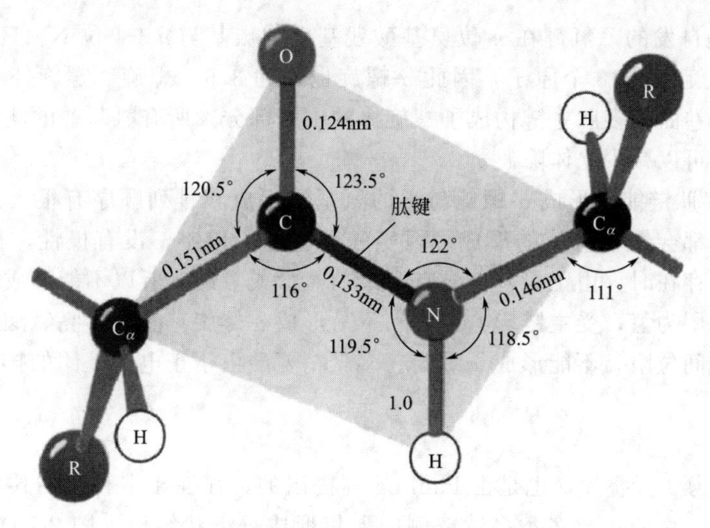

图 2-8　肽键平面

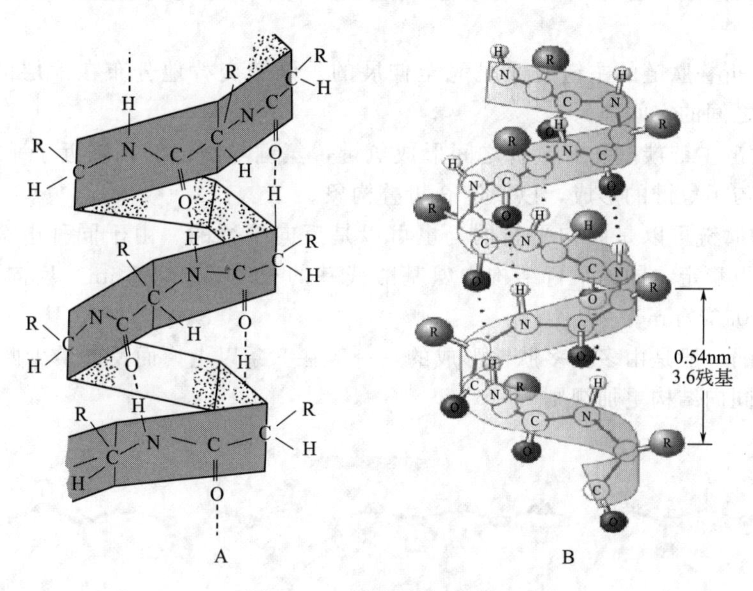

图 2-9　α-螺旋结构示意图

白质大多数是右手螺旋。螺旋一圈有 3.6 个氨基酸残基，沿着螺旋轴上升 0.54nm，每一个氨基酸残基上升 0.15nm，螺旋的直径为 0.5nm，二面角约为 $\Phi=-57°$，$\Psi=-47°$。

知识链接

诺贝尔奖——α-螺旋

1932 年，英国利兹（Leeds）大学的阿斯特佰里（W. T. Astbury）通过分析羊毛纤维的衍射图案，提出一些模型来解释图案中 5.15Å 的纵向周期。而鲍林（Linus Pauling）从结构化学原理出发，根据肽平面理论和氨基酸的基本结构数据，分别考虑氢键的作用，设计出一系列螺旋构象。1950 年，鲍林和 X 射线晶体学家科里（R. B. Corey）发表论文，提出两种氢键螺旋构象，将其中一种称为 α-螺旋，另一种称为 γ-螺旋。后来的实验证明 α-螺旋是正确的，并且广泛存在。鲍林因此获得 1954 年诺贝尔化学奖。

② α-螺旋是自发的，氢键在 n 位氨基酸残基上的羰基与 $n+4$ 位 N—H 之间形成氢键，被氢键封闭的螺旋含有 13 个原子，因此 α-螺旋也称为 3.6_{13} 螺旋。螺旋外形是一个类似棒状的结构，紧密卷曲的多肽主链构成了螺旋棒的中心部分，所有氨基酸的侧链基团都伸向螺旋的外侧，这样可以减少立体障碍。

③ 蛋白质多肽链能否形成 α-螺旋与它的氨基酸组成和排列顺序有很大的关系，侧链基团的极性及大小都会影响螺旋的形成。丙氨酸侧链基团较小，没有极性，很容易形成 α-螺旋。当有脯氨酸存在时，由于氨基上没有多余的氢形成氢键，所以不能形成 α-螺旋。多聚甘氨酸由于侧链基团为氢，受主链影响较大，不易形成 α-螺旋。多聚异亮氨酸由于侧链基团体积较大，造成空间位阻，不能形成 α-螺旋。多聚精氨酸由于正电荷基团的排斥，也不能形成 α-螺旋。

2. β-折叠

β-折叠又称为 β-折叠片，也是由 Pauling 等提出的，存在于多种蛋白质中，是一种相当伸展的肽链结构，由两条或多条多肽链侧向聚集形成锯齿状结构（图 2-10）。β-折叠可以由一条多肽链回折形成，也可以由多条多肽链组成，其中在主链之间主要形成氢键。主要特点为：

① 形成 β-折叠肽链的主链几乎是完全伸展的。侧链交替地分布在片层的上方和下方，避免侧链基团之间的空间障碍。

② 相邻肽链主链羰基和亚氨基之间形成氢键，氢键与肽链的长轴近于垂直，所有的氨基酸残基都参与了氢键的形成，以稳定 β-折叠构象。

③ 相邻的肽链可以是同向平行的，也可以是反向平行的。由于同种电荷的排斥作用，反向平行结构更稳定。同向平行结构中氨基酸残基的长度为 0.325nm，反向结构中氨基酸残基的长度为 0.347nm。

同向平行的一般是由多条多肽链形成的，一般在 5 条以上，而反向最少两条多肽链就可以形成，但是同向结构更加规则。

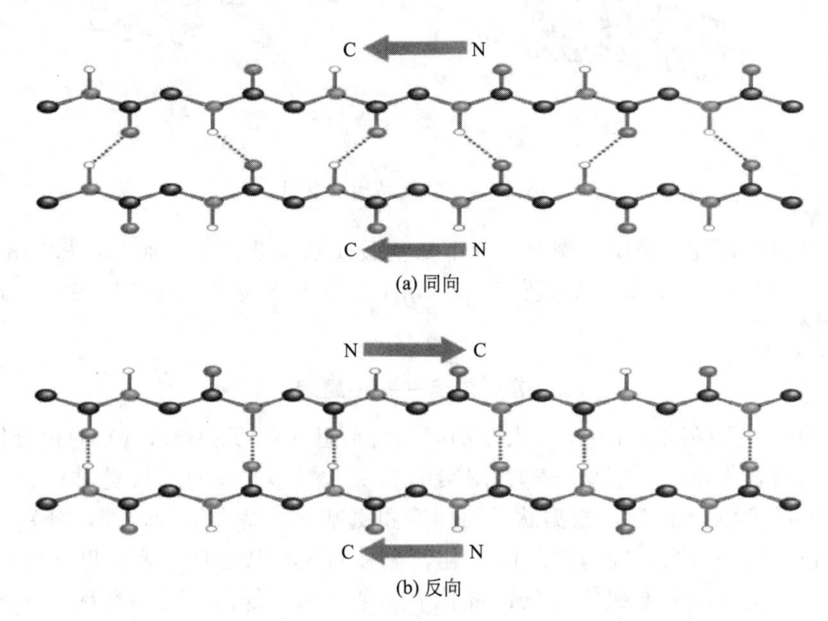

图 2-10　β-折叠的结构示意图

3. β-转角

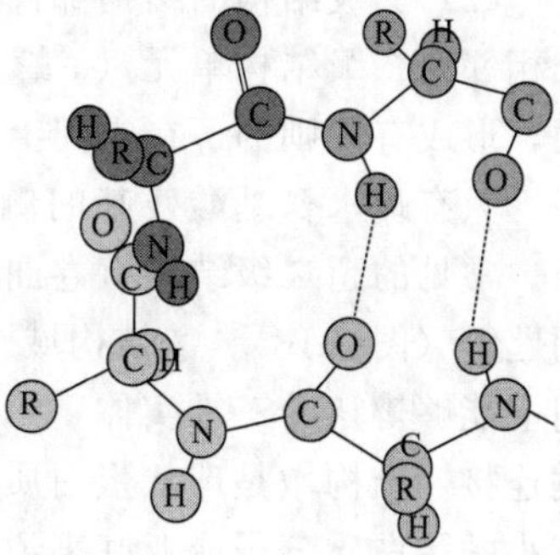

β-转角广泛存在于球状蛋白中，是由多肽链中第 n 个残基的羰基与第 $n+3$ 个氨基酸残基的氨基形成氢键时，多肽链急剧扭转，使主链走向形成 180°的 U 形回折（图 2-11）。由第一个残基的羰基氧与第四个残基的氨基氢（H）可形成氢键。甘氨酸缺少侧链，在 β-转角中能够很好地调整其他氨基酸残基的空间障碍，因此容易形成 β-转角。脯氨酸也容易形成 β-转角。

图 2-11　β-转角的结构示意图

4. 无规则卷曲

无规则卷曲也称为自由回转或自由卷曲，泛指那些不能明确归入 α-螺旋、β-折叠、β-转角等二级结构的多肽区段。无规则卷曲并不是完全没有规则，也是一种明确而稳定的结构，受侧链基团的影响很大，排布相对没有规律性，但是其同样表现出重要的生物学功用，经常构成酶的活性中心和某些蛋白质特异的功能部位。

（三）蛋白质的三级结构

（1）蛋白质三级结构的主要作用力（图 2-12）　①氢键。大多数蛋白质采取的折叠使主链肽之间形成最大数目的分子内氢键（如 α-螺旋、β-折叠），大部分能形成氢键的侧链处于蛋白质分子表面，与水相互作用。②范德华力。包括极性基团间的定向效应、极性基团与非极性基团间的诱导效应、非极性基团间相互影响的分散效应。③疏水作用力。蛋白质中的疏水残基避开水分子而聚集在分子内部的趋势，在维持蛋白质的三级结构方面占有突出的地位。④离子键。正负电荷之间的作用。生理 pH 下，Asp、Glu 侧链解离成负离子，Lys、Arg、His 离解成正离子，带相反电荷的侧链在分子的疏水内部形成盐键。⑤二硫键。二硫键形成之前，蛋白质分子已形成三级结构，二硫键不指导多肽链的折叠，三级结构形成后，二硫键可稳定此构象。⑥静电相互作用。带相反电荷的离子基团间的静电作用，又称盐桥。盐桥和较弱的静电相互作用也可以维持亚基间以及蛋白质与配体间的作用力。

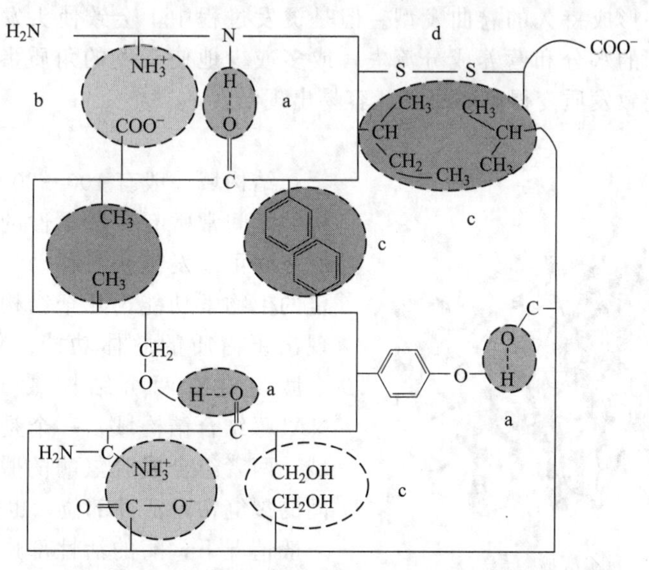

图 2-12　维持蛋白质三级结构的主要作用

a—氢键；b—离子键；c—疏水作用；d—二硫键

（2）三级结构的结构部件 ①超二级结构（super secondary structure）。它是指由若干个相邻的二级结构单元（α-螺旋、β-折叠、β-转角及无规则卷曲）组合在一起，彼此相互作用，形成有规则的、在空间上能够辨认的二级结构组合体，充当三级结构的构件。多数情况下，只有疏水氨基酸残基的侧链参与这些相互作用，亲水氨基酸残基侧链多在分子的外表面。常见的超二级结构有卷曲螺旋、螺旋-环-螺旋、螺旋-转角-螺旋、Rossmann 折叠和希腊钥匙等（图 2-13）。②结构域。它是存在于球状蛋白质分子中的两个或多个相对独立的、空间上能够辨认的三维实体，每个结构域由二级结构组成，充当三级结构的元件，其间由单肽键连接。结构域是球状蛋白质的折叠单位多肽链折叠的最后一步，是结构域间的缔合。对于较小的蛋白质分子或亚基来说，结构域和三级结构往往是同一个意思，就是说这些蛋白质是单结构域的。

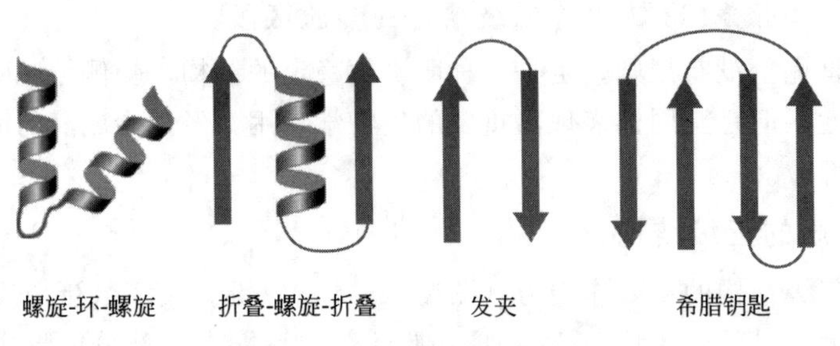

图 2-13 超二级结构示意图

知识链接

烫头发的原理和危害

头发中对头发强度和形态起主要作用的是其中的毛皮质。其由角蛋白纤维组成，多肽链之间通过二硫键交联而成。

烫发时，先把二硫键还原成巯基，蛋白质失去 α-螺旋结构转变成 β-构象。头发卷曲，诱发多肽链之间发生移位。再加入氧化剂，把巯基氧化成二硫键。头发恢复了原来的刚韧性，并形成持久的卷曲发型。但是烫发过程中，会致使头发表层的鳞片遭到破坏，头发内部的水分和营养成分流失，或多或少地使头发的角质蛋白发生变性。所以经常烫发会导致发质变得脆弱干燥，容易出现断发。

图 2-14 乙醇脱氢酶

结构域一般有 100～200 个氨基酸残基，结构域之间常常有一段柔性的肽段相连，使结构域之间可以发生相对移动。每个结构域承担一定的生物学功能，几个结构域协同作用，可体现出蛋白质的总体功能。例如，脱氢酶类的多肽主链有两个结构域（图 2-14），一个为 NAD^+ 结合结构域，一个是起催化作用的结构域，两者组合成脱氢酶的脱氢功能区。结构域间的裂缝常是活性部位，也是反应物的出入口。一般情况下，酶的活性部位位于两个结构域的裂缝中。

(3) 三级结构　蛋白质的三级结构是指构成蛋白质的多肽链在二级结构的基础上进一步盘绕、卷曲和折叠形成的特定空间结构，包括一条多肽链中主链、侧链所有基团的相对空间位置，许多在一级结构上相差很远的氨基酸残基在三级结构上相距很近。球形蛋白的三级结构很密实，大部分的亲水分子从球形蛋白的核心中被排出，分布于蛋白质分子表面，这使得极性基团间以及非极性基团间的相互作用成为可能。大的球形蛋白（200 个氨基酸以上）的结构域常含有特定的功能（如结合离子和小分子）。

20 世纪 60 年代，Kendrew 等研究抹香鲸的肌红蛋白 X 射线衍射图谱，首先测定了蛋白质的三级结构（图 2-15）。肌红蛋白存在于肌肉中，是由一条肽链和一个血红素辅基组成的结合蛋白，是肌肉内储存氧的蛋白质，由 153 个氨基酸残基组成，分子质量为 17800Da，呈紧密球形，多肽链中氨基酸残基上的疏水侧链大都在分子内部，亲水侧链多位于分子表面，因此其水溶性较好。血红蛋白有 8 段 α-螺旋区，每个 α-螺旋区含 7～24 个氨基酸残基，分别称为 A、B、C…G 及 H 肽段；有 1～8 个螺旋间区，肽链拐角处为非螺旋区（亦称螺旋间区），包括 N 端有 2 个氨基酸残基，C 端有 5 个氨基酸残基的非螺旋区；处在拐点上的氨基酸残基 Pro、Ile、Ser、Thr、Asn 等；极性氨基酸分布在分子表面；内部存在一口袋形空穴，血红素居于此空穴中。抹香鲸的肌红蛋白是一个单结构域的蛋白质，整个分子盘绕成一个外圆内空的不对称结构，分子内部只有一个 4 个水分子的空间。

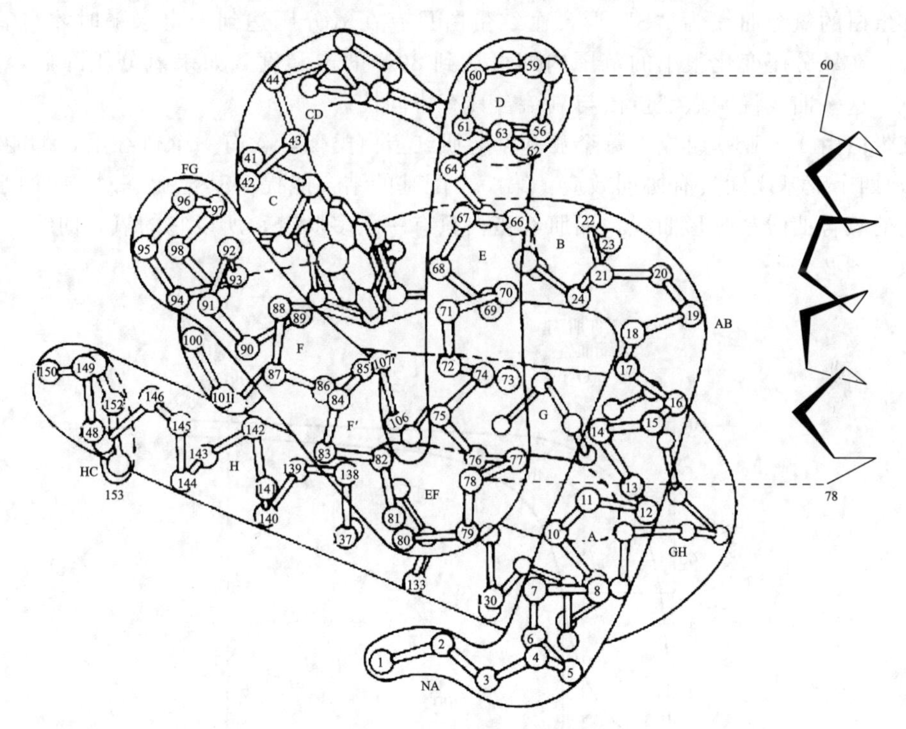

图 2-15　肌红蛋白的三级结构

（四）蛋白质的四级结构

许多蛋白质是由两条及两条以上的多肽链组成的，每一条多肽链都具有各自的三级结构。这些具有独立结构的多肽链通过非共价键彼此缔合而形成的聚合体结构就是蛋白质的四级结构。每一个具有独立结构的多肽链称为蛋白质的亚单位或亚基，通过亚单位表面的离子键、范德华力、氢键等次级键可以聚集而成完整的蛋白质。亚基一般只有一条多肽链，单独存在时没有生物活性。因此，蛋白质的四级结构主要是指亚基的种类、数目、空间排布及亚基之间的相互作用。只由一条多肽链形成的蛋白质没有四级结构。

有些对称的寡聚蛋白是由两个或多个不对称的等同结构成分组成，这种等同的结构成分称为原体。如血红蛋白 $\alpha_2\beta_2$ 就是由两个原体 $\alpha\beta$ 组成。

图 2-16　血红蛋白的结构

1. 血红蛋白的结构与功能

血红蛋白又称血色素，是红细胞的主要组成部分，它是由四条多肽链组成的蛋白质分子（图 2-16），主要功能是在血液中运输氧和二氧化碳。此外血红蛋白可以和 H^+ 结合，从而维持体内的 pH。成年人血红蛋白的分子质量为 65000Da，由 2 条 α 链和 2 条 β 链组成，为 $\alpha_2\beta_2$ 结构。每条 α 链含 141 个氨基酸残基，每条 β 链含 146 个氨基酸残基。血红素的 Fe^{2+} 均连接在多肽链的组氨基酸残基上。

2. 血红蛋白的氧合曲线

血红蛋白的氧合曲线为“S”形，血红蛋白只有在氧分压达到一定水平时才与氧结合，一旦结合，在氧分压变化很小的范围内即可达到 80%的饱和度。如果氧分压降低，它会很快释放氧。这一曲线说明血红蛋白与氧结合具有协同性。

血红蛋白由 4 个亚基组成，每个亚基都与肌红蛋白类似，含有一个血红素，都能结合一分子 O_2，四个亚基之间具有协同效应，第一个配基的结合能提高其他亚基对 O_2 的亲和力，因此，它的氧合曲线是 S 形曲线，而肌红蛋白只有一条多肽链，所以它的氧合曲线与血红蛋白不一致（图 2-17）。

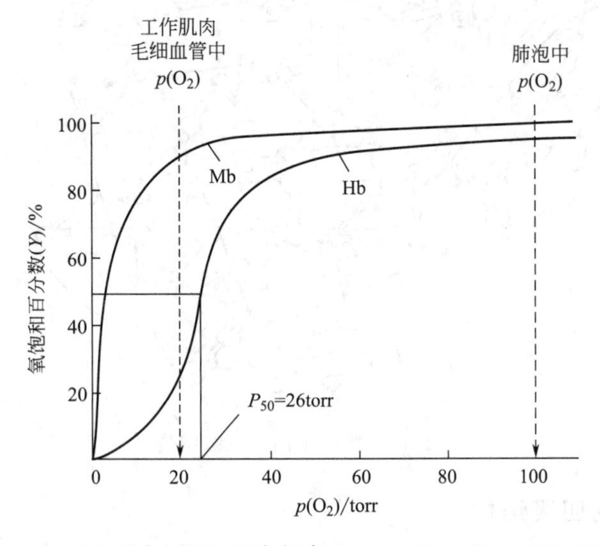

图 2-17　血红蛋白和肌红蛋白氧合（1torr=1mmHg=133.28Pa）

血红蛋白在没有与氧结合时，其分子构象处于紧密状态，四聚体非常稳定，与氧的亲和力很低。一旦氧与血红蛋白分子中的一个亚基结合，就会引起被结合亚基构象改变，并且会引起其他三个亚基的分子构象发生改变，导致血红素中铁原子的位置发生改变，很容易与氧结合，从而极大地加快了血红蛋白与氧结合的速率。

氧与血红蛋白的结合还受环境中的其他分子（如 CO_2、H^+）的调控。它们可逆地结合在血红蛋白与氧结合以外的部位，引起血红蛋白的构象改变，抑制氧结合能力，从而增加了血红蛋白在外周组织中的卸氧能力。这一现象是丹麦生理学家 Christian Bohr 发现的，又称为波尔效应。另外，2,3-二磷酸甘油酸是糖酵解的中间产物，它可与血红蛋白的两个β亚基间的正电荷结合，形成离子键，降低血红蛋白与氧的亲和力。

三、蛋白质结构与功能的关系

蛋白质的功能常取决于它的特定构象，某些蛋白质表现其生物学功能时，构象发生改变，从而改变了整个分子的性质。目前，对蛋白质结构与功能关系的研究已经成为生命科学领域的重要研究方向，与生命起源、细胞分化、代谢调节等重大科研问题的解决密切相关，同时也为解决工农业生产及医疗实践中的重大问题提供重要的理论依据。

（一）一级结构与功能关系

1. 分子病

蛋白质的一级结构是蛋白质行使生物学功能的基础，一级结构的关键部位发生改变，蛋白质的生物学功能也会发生改变甚至丧失，有时会产生严重的疾病。这种由蛋白质氨基酸出现异常而导致的遗传性疾病称为分子病。目前几乎所有的遗传病都是蛋白质一级结构异常引起的分子病。

HbA β 肽链

N-Val・His・Leu・Thr・Pro・Glu・Glu・・・・・C（146）

HbS β 肽链

N-Val・His・Leu・Thr・Pro・Val・Glu・・・・・C（146）

最典型的分子病是镰刀型细胞贫血病，与正常人的血红蛋白相比，患者的血红蛋白β链N端的第6位谷氨酸被缬氨酸所替代。谷氨酸被缬氨酸取代后，亲水基团变成了疏水基团，使血红蛋白表面亲水性减弱，蛋白质聚集，红细胞的形状也从两面凹的圆饼状变成镰刀形，失去光滑的表面，通过毛细血管时容易破裂，从而造成红细胞数量减少，运氧功能下降。

迄今已发现的血红蛋白异常达300多种，包括由血红蛋白分子结构异常导致的异常血红蛋白病和由血红蛋白肽链合成速率异常导致的血红蛋白病。例如地中海贫血症（简称地贫），又称珠蛋白生成障碍性贫血，是一种单基因遗传性溶血性血液病，可以分为α型和β型。它是由血红蛋白多肽链合成不正常引起的，其中α链合成异常称为α型；β链合成异常称为β型。我国是地贫高发国，仅广东、广西、海南三地地贫基因携带者达2000多万。

2. 同工蛋白质与同源蛋白质

具有相同功能的蛋白质都具有相似的结构，这些在不同种属的生物体中行使相同或相似功能的蛋白质称为同工蛋白质或同源蛋白质。研究结果表明，来自不同物种的同源蛋白质，在一级结构上氨基酸残基相对稳定，称为不变残基或保守序列，这些氨基酸决定了蛋白质的功能。还有一些氨基酸是不同的，体现了种属差异，称为可变氨基酸残基。这种差异越大，生物种属间差异就越大。

不同种属动物的胰岛素氨基酸组成大致相同（表2-2），除了α链的4、8、9、10位氨基酸和β链的3、9、29、30位的氨基酸不同以外，其他的氨基酸都相同。

表 2-2　人、牛、猪的胰岛素氨基酸组成比较

种属	α8	α10	β30
人	苏氨酸	异亮氨酸	苏氨酸
牛	丙氨酸	缬氨酸	丙氨酸
猪	苏氨酸	异亮氨酸	丙氨酸

细胞色素 c 广泛存在于好氧生物的线粒体中，是一种与血红素相结合的蛋白质，在电子传递中担任电子传递体。对不同生物体内细胞色素 c 的一级结构分析表明，虽然各种生物的亲缘关系差别很大，但与细胞色素 c 功能相关的各氨基酸的种类和顺序却是相同的（表 2-3）。

表 2-3　不同生物细胞色素 c 的氨基酸组成差异（与人比较）

生物名称	氨基酸残基差异数	生物名称	氨基酸残基差异数
黑猩猩	0	响尾蛇	14
恒河猴	1	海龟	15
兔	9	金枪鱼	21
袋鼠	10	狗鱼	23
牛、羊、猪	10	小蝇	25
狗	11	蛾	31
驴	11	小麦	35
马	12	粗糙链孢霉	43
鸡	13	酵母菌	44

3. 蛋白质的激活

生物体中的很多酶、蛋白质、凝血因子等都具有重要的生物学功能，但是这些蛋白质在体内首先合成分泌的是无活性的前体，这些前体只有以特定方式断裂某一个或几个肽键后才能呈现生物学活性。例如，胃蛋白酶原是由 392 个氨基酸组成的，在胃酸的作用下，水解掉第 42 个氨基酸，露出具有催化作用的基团，才能表现出活性。胰凝乳蛋白酶原是由 245 个氨基酸组成的，进入小肠后在肠激酶的作用下，赖氨酸和异亮氨酸之间的肽键被水解，失去 N 端一个含有 6 个氨基酸残基的肽段，剩余部分进一步折叠，露出由 57 位的组氨酸、95 位的丝氨酸、102 位的天冬氨酸组成的活性部位，才能形成有活性的胰凝乳蛋白酶。

（二）高级结构与功能的关系

各种蛋白质都有其特定的空间构象，这一构象是蛋白质行使功能所必需的。有的蛋白质在行使功能时，需要其空间结构发生一定的改变才能更好地行使功能；有的蛋白质空间结构发生改变，会导致疾病。

核糖核酸酶的功能是水解核糖核酸，是由 124 个氨基酸残基组成的一条多肽链折叠形成的类似于球形的结构，其中有 4 对二硫键。如果将天然的核糖核酸酶放入 8mol/L 的尿素或 6mol/L 的盐酸胍中，用 β-巯基乙醇处理，二硫键被打开，球形结构变成松散的多肽链，则生物学活性完全丧失。若再用透析法除去尿素、β-巯基乙醇等物质，松散的多肽链又重新形成二硫键，酶的活性也得以恢复（图 2-18）。

1. 血红蛋白的别构作用

血红蛋白的氧合曲线是由蛋白质在与氧结合时发生了构象变化引起的。由于第一个亚基

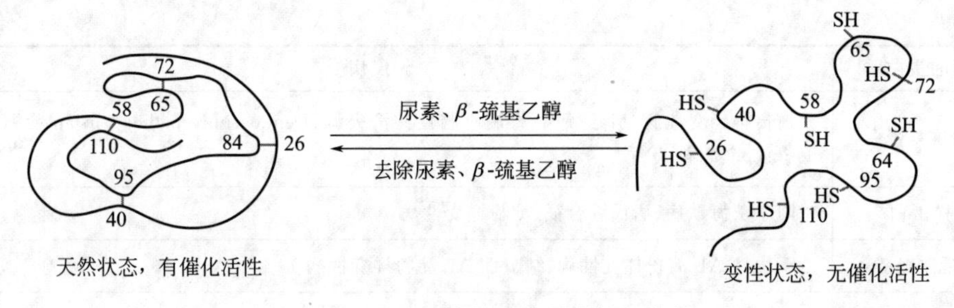

图 2-18　牛胰核糖核酸酶的变性与复性

的结合，将血红蛋白从紧密接合状态（T 型）转变成了松散状态（R 型），更有利于氧的结合，称为正协同作用（图 2-19）。

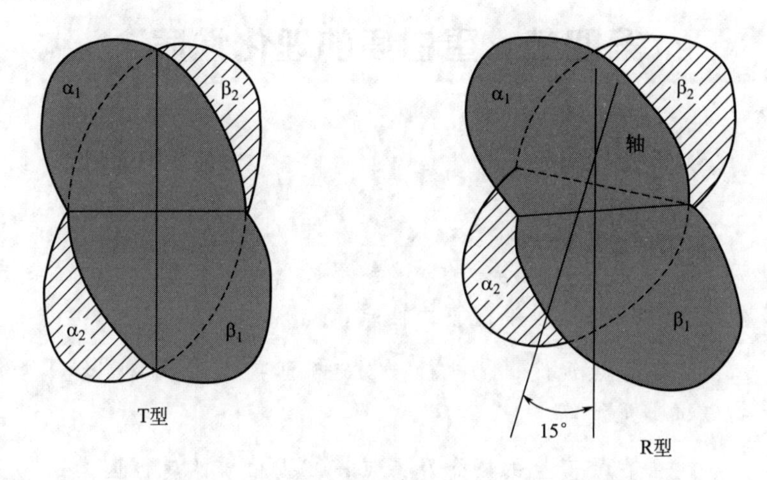

图 2-19　血红蛋白与氧结合或分离时蛋白质构象

2. 蛋白质构象改变引起的疾病

生物医学研究表明，蛋白质的一级结构不改变而只有空间结构发生改变时，也会引起疾病，这种疾病称为蛋白质构象病。主要是因为组织中特定的蛋白质折叠发生错误，是空间构象发生改变引起的病变。

蛋白质构象改变导致疾病的机理：有些蛋白质错误折叠后相互聚集，常形成抗蛋白水解酶的淀粉样纤维沉淀，产生毒性而致病，表现为蛋白质淀粉样纤维沉淀的病理改变。

疯牛病是由朊病毒蛋白（prion protein，PrP）引起的渐进性、致死性的中枢神经系统病变。朊病毒对人类最大的威胁是可以导致人和家畜发生中枢神经系统退化性病变，最终不治而亡。因此世界卫生组织将朊病毒病和艾滋病并立为世纪之最危害人体健康的顽疾。

类似疯牛病的由蛋白质空间结构改变引起的疾病，还包括人纹状体脊髓变性病、阿尔茨海默病、亨廷顿病等。部分蛋白质构象病及其涉及的蛋白质如表 2-4 所列。

表 2-4　蛋白质构象病

疾病涉及的蛋白质	疾病
朊蛋白	克-雅病(CJD)、疯牛病、致死性家族型失眠症、库鲁病、Gerstmann-Strausser-Scheinker 综合征等
抑丝酶	α_1-抗胰蛋白酶缺陷肺气肿或肝硬化、抗凝血酶缺陷血栓病、C_1 抑制物缺陷血管性水肿、神经抑丝酶包涵体家族性脑病

续表

疾病涉及的蛋白质	疾病
谷氨酰胺重复蛋白	遗传神经变性病、亨廷顿病、脊髓小脑性共济失调、Dentat-rubro-pallido-Lijsian 萎缩、Machado-joseph 萎缩
β淀粉样蛋白	阿尔茨海默病、唐氏综合征、淀粉样变性病
免疫球蛋白轻链	系统性 AL 淀粉样变性病、结节性 AL 淀粉样变性病
血清淀粉样 A 蛋白	巨细胞动脉炎、风湿性多肌痛

第四节　蛋白质的理化性质

要点

蛋白质的两性解离　①蛋白质两性解离的特点；②蛋白质等电点的概念及特点。

蛋白质的胶体性质　蛋白质是生物大分子，能够形成稳定的胶体，具有布朗运动、丁铎尔现象及不能透过半透膜的性质。

蛋白质沉淀　①等电点沉淀；②盐析；③有机溶剂沉淀；④重金属盐沉淀；⑤生物碱试剂沉淀等。

蛋白质变性与复性　①蛋白质变性的概念及特点；②蛋白质的变性因素；③蛋白质复性的概念；④蛋白质变性与临床医学的关系。

蛋白质的光学性质　①蛋白质产生光吸收的原因；②蛋白质最大光吸收波长。

蛋白质的呈色反应　蛋白质呈色反应主要有：①与茚三酮反应；②双缩脲反应；③黄色反应。

蛋白质是由氨基酸通过肽键连接形成的空间结构，多肽链的两端分别是氨基和羧基，所以蛋白质具有氨基酸的性质，如 R 基团的反应、两性解离性质等。但是蛋白质是由很多氨基酸缩合而来，分子量要远远大于氨基酸的分子量，因此蛋白质还具有其特有的性质。

一、蛋白质的两性解离和等电点

蛋白质分子中除 N 末端有氨基、C 末端有羧基外，还有很多侧链基团如氨基、羧基、酚羟基、咪唑基、胍基等可以解离的极性基团，所以蛋白质也是两性电解质。因此，溶液中蛋白质的带电荷情况与溶液的 pH 相关。

当蛋白质在某一特定的 pH 环境中，酸性基团所带的正电荷与碱性基团所带的负电荷相等，蛋白质的净电荷为零，在电场中既不向阳极移动也不向阴极移动，这时溶液的 pH 称为蛋白质的等电点（pI）。在等电点时，蛋白质的溶解度最小。但是，因为不同的蛋白质组成氨基酸的种类和数量不同，所以每一种蛋白质都有其特定的等电点。

$$\text{蛋白质}\begin{matrix} \diagup N^+H_3 \\ \diagdown COOH \end{matrix} \underset{H^+}{\overset{OH^-}{\rightleftharpoons}} \text{蛋白质}\begin{matrix} \diagup N^+H_3 \\ \diagdown COO^- \end{matrix} \underset{H^+}{\overset{OH^-}{\rightleftharpoons}} \text{蛋白质}\begin{matrix} \diagup NH_2 \\ \diagdown COO^- \end{matrix}$$

正离子 $pH<pI$　　　两性离子 $pH=pI$　　　负离子 $pH>pI$

如果蛋白质中含有较多的碱性基团，则等电点偏大（如鱼精蛋白的等电点在12.0以上）；如果蛋白质中含有较多的酸性基团，则等电点偏小（如胃蛋白酶的等电点在1.0左右）；如果所含酸性基团和碱性基团数目相近，则蛋白质的等电点在5.0左右。

二、蛋白质的胶体性质

蛋白质属于生物大分子之一，分子量可从1万～100万，其分子的直径可达1～100nm，属于胶粒范围，具有丁铎尔现象、布朗运动和不能透过半透膜等特点。

蛋白质能够以稳定的胶体系统存在，主要是因为蛋白质颗粒表面有很多极性基团，如$—NH_2$、$—COOH$、$—OH$、$—SH$、$—CONH_2$等。这些基团有较强的亲水性，当蛋白质遇水时，蛋白质表面的极性基团吸水，在蛋白质分子表面形成一层水膜，避免了蛋白质分子聚合成更大的颗粒而沉淀下来。同时，在非等电点时，同种分子带有相同的电荷，这种同种电荷的相互排斥又使蛋白质不至于互相聚集沉淀。

蛋白质分子颗粒较大，在溶液中有较大的表面积，而且表面分布着各种极性基团和非极性基团，因此对很多物质都有吸附能力。一般来说，极性基团易和水溶性物质结合，非极性基团容易和脂溶性物质结合。蛋白质分子不能透过半透膜，所以可用羊皮纸、火棉胶、玻璃纸等半透膜来对蛋白质进行分离纯化。

三、蛋白质的沉淀

在溶液中，由于蛋白质带有电荷和水化膜，因此能够形成稳定的胶体。如果在蛋白质溶液中加入适当的试剂，破坏蛋白质的水化膜或者中和蛋白质的电荷，蛋白质就会从溶液中沉淀出来。此外，破坏蛋白质的空间结构，蛋白质也会从溶液中沉淀出来。

（一）高浓度中性盐沉淀蛋白质

向蛋白质溶液中加入高浓度的中性盐，可以使蛋白质沉淀下来，这种方法称为盐析。常用的中性盐包括硫酸铵、硫酸钠、氯化钠等。因为盐浓度过高，就会结合蛋白质分子表面的水分子，破坏蛋白质表面的水化膜，从而使蛋白质沉淀。但是加入低浓度的中性盐时，蛋白质会吸附离子，增加了蛋白质表面的电荷，加强了蛋白质结合水的能力，同时使蛋白质所带的同种电荷量增加，增强了蛋白质分子之间的相互排斥，从而促进蛋白质的溶解，该过程称为盐溶。不同蛋白质沉淀时对盐浓度要求不同，因此通过调节中性盐的浓度，可以将不同种蛋白质沉淀出来，这种方法称为分段盐析。

（二）有机溶剂沉淀蛋白质

某些有机溶剂如乙醇、甲醇、丙酮等有较强的亲水能力，作为脱水剂，可以使蛋白质分子失去表面的水化膜，降低蛋白质表面的介电常数，增加蛋白质分子聚集，从而引起蛋白质沉淀。在低温条件下，如果反应条件温和，有机溶剂可以用来分离纯化蛋白质，而且沉淀的效果比盐析法要好。但是，如果有机溶剂加入过快或者温度过高，常常会引起蛋白质空间结构改变，所以使用有机溶剂沉淀蛋白质要在低温条件下缓慢加入。

（三）重金属盐沉淀蛋白质

在碱性溶液中，蛋白质分子带有负电荷，可以和氯化汞、硝酸盐、醋酸铅、硫酸铜、三氯化铁等重金属离子结合形成不溶性沉淀。这种方法常常会引起蛋白质变性，一般用来去除蛋白类杂质。

如果有人误服重金属盐引起食物中毒，可迅速服用大量的牛奶、豆浆等富含蛋白质的食物，中和重金属盐形成不溶性沉淀，然后再使用催吐剂排出体外，达到解毒作用。

（四）生物碱或有机酸沉淀蛋白质

生物碱是指存在于生物体内的有显著生理作用的一类含氮碱性物质。能够使生物碱沉淀的试剂称为生物碱试剂，如单宁酸、苦味酸、钨酸等。这些试剂常带有负电荷，可与蛋白质中带正电荷的基团结合成不溶性的盐沉淀下来。某些有机酸如三氯乙酸、磺基水杨酸、硝酸等的酸性基团也可以与蛋白质的正电荷结合，使蛋白质形成不溶性沉淀。生物碱试剂和有机酸也会破坏蛋白质的空间结构，一般不用来分离纯化蛋白质。

（五）加热沉淀蛋白质

几乎所有的蛋白质都会因为加热而失去空间结构变性凝固。这是因为加热改变了蛋白质空间构象的次级键，天然结构改变，肽链伸展，疏水基团暴露，导致蛋白质分子表面的水化膜破坏，进而引起蛋白质沉淀。

四、蛋白质的变性与复性

（一）蛋白质的变性

天然蛋白质受到理化因素的影响，分子内部原有的高级结构发生变化，其理化性质和生物学功能都随之丧失，但一级结构不发生变化，这种现象叫作蛋白质的变性。变性后的蛋白质称为变性蛋白质。变性的本质是只破坏非共价键（次级键）和二硫键，改变蛋白质的空间结构，不改变蛋白质的一级结构。引起变性的因素包括物理因素、化学因素与生物因素，如加热、乙醇等有机溶剂、强酸、强碱、重金属离子及生物碱试剂等。

变性后蛋白质的特点：①丧失生物学活性。蛋白质的生物学活性是指蛋白质所具有的酶、激素、毒素、抗原与抗体、载氧能力与收缩能力等。生物学活性丧失是蛋白质变性的主要特征。②黏度增加。主要因为蛋白质变性后，空间结构破坏，变成线型分子，长宽比大大增加。③溶解度降低，易沉淀，易被蛋白酶降解。变性后的蛋白质疏水基团暴露，表面电荷减少，水化膜消失，易沉淀。同时，蛋白质水解部位暴露，容易被蛋白酶水解。

蛋白质能够变性的特点在临床上应用广泛，变性因素常被用来消毒及灭菌。常用的高温杀菌和消毒剂就是使用物理或化学因素破坏细菌或病毒表面的蛋白质，使之变性，从而达到杀菌、消毒的目的。在生产蛋白质和保存蛋白质产品、试剂时，要尽量避免变性因素的影响，防止蛋白质变性（如当前广泛使用的新冠病毒疫苗必须在－20℃条件下保存）。

（二）蛋白质的复性

如果蛋白质变性条件不剧烈，变性蛋白质内部结构变化不大时，除去变性因素，在适当条件下变性蛋白质可恢复其天然构象和生物活性，这种现象称为蛋白质的复性（renaturation）。例如胃蛋白酶加热至80～90℃时，失去溶解性，也无消化蛋白质的能力，如将温度再降低到37℃，则又可恢复溶解性和消化蛋白质的能力。但许多蛋白质变性后，空间构象严重破坏，不能复原，称为不可逆变性。

五、蛋白质的光学性质

蛋白质分子普遍含有色氨酸和酪氨酸等芳香族氨基酸，其分子中的苯环在波长280nm处有最大吸收峰。在此波长处，蛋白质的光密度值与其浓度成正比关系，因此常被用于蛋白质定量测定。

六、蛋白质的呈色反应

（一）茚三酮反应

蛋白质经水解后产生的氨基酸也可与茚三酮发生反应，生成蓝紫色化合物。

（二）双缩脲反应

蛋白质和多肽分子中的肽键在稀碱溶液中与硫酸铜共热，呈现紫色或红色，此反应称为双缩脲反应（biuret reaction）。双缩脲试剂主要检测肽键的存在，也可用来检测蛋白质水解程度。

（三）黄色反应

硝酸能与芳香族氨基酸（如苯丙氨酸、酪氨酸、色氨酸等）形成硝基化合物，使接触部位的组织呈黄色，称为黄色反应。

七、蛋白质分子中氨基酸序列的测定

测定不同蛋白质的氨基酸排列顺序，方法有很多，但是首先都需要获得高纯度的蛋白质，才能得到明确的氨基酸序列，蛋白质序列测定一般包括以下几个步骤。

（一）多肽链的分离

如果蛋白质由2条以上多肽链组成，测定序列时，需要使用8mol/L的尿素或6mol/L的盐酸胍处理蛋白质，使蛋白质变性，亚基分开形成多条线状的多肽链。进一步利用多肽分子大小和等电点不同，将不同的多肽链分离开来。

（二）多肽链的链内二硫键的断开

常用过甲酸、巯基化合物（如2-巯基乙醇或二硫苏糖醇）断开二硫键，再使用碘乙酸反应保护游离的—SH。

（三）氨基酸组分的分析

常用6mol/L的HCl水解蛋白质，水解产物中的氨基酸可用氨基酸分析仪分析，从而得到蛋白质的种类和含量。注意，在酸水解中色氨酸被破坏，天冬酰胺和谷氨酰胺被水解成天冬氨酸和谷氨酸。

（四）氨基端氨基酸的测定

鉴定氨基端氨基酸常用的有DNFB反应、丹磺酰氯反应或异硫氰酸苯酯等方法。具体见本章“氨基酸的理化性质”。

（五）羧基端残基的鉴定

鉴定羧基端氨基酸残基常用羧肽酶法。常用的羧肽酶有羧肽酶A（可水解除脯氨酸、精氨酸、赖氨酸之外的所有羧基端氨基酸残基）、羧肽酶B（只能水解以精氨酸、赖氨酸为羧基端的肽键）。

（六）多肽链的裂解

现在使用的测定氨基酸序列的方法，只能测定较小的肽段，因此对于较长的肽链，需要进行进一步的裂解，将各个小段逐个测序，再排列成完整的多肽链序列。常用的水解酶和化学试剂裂解位点如表2-5所列。

表2-5 常用水解酶和化学试剂裂解位点

酶或试剂名称	水解部位
胰蛋白酶	Arg、Lys羧基端肽键
胰凝乳蛋白酶(糜蛋白酶)	Phe、Trp、Tyr羧基端肽键
梭菌蛋白酶	Arg羧基端肽键
葡萄球菌蛋白酶	Asp、Glu羧基端肽键
溴化氢	Met羧基端肽键
羟胺	Asp、Gly羧基端肽键

（七）二硫键位置的测定

如果多肽链中有多个半胱氨酸残基，则需要确定二硫键的位置，原理是：在不断裂二硫键的情况下，将蛋白质水解成小肽段；再将分离得到的小肽段进行氧化或还原，切断二硫键；分离、确定两个小肽段的氨基酸序列，将它们的序列与整条多肽链的氨基酸序列相比较，即可推断出二硫键的位置。

第五节　蛋白质的分离纯化

要点

蛋白质分离纯化的基本过程　①细胞破碎的常用方法及特点；②蛋白质抽提的注意事项；③粗蛋白沉淀常用的方法。

蛋白质分离纯化常用的方法　①区带离心法的原理；②凝胶过滤色谱和离子交换色谱的原理；③高效液相色谱的原理及操作；④电泳的种类和各自的特点。

蛋白质含量的测定　①蛋白质含量测定的原理和常用方法；②凯氏定氮法和染料结合法的原理及特点。

细胞中含有成千上万种蛋白质，许多蛋白质在组织细胞中与核酸、多糖、脂类等生物分子结合在一起。在工业生产和科学实验的过程中，蛋白质的分离纯化对于研究蛋白质的结构功能是必不可少的，也是研究基因的结构、功能必要的手段。生产蛋白质产品时，也需要将蛋白质进行分离纯化。

一、蛋白质分离纯化的基本过程

在进行蛋白质分离纯化时，首先要明确分离纯化的目的，根据需要制订蛋白质分离纯化的方案。不同的目的，对于蛋白质的需要量不一样。如果进行测序，只需要 50ng 的蛋白质即可；如果制备抗体，至少需要 200μg；如果进行 X 射线衍射，需要 10mg 以上的蛋白质；如果进行药物或蛋白类产品的生产，则是越多越好。不同的目的，对于蛋白质的纯度要求也不一样。一般来说，测序要求蛋白质纯度在 97%以上，作为药物成分则要求蛋白质的纯度越高越好。根据目的不同，采用合适的分离、检测方法。要根据蛋白质的特点确定测定方法，力求测定方便、灵敏，测定方法高度专一，防止功能或结构相近蛋白质的干扰。

蛋白质的分离纯化是为了获得有活性的蛋白质，因此在分离纯化蛋白质过程中，一般要在 0～4℃环境下，避免过酸、过碱，尽量不要剧烈地搅拌或者震荡。

（一）材料的预处理及细胞破碎

材料的预处理就是将蛋白质从组织或细胞中释放出来，要保证蛋白质原有的天然结构，不丧失生物学活性，需要采用适当的方法将细胞破碎。常用的破碎细胞方法主要有以下几种。

(1) 机械破碎　利用机械力将细胞破碎，破碎迅速，破碎效果好，但是不容易控制细胞破碎的温度。常用的设备有细胞破碎机、匀浆器、研钵等。

(2) 渗透压冲击法　将细胞放置于高渗透压的环境中，使细胞失水萎缩，当达到平衡后，再将细胞转入水或低渗透压溶液中，由于渗透压突然变化，细胞外的水分迅速渗入细胞内，引起细胞过度膨胀而破裂。这种方法不适于低温提取的蛋白质。

(3) 反复冻融　将细胞放置于低温环境冷冻（－15℃），使细胞膜疏水结构破坏，增加细胞亲水性，也可以使细胞内的水分结晶，形成冰晶颗粒，增加体积，引起细胞膨胀而破裂，然后将冰粒融化，反复多次，达到破碎细胞的目的。这种方法不适于对温度变化敏感的蛋白质，而且细胞破碎的效果不如机械破碎。

(4) 超声波破碎　利用超声波在液体中空穴化作用和剧烈的扰动作用，使细胞膜上所受张力不均匀进而导致细胞破碎。这种方法不容易控制破碎的温度，破碎的效果也不如机械破碎，常作为辅助手段。

(5) 酶法破碎　主要针对具有细胞壁的细胞破碎，一般用几丁质酶、纤维素酶和蜗牛酶等破碎不同类型的细胞。但是这种方法反应时间长、细胞破碎不彻底，一般在科学研究中使用。

（二）蛋白质的抽提

依据蛋白质的盐溶性质，一般采用适当的稀盐缓冲液抽提蛋白质。抽提缓冲液的酸碱度、离子强度、组成成分等条件，要根据目标蛋白质的特点来选择。如果分离膜蛋白，抽提缓冲液一般要加入阴离子去污剂或表面活性剂（如十二烷基苯磺酸钠、Triton-80 等），破坏细胞膜的结构，有利于膜蛋白分离。在蛋白质抽提的过程中，要注意抽提条件的稳定性，同时最好加入蛋白酶抑制剂，防止目标蛋白质的酶解。

（三）蛋白质粗制品的获得

蛋白质粗分离的目的是除去大量的杂蛋白，最常用的方法是蛋白质沉淀技术，即根据蛋白质的溶解度和变性温度不同，将目标蛋白质和杂蛋白分离开来。常用的方法包括加热变性、盐析沉淀、有机溶剂沉淀、等电点沉淀等。

（四）样品的进一步分离纯化

经过粗分离得到的蛋白质仍然含有大量的杂蛋白，要将这些杂蛋白进一步去除，就要将蛋白质进一步地纯化。

二、蛋白质分离纯化常用的方法

蛋白质分离纯化的方法是根据蛋白质的大小、结构、性质等特点进行设计的。

（一）区带离心法

区带离心法是将样品加入惰性梯度介质中进行离心沉降或沉降平衡，在一定的离心力下把颗粒分配到梯度中某些特定位置上，形成不同区带的分离方法。此分离方法的优点是：①分离效果好，可一次获得较纯颗粒；②适应范围广，能像差速离心法一样分离具有沉降系数差的颗粒，又能分离有一定浮力密度差的颗粒；③颗粒不会被挤压变形，能保持颗粒活性。缺点是：①离心时间较长；②需要制备惰性梯度介质溶液；③操作严格，不易掌握。

（二）色谱法

色谱法是利用各组分物理性质的不同，将多组分混合物进行分离及测定的方法。有吸附色谱法、分配色谱法两种。色谱法是利用物质在固定相与流动相之间不同的分配比例，达到分离目的的技术。色谱法对生物大分子如蛋白质和核酸等复杂的有机混合物的分离分析有极高的分辨力。

色谱法需在两相系统间进行，一相是固定相，需支持物，一般是固体或液体；另一相为流动相，为液体或气体。当流动相流经固定相时被分离物质在两相间进行分配，由平衡状态到失去平衡再到恢复平衡，即不断经历吸附和解吸的过程。随着流动相不断向前流动，被分离物质间出现向前移动的速率差异，由开始的单一区带逐渐分离出许多区带，这个过程叫展层。

色谱法有很多种，包括吸附色谱法、分配色谱法、薄层色谱法、亲和色谱法、凝胶过滤色谱法、离子交换色谱法、高效液相色谱等方法。

1. 凝胶过滤色谱法（gel filtration chromatography）

它是依据蛋白质分子的大小不同而进行的分离技术。凝胶过滤色谱法的介质是内部有多孔的凝胶颗粒（图 2-20），凝胶的网孔大小决定了分离的蛋白质混合物分子质量的范围。如葡聚糖凝胶 G-50（Sephadex G-50）的分离范围是 1500～3000Da。目前常用的凝胶有葡聚糖凝胶（G-25、G-50、G-75、G-100 等）、聚丙烯酰胺凝胶和琼脂糖凝胶等。凝胶过滤色谱法是将具有一定网孔的凝胶（固定相）溶胀后装入色谱柱中制成凝胶柱，当蛋白质混合物溶液流经凝胶柱时，随着溶液的流动，不同大小的蛋白质分子按分子质量从小到大的顺序进入凝胶的内部，大于网孔的蛋白质分子不能进入凝胶分子内。当用缓冲液洗脱时，大分子蛋白质首先被洗脱下来，进入洗脱液，分子量最小的蛋白质最后被洗脱下来，通过收集管和蛋白质检测仪将不同的蛋白质分离开来。

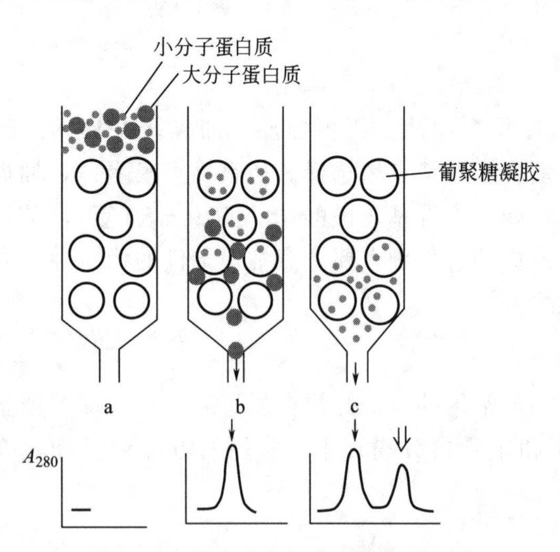

图 2-20　凝胶过滤色谱法分离蛋白质

2. 离子交换色谱法（ion-exchange chromatography）

它是生物大分子提纯中应用最广泛的方法之一。常用的离子交换剂有弱酸型的羧甲基纤维素（CM 纤维素）和弱碱型的二乙氨基乙基纤维素（DEAE 纤维素）。

离子交换色谱法分离蛋白质（图 2-21）是根据在一定 pH 条件下，蛋白质所带电荷不同而进行的分离方法。带有正电荷的蛋白质分子可与负电荷的基团结合，带有负电荷的蛋白质分子容易和正电荷的基团结合，蛋白质所带电荷越多，结合越紧密。当用不同 pH 和离子强度的洗脱液进行洗脱时，结合越紧密越不容易被洗脱下来。根据蛋白质洗脱顺序可以将不同的蛋白质分离开来。

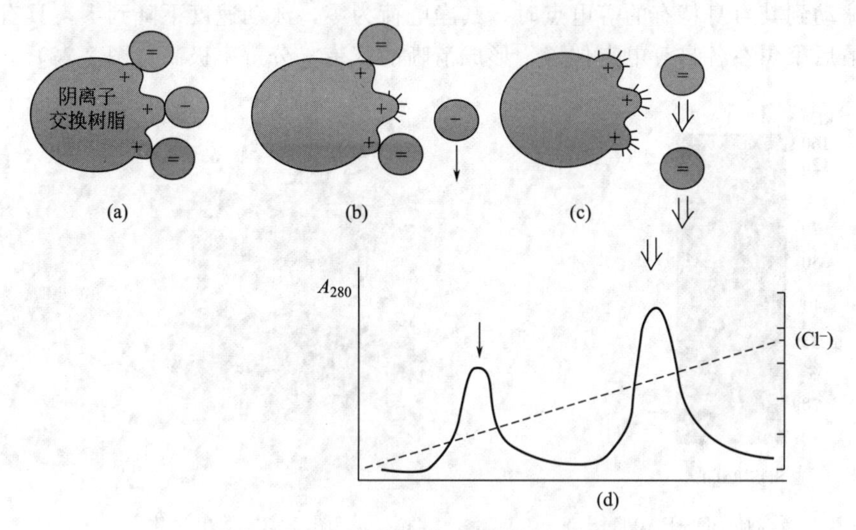

图 2-21　离子交换色谱法分离蛋白质示意图

（a）样品全部交换并吸附到树脂上；（b）负电荷较少的分子用较稀的 Cl^- 或其他负离子溶液洗脱；（c）电荷多的分子随 Cl^- 浓度增加依次洗脱；（d）洗脱图

3. 高效液相色谱法（high performance liquid chromatography，HPLC）

它是 20 世纪 70 年代后发展的色谱法，HPLC 适于分析分离不挥发和极性物质，分析速度快、精确度高，在生物化学、化学、医药学和环境科学的研究中发挥了重要作用。

HPLC 根据不同的蛋白质分子在固定相（色谱柱）中的保留时间与标准蛋白进行对照，可以将不同的蛋白质区分开来，达到分离蛋白质的目的。

（三）电泳技术

电泳技术分离蛋白质是依据蛋白质的电荷或分子质量不同来分离纯化蛋白质的方法。常用的方法有 SDS-聚丙烯酰胺凝胶电泳、双向聚丙烯酰胺凝胶电泳、等电聚焦等。

1. SDS-聚丙烯酰胺凝胶电泳

聚丙烯酰胺凝胶电泳是以聚丙烯酰胺凝胶为载体的一种区带电泳。该凝胶由丙烯酰胺（Acr）和交联剂 *N*,*N*-亚甲基双丙烯聚酰胺（Bis）聚合而成。采用不同浓度的 Acr、Bis、Ap、TEMED 使之聚合，可以产生不同孔径的凝胶。因此可按分离物质的大小、形状来选择凝胶浓度。

SDS（十二烷基硫酸钠）是一种表面活性剂，能破坏蛋白质高级结构，使蛋白质分子改变空间构象成为线型分子展开。SDS 带有负电荷，它与蛋白质结合后形成的复合物带有大量的负电荷，总量大大超过了蛋白质本身所带的电荷，而巯基乙醇是一种还原剂，可以打开蛋白质分子中的二硫键。因此蛋白质在SDS凝胶中的迁移率不再受蛋白质本身的电荷及空间结构的影响，只与蛋白质的分子质量有关。通过标准分子质量蛋白质（Mark）比对，可以判断蛋白质的分子质量。蛋白质本身没有颜色，电泳时常加入指示剂（一般用溴酚蓝），电泳结束后用考马斯亮蓝R-250染色，再用脱色剂脱去背景颜色，就可以看出蛋白质电泳的区带（图2-22）。

2. 等电聚焦

它是将两性电解质加入盛有pH梯度缓冲液的电泳槽中，当其处在低于其本身等电点的环境中则带正电荷，向负极移动；若其处在高于其本身等电点的环境中，则带负电，向正极移动。当泳动到其自身特有的等电点时，其净电荷为零，泳动速度下降到零，具有不同等电点的物质最后聚焦在各自等电点位置，形成清晰的区带，分辨率极高（图2-23）。

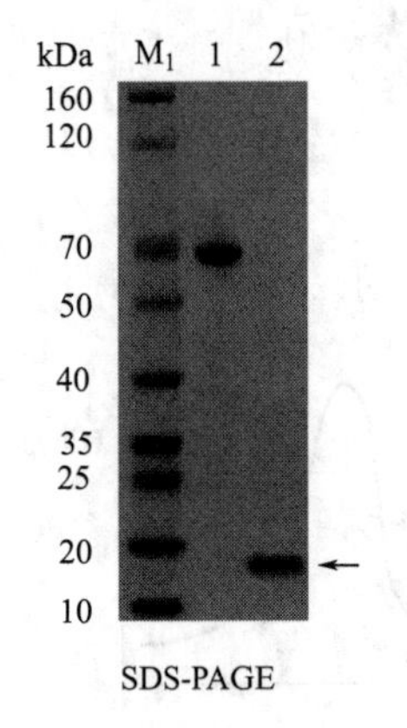

图2-22　蛋白质SDS-PAGE图

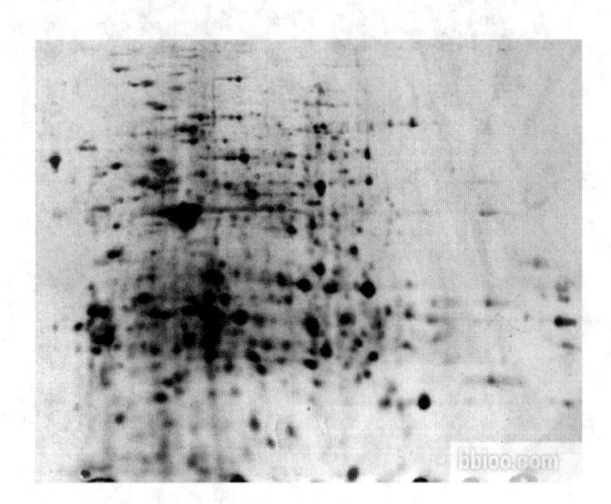

图2-23　等电聚焦图

3. 双向聚丙烯酰胺凝胶电泳

双向聚丙烯酰胺凝胶电泳的原理是第一向基于蛋白质的等电点不同用等电聚焦分离，第二向则按分子质量的不同用SDS-PAGE（SDS-聚丙烯凝胶电泳）分离，把复杂蛋白质混合物中的蛋白质在二维平面上分开。根据蛋白质的等电点（第一向）和分子质量（第二向）的不同进行分离。电泳后根据蛋白质的上样量对凝胶进行考马斯亮蓝染色、银染或荧光染色，然后用相关软件对电泳图像进行分析。经过双向电泳以后，蛋白质呈现二维分布，水平方向上反映蛋白质等电点的差异，垂直方向上反映蛋白质分子质量的差别。

三、蛋白质含量的测定

在食物以及蛋白质药物中，常常需要测定蛋白质的含量，以保证产品的安全性和有效性。蛋白质含量测定的方法很多，下面介绍一些常用的蛋白质含量的测定方法。

（一）凯氏定氮法

凯氏定氮法测定蛋白质含量是国际上通用的国标规定方法，我国也有相关的标准（GB/T 5009.5—2016），这种方法适用于各类食品中蛋白质的测定。其原理是：蛋白质是含氮的有机化合物，当蛋白质与硫酸和催化剂一同加热消化时会使蛋白质分解，分解产生的氨与硫酸结合生成硫酸铵；然后碱化蒸馏使氨游离，用硼酸吸收后再以硫酸或盐酸标准溶液滴定，根据酸的消耗量乘以换算系数，可以得出N的含量，而蛋白质中N的含量相对稳定，约为16%，利用含氮量即可计算出总蛋白质含量。

（二）紫外分光光度计法

蛋白质中常含有带芳香环的化合物，具有共轭双键，所以在280nm波长处有最大光吸收，光吸收值与蛋白质含量成正比，所以可以通过紫外吸收来测定蛋白质的含量。但是DNA的光吸收在260nm处，对蛋白质测定有干扰，所以一般测定时还要测定260nm处的光吸收。

（三）染料结合法

蛋白质在可见光光谱范围内没有光吸收，但是当蛋白质与一些染料结合以后，可以形成在可见光区域有最大光吸收的复合物，而且吸光度与蛋白质含量成正比关系，通过用标准蛋白质制作标准曲线，得到回归方程，利用蛋白质光吸收与标准蛋白质比对，即可得出蛋白质的含量。常用的染料结合法有考马斯亮蓝结合法和福林（Folin）酚染料结合法。

1. 考马斯亮蓝结合法

考马斯亮蓝G-250在游离态下呈红色，当它与蛋白质的疏水区结合后变为青色，前者最大光吸收在465nm，后者在595nm。在一定蛋白质浓度范围内（0～100μg/mL），结合物在595nm波长下的吸光度与蛋白质含量成正比，故可用于蛋白质的定量测定。该反应非常灵敏，可测定微克级蛋白质含量，是一种比较好的蛋白质含量测定方法。

2. 福林（Folin）酚染料结合法

Folin酚染料结合法是将蛋白质先和碱性铜试剂反应，蛋白质中的肽键与铜离子反应生成蛋白质-铜络合物，这种络合物再与磷钼酸-磷钨酸试剂反应，磷钼酸-磷钨酸混合液在碱性环境中很不稳定，容易被蛋白质-铜络合物还原，生成钼蓝和钨蓝混合物，呈蓝色。该混合物在650nm处有最大光吸收，而且吸光度和蛋白质含量成正比，可以通过与标准曲线对比，得出蛋白质的含量。

本章小结

蛋白质具有多种生物学功能，是生命活动的体现者。蛋白质的特征元素是氮元素，平均含量为16%，可用于蛋白质含量测定。

蛋白质的基本组成单位是氨基酸，常见的蛋白质氨基酸除甘氨酸没有手性碳原子以外，其他氨基酸都是L型，根据侧链基团的解离情况可以分为极性氨基酸、非极性氨基酸和极性非解离氨基酸，根据机体能否自主合成分为必需氨基酸和非必需氨基酸。在水溶液中，氨基酸以两性离子的形式存在，通过调整环境的pH，使氨基酸所带的正负电荷量相等，这时的pH称为氨基酸的等电点。氨基酸具有游离的氨基和羧基，可与茚三酮、甲醛、2,4-二硝基氟苯、丹磺酰氯、异硫氰酸苯酯等发生反应。氨基酸之间通过失水缩合形成的化合物称为肽，氨基和羧基之间的化学键称为肽键。肽键不能够自由旋转，使得相关的6个原子在同一个平面上，该平面称为肽平面。

蛋白质多肽链的氨基酸排列顺序称为蛋白质的一级结构，包括半胱氨酸之间的二硫键。多肽链进一步形成的空间结构称为蛋白质的二级结构，包括α-螺旋、β-折叠、β-转角、无规则卷曲等。稳定蛋白质空间结构的主要作用力包括氢键、盐键、疏水作用力、范德华力等。

由二级结构元件组成的三级结构元件包括超二级结构和结构域。结构域指在超二级结构的基础上进一步盘绕折叠形成的近似于球形的空间结构，是具有一定生物学功能的区域。蛋白质多肽链在超二级结构和结构域的基础上进一步盘绕、扭曲形成的结构称为蛋白质的三级结构。由两个及两个以上的三级结构彼此缔合在一起形成的结构称为蛋白质的四级结构。组成四级结构的三级结构称为亚基，多个亚基相互作用，使蛋白质的功能更加完善。

蛋白质在受到物理因素、化学因素和生物因素影响时，空间结构被破坏，生物活性丧失的现象称为蛋白质变性。变性的蛋白质一级结构没有发生变化。变性后蛋白质黏度增加、容易沉淀、易被蛋白酶降解。如果蛋白质变性不剧烈，去掉变性因素后，蛋白质可以重新形成原有的空间结构，生物活性部分恢复，这称为蛋白质的复性。

蛋白质的结构与功能高度统一，一级结构是高级结构的基础。一级结构个别氨基酸异常有时会引起严重的疾病。一级结构不变时，空间结构异常也会引起蛋白质的功能异常，由此引起的疾病称为蛋白质构象病。

蛋白质分离纯化的过程包括细胞破碎、蛋白质抽提、粗蛋白的分离、蛋白质进一步分离纯化。蛋白质分离纯化过程中要避免会导致蛋白质变性因素的干扰。

思考题

1. 名词解释：氨基酸的等电点、二级结构、超二级结构、结构域、蛋白质变性与复性。

2. 根据表 2-1，计算天冬氨酸、谷氨酸、精氨酸、懒氨酸和丙氨酸的等电点。

3. 总结蛋白质二级结构特点、维持蛋白质二级结构的作用力有哪些？

4. 蛋白质中，如果 α-螺旋的长度为 1μm，那么它是由多少个氨基酸组成的？

5. 何谓蛋白质变性？变性后蛋白质性质有什么改变？

6. 将血清蛋白（pI=4.9）、血红蛋白（pI=6.8）、鱼精蛋白（pI=12.0）的混合液，通过阴离子交换树脂柱层析分离，用 pH=3.0 递增的缓冲液进行洗脱，请写出三种蛋白质的洗脱顺序并说明理由。

7. 有一个七肽，氨基酸组成是 Lys、Pro、Arg、Phe、Ala、Tyr 和 Ser。此肽未经糜蛋白酶处理时，与 DNFB 反应不产生 α-DNP-氨基酸。经糜蛋白酶作用后，此肽断裂成两个肽段，其氨基酸组成分别为 Ala、Tyr、Ser 和 Pro、Phe、Lys、Arg。这两个肽段分别与 DNFB 反应，可分别产生 DNP-Ser 和 DNP-Lys。此肽与胰蛋白酶反应，同样能生成两个肽段，它们的氨基酸组成分别是 Arg、Pro 和 Phe、Tyr、Lys、Ser、Ala。试问此七肽的一级结构是怎样的？请给出分析过程。

8. 有一个四肽，经胰蛋白酶水解得到两个片段，一个片段在 280nm 附近有强的光吸收，且坂口反应（精氨酸羧基端肽键反应）呈阳性；另一片段用溴化氰处理得到与茚三酮反应呈黄色的氨基酸。试推断此四肽的氨基酸序列。

第三章 核酸化学

【知识目标】掌握核酸的类型；核酸的一级结构特点；DNA的双螺旋结构特点和tRNA的二级结构特点；核酸的紫外吸收性质和变复性性质。熟悉核酸定量和定性检测的方法。了解核酸的功能和组成；tRNA的三级结构特点；核酸杂交的类型和操作。

【能力目标】根据DNA双螺旋结构构象的变化判断其对基因表达的影响，根据核酸的紫外吸收性质判断核酸样品的纯度，熟知核酸变复性的原理，能深刻理解目的基因的体外扩增和分子杂交技术，能根据核酸的理化性质设计核酸的提取流程。

【素质目标】能理解基因组计划的深远意义，能理解生物学前沿中各种关于基因的操作，能正确看待转基因植物和转基因动物对人类生活的影响。

核酸是绝大多数生物体执行生命活动的基础，生物体的所有遗传信息都隐藏在核酸分子中。解读生命的密码，有助于定向改造动植物。以往的动植物育种工作都是传统的育种，其周期长、针对性不强，但是如果了解性状背后的分子机制，可以有效缩短育种周期，加快育种进程。水稻是全球重要的粮食作物，在水稻的育种中就出现了通过改造基因而达到增产的绿色革命。半矮化基因（*Semi-Dwarf1*，*SD1*）是编码赤霉素合成酶的基因，它不仅可以实现水稻的矮化，也使水稻的产量创新高。在人类的疾病研究中，核酸同样起着举足轻重的作用，确定了相关致病基因和致病途径后，可以有效预防、阻断某些疾病的发生。因此，了解和掌握核酸相关的基础知识是实现核酸应用的前提。

第一节 核酸的分类及功能

要点

核酸的分类 ①核酸分为两类：核糖核酸（RNA）和脱氧核糖核酸（DNA）；②RNA主要有三类分子：tRNA、mRNA和rRNA。

核酸的功能 ①DNA是主要的遗传物质，存在于细胞核中；②RNA主要存在于细胞质中，tRNA负责氨基酸的转运，mRNA是翻译的模板，rRNA是核糖体的组成成分。

一、核酸的分类

核酸（nucleic acid）是以核苷酸为基本组成单位连接而成的多聚体，是储存和传递遗传信息的生物大分子。根据戊糖组成不同，核酸分为脱氧核糖核酸（deoxyribonucleic acid，DNA）和核糖核酸（ribonucleic acid，RNA）两大类。对于大多数生物而言，DNA是主要的遗传物质，但也有些病毒以RNA为遗传物质，如人类免疫缺陷病毒（human immunodeficiency virus，HIV）、2019冠状病毒（2019-nCoV）、严重急性呼吸综合征冠状病毒（severe acute respiratory syndrome coronavirus，SARS-CoV）等。

知识链接

核酸的发现

在发现核酸之前，人们认为“生命是蛋白质存在的形式，蛋白质是生命的基础”。1868年，瑞士科学家F. Miescher从外科绷带上的脓细胞中分离并提取了含磷量很高的酸性物质，命名为核素（nuclein），Miescher被认为是细胞核化学的创始人和DNA的发现者。1944年O. T. Avery的细菌转化实验和1952年M. Delbruck和S. Luria等的噬菌体标记感染实验证实了DNA是遗传物质，后来又发现了以RNA作为遗传物质的病毒。这些都证实了核酸才是遗传物质，没有核酸就没有蛋白质，也就没有生命。

（一）DNA

真核生物的DNA常常与蛋白质结合，形成了压缩近万倍的染色体，存在于细胞核内，约占DNA总量的95%以上，还有一些DNA存在于半自主的细胞器中，如线粒体、叶绿体，约占DNA总量的5%。原核生物DNA几乎完全裸露，很少与蛋白质结合，并且因为原核生物缺乏内膜系统，其DNA存在于一个比较集中的区域，称为拟核。在原核生物中，除了有基因组DNA外，还有质粒DNA。质粒DNA、原核生物DNA及真核生物细胞器DNA均以环状的双链DNA形式存在，而真核生物染色体DNA以线型双链形式存在，其末端还具有高度重复序列形成的端粒（telomere）结构，确保了染色体的完整性。

病毒根据其遗传物质的不同，可分为DNA病毒和RNA病毒。有些DNA病毒是双链结构的，如人乳头瘤病毒、杆状病毒和嗜肝DNA病毒等，均为环状双链DNA；而疱疹病毒、腺病毒、痘病毒等则是线型双链DNA。少数DNA病毒也有单链的，如小鼠微小病毒是线型单链DNA。多数噬菌体DNA如λ噬菌体、T系列噬菌体为线型双链，而ϕX174噬菌体、M13噬菌体等为环状单链。

（二）RNA

RNA在原核细胞内主要分散在细胞质中。在真核细胞中，约75%的RNA存在于细胞质中，15%的RNA存在于线粒体和叶绿体内，约10%存在于细胞核中。细胞中的RNA可分为三种主要的类型，转运RNA（transfer RNA，tRNA）、核糖体RNA（ribosomal RNA，rRNA）和信使RNA（messenger RNA，mRNA）。这三类RNA在原核和真核生物中都存在，它们都参与翻译的过程。tRNA 负责翻译过程中氨基酸的转运，rRNA 是翻译机器核糖体的组成成分，mRNA 则是翻译的模板。

原核生物 mRNA 半衰期较短，无 5′端的帽子结构，3′端的 polyA 尾巴很短或没有，原核生物 mRNA 的 3′端还在继续转录，而 5′端的翻译过程就已经开始了。真核生物 mRNA 5′端具有帽子结构，且绝大多数 mRNA 3′端具有长度不等的 polyA 尾巴，真核生物 mRNA 产生后要经过复杂的加工过程才能作为翻译的模板。

除了这些主要类型外，随着研究的深入也发现了许多其他具有特殊功能的 RNA 分子，如 miRNA（microRNA）、长非编码 RNA（long noncoding RNA，lncRNA）、环形 RNA（circular RNA，circRNA）等。miRNA 是一种由大小约为 21～23 个核苷酸构成的单链小 RNA 分子，它在动植物中数量非常庞大，达到 2 万余种；lncRNA 是长度大于 200 个核苷酸的非编码 RNA，已被证实参与表观遗传调控；circRNA 是一类不具有 5′端帽子结构和 3′端尾巴的非编码 RNA，它们以共价键形式首尾连接成环。这些 RNA 分子在基因表达调控中均发挥着重要的作用。

RNA 病毒数量也不少，有以脊髓灰质炎病毒（poliovirus）为代表的正链 RNA 病毒，也有以狂犬病病毒（rabies virus）为代表的负链 RNA 病毒，还有以呼肠孤病毒（reovirus）为代表的双链 RNA 病毒，以及以马铃薯纺锤形块茎类病毒（potato spindle tuber viroid，PSTVd）为代表的类病毒（viroid），它是目前最小的致病 RNA。

二、核酸的功能

（一）DNA 是主要的遗传物质

DNA 是主要遗传物质，其证据来源于经典的肺炎双球菌（*Diplococcus pneumoniae*）转化实验（图 3-1）。在实验中，O. Avery 等从有致病性、表面光滑的肺炎球菌 S 中分离了 DNA、蛋白质提取物和多糖提取物，然后将它们分别添加到培养基中培养无荚膜、表面粗糙的肺炎球菌 R，惊奇地发现部分 R 型细菌在含有 DNA 提取物的培养基中转变成了表面光滑的 S 型细菌，而在含有蛋白质提取物和多糖提取物的培养基中并没有观察到此现象，并且当 DNA 与 DNA 酶同时加入培养基中时，R 型细菌无法发生转变，这说明 DNA 有使生物性状发生改变的能力，而蛋白质和多糖没有，因此得出 DNA 是主要遗传物质的结论。基于此结论，现在越来越多的科学研究集中于改造生物的 DNA，从而达到改变生物性状的目的。

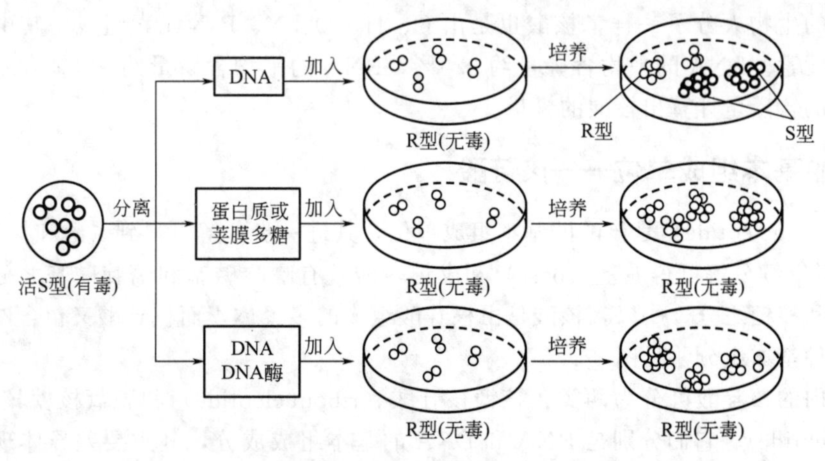

图 3-1　肺炎双球菌转化实验

（二）RNA 功能的多样性

RNA 最为重要的功能是参与蛋白质的合成，这源于最初对 RNA 三类主要分子的认识。随着 RNA 种类的不断扩充，对 RNA 的认识也逐渐深入，发现 RNA 的功能具有多样性。美国科罗拉多大学（Boulder 分校）Cech 实验室首先发现了 RNA 具有酶的活性，从而开启了核酶的研究。tmRNA 是一类较为稳定的小分子 RNA，普遍存在于各种细菌及细胞器中，具有 tRNA 分子和 mRNA 分子的双重功能，在反式翻译中发挥重要作用；核仁小 RNA（snoRNA）存在于细胞核中，它参与 tRNA 分子和 rRNA 分子的修饰；miRNA 是由较长的初级转录产物经过剪切加工产生的，通过碱基互补配对的方式识别靶基因的 mRNA，降解靶 mRNA 或者阻碍靶 mRNA 的翻译；lncRNA 可以招募染色质沉默复合体 PRC2（polycomb repressive complex 2）从而使邻近基因的转录受阻；circRNA 最常见的功能是作为 miRNA 的海绵体与 miRNA 结合，影响 miRNA 对靶基因的调控等。总体上看，RNA 分子已作为基因表达调控中一个重要的环节，在转录和翻译水平上均参与基因的表达过程，促进生物体的正常生长与发育。

第二节　核酸的组成

要点

核酸的元素组成	磷元素是核酸的特征元素。
核酸的基本组成	①核酸的基本组成单位为核苷酸；②核苷酸由戊糖、磷酸和碱基组成；③DNA 和 RNA 的组成区别在于戊糖和碱基。
核酸的衍生物	核酸的衍生物在生物体内也承担着重要的作用。

一、核酸的元素组成

与其他的生物大分子一样，核酸也是由 C、H、O、N、P 等元素组成，其中磷元素是核酸的特征元素。DNA 的平均含磷量约 9.9%，RNA 的平均含磷量约 9.4%。故可通过测定核酸样品的含磷量计算出核酸的含量。

二、核酸的基本组成单位——核苷酸

核苷酸（nucleotide）是核酸的基本组成单位，其进一步分解可得到磷酸和核苷（nucleoside），后者继续分解可得碱基（base）和戊糖，碱基有嘌呤碱基和嘧啶碱基之分，而戊糖有脱氧核糖和核糖之分。所以，核酸是由核苷酸组成的多聚体，而核苷酸又包含碱基、戊糖和磷酸这三种基本组分，见图 3-2。

生物体内的核苷酸可分为两类：核糖核苷酸（ribonucleotide）和脱氧核糖核苷酸（deoxyribonucleotide）。它们分别是 RNA 和 DNA 的基本组成成分，其主要差异体现在戊糖的区别。

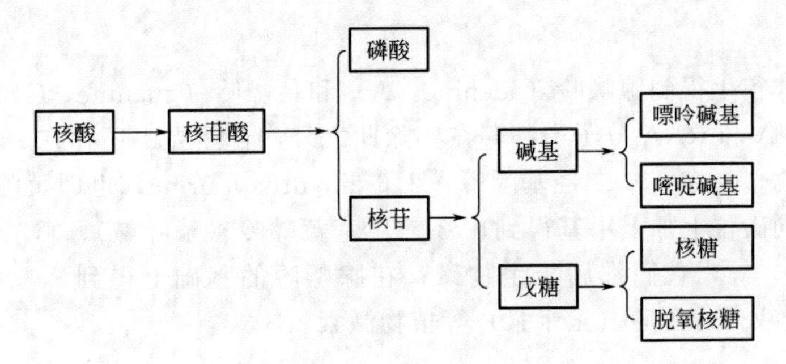

图 3-2 核酸的组成

（一）戊糖

核苷酸中的戊糖为 D 型的五碳糖，它们构成了核酸链的基本骨架，碱基和磷酸分别结合在戊糖分子上。如图 3-3 所示，碱基结合在戊糖分子的一号碳位，磷酸基团结合于戊糖分子的五号碳位。RNA 与 DNA 中戊糖结构的区别在于糖环平面二号位的 C 原子上连接基团的差异，RNA 分子中戊糖的二号碳原子连接的是羟基基团（—OH），而 DNA 分子中戊糖的二号碳原子连接的是氢原子（—H），所以 RNA 分子中的戊糖被称为核糖，DNA 分子中的戊糖被称为脱氧核糖。为了区别戊糖平面和碱基中的碳位，一般将戊糖中的碳位加“′”表示，如糖环平面的一号碳位即为 1′-C，二号碳位即为 2′-C，以此类推，而碱基平面中的位置不加任何符号，碱基平面中的一号氮位即为 N^1。

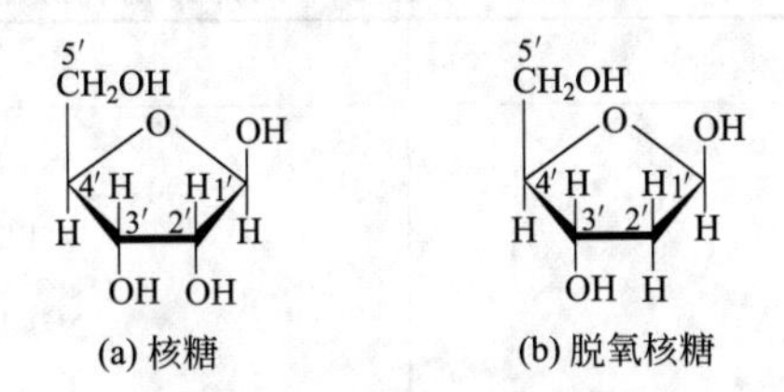

图 3-3 核苷酸中的戊糖分子

（二）碱基

碱基是核酸组成中非常重要的组分，包含嘧啶碱基（pyrimidine base）和嘌呤碱基（purine base）两类。

1. 嘧啶碱基

以嘧啶为母体结构衍生出胞嘧啶（cytosine，C）、胸腺嘧啶（thymine，T）和尿嘧啶（uracil，U）三种（图 3-4），其中胞嘧啶和胸腺嘧啶常出现在 DNA 分子中，而胞嘧啶和尿嘧啶主要存在于 RNA 分子中，胸腺嘧啶在少量 tRNA 分子中存在。在生物体中胞嘧啶常被甲基化，形成 5-甲基胞嘧啶（5-methylcytosine），参与基因的表达调控。在一些大肠杆菌的噬菌体中，胞嘧啶被 5-羟甲基胞嘧啶（5-hydroxy methylcytosine）取代。

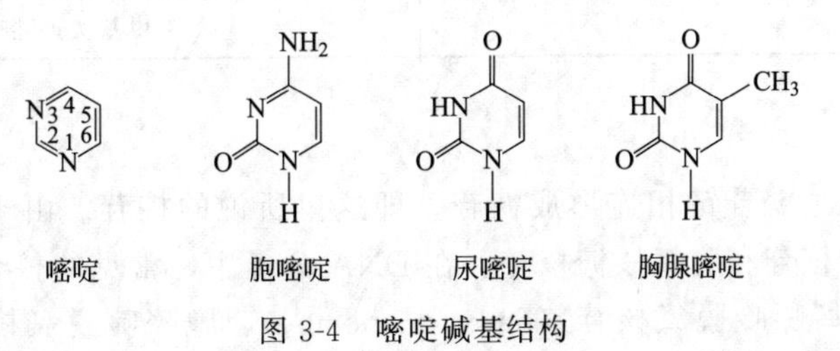

图 3-4 嘧啶碱基结构

2. 嘌呤碱基

以嘌呤为母体衍生得到腺嘌呤（adenine，A）和鸟嘌呤（guanine，G）（图 3-5），腺嘌呤和鸟嘌呤在 DNA 和 RNA 分子中都存在。除此之外，自然界中还存在一些具有生物活性作用的嘌呤衍生物，如在 2,6-二羟基嘌呤［2,6-dihydroxypurine，也即黄嘌呤（xanthine)］的基础上，在不同碳位上加上甲基得到 1,3-二甲基黄嘌呤（茶叶碱）、1,3,7-三甲基黄嘌呤（咖啡碱或咖啡因）等，它们都属于生物碱；在腺嘌呤的基础上得到 N^6-呋喃甲基腺嘌呤（激动素）、N^6-异戊烯腺嘌呤（玉米素）等植物激素。

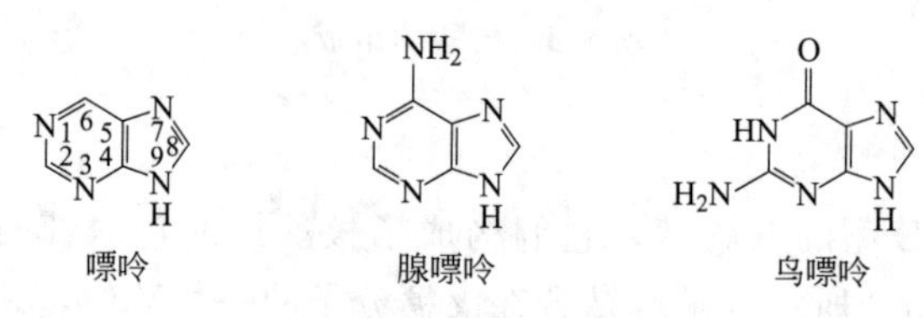

图 3-5　嘌呤碱基结构

3. 稀有碱基

除了胞嘧啶、胸腺嘧啶、尿嘧啶、鸟嘌呤和腺嘌呤这五种基本碱基外，在生物的基因组 DNA 和 RNA 分子中还存在一定量的修饰碱基（表 3-1），tRNA 分子中修饰碱基的数量较多，可高达 10%，大多为甲基化碱基，这些碱基被统称为稀有碱基。

表 3-1　DNA 和 RNA 分子中的部分稀有碱基

DNA	RNA
尿嘧啶(U)	胸腺嘧啶(T)
5-甲基胞嘧啶(m^5C)	1-甲基腺嘌呤(m^1A)
N^6-甲基腺嘌呤(m^6A)	N^6-甲基腺嘌呤(m^6A)
5-羟甲基尿嘧啶(hm^5C)	1-甲基鸟嘌呤(m^1G)
5-羟甲基胞嘧啶(hm^5C)	4-硫尿嘧啶(s^4U)
	2-硫胞嘧啶(s^2C)
	5-甲氧基尿嘧啶(mo^5U)
	5,6-二氢尿嘧啶(DHU)
	N^4-乙酰基胞嘧啶(ac^4C)
	N^6-异戊烯基腺嘌呤($_iA$)
	N^6,N^6-二甲基腺嘌呤(m_2^6A)
	N^1,N^2,N^7-三甲基鸟嘌呤($m_3^{1,2,7}G$)
	次黄嘌呤(I)
	1-甲基次黄嘌呤(m^1I)

（三）核苷

由戊糖和碱基通过糖苷键相连形成糖苷，即这里所说的核苷。由于构成核苷的戊糖差异，核苷可分为核糖核苷和脱氧核糖核苷。在 DNA 分子中，常见的核苷有腺嘌呤脱氧核苷（deoxyadenosine)、鸟嘌呤脱氧核苷（deoxyguanosine)、胞嘧啶脱氧核苷（deoxycytidine)

和胸腺嘧啶脱氧核苷（deoxythymidine）。在 RNA 分子中，常见的核苷为腺嘌呤核苷（adenosine）、鸟嘌呤核苷（guanosine）、胞嘧啶核苷（cytidine）和尿嘧啶核苷（uridine）。图 3-6 列出了部分核苷的结构，碱基中的氮原子（嘧啶碱为 N^1，嘌呤碱为 N^9）均与糖环平面的一号碳位（1′-C）相连，形成 N—C 键，被称为 *N*-糖苷键，且为 β 型。

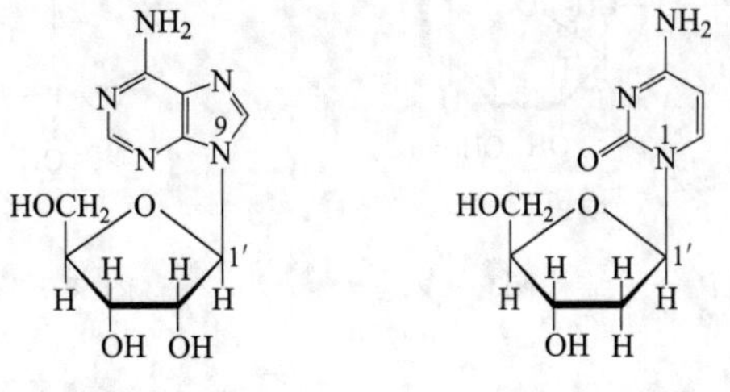

腺嘌呤核苷　　胞嘧啶脱氧核苷

图 3-6　部分核苷的结构

与碱基类似，核苷也会受到修饰，或改变碱基与戊糖的连接位点形成一些稀有核苷。如嘧啶碱基常是 N^1 位与糖环 1′-C 相连，如果是 C-5 与糖环相连则形成了假尿嘧啶核苷（pseudouridine，用符号 Ψ 表示），这种稀有核苷出现在 tRNA 分子中。在 tRNA 分子中还有 W(Y) 核苷和 Q 核苷，W(Y) 核苷含有一个二甲基三杂环的骨架，Q 核苷有一个 7-去氮鸟嘌呤的骨架，它们均有两个侧链 R 和 R′，R 为核糖，R′因核苷来源的不同而不同（图 3-7）。

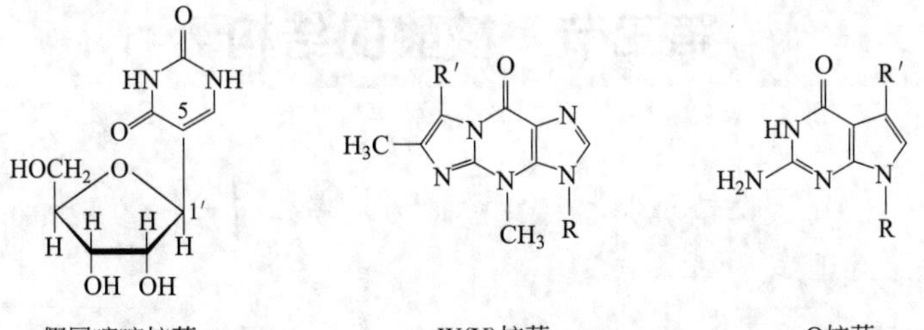

假尿嘧啶核苷　　W(Y)核苷　　Q核苷

图 3-7　部分稀有核苷的结构

（四）核苷酸

戊糖的 1′-C 连有碱基，但戊糖中有些碳位还保留了羟基，具有与磷酸反应的活性，从而形成核苷酸。在核糖核苷的糖环平面上 2′、3′和 5′碳位上均有羟基，可以形成相应的 2′-、3′-和 5′-核糖核苷酸，而脱氧核糖核苷的糖环平面上缺少 2′-羟基，因此只能形成两种脱氧核糖核苷酸。在众多形式的核苷酸中，5′-核苷酸是生物体内游离核苷酸的主要存在形式。

三、核酸的衍生物

（一）多磷酸核苷酸

在细胞内时常会有一些游离的多磷酸核苷酸，如二磷酸核苷（NDP）、三磷酸核苷（NTP）（其中 N 代表 A、T、C、G 中的任意一种），它们是生命活动中不可缺少的成分，有些作为核酸合成的前体存在，有些作为重要的辅酶存在，最常见的是作为能量而存在。ATP 是三磷酸腺苷，在糖环平面的 5′碳位上连有 3 个磷酸基团，其中有两个化学键为高能磷酸键（图 3-8），断裂时会释放大量的能量。dNTPs 为脱氧核苷的三磷酸酯，它们与 ATP

一样，在糖环平面的5′碳位上都连有3个磷酸基团，是合成DNA的原料。

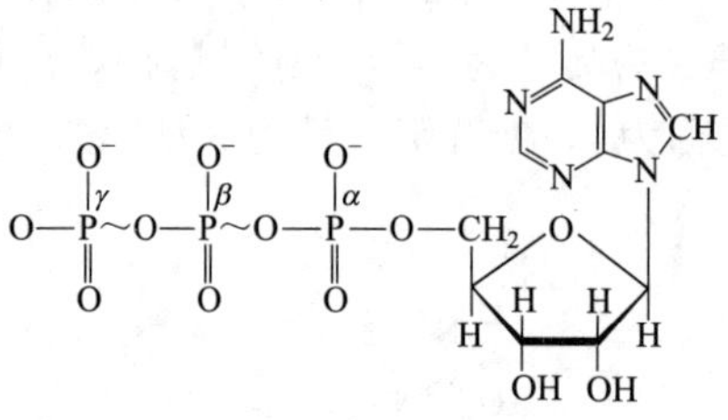

ATP

图3-8　ATP分子结构图

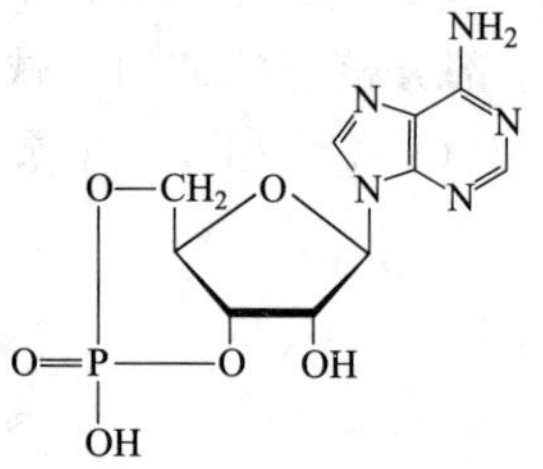

cAMP

图3-9　cAMP分子结构图

（二）环化核苷酸

在多磷酸核苷酸分子中由于有多个磷酸基团并且糖环平面中又含有羟基，在酶的催化作用下，磷酸基团与羟基间可实现分子内脱水形成环化核苷酸。如ATP在腺苷酸环化酶的作用下形成3′,5′-环化腺苷酸（cAMP）（图3-9），GTP在鸟苷酸环化酶的作用下也可形成环化形式——环化鸟苷酸，又称环鸟苷酸（cGMP）。cAMP和cGMP均为细胞内的第二信使，在细胞信号传递过程中发挥重要作用。

第三节　核酸的结构

要点

磷酸二酯键与多核苷酸链	①磷酸二酯键是多核苷酸链的主要作用力；②多核苷酸链的表示方法有字母式和线条式。
DNA的分子结构	①DNA的一级结构是指DNA链中脱氧核苷酸的排列顺序；②DNA的二级结构为双螺旋结构，由两条反向平行且互补的DNA单链构成；③DNA三级结构为超螺旋结构，有正超螺旋和负超螺旋。
RNA的分子结构	①RNA分子因种类的不同，其一级结构略有差异，其中mRNA分子的5′端和3′端为非翻译区，中间为编码区；②tRNA分子的二级结构为三叶草模型，具有两个重要的功能区：氨基酸接受臂和反密码子环；③tRNA分子的三级结构为倒L型。

一、核苷酸的连接方式

核酸是由核苷酸通过3′,5′-磷酸二酯键首尾相连形成的多核苷酸链，即一个5′-核苷酸糖基上的3′-羟基与相邻5′-核苷酸的磷酸基之间形成酯键，因此称为3′,5′-磷酸二酯键。核酸的酸碱滴定曲线显示核酸分子中的磷酸基团只有一级解离，那么磷酸的另外两个磷酸基团必然与戊糖的羟基形成了磷酸二酯键。由于DNA分子中脱氧核糖缺乏2′-OH，因此在DNA分子中必然是3′,5′-磷酸二酯键，而RNA分子中核糖具有2′-OH、3′-OH和5′-OH，但通过核酸外切酶的作用证实 RNA 分子中的作用力同样是 3′，5′-磷酸二酯键。

以 3′,5′-磷酸二酯键连接形成的线型多聚核苷酸链的两端性质是不同的，一端带有未参与连接反应的游离的 5′-磷酸，另一端带有游离的 3′-羟基，不管是书写还是读向，碱基序列从左到右表示 5′→3′方向。

核酸长链常用的表示方法有两种（图 3-10）：一种是字母式，对于 DNA 分子而言，由于核糖和磷酸基团均相同，即可用碱基字母表示核酸长链中核苷酸的排列顺序；另一种是线条式，将糖环平面用一根竖线条表示，竖线条的上端表示糖环平面的 1′位，与碱基相连，任何碱基均以字母表示，竖线条的中间表示糖环平面的 3′位，竖线条的底端表示糖环平面的 5′位，5′-C 与磷酸基团相连，磷酸基团用字母 P 表示。

5′ pApCpTpGpCpT-OH 3′

5′ A C T G C T 3′

(a) 字母表示法

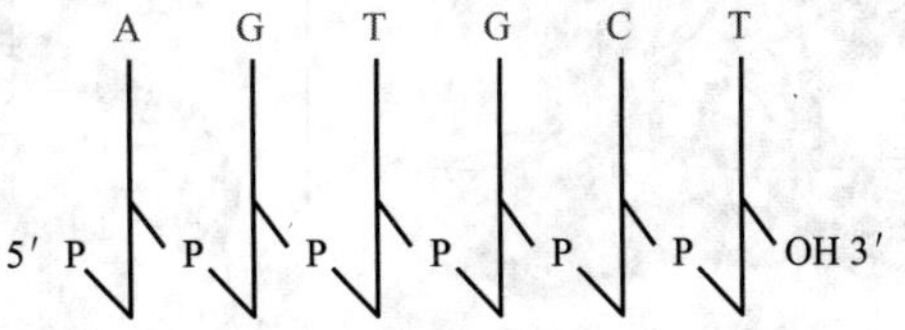

A G T G C T

5′ P P P P P P OH 3′

(b) 线条表示法

图 3-10 核酸长链的表示方法

二、 DNA 的分子结构

（一） DNA 的一级结构

DNA 的一级结构是指构成 DNA 的四种脱氧核糖核苷酸的排列顺序。组成 DNA 的脱氧核糖核苷酸主要是 dAMP、dGMP、dCMP 和 dTMP。脱氧核糖核苷酸的种类虽不多，但因其数目、比例和顺序的不同构成了多种不同的 DNA 分子。

DNA 是主要的遗传物质，要探究生命的奥秘就需要对基因组 DNA 进行测序，也就是要弄清楚 DNA 的一级结构。随着二代测序技术的发展，已经测定且拼接完成的生物种类非常多，如水稻、棉花、小麦、柑橘、SARS 病毒、2019-nCoV 病毒等，并且测序质量越来越高，拼接中缺口的位置越来越少，越来越小。

（二） DNA 的二级结构

DNA 在细胞中并非以一级结构的形式存在，而是盘绕成复杂的结构。1953 年，由 Watson 和 Crick 提出了 DNA 的二级结构模型，该模型被称为 DNA 分子的双螺旋结构（图 3-11）。此结构是基于三方面的数据而得出的：一是已公布的核酸化学结构和核苷酸键长与键角的数据；二是 DNA 碱基组成和配对关系的 Chargaff 规则；三是 DNA 纤维的 X 射线衍射数据。

1. DNA 二级结构模型

该模型总体上将 DNA 分子视为一个圆筒状的结构（图 3-11），具有如下的基本特征。

① 该结构由两条反向平行的、右手螺旋的多核苷酸链围绕同一中心轴盘绕而成；其中一条链的走向为 5′→3′，另一条链的走向为 3′→5′。

② 该结构的内侧（即螺旋内侧）为嘌呤碱基与嘧啶碱基，构成 DNA 双螺旋的两条 DNA 单链上嘌呤碱基和嘧啶碱基是相互匹配的，即 A 和 T 配对，以两个氢键相连；G 和 C 配对，以三个氢键相连。

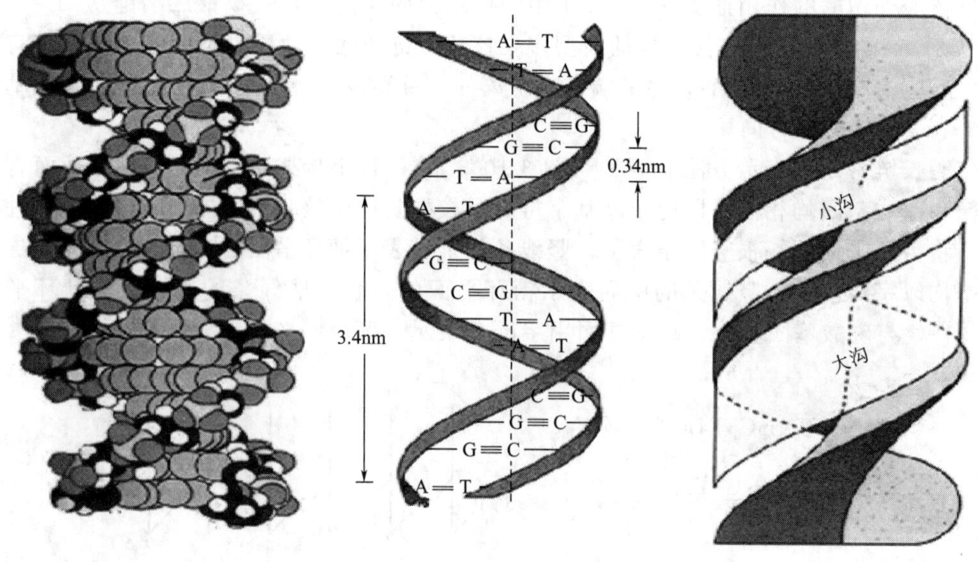

图 3-11 DNA 双螺旋结构

知识链接

DNA 双螺旋结构的发现

1953 年，美国生物学家沃森（J. Watson，1928～）和英国生物物理学家克里克（F. Crick，1916～2004），在前人研究的基础上构建出了 DNA 分子的双螺旋结构模型，揭示了碱基配对是 DNA 复制、遗传信息传递的基本方式，为认识核酸与蛋白质的关系及其在生命中的作用奠定了基础，同时为遗传学进入分子水平奠定了基础，开创了现代生命科学的新纪元。沃森、克里克和威尔金斯共享了 1962 年的诺贝尔生理学或医学奖。

③ 该结构的外侧（即螺旋外侧）为磷酸基团和脱氧核糖，它们通过 3′,5′-磷酸二酯键相连，形成 DNA 分子骨架。若将该圆筒状结构的高看作是纵轴，则由氢键相连形成的碱基平面与纵轴垂直，而位于外侧的糖环平面与纵轴平行。

④ 该结构中每两个核苷酸之间的夹角为 36°，因此该螺旋结构每上升一周（即 360°）有 10 个核苷酸。螺旋结构平均直径为 2nm，位于内侧的碱基平面之间的距离（碱基堆积距离）为 0.34nm，螺距为 3.4nm。

⑤ 两条链配对偏向一侧，将螺旋的表面分成两个区域，比较宽的区域称为大沟，比较窄的区域称为小沟。这两条沟，特别是大沟对蛋白质识别 DNA 双螺旋结构上的特定信息非常重要，只有在沟内蛋白质才能识别到不同碱基顺序。

2. 双螺旋结构的稳定因素

DNA 双螺旋结构在生理状态下是很稳定的，维持这种稳定性的主要因素有以下几种。

(1) 碱基堆积力（base stacking force） 它是双螺旋内部的碱基对在垂直方向上堆积产生的作用力，包括疏水作用力和范德华力。DNA 的主链部分是亲水的，但嘧啶环和嘌呤环有一定程度的疏水性。嘌呤与嘧啶形状扁平，呈疏水性，分布于双螺旋结构内侧。大量碱基层层堆积，两个相邻碱基的平面十分贴近，使双螺旋结构内部形成一个强大的疏水区，与介质中的水分子隔开。碱基堆积力是稳定DNA双螺旋结构的主要作用力。

（2）氢键　碱基结构中存在供氢体（氨基、羟基）以及受氢体（酮基、亚氨基），它们之间可以形成氢键。螺旋内部的氢键是碱基对之间形成的氢键，而螺旋外部的氢键是戊糖-磷酸骨架上的亲水基团与水分子之间形成的氢键。单个的氢键很不稳定，由于DNA为生物大分子，众多碱基对之间氢键的协同作用对稳定双螺旋结构有较大贡献。

（3）离子键　在生理pH条件下，DNA主链上的磷酸基团带有大量的负电荷，可与介质中的阳离子之间形成离子键以减少双链间的静电排斥力，因而对DNA双螺旋结构也有一定的稳定作用。

DNA双螺旋结构受外界环境影响会发生些许变化。Watson和Crick提出的双螺旋结构代表着在相对湿度92%下获得的DNA钠盐纤维结构，被称为B型DNA。由于细胞中的水分含量也很高，所以此结构被看作是细胞中DNA的构象。除此之外，还有A型、Z型等，见图3-12。A型DNA是在相对湿度75%以下获得的DNA钠盐纤维，它也是由两条右手螺旋DNA单链构成的，但与B型DNA相比，A型DNA的螺旋直径宽一些，约为2.55nm，螺距短一些，约为2.46nm。在生物体中RNA分子的双螺旋以及DNA-RNA杂合双链也呈现与A型DNA相似的构象。Z型DNA是A.Rich在研究人工合成的寡核苷酸d(CGCGCG)结构时发现的，它为左手螺旋，与B型DNA相比，Z型DNA的螺距直径窄一些，约为1.84nm，螺距也长一些，约为4.56nm。当生物体内DNA发生甲基化修饰时，使胞嘧啶转化成5-甲基胞嘧啶，修饰至一定程度时B型DNA转变成Z型DNA，从而实现对基因表达的调控。

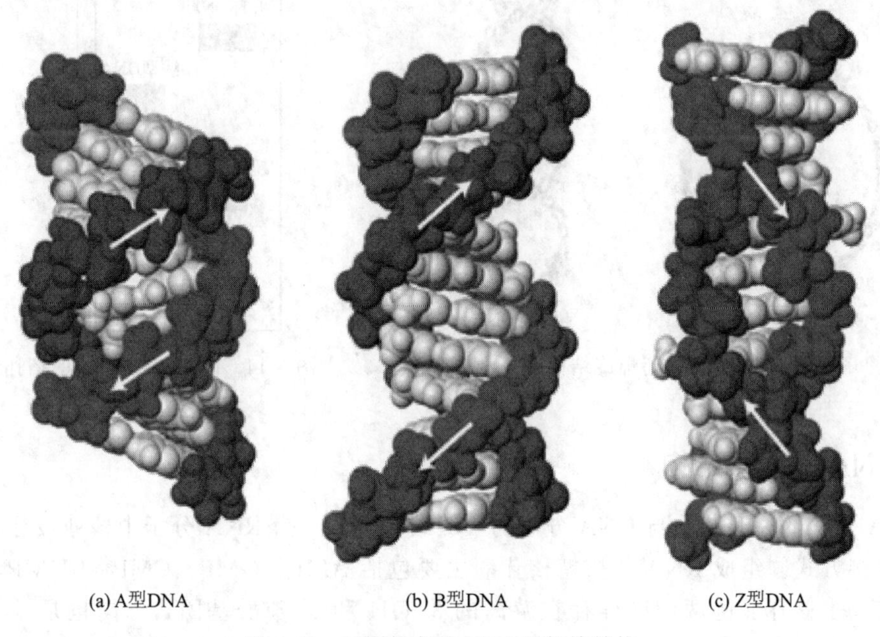

图3-12　不同构象的DNA双螺旋结构

（三）DNA的三级结构

在二级结构的基础上，DNA分子可以扭曲和折叠改变DNA的拓扑结构，从而形成三级结构。其中，超螺旋结构是DNA三级结构中常见的一种。

超螺旋结构是DNA分子发生扭曲后形成双螺旋的螺旋（图3-13）。如果DNA双螺旋分子上没有结合任何物质，则此DNA双螺旋分子是自由的，它可以通过额外的旋转来释放双螺旋中存在的张力，但在生物体中，DNA分子通常和蛋白质结合在一起，DNA双螺旋分子中的张力不能随意释放，迫使DNA分子通过额外地旋转以抵消张力的影响，由此形成超螺旋结构。超螺旋结构有正超螺旋和负超螺旋之分。正超螺旋通常导致DNA双螺旋结构越发紧密，而负超螺旋通常使DNA双螺旋结构变得更加松弛，容易解链。DNA的拓扑结构可以通过酶的作用实现相互转变，这种酶就是拓扑异构酶（topoisomerase）。Ⅰ型拓扑异构酶每作用一次可以消除一个负超螺旋，使DNA双螺旋变得紧密；Ⅱ型拓扑异构酶每催化一次可以产生一个负超螺旋，使DNA双螺旋易于解链。通过这两种拓扑异构酶的作用，控制细胞内DNA的超螺旋动态的、稳定的水平，使细胞内DNA可以正常地行使其生理功能。

基于对环状DNA分子拓扑结构的研究，科学家们提出了3种形式的DNA分子，分别为：呈超螺旋状态的共价闭合环状DNA分子（covalently closed circular DNA，cccDNA）；一条链断裂的开环DNA分子（open circular DNA，ocDNA）；双链断裂的线型DNA分子（linear DNA）。如果在一个DNA样品中同时有这三种形式的DNA分子，将DNA样品电泳，最终可以看到三条电泳条带，电泳最快的为超螺旋DNA，最慢的为开环DNA，线型DNA居中（图3-14）。

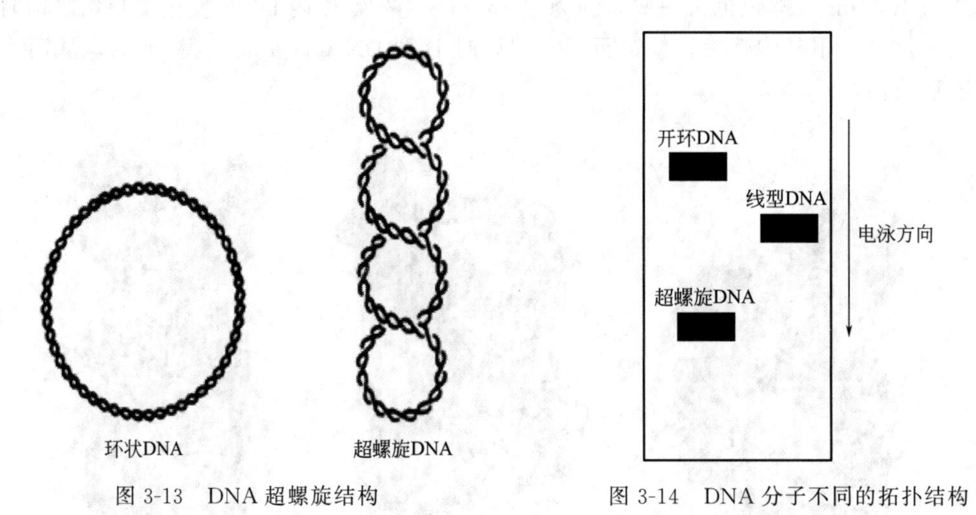

图3-13　DNA超螺旋结构

图3-14　DNA分子不同的拓扑结构

三、RNA的分子结构

RNA分子的一级结构与DNA分子的一级结构类似，为RNA分子中核糖核苷酸的排列顺序和连接方式。组成RNA的核糖核苷酸主要包括AMP、GMP、CMP和UMP，并含有稀有碱基。多核苷酸链两侧同样存在游离的3′-OH和5′-磷酸基团，方向也是5′→3′。除tRNA外，其他RNA一般以RNA与蛋白质形成的复合物状态存在。

RNA二级结构与DNA不同，除少数RNA病毒中的双链RNA为螺旋结构外，大多数天然RNA为单链线型分子。但由于其核苷酸组成中存在着可以互补配对的核苷酸，可通过单链回折形成局部的双螺旋结构。RNA中的双螺旋区域被称为茎区（stem），中间不形成碱基配对的单链区被称为突环（loop），这种茎环结构（stem-loop structure）或称发夹（hairpin）结构就是RNA的二级结构。RNA的单链结构和局部的茎环结构是RNA的重要结构特征，对于RNA执行多种生物学功能是至关重要的。下面介绍三种常见RNA的分子结构。

（一）tRNA的分子结构

tRNA约占细胞内RNA总量的15%，其主要功能是转运氨基酸和识别mRNA上的密码子，从而将转运的氨基酸释放在正确的位置。细胞内tRNA的种类很多，但其二级结构和三级结构具有类似之处。

1. tRNA的一级结构

tRNA通常由73～93个核苷酸组成，分子量约为25000，沉降系数为4S；含有较多的稀有碱基，如甲基化的嘌呤、次黄嘌呤、胸腺嘧啶核糖核苷及二氢尿嘧啶核苷（DHU）、假尿嘧啶核苷等；分子的3′端有CCA-ox序列，这是tRNA携带氨基酸的位置。其结构中通常含有一些保守序列，推测与其特殊的结构和功能有关。

2. tRNA的二级结构

tRNA的二级结构由双螺旋和突出的环构成，呈三叶草型，双螺旋犹如叶柄，将突出的环状叶连接在一起。高含量的双螺旋使tRNA的二级结构非常稳定，组成了四臂四环结构（图3-15）。

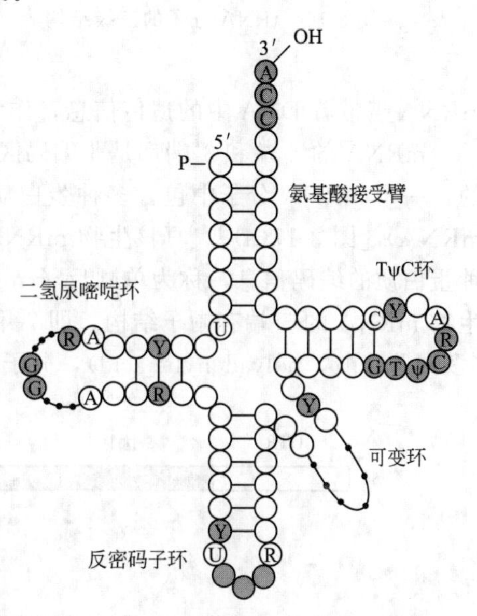

图3-15　tRNA分子的二级结构

四臂分别是指氨基酸接受臂（amino acid acceptor arm）和连接臂（linker arm）。氨基酸接受臂只有一个，由7对互补配对的碱基对构成，碱基对中G含量比较高，保证了氨基酸接受臂的稳定性。在氨基酸接受臂上有一个突出的3′末端，其序列为-CCA_{OH}，腺苷酸上有自由的—OH，因此可以与氨基酸的羧基形成酯键，从而携带氨基酸。连接臂有3个，分别为二氢尿嘧啶臂（dihydrouridine arm，通常由3～4对碱基对组成）、反密码子臂（anticodon arm，通常由5对碱基对组成）、TψC臂（假尿嘧啶核苷-胸腺嘧啶核糖核苷臂，pseudouridine-ribothymidine arm，通常由4对碱基对组成），起连接tRNA分子主体与相应环的作用。

四环分别指二氢尿嘧啶环（dihydrouridine loop，D环）、反密码子环（anticodon loop）、额外环（extra loop，又称可变环）和TψC环（TψC loop）。二氢尿嘧啶环位于tRNA分子左侧，由8～12个核苷酸组成，其中有两个二氢尿嘧啶，该环与核糖体的结合有关；反密码子环位于tRNA分子的底部，由7个核苷酸组成，其中央有3个碱基构成反密码子（次黄嘌呤核苷酸常出现于反密码子中），可以识别mRNA上的密码子；假尿嘧啶环（TψC环）位于tRNA分子右侧，由7个核苷酸组成，除个别tRNA分子外，其余tRNA分子的假尿嘧啶环中均有连续排列的TψC，此环与氨酰-tRNA合成酶的结合有关；额外环，位于TψC环和反密码子环之间，组成它的核苷酸数量不定，因此也被称为可变环，决定着tRNA分子的大小和种类。

3. tRNA的三级结构

与DNA分子一样，tRNA分子在二级结构的基础上进一步折叠形成三级结构。tRNA的三级结构在酵母苯丙氨酸tRNA的晶体结构观察中得到了证实，为倒L形的三级结构

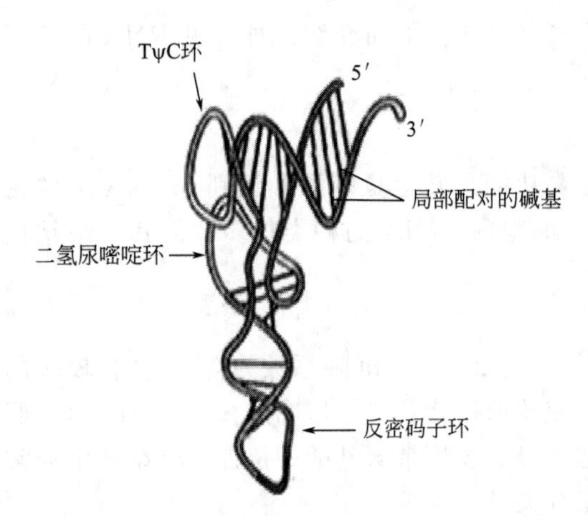

图 3-16 tRNA 分子的三级结构

(图 3-16)。倒 L 形结构的一横由三叶草结构中的氨基酸接受臂和 TψC 臂继续螺旋产生，而倒 L 形结构的一竖由二氢尿嘧啶臂、反密码子臂和反密码子环继续盘绕产生。在 tRNA 分子的三级结构中，二氢尿嘧啶环、TψC 环和额外环在二级结构中未配对的碱基形成额外的碱基对，形成的次级氢键维持了三级结构的稳定性。tRNA 的三级结构促使 tRNA 分子的两大功能部位——氨基酸接受臂和反密码子环实现了最大程度的分离。

（二）mRNA 的分子结构

mRNA 是细胞内最不稳定的一类核酸分子，代谢十分迅速，占 RNA 总量的 3%～5%。mRNA 携带着 DNA 中的遗传信息，作为蛋白质合成的模板，用于指导蛋白质合成。

mRNA 的 5′端和 3′端都是非编码区，中间为编码区。原核生物 mRNA 的编码区是连续的，一个 mRNA 分子中包含多种蛋白质的编码信息，称为多顺反子 mRNA（polycistronic mRNA）[图 3-17(a)]。真核生物 mRNA 的编码区是不连续的，一个 mRNA 分子只包含一种蛋白质的编码信息，称为单顺反子 mRNA（monocistronic mRNA）[图 3-17(b)]。真核生物 mRNA 的 5′端有帽子结构，即 7-甲基化的鸟苷酸，在 3′端还有长度不等的 polyA 尾巴(多聚腺苷酸，polyadenylic acid)，分子内偶尔出现甲基化的碱基。

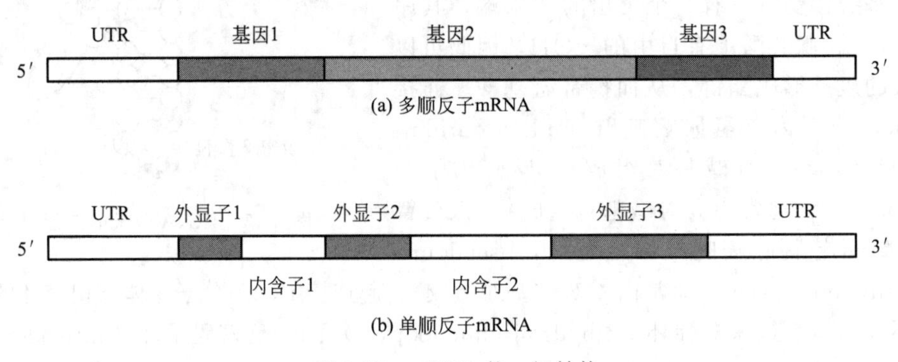

图 3-17 mRNA 的一级结构

（三）rRNA 的分子结构

rRNA 分子是核糖体的组成成分，在细胞中含量最高，约占 RNA 总量的 80%，主要为蛋白质的合成提供场所。许多 rRNA 的一级结构都已明确，不同 rRNA 的碱基比例和碱基序列各不相同，但其二级、三级结构及其功能的研究还需进一步深入。原核生物主要的 rRNA 有 3 种，即 5S rRNA、16S rRNA 和 23S rRNA；真核生物则有 4 种，即 5S rRNA、5.8S rRNA、18S rRNA 和 28S rRNA，这些 rRNA 与蛋白质结合在一起形成核糖体。细菌的核糖体含有 65% rRNA 和 35%蛋白质。原核生物和真核生物的核糖体均由大小两个亚基组成。原核生物中，由 50S 大亚基和 30S 小亚基组成 70S 的核糖体。真核生物中的核糖体为 80S，大小亚基分别为 60S 和 40S。

第四节 核酸的理化性质

要点

核酸的两性性质	①DNA和RNA都不溶于有机溶剂，常用乙醇沉淀法沉淀核酸；②核酸在酸、碱和酶的作用下发生水解。
核酸的一般性质	①核酸是两性电解质，既有酸性也有碱性，常显酸性；②核酸的酸性来源于磷酸，碱性来源于碱基。
核酸的紫外吸收性质	①核酸具有紫外吸收能力，最大吸收波长为260nm；②核酸在变性或降解时，会有260nm处吸光值增大的现象，此为增色效应。
核酸的颜色反应	①RNA与苔黑酚反应生成绿色的溶液；②DNA与二苯胺反应生成蓝色的溶液。
核酸的变性、复性与杂交	①核酸的变性涉及氢键的断裂，但共价键和分子量不受影响；②T_m是指热变性中DNA双螺旋结构失去一半时的温度，$(G+C)\% = (T_m - 69.3) \times 2.44$；③变性的DNA在适当的条件下会发生复性，应用此性质可进行分子杂交。Soutern杂交是DNA和DNA之间的杂交，Northern杂交是DNA和RNA之间的杂交。

一、核酸的一般性质

核酸都是白色固体，DNA分子是长而没分支的多核苷酸链，呈纤维状；RNA分子短，呈粉末状。它们都微溶于水，不溶于一般有机溶剂，常用乙醇从溶液中沉淀核酸。当乙醇浓度达50%时，DNA就沉淀出来；当乙醇浓度达75%时，RNA也沉淀出来。

核酸是高分子化合物，具有胶体性质、黏度、沉降等特性。由于DNA分子呈线型双螺旋，直径小，长度大，溶液黏度极高；RNA溶液黏度则小得多。核酸若发生变性或降解，其溶液的黏度会降低。

核酸在受到强大离心力作用时，可从溶液中沉降下来，其沉降速度与核酸大小和密度有关。应用超速离心技术，可以测定核酸的沉降系数和分子量。常用氯化铯密度梯度超速离心技术研究核酸分子的大小和构象。

DNA和RNA在细胞内常与蛋白质结合形成核蛋白，两种核蛋白在盐溶液中的溶解度不同。DNA核蛋白难溶于0.14mol/L的NaCl溶液，可溶于1～2mol/L的NaCl溶液；而RNA核蛋白易溶于0.14mol/L的NaCl溶液，不溶于1～2mol/L的NaCl溶液，因此常选择不同浓度的盐溶液来分离两种核蛋白。

在核酸的长链分子中主要有碱基和糖环平面之间的糖苷键和相邻核苷酸之间的磷酸酯键，这两种化学键均可以被酸、碱和酶水解。RNA分子中的磷酸酯键易发生碱水解，而DNA分子的脱氧核糖中缺乏2′-OH，无法形成磷酸三酯，所以DNA不发生碱水解，可用此方法鉴别DNA与RNA分子。

二、核酸的两性性质

核酸和核苷酸分子中既有酸性的磷酸基团，又有弱碱性的碱基，所以都是两性电解质。因磷酸的酸性较强，故核酸通常表现为酸性。核酸和蛋白质一样具有等电点，能进行电泳，利用这一性质可将分子量大小不同的核酸分开。核酸的等电点较低，DNA 的 pI 为 4～4.5，RNA 的 pI 为 2～2.5。根据核酸在等电点时溶解度最小的性质，可通过调节溶液的 pH 使核酸从溶液中沉淀下来。

三、核酸的紫外吸收

含有共轭双键的物质具有吸收紫外光的能力。核酸分子的碱基结构中具有共轭双键，从而使核酸具有紫外吸收的能力，同时游离的碱基、核苷、核苷酸同样具有紫外吸收的能力，其吸收光区位于 240～290nm，最大吸收峰在 260nm 左右。不同状态的核酸链或不同的组分有着不同的吸收特征，因此可以用紫外分光光度法对核酸样品进行定性和定量分析。

在定性分析中，主要是测定样品在 260nm 与 280nm 的吸光度（A），通过计算两者的比值即 A_{260}/A_{280} 判断样品为 DNA 还是 RNA。对于纯的 DNA 样品，其 A_{260}/A_{280} 应为 1.8，而纯的 RNA 样品应达到 2.0。

在定量分析方面，50μg/mL 的双螺旋 DNA、40μg/mL 单链 DNA、40μg/mL 单链 RNA，或 20μg/mL 寡核苷酸通常在 260nm 的吸光度均为 1，按照此标准，可测定纯的核酸样品在 260nm 的吸光度以确定样品的浓度，但是不纯的样品不能用此法进行定量测定。不纯的核酸样品可用琼脂糖凝胶电泳法经 EB（溴乙锭）染色后，在紫外灯下观察条带的亮度并与 DNA Marker 条带亮度进行比对，粗略地估计样品的纯度。

四、核酸的颜色反应

核酸分子中有核糖或脱氧核糖存在，它们会发生分子内或分子间脱水，生成物能够发生颜色反应。当 RNA 样品与浓盐酸共同加热时，发生酸水解，核糖发生分子内脱水形成糠醛，糠醛在 Fe^{3+} 或 Cu^{2+} 的催化作用下，可与地衣酚（又称苔黑酚，3,5-二羟基甲苯）反应生成绿色的复合物。DNA 样品在酸性条件下加热，同样发生降解，脱氧核糖在酸性环境中加热脱水生成 ω-羟基-γ-酮基戊醛，可与二苯胺试剂反应生成蓝色物质。

五、核酸的变性、复性和杂交

变性（denaturation）与复性（renaturation）是核酸的重要性质，也是核酸杂交及多聚酶链式反应（polymerase chain reaction，PCR）的理论基础。

（一）核酸的变性

核酸的变性与核酸的降解不同。变性引发氢键的断裂，而降解断裂的是共价键；核酸变性不会引起核酸分子量的变化，而降解会使核酸的分子量下降。因此，核酸的变性是指核酸链双螺旋区域的氢键断裂，碱基配对被破坏，核酸的双链形式变成单链。在此过程中 3′,5′-磷酸二酯键保持不变，核酸链的一级结构依旧完整。

变性 DNA 的理化性质和生物学功能将发生改变，如出现增色效应，溶液黏度下降，浮力密度升高，酸碱滴定曲线发生变化等。变性因素使 DNA 双链变为单链，原本隐藏于双螺旋结构内部的碱基暴露，DNA 对 260nm 的紫外光吸光度增高，此现象称为 DNA 的增色效应（hyperchromic effect）（图 3-18）。增色效应可用于 DNA 变性的监测，了解 DNA 的变性程度。

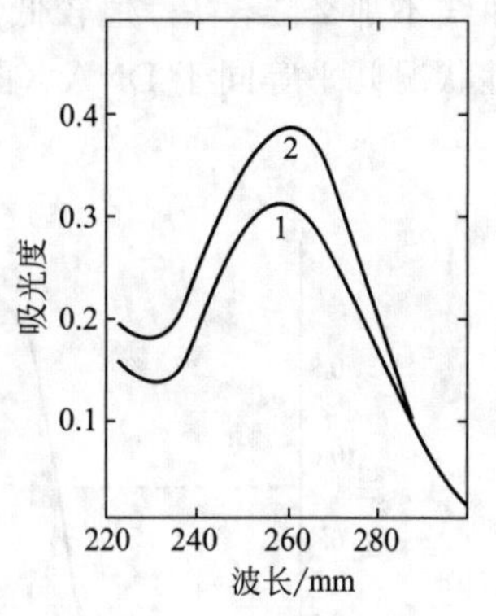

图 3-18　增色效应
1—天然 DNA；2—变性的 DNA

外界环境中的很多因素都可以引发核酸的变性，如强酸、强碱、高温或强烈的紫外光照射等，变性会影响核酸分子的理化性质，也能为科学研究带来便利。

在引起核酸变性的因素中，温度是常见的一个变性因素，把温度引起的变性称为热变性。当温度升高到 80～100℃时，DNA 的稀盐溶液中 DNA 双螺旋结构发生解体，氢键断裂，两条原本互相盘绕的单链分开，形成无规则的线团（图 3-19）。从 DNA 的变性进程与温度的关系图中（图 3-20）可以看出，DNA 在刚开始很大的温度范围内没有太大的变化，但突然在一个非常窄的温度范围内其 260nm 的吸光度突然增大，表现出 DNA 爆发式的变性特点。热变性中，DNA 的双螺旋结构失去一半时的温度常被称为该 DNA 的熔点或熔解温度或解链温度（melting temperature，T_m）。不同的 DNA 样品其 T_m 值大小不同，一般在 82～95℃之间。DNA 样品的组成特点及其所处的环境特点均会影响 T_m 值的大小。

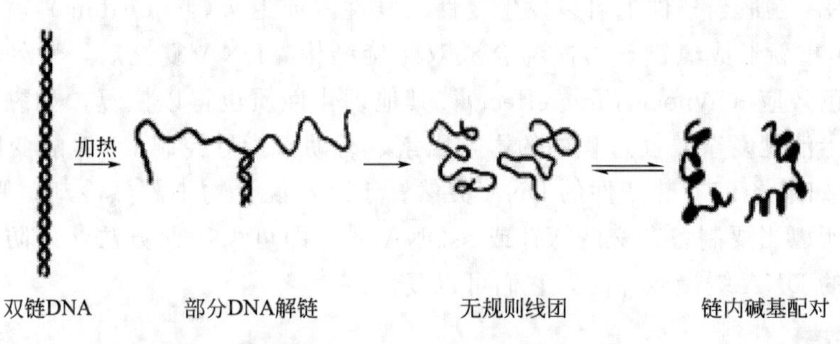

图 3-19　DNA 的变性

1. DNA 的均一性（homogeneity）

DNA 样品均一性越高，其变性发生的温度范围越窄。均质 DNA（homogeneous DNA）以及一些病毒 DNA 的熔解过程发生在一个较小的温度范围内。而对于组成不均一的异质 DNA（heterogeneous DNA），其熔解过程发生在一个较宽的温度范围内。所以根据 DNA 变性的温度范围可以衡量 DNA 样品的均一性。

2. DNA 的碱基组成

G-C 含量越多的 DNA，其稳定性越强，越不容易发生变性，在体外扩增实验中越难扩增。根据 T_m 值和 G-C 含量间的关系，得出经验公式 $(G+C)\% = (T_m - 69.3) \times 2.44$，此式可实现 T_m 与 DNA 碱基组成间的相互推算。

3. 溶液中的离子强度

溶液中的离子强度较高时，DNA 分子较为稳定，T_m 值较高，而且熔解的温度范围比较窄；如果溶液中的离子强度较低，则相反。所以在保存 DNA 制品时要保存在含有适量盐的缓冲溶液中，而不能保存在浓度极低的电解质溶液中。

DNA 双螺旋结构的变性现象非常明显，RNA 也具有螺旋结构到杂乱线团的转变。但是由于 RNA 只有局部的双螺旋区，所以这种转变不如 DNA 那样明显。RNA 分子的吸光度与温度的关系图显示，RNA 的熔解温度随着双螺旋含量的变化而不同，大部分 RNA 的变性曲线不那么陡，T_m 值较低，而具有较多双螺旋区的 tRNA 情况恰好相反，双链 RNA 的变性状况几乎等同于 DNA（图 3-21）。

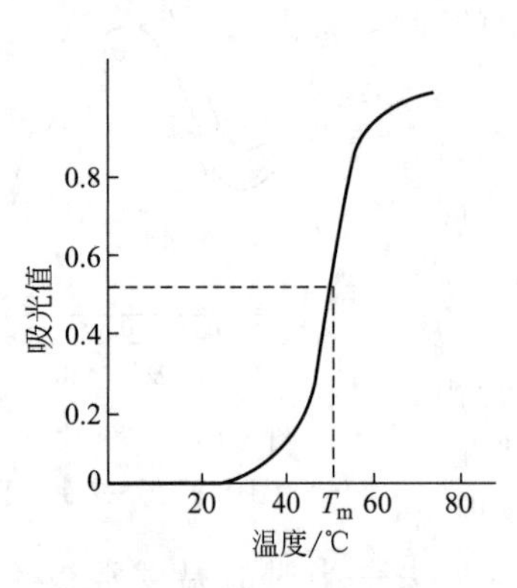

图 3-20　DNA 的热变性

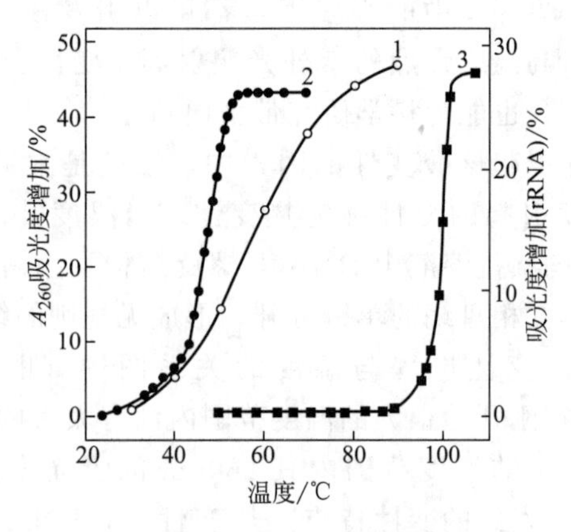

图 3-21　RNA 的变性

（二）核酸的复性

变性的 DNA 在适当条件下可以发生复性。复性（或退火，annealing）就是两条彼此分开的单链 DNA 重新形成氢键，再次缔合成双螺旋结构。DNA 复性后，紫外吸收下降，这种现象称为减色效应（hypochromic effect），其他理化性质也得以恢复，如黏度升高、浮力密度下降等。弄清楚复杂复性过程中的影响因素，有助于指导控制 DNA 的变性与复性。

① 温度：如果将 95℃热变性的 DNA 突然置于冰水混合物中骤然冷却，则变性的 DNA 不可能复性，所以当要制备杂交的探针或 ssDNA 时，即可采用此方法，以防止其复性。相反，将热变性的 DNA 缓慢冷却时，它们可以复性。

知识链接

聚合酶链反应（polymerase chain reaction，PCR）

PCR 是生物学领域中的一项基本实验技术，它实现了对目的基因的体外获取，能在很短时间内获得大量的目的基因。PCR 由很多次循环组成，每一个循环包含变性、退火（复性）和延伸。在高温（一般为 95℃或 96℃）下，样品的基因组 DNA 发生变性，随后在适中的温度下（一般为 45～65℃），基因组 DNA 与人工合成的寡核苷酸链（引物）退火，最后在 72℃下进行链的延长反应。

② DNA 的组成：其他条件一定时，如果变性的 DNA 中有很多重复序列，则 DNA 复性速度较快。

③ DNA 的片段大小：其他条件相同时，DNA 片段越大，组成越复杂，复性速度越慢。

④ DNA 的浓度：其他条件相同时，DNA 的浓度越大，分子数量越多，碰撞概率越大，复性越快。

变性 DNA 的复性过程既可以在溶液中进行，也可以在固相支持物表面进行。在固相支持物表面上进行的复性过程就包括 DNA 分子的杂交。

（三）核酸的杂交

变性 DNA 分子间的复性可以发生在来源相同的 DNA 分子间，也可以发生在不同来源的 DNA 分子间，只要这些 DNA 分子间有足够数量能够互补配对的碱基即可。不同来源的 DNA 分子间发生复性，形成双螺旋 DNA 的过程被称为分子杂交（hybridization）。根据分子杂交的对象不同，核酸分子间的分子杂交被分为 Southern 杂交（Southern blotting）、Northern 杂交（Northern blotting），它们在分子生物学和分子遗传学中有着广泛的应用，解决了很多重大的遗传学问题。

核酸中的分子杂交除了存在于 DNA 与 DNA 样品之间外，还可存在于 DNA 与 RNA 分子之间，这种 DNA-RNA 的杂交方式被称为 Northern 印迹法。Northern 杂交常用于检测外源基因在受体细胞中是否表达了 mRNA 及相应的 mRNA 丰度。

与碱基互补配对的专一性类似，抗原与抗体的结合也具有专一性，利用抗原与抗体的结合可检测蛋白质，这种方法被称为 Western 杂交（Western blotting）。Western 杂交用于检测目的蛋白是否表达及其表达量。

第五节　核酸的分离纯化技术

要点

核酸的分离方法	核酸的分离首先要选择合适的材料，对材料进行破碎、消化，然后去除杂质，用无水乙醇沉淀核酸，最后用双蒸水溶解核酸。RNA 的分离中要特别注意防止 RNase 的污染。
核酸含量的测定方法	核酸含量的测定方法有定磷法和定糖法等。
核酸纯度的测定方法	核酸纯度的测定方法有紫外分光光度法、凝胶电泳法。

一、核酸的分离方法

要研究清楚核酸的性质，解析每个物种的生命密码，就需要先分离出研究对象的基因组 DNA 和 mRNA。核酸属于生物大分子，在制备时要尽量避免核酸的降解和变性，尽可能使其保持生物体内的天然状态。

（一）DNA 的分离

真核生物 DNA 与组蛋白、非组蛋白共同构成染色体存在于细胞核内。要分离真核生物 DNA，需要经过消化组织、破碎细胞膜和核膜、除杂、沉淀 DNA、溶解 DNA 等过程。植物 DNA 组织和细菌基因组 DNA 的分离常用 CTAB（十六烷基三甲基溴化铵）法。动物基因组 DNA 的分离常用 SDS（十二烷基硫酸钠）法。无论是何种方法在分离样品中的 DNA 时，要避免大量 RNA 的残留，如果检测时发现有大量 RNA 存在，且有可能影响后续操作时，可以加少量的 RNase（核糖核酸酶）去除 RNA，得到较纯的 DNA 样品。

（二）RNA 的分离

RNA 是以单链的形式存在的，比以双链形式存在的 DNA 更加不稳定，而且 RNase 无处不在，因此 RNA 的分离与 DNA 相比难度更大，分离出的 RNA 制品也更难保存。总体上来说，制备 RNA 通常需要注意防止外源或内源 RNase 对 RNA 的降解作用，因外源 RNase 很难通过高温起到灭活作用，而且在分离 RNA 的过程中还要防止内源 RNase 的破坏，所以在 RNA 的抽提中常用 RNase 的抑制剂焦碳酸二乙酯（diethyl pyrocarbonate，DEPC），使用浓度为 0.1%。所有用于 RNA 抽提的塑料制品或玻璃器皿都需要经 0.1% DEPC 溶液浸泡过夜，然后高温灭菌；所有用于 RNA 抽提的试剂都是专用的，有需要稀释的试剂均用 0.1%DEPC 溶液进行稀释，在破碎细胞时可加入蛋白质的强变性剂使 RNase 失活。

目前最常用的制备少量 RNA 方法为 Trizol 法。Trizol 试剂中含有蛋白质的强变性剂——异硫氰酸胍（guanidiniurn isothiocyanate）。因基因的表达通常具有组织特异性和时间特异性的特点，所以为了获得相应的 RNA 分子，要注意取样的部位和取样的时间，然后再从这些样品中分离 RNA 制品。

二、核酸含量的测定方法

核酸含量测定的常用方法有定磷法和定糖法等。定磷法是用磷的含量来表示样品中所具有的核酸含量。测定磷含量的常用方法是钼蓝法，钼蓝在 660nm 处有最大的光吸收，测定此波长下的吸光度就可知钼蓝的浓度，进而求出样品中的磷含量和核酸含量。定糖法也需要测定吸光度，RNA 在酸性和三氯化铁作催化剂的条件下，可以与地衣酚反应生成绿色的物质，该物质在 670nm 处有最大的光吸收；DNA 在酸性溶液中与二苯胺共热，可生成蓝色化合物，该化合物在 595nm 处有最大的光吸收。由此可以看出，通过颜色反应测定核酸的含量，均是把核酸中的组分转化成有颜色的物质，颜色的深浅即代表了样品中核酸含量的高低，从而进行定量分析。

三、核酸纯度的测定方法

核酸纯度的测定方法包括紫外分光光度法、凝胶电泳法。

（一）紫外分光光度法

将少量样品置于紫外分光光度计中，读出样品在波长 260nm 与 280nm 的吸光度（A），计算两者的比值即 A_{260}/A_{280} 即可判断样品的纯度。对于纯 DNA 样品，其 A_{260}/A_{280} 应等于 1.8，而纯 RNA 样品应达到 2.0。

（二）凝胶电泳法

凝胶电泳是实验室研究核酸的一种必备的方法，它可通过一次电泳实现对多个样本的检测，具有简便、快速、灵敏、成本低等优点。通常情况下，在凝胶电泳时会点一个浓度已知的 DNA 样品（DNA Marker）与待测 DNA 一同电泳，待电泳结束后，不仅可以判断 DNA 样品的纯度，也可判读 DNA 样品的分子量大小和含量。

本章小结

核酸有 DNA 和 RNA 两大类，DNA 和 RNA 的主要区别在于戊糖。核酸的基本组成单位是核苷酸，核苷酸又由磷酸、戊糖和碱基组成，其中磷元素是核酸的特征元素。

核酸一级结构的主要作用力是磷酸二酯键，核酸链的走向为 5′→3′。DNA 的二级结构为双螺旋结构，主要作用力为氢键，构成双螺旋结构的两条 DNA 单链的关系为反向平行且互补，双螺旋结构中碱基堆积距离为 0.34nm，螺旋每上升一圈包含 10 个核苷酸，螺距为 3.4nm，在双螺旋的表面有两条沟，为大沟和小沟，它们的存在为蛋白质和 DNA 的结合提供了作用部位。tRNA 的二级结构为三叶草型，有两个最为重要的功能区，分别为氨基酸接受臂和反密码子环。tRNA 的三级结构为倒 L 形。

核酸是两性电解质，通常表现为酸性。核酸的变性是指双螺旋结构被破坏，氢键断裂，但磷酸二酯键及核酸的分子量不受影响，因此变性不同于降解。核酸的变性与介质中的离子强度、核酸的均一性和 G-C 含量有关。核酸的变复性在一定条件下是可逆的，利用这一特点，可将不同来源的 DNA 和 RNA 进行杂交。

核酸的分离是进行核酸研究的前提。在不同的发育时期或不同组织部位的样品中 RNA 的差异是比较大的，且 RNA 容易降解，制备 RNA 时要格外小心。分离的 DNA 或 RNA 的含量可利用电泳法、紫外分光光度法进行纯度的测定，利用定磷法和定糖法进行定量分析。对于纯 DNA 样品，$A_{260}/A_{280}=1.8$；若样品中含有蛋白质，则比值远小于 1.8；若样品中含有 RNA，则比值远大于 1.8；对于纯 RNA 样品，$A_{260}/A_{280}=2.0$。若提取的基因组 DNA 完整，琼脂糖凝胶电泳结果就只有一条分子量很大的条带；若提取的总 RNA 未降解，则 28S rRNA 亮度为 18S rRNA 的 1～2 倍。

思考题

1. 如何理解 RNA 的功能具有多样性？
2. DNA 的双螺旋结构具有怎样的特点？在 DNA 双螺旋结构中有哪些作用力？
3. tRNA 的三叶草结构具有怎样的特点？每一部分具有什么功能？
4. 如果一条单链 DNA 和一条单链 RNA 分子量相同，如何区分它们？
5. 请举例说明 DNA 变复性的实际应用价值。
6. DNA 和 RNA 抽提的一般流程是什么？在抽提 RNA 的时候要特别注意什么？

第四章 酶

【知识目标】掌握酶的概念、底物浓度对酶促反应的影响、K_m 与 V_{max} 值测定的意义；理解酶的活性中心及辅因子的重要作用，抑制剂对酶促反应的影响，酶浓度、底物浓度、温度、pH、激活剂、抑制剂对酶促反应的影响；理解脂溶性维生素和水溶性维生素的特点及其对机体的重要作用；了解酶促反应的特点。

【能力目标】根据酶促反应的特点，分析生产中具体的问题；根据实验数据，分析酶促反应的最大反应速率及其计算；解释磺胺类等药物对酶活性的影响；解释酶学与机体健康的关系；能够辩证看待相关的假说，提高创新思维的能力。

【素质目标】根据酶的活性及代谢正常对于维持人体健康的重要意义，学会在日常生活中保持规律的饮食习惯，增强自身保健意识，养成健康的饮食和生活作息习惯。能够根据酶在代谢中的重要作用，提出相关药物研发的思路；根据维生素对机体的重要作用，能够合理补充相关维生素，避免维生素缺乏和维生素中毒。

生物体为维持生长和繁殖而进行的化学反应称为新陈代谢，是生命的基本特征之一。新陈代谢包括物质代谢和能量代谢。生物体内的各种代谢活动能够迅速而有条不紊地进行，主要是由于代谢活动绝大部分是在酶的催化下进行的。

1773 年，意大利科学家斯帕兰扎尼（L. Spallanzani）发现了蛋白酶。1833 年，法国的佩恩（Payen）和帕索兹（Persoz）从麦芽的水解物中分离到一种可使淀粉水解生成糖的物质，并将其命名为 diastase，也就是淀粉酶。1836 年，德国马普生物研究所科学家施旺（T. Schwann）从胃液中提取出了消化蛋白质的物质——胃蛋白酶。1878 年，库尼把酵母中进行酒精发酵的物质称为“酶”（enzyme）。

知识链接

核酶的发现

1982 年，美国科学家 T. Cech 和他的同事在对“四膜虫编码 rRNA 前体的 DNA 序列含有间隔内含子序列”的研究中发现，自身剪接内含子的 RNA 具有催化功能，而且不参与翻译，所以它又属于组成型非编码 RNA 中的一份子，命名为“核酶”，亦被称为“催化性小 RNA”。T. Cech 因此获得了 1989 年诺贝尔化学奖。

1926年，美国科学家萨姆纳（J. B. Sumner）从刀豆种子中提取出脲酶的结晶，并通过化学实验证实脲酶是一种蛋白质。1982年，美国科学家切赫（T. R. Cech）和奥尔特曼（S. Altman）发现少数RNA也具有生物催化作用，并将其命名为ribozyme，译名“核酶”，在非编码RNA的分类中它也被称为“催化性小RNA”。1986年，Schultz和Lerner成功研制出抗体酶（abzyme）。

第一节 酶的概述

要点

酶的概念	酶是活细胞产生的具有催化功能的生物分子，包括蛋白质和RNA。
酶的作用特点	酶的作用特点：①催化效率高；②专一性强；③易失活，受调控；④有辅因子。
酶的化学本质	酶的化学本质是蛋白质和某些特殊的RNA。
酶的命名 酶的分类	①酶的命名方法：习惯命名法和系统命名法；②习惯命名和系统命名的特点。 国际酶学委员会将所有的酶分为六大类，并将所有的酶按照大类、亚类、亚亚类和顺序排成酶谱。

一、酶的概念

生物体内几乎所有的化学反应都是在酶催化下进行的。绝大多数酶是由活细胞产生的具有催化功能的生物大分子，又称为生物催化剂（biocatalysts）。酶所催化的化学反应称为酶促反应（enzymatic reaction）。在酶促反应中，被酶催化的物质称为底物（substrate，S），经过酶催化形成的物质称为产物（product，P）。

二、酶的作用特点

酶作为生物催化剂，具有一般催化剂的共性，能够使化学反应很快达到平衡点，但是不改变反应的平衡常数，同时催化正反应和逆反应，在化学反应前后自身的数量和性质不发生改变。但作为生物催化剂，酶有它自身的催化特点。

（一）酶催化具有极高的催化效率

酶催化的反应速率比没有催化剂高$10^5 \sim 10^{17}$倍，比一般的化学催化剂高10^7倍以上。如胰凝乳蛋白酶催化蛋白质中芳香族氨基酸羧基形成的肽键水解，在常温下，没有酶的催化时，反应的速率是10^{-10} mol/(mol$_{催化剂}$·s)，而在酶的催化下反应速率为10^{-2} mol/(mol$_{催化剂}$·s)。生物体内的绝大多数反应没有酶的催化是无法进行的。

（二）酶催化具有高度专一性

一种酶只能催化同一种或者同一类反应。根据酶对于底物结构选择的专一性不同又可以分为绝对专一性和相对专一性。

① 绝对专一性　一种酶只能催化一种反应。如脲酶只能催化尿素水解。

② 相对专一性　此类酶可以催化一类底物和一类化学键。如酯酶能够催化酯键而不是只水解一种物质；蛋白酶水解肽键而不是只水解某一种蛋白质。

根据酶作用的底物特点又可以分为：①手性专一性，如淀粉酶只能选择性地水解 D-葡萄糖形成的 1,4-糖苷键，而不影响 L-葡萄糖形成的糖苷键；②几何专一性（顺反异构专一性），如延胡索酸酶只能催化反丁烯二酸而对顺式结构不催化。人体中的脂肪酶只能催化顺式脂肪酸而不能催化反式脂肪酸。

（三）酶易失活

绝大多数酶是蛋白质，凡是能使蛋白质变性的物质都可以使酶失活，因此酶促反应常常在温和的条件下进行，如常温、常压、低盐和恒定的 pH。例如胃蛋白酶催化反应的适宜 pH 为 1.9，而胰蛋白酶适宜的 pH 为 8.0。

（四）酶活性受到调控

生物体内的化学反应错综复杂，生物体可以通过各种机制对酶的活性进行调解，使极为复杂的代谢活动有条不紊地进行。例如人在需要进食时会产生饥饿感，同时消化酶的含量和活性增加。

（五）有些酶具有辅助因子

很多酶的活性与其结合的小分子物质有关，这些小分子称为辅酶或辅基。若除去小分子，则酶就会失去活性。

三、酶的化学本质

20 世纪 30 年代，科学家们相继提取出多种酶的蛋白质结晶，并指出酶是一类具有生物催化作用的蛋白质，至今已经有数千种酶被证明是蛋白质，因此长期以来的传统观念认为酶就是蛋白质，它的活性依赖于蛋白质天然结构的完整性。

核酶的发现打破了酶的化学本质是蛋白质这一传统观念，为酶学研究提供了新的思路（图 4-1）。

图 4-1　核酶的空间结构

四、酶的命名与分类

目前已知的酶有数千种之多，而且随着生物化学的发展，越来越多的酶被发现，为了能够准确命名，避免在研究和使用中发生混乱，要求每一种酶都要有明确的名称和分类。

（一）酶的命名

1. 习惯命名法

习惯命名法主要原则包括：①根据酶作用的底物命名，如催化淀粉水解的酶称为淀粉酶，催化蛋白质水解的酶称为蛋白酶，催化脂肪水解的酶称为脂肪酶；②根据酶催化的化学反应命名，如催化氧化反应的酶称为氧化酶，催化基团转移的酶称为转移酶，催化脱氢反应的酶称为脱氢酶等。为了命名更加准确和清楚，常将上述两种方式结合起来命名，如丙酮酸脱氢酶、琥珀酸脱氢酶、胆红素氧化酶、柠檬酸脱氢酶等。习惯命名法简单实用，但缺乏科学性与系统性，因应用历史较长，目前仍被广泛使用。

2. 系统命名法

系统命名法规定，各种酶的名称需要明确标示酶的底物与酶促反应的类型。如果一种酶有两种及两种以上底物，需要同时写出底物名称，中间用“：”隔开，如果反应的底物是水，则可以忽略不写。如草酸氧化酶的系统名称为“草酸：氧化酶”，脂肪酶的系统名称为“脂肪（：水）水解酶”，括号内容略去不写，谷草转氨酶的系统名称为“谷氨酸：草酰乙酸氨基转移酶”。系统命名法严谨规范、系统性强，但过于冗长，使用不方便，不常用。但是在正式发表的文章中，需要指出所研究酶的系统名称及其分类编号。

（二）酶的分类

为规范酶的名称，方便国际交流，1961 年，国际酶学委员会（Enzyme Committee, EC）按照酶促反应的性质把酶分为氧化还原酶类、转移酶类、水解酶类、裂解酶类、异构酶类和合成酶类 6 大类，同时规定了系统命名的原则。

（1）氧化还原酶　催化氧化还原反应，主要包括脱氢酶（dehydrogenase）和氧化酶（oxidase）。例如乳酸脱氢酶催化乳酸的脱氢反应。

（2）转移酶类　催化基团转移反应，即将一个底物分子的基团或原子转移到另一个底物的分子上。例如谷丙转氨酶催化的氨基转移反应。

（3）水解酶类　催化底物的加水分解反应，主要包括淀粉酶、蛋白酶、核酸酶及酯酶等。例如脂肪酶（lipase）催化的脂肪水解反应。

（4）裂解酶类　催化从底物分子中移去一个基团或原子形成双键的反应及其逆反应，主要包括醛缩酶、水化酶及脱氨酶等。例如延胡索酸水合酶催化延胡索酸与水反应生成苹果酸的反应。

（5）异构酶类　催化各种同分异构体的相互转化，即底物分子内基团或原子的重排过程。例如 6-磷酸葡萄糖异构酶催化 6-磷酸葡萄糖异构反应生成 6-磷酸果糖。

（6）合成酶类　又称连接酶，催化 C—C、C—O、C—N 以及 C—S 键的形成反应，这类反应必须与 ATP 分解反应相互偶联。例如丙酮酸羧化酶催化的反应。

在每一个大类中，又可以根据被催化的基团或化学键特点分为若干亚类，每一个亚类又可以分成亚亚类。这样，把已知的酶分门别类排成一个表，称为酶表。国际酶学委员会给每一种酶规定了统一的分类标号，用 EC 代表国际酶学委员会，第一个数字表示酶的类别，第二个数字表示酶的亚类，第三个数字表示酶的亚亚类，第四个数字表示酶在亚亚类中的序列号。如乙醇脱氢酶的分类编号为 EC1. 1. 1. 1，第一个“1”表示该酶属于氧化还原酶类，第二个“1”表示它作用的底物是—CHOH，第三个“1”表示底物中的氢受体是 NAD^+ 或 $NADP^+$，第四个“1”指它在该亚亚类酶中的序列号是 1。

第二节　酶的结构与功能

要点

酶的化学组成　①酶的化学组成包括酶蛋白和辅因子；②根据酶蛋白的结构将酶分为单体酶、寡聚酶和多酶复合体。

酶的活性中心　①酶的活性中心是酶与底物直接结合并和催化直接相关的部分；②活性中心和辅因子都是必需基团。

酶原和酶原激活	酶初产生的前体称为酶原，经过加工，切除部分氨基酸，暴露活性中心的过程叫酶原激活。
同工酶	①同工酶是指生物体内催化相同反应而分子结构不同的酶。 ②同工酶在临床诊断有重要作用。
别构酶	具有别构效应的酶称为别构酶，常是代谢途径中的调节酶，对代谢调控起重要作用。

一、酶的化学组成

（一）酶的化学组成

根据酶的组成成分，将酶分为两大类。一类是由单纯的蛋白质组成，称为单成分酶。在这类酶分子中，除了蛋白质外，不含其他物质，如蛋白酶、脂肪酶等。另一类是在酶分子中，除蛋白质外，还有非蛋白质的小分子或金属离子，称为结合酶。蛋白质部分称为酶蛋白，结合的小分子或金属离子称为辅因子（表 4-1）。催化氧化还原反应的酶大多属于结合酶。根据辅因子与酶蛋白结合的紧密程度，辅因子可分为辅酶（coenzyme）和辅基（prosthetic group）两类，其中辅酶是指辅因子与酶蛋白结合不紧密，可以通过透析法除去；辅基是指辅因子与酶蛋白结合紧密，不能够通过透析去除。但是这种结合的紧密程度并没有一个严格的界限。辅酶和辅基都是酶催化的必要条件，一定要有酶蛋白和辅因子同时存在才能起催化作用，两者单独存在时均无催化作用。酶蛋白和辅因子一起称为全酶。一般来说，一种辅因子可以和不同的酶蛋白结合，形成不同的全酶。如烟酰胺腺嘌呤二核苷酸（NAD^+）可以和不同的酶蛋白结合形成多种脱氢酶全酶。

表 4-1 常见的金属离子辅因子及对应的全酶

金属离子	酶
Cu^{2+}	细胞色素氧化酶
Mg^{2+}	己糖激酶
Mn^{2+}	精氨酸酶
Zn^{2+}	乙醇脱氢酶
Ni^{2+}	脲酶
Fe^{2+}	细胞色素氧化酶、过氧化氢酶
Mo^{2+}（同时需要 Fe^{2+}）	固氮酶
K^+（同时需要 Mg^{2+}）	丙酮酸激酶

（二）酶的分类

根据酶蛋白分子结构不同，可以将酶分为单体酶、寡聚酶和多酶复合体。

（1）单体酶　酶分子一般由一条多肽链组成，如溶菌酶和胰蛋白酶等，但是也有由多条多肽链构成的，如胰凝乳蛋白酶由 3 条多肽链构成，肽链之间有 5 对二硫键连接形成一个共价整体。

（2）寡聚酶　寡聚酶是由 2 个及 2 个以上的三级结构（亚基）形成，具有四级结构。这些亚基可以相同，也可以不同。多数寡聚酶的亚基数是偶数，少数是奇数（如嘌呤核苷酸磷酸化酶）。各个亚基单独存在时没有活性，只有缔合成四级结构才有催化功能。

（3）多酶复合体　多酶复合体是由几个酶聚合而成的复合体，它有利于系列反应的正常发生，有利于提高催化的效率，方便机体进行调控。例如大肠杆菌糖代谢中的丙酮酸脱氢酶复合体，由 3 种酶、60 多条多肽链组成，催化的丙酮酸脱氢反应也是由 5 个反应完成的。脂肪酸合成中的脂肪酸合成酶是由 6 种酶和一个酰基载体蛋白（ACP）构成的。

二、酶的活性中心

在酶分子中，只有很小区域的化学基团（如氨基酸残基、全酶的辅因子等）参与对其底物的结合与催化作用。通常将酶分子中直接与底物结合并且和催化作用直接相关的部位称为酶的活性部位（active site）或活性中心（active center）。按照活性部位的功能，酶的活性部位可以分为结合部位和催化部位。酶分子中与底物结合的部位或区域一般称为结合部位；酶分子中促使底物发生化学变化的部位称为催化部位。

不同的酶具有不同的活性中心，但是活性中心有共同的特点。

① 活性部位在酶分子整体结构中只是很小的一部分，通常只占 1%～2%（图 4-2），在已知的酶中，几乎所有的酶分子都是由 100 个以上的氨基酸组成的，而活性中心只有几个氨基酸残基。其催化部位一般由 1～2 个氨基酸残基组成，结合部位不同的酶其氨基酸残基数不同。

② 酶的活性中心的形状、大小、带电荷的情况都能与它所催化的底物很好地互补。活性中心的氨基酸残基在一级结构上可能相距很远，但是多肽链的折叠、盘绕、扭曲，使得活性部位的氨基酸残基在空间结构上相互靠近。例如溶菌酶的活性部位是由 Trp62 和 Trp83、Asp101、Trp108 组成结合部位（与底物多肽链的糖基结合），Glu35 和 Asp52 是催化基团，结合部位和催化部位一起构成了溶菌酶的活性中心（图 4-3）。

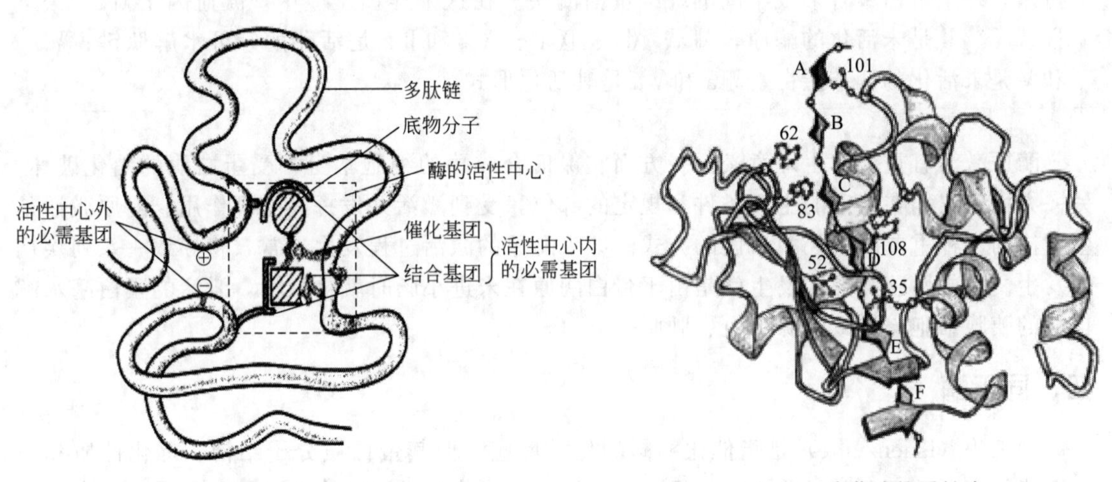

图 4-2　酶的活性中心结构示意图　　图 4-3　溶菌酶的活性中心

③ 酶的活性中心含有特定的催化基团，可以帮助底物发生特定的化学变化。常见的催化基团包括特定氨基酸侧链上的羟基、巯基、氨基、羧基、咪唑基等，辅因子也常作为酶的催化基团，如丙酮酸脱氢酶的焦磷酸硫胺素、转氨酶的磷酸吡哆醛、细胞色素氧化酶的铁卟啉等。结合部位的氨基酸残基称为结合基团。活性中心的催化基团和结合基团对于酶的催化来说是必不可少的，称为必需基团；辅酶等辅因子是活性中心外的必需基团。

④ 酶的活性部位具有柔性，在酶和底物结合的过程中，酶分子构象和底物分子构象均发生变化，形成互补的结构，使二者容易结合。对酶催化过程中构象变化与活性变化的研究结果表明，酶活性中心的结构比整个酶分子更具有柔性。

⑤ 酶的活性中心一般位于酶分子表面的一个裂隙中，裂隙内是一个相对疏水的环境，非极性基团较多，有利于底物与酶结合基团的结合以及底物与酶的催化基团相互作用。

酶的活性部位对酶分子整体结构的稳定性有较高的依赖性，如果酶分子整体空间结构受到破坏，酶的活性部位也会被破坏，酶就会失去催化功能。

三、酶原与酶原激活

很多酶在细胞内合成或初分泌时，是无活性的酶前体，称为酶原（zymogen），酶原转变为有活性的酶的过程称为酶原激活（zymogen activation）。

酶原可以贮存在其合成部位而不引起细胞或组织的自我消化（水解），待细胞需要时再被激活。酶原之所以没活性，是因为活性中心未形成或未暴露。酶原激活的过程就是通过对多肽链的剪切修饰而使酶的活性中心形成或暴露出来。

知识链接

血液凝固的机制

血管系统受损后会启动凝血系统予以凝血，达到止血目的，是人体的一种很重要的保护措施。人体的凝血机制大致有 3 个方面：受损血管收缩以减少失血量；血小板黏聚形成血小板血栓填塞伤口；启动内源性、外源性凝血机制，通过一连串酶原激活反应和凝血因子作用使血液凝固。血液凝固的机制：通过一个酶催化激活另一个酶，经过一系列的反应，凝血酶原被激活成为凝血酶，凝血酶作用于纤维蛋白原，形成纤维蛋白，纤维蛋白聚合形成牢固的纤维蛋白凝块。在这个连锁反应中，凝血因子Ⅻ、Ⅺ、Ⅸ、Ⅹ、Ⅱ是未活化的酶原，Ⅻa、Ⅺa、Ⅸa 、Ⅹa 和Ⅱa 是活化酶，可水解肽键；Ⅷ和Ⅴ是未活化的调节蛋白，Ⅷa 和Ⅴa 是其活化形式。

酶原激活有重要的生理意义：一方面它保证合成酶的细胞本身不受蛋白酶的消化破坏；另一方面使它们在特定的生理条件和规定的部位，受到激活并发挥其生理作用。酶原激活是生物体的一种重要的调控酶活性的方式。如果酶原的激活过程发生异常，将导致一系列疾病的发生。出血性胰腺炎的发生就是由于蛋白酶原在未进小肠时就被激活，激活的蛋白酶水解自身的胰腺细胞，导致胰腺出血、肿胀。

四、同工酶

同工酶（isoenzyme）是指催化相同的化学反应，但其蛋白质分子结构、理化性质和免疫性能等方面都存在明显差异的一组酶。按照国际生物化学联合会（IUB）所属生化命名委员会的建议，只把其中因编码基因不同而产生的多种分子结构的酶称为同工酶。最典型的同工酶是乳酸脱氢酶（LDH）同工酶，用电泳方法将 LDH 同工酶分离，分析其酶谱，发现脊椎动物各组织中有五条酶带，每条酶带的酶蛋白都是由四条肽链组成的四聚体，LDH 有两类肽链，A（M）或 B（H），各有不同的免疫性质，按排列组合可形成符合电泳酶带数的五种同工酶。LDH_1 及 LDH_5 分别由纯粹的 4 条 B 链（B_4）和 4 条 A 链（A_4）形成，称为纯聚体；而 LDH_2、LDH_3 和 LDH_4 都是由两类肽链杂交而成的，分别可写成 AB_3、A_2B_2、

A_3B，称为杂交体。同工酶可用于研究物种进化、遗传变异、杂交育种和个体发育、组织分化等。

知识链接

同工酶在医学中的应用

在医学方面，同工酶是研究恶性肿瘤发生的重要手段，恶性肿瘤组织的同工酶谱常发生胚胎化现象，即合成过多的胎儿型同工酶。如果这些变化可反映到血清中，则可利用血清同工酶谱的改变来诊断恶性肿瘤。因同工酶谱有脏器特异性，故测定血清同工酶谱常可较特异地反映某一脏器的病变，如血清的 LDH_1（B4）或 MB 型肌酸激酶（CK－MB）增加是诊断心肌梗死较特异的指标，较测定血清 LDH 或肌酸激酶（CK）总活力更为可靠。

在动植物中，一种酶的同工酶在各组织、器官中的分布和含量不同，形成各组织特异的同工酶谱，叫作组织的多态性。例如动物肝脏的碱性磷酸酯酶和肝脏的排泄功能有关，而肠黏膜的碱性磷酸酯酶却参与脂肪和钙、磷的吸收。对 LDH 催化的可逆反应，心肌中富含的 LDH_1 及 LDH_2 在体内倾向于催化乳酸的脱氢，而骨骼肌中丰富的 LDH_4 及 LDH_5 则有利于丙酮酸还原而生成乳酸。因此，同工酶只是做相同的“工作”（即催化同一个反应），却不一定有相同的结构。

五、别构酶

当某些化合物与酶分子中的别构部位可逆地结合后，酶分子的构象发生改变，使酶活性部位对底物的结合与催化作用受到影响，从而调节酶促反应速率及代谢过程，这种效应称为别构效应（allosteric effect）。具有别构效应的酶称为别构酶。别构酶常是代谢途径中催化第一步反应或处于代谢途径分支点上的一类调节酶，大多能被代谢最终产物所抑制，对代谢调控起重要作用。别构效应使酶活性增加的物质称为别构调节剂，反之称为别构抑制剂。

别构酶多为寡聚酶，含有两个或多个亚基。其分子中包括两个中心：一个是与底物结合、催化底物反应的活性中心；另一个是与调节物结合、调节反应速率的别构中心。两个中心可能位于同一亚基上，也可能位于不同亚基上。在后一种情况中，存在别构中心的亚基称为调节亚基。别构酶通过酶分子本身构象变化来改变酶的活性。

别构酶的反应初始速率与底物浓度（v 对 [S]）的关系不服从米氏方程，而是呈现 S 形曲线。这表明酶分子上一个功能位点的活性影响另一个功能位点的活性，当底物或效应物一旦与酶结合后，导致酶分子构象的改变，这种改变了的构象影响了酶对后续底物分子的亲和力，显示协同效应（cooperative effect）。

天冬氨酸转氨甲酰酶（aspartate transcarbamoylase，ATCase）是当前了解最清楚的一个别构酶。它催化嘧啶核苷酸合成中的第一个中间物 *N*-氨甲酰天冬氨酸合成，ATCase 受其代谢途径终产物胞苷三磷酸（CTP）的别构抑制。ATCase 由两个三聚体构成的催化亚基（C_3）和三个二聚体构成的调节亚基（R_2）组成。当催化亚基和调节亚基混合时能迅速结合。

第三节　酶的作用机理

要点

酶能降低反应的活化能	①酶通过降低反应的活化能来催化反应；②其分子机制是邻近与定向、张力与形变、酸碱催化、共价催化、金属离子催化及活性中心的疏水作用。
中间产物学说	酶首先与底物结合，生成不稳定的中间产物，然后分解为反应产物而释放出酶。
诱导契合学说	酶首先与底物结合，生成不稳定的中间产物，然后分解为反应产物而释放出酶。

一、降低反应活化能的机制

在反应体系中，并非可以发生的反应就一定发生，只有自由能（free energy）达到或超过某一限度，分子处于活化状态才能反应。分子从常态转化成活化态所需要的能量称为活化能（activation energy）。

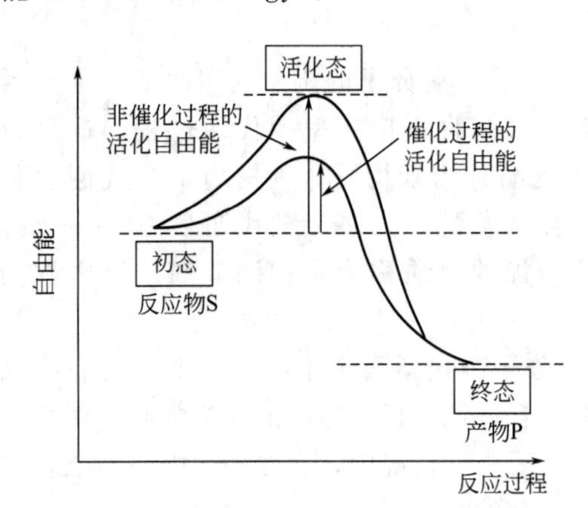

图 4-4　酶促反应中自由能的变化

活化能指在一定温度下 1mol 底物全部进入活化状态所需要的能量。使分子进入活化状态可以通过外加能量（如加热），也可以通过使用催化剂降低活化能。酶分子就是通过降低活化能来催化反应的（图 4-4）。

1946 年，L. Pauling 提出了过渡态稳定学说，认为酶与过渡态底物的亲和力要比与基态底物结合力强很多，所以酶有助于底物向过渡态转变，从而使反应的活化能大大下降，反应速率显著提高。酶与过渡态底物结合，释放能量，降低了反应的活化能。以 H_2O_2 分解生成 H_2O 和 O_2 的反应为例，在没有过氧化氢酶等任何催化剂存在的条件下，反应的活化能为 76kJ/mol。在有过氧化氢酶存在时，反应的活化能降为 30kJ/mol，反应速率提高了 10^8 倍，大大缩短了反应的时间。

酶分子的活性部位结合底物形成酶-底物复合物，底物进入特定的过渡状态，由于进入过渡态所需要的活化能远远小于非酶促反应所需要的活化能，反应得以顺利进行，形成产物并释放酶，该分子机制有以下几种。

（一）酶和底物分子的“邻近与定向”

酶把底物分子从溶液中富集出来，使它们固定在活性中心附近，反应基团相互邻近，同时使反应基团的分子轨道以正确方位相互交叠，有利于反应发生。实验证明，在酶促反应中，酶使底物浓度在活性中心附近很高，甚至比溶液中高 10 万倍，增加了分子碰撞的概率，提高了反应速率。

当底物分子结合于酶的活性部位时，酶对底物分子的电子轨道具有导向作用，使得酶的催化基团和底物分子的反应基团之间正确取位，发生作用的化学基团以最有利于反应的距离和角度分布存在，使反应速率提高。邻近与定向的作用叠加，导致反应速率升高。

（二）“张力”与“形变”效应

过渡态学说认为，酶和底物之间的非共价作用可以使底物分子围绕其敏感键发生变化，相应的电子重新分配，产生电子张力，使敏感键更加敏感，导致分子发生形变，底物进一步转换成过渡态结构，酶和底物互相契合形成过渡态中间产物，降低了反应的活化能。大量的实验证明了这一机制，例如溶菌酶与底物结合时，将肽聚糖从椅式构象转变成半椅式构象。

这一原理已经用于科研与生产实践。例如用底物过渡态类似物作为半抗原，成功地制造出了抗体酶。使用底物过渡态类似物作为抑制剂，抑制效率远远大于底物类似物抑制剂。

（三）酸碱催化

酶分子的一些功能基团起质子供体或质子受体的作用，参与质子转移，从而形成稳定过渡态，降低反应的活化能，该过程称为酸碱催化。狭义的酸碱催化指水溶液中通过质子和氢氧根离子进行的催化作用。广义的酸碱催化是指通过质子、氢氧根离子和其他能够提供质子和接收质子的物质进行催化。参与酸碱催化的基团包括氨基、羧基、巯基、酚羟基、咪唑基等。通过酸碱催化，反应速率可以提高 $10^2 \sim 10^5$ 倍。

（四）共价催化

酶分子中侧链基团或者辅因子作为亲核基团或亲电基团，与底物形成一个反应活性很高的共价中间物，此中间物易转变成过渡态，使反应活化能大大降低，提高反应速率。

（五）金属离子催化

很多酶的催化过程需要金属离子参与。金属离子通过结合底物，提高亲核性能，如碳酸酐酶活性部位的锌离子与水结合，使其离子化产生羟基，羟基是较强的亲核基团。很多激酶的直接底物是 Mg^{2+}-ATP 复合物，镁离子静电屏蔽了磷酸基团的负电荷，减少对亲核基团的排斥，促进反应速率提高。

（六）酶的活性中心往往是疏水环境

多数酶是水溶性生物大分子，酶的活性中心往往是一个疏水的低介电常数区域，可以排除高极性的水分子，稳定分子的电荷状态，有利于酶促反应的发生。

二、中间产物学说

酶的中间产物学说是由 Brown（1902）和 Henri（1903）提出的。该学说主要认为酶的高效催化效率是由于酶首先与底物结合，生成不稳定的中间产物（又称中心复合物，central complex），然后分解为反应产物而释放出酶。

在酶促反应中，酶首先和底物结合成不稳定的中间产物（ES），然后再生成产物（P），并释放出酶。反应式为 $S+E \rightleftharpoons ES \rightleftharpoons E+P$，这里 S 代表底物，E 代表酶，ES 为中间产物，P 为反应的产物。根据中间产物学说，中间产物比底物需要更少的活化能就可以分解成产物并释放出酶。

中间产物学说是当下被普遍接受的理论，但由于中间产物是过渡态化合物，是瞬时存在的，所以现在还没有直接分离出中间产物，但是大量实验验证了中间产物的存在。如 X 射线衍射图谱和电子显微镜观察结果表明，羧肽酶 A 的空间结构由于结合了底物而发生改变，间接证明了中间产物的存在。

由于在反应中酶和底物结合生成中间产物，会使溶液的光谱性质和颜色发生改变，也可以间接证明中间产物的存在。过氧化氢酶的辅因子为铁卟啉，故酶溶液的颜色呈红褐色，在645nm、548nm、583nm、498nm 处有光吸收峰的出现。在酶溶液中加入 H_2O_2 以后，溶液变成了红色，光谱吸收增加了 561nm、530nm 波长的光吸收峰，说明生成了新的物质（中间产物）。

$$H_2O_2 + E \rightleftharpoons H_2O_2 - E$$

在反应体系中加入供氢体焦性没食子酸（连苯三酚，AH_2）后，两条新的光吸收峰消失，恢复原有的 4 个光吸收峰，溶液的颜色恢复到红褐色，这说明中间产物分解成了产物，同时释放出了酶。

$$H_2O_2 - E + AH_2 \longrightarrow H_2O + E + A$$

在对弹性蛋白酶的研究中，利用低温环境对中间产物进行观测。弹性蛋白酶的中间产物是一种不稳定的物质，寿命只有 $10^{-12} \sim 10^{-10}$s，利用低温减慢反应过程，中间产物的寿命可以延长到 2d，切片的电镜照片和 X 线衍射图谱都证实了中间产物的存在。

三、诱导契合学说

酶对于它所作用的底物有着严格的选择性，只能催化一定结构或者一些结构近似的化合物，使这些化合物发生生物化学反应。1894 年，E. Fischer 提出了“锁钥学说”（图 4-5），认为酶促反应中酶和底物结合时，底物的结构和酶活动中心的结构十分吻合，就好像一把钥匙配一把锁一样。酶的这种刚性互补形状，使酶只能与对应的化合物契合，从而排斥了那些形状、大小不适合的化合物。

科学家后来发现，当底物与酶结合时，酶分子上的某些基团常常发生明显的变化，另外，酶常常能够催化同一个生化反应正逆两个方向的反应。“锁钥学说”把酶的结构看成是固定不变的，这不符合实际。于是有科学家又提出，酶并不是事先就以一种与底物互补的形状存在，而是在受到诱导之后才形成互补的形状，这就是 1958 年 D. E. Koshland 提出的“诱导契合学说”（图 4-6）。该学说认为酶分子活性中心的结构原来并非和底物的结构互相吻合，但酶的活性中心是柔软的而非刚性的。当底物与酶相遇时，可诱导酶活性中心的构象发生相应的变化，有关的各个基团达到适当的排列和定向，从而使酶和底物契合而形成中间产物，并引起底物发生反应。反应结束当产物从酶上脱落下来后，酶的活性中心又恢复了原来的构象。

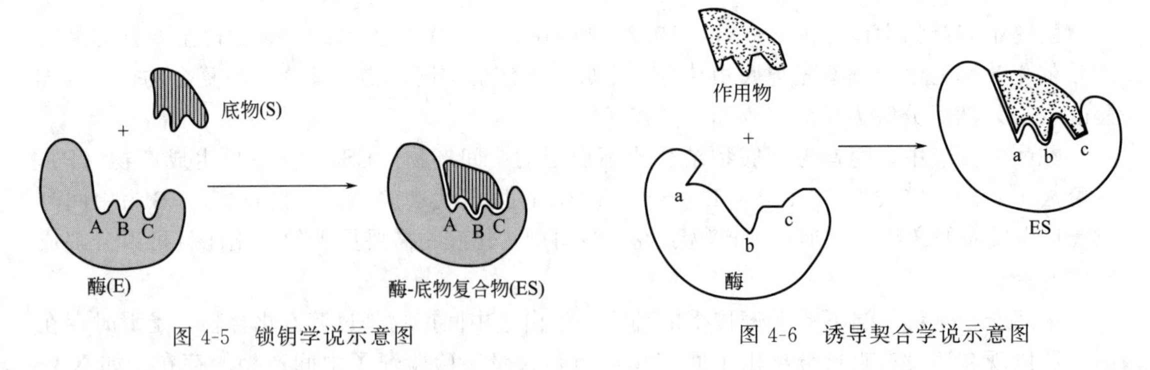

图 4-5　锁钥学说示意图

图 4-6　诱导契合学说示意图

第四节　影响酶促反应速率的因素

要点

酶促反应的速率	①反应速率的概念；②反应速率测定方法；③反应速率的测定条件。
底物浓度对酶活性的影响	①米氏方程的前体（稳态学说）；②米氏方程（公式）；③米氏常数的意义；④双倒数作图。
温度对酶活性的影响	①酶的最适温度；②低温对酶活性的影响；③高温对酶活性的影响；④Q_{10} 的定义。
pH 对酶活性的影响	①酶的最适 pH；②pH 对酶活性的影响原因。
抑制剂对酶活性的影响	①不可逆的抑制；②竞争性抑制；③非竞争性抑制；④反竞争性抑制。

化学反应速率表示化学反应的快慢程度，通常以单位时间内反应物的减少量或生成物的增加量来表示。酶促反应动力学研究的是酶促反应的速率以及各种因素对反应速率的影响。酶促反应的动力学研究是酶学研究中的一个既有重要理论意义又有实践意义的课题。

一、酶促反应速率的测定

反应速率的测定是指测定单位时间内底物的消耗量或产物的生成量。通常测定产物的生成量，在反应开始后，于不同时间测定反应体系中产物含量，以产物含量对时间作图，可以得到反应过程曲线。

从图 4-7 可以看出，开始一段时间产物与时间呈线性关系。但随着时间的延长，曲线的斜率逐渐变小，因此，为了正确地测定反应速率，避免其他因素的干扰，常常测定反应的初始速率。

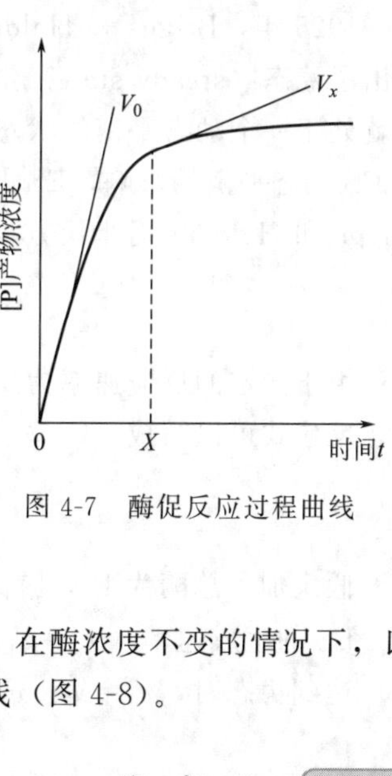

图 4-7　酶促反应过程曲线

二、酶浓度对酶促反应速率的影响

在底物足够多的情况下，如果反应体系不含抑制酶活性的物质，也不存在不利条件时，酶的浓度越高，酶分子与底物分子结合的速率越快，底物转化的速率越快，酶促反应的速率也就越快，呈现正比关系。

三、底物浓度对酶促反应速率的影响

1903 年，Henri 等对蔗糖酶催化蔗糖水解反应进行了研究，在酶浓度不变的情况下，以反应速率对底物浓度作图，得到反应速率与底物浓度的关系曲线（图 4-8）。

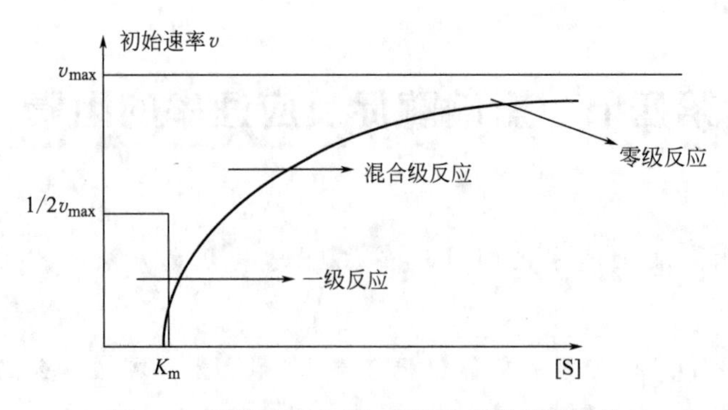

图 4-8 酶促反应速率与底物浓度的关系曲线

根据这一反应结果，Henri 等提出了中间复合物学说，认为在酶促反应中，酶（E）和底物（S）先结合形成中间复合物（ES），中间复合物再释放出酶和产物（P）。当产物浓度很低时，反应速率呈一条直线，反应速率与底物浓度成正比，表现为一级反应，此时反应速率与底物浓度的乘积成正比，即 $v=k[A][B]$（A、B 指参加反应的底物）。随着反应时间的增加，酶与底物分子结合越来越多，表现为混合级反应（二级反应），这时反应速率不再与底物浓度成正比，而是与底物浓度的平方成正比，即 $v=k[A]^2[B]^2$。当反应速率达到一定程度后，酶分子全部被底物结合，没有游离的酶存在，这时反应速率达到最大值，表现为零级反应，即使底物浓度再增加，反应速率也不会明显增大，表现为反应速率与底物的浓度无关。

1. 米氏方程

1913 年，Michaelis 和 Menten 在中间复合物的基础上，根据“快速平衡”假说推导出 Michaelis-Menten 方程。快速平衡假说认为：在反应的初始阶段，底物浓度远远大于酶浓度，因此，底物浓度［S］可以认为不变。

游离的酶与底物形成 ES 的速度极快，$E+S \rightleftharpoons ES$，而 ES 形成产物的速率极慢，ES 分解成产物 P 对于中间复合物浓度［ES］的动态平衡没有影响，不予考虑。即 K_1、$K_2 \gg K_3$。

因为研究的是初始速率，P 的量很小，由 $P \longrightarrow ES$ 可以忽略不计。

1925 年，Briggs 和 Haldane 在快速平衡假说的基础上，将快速平衡与慢速平衡结合，提出了稳态（steady state）学说，该学说认为中间复合物［ES］一旦形成，它的分解与生成就处于一个动态平衡的状态，浓度恒定（稳态）。有时需要考虑中间复合物分解成的产物对 ES 动态平衡的影响，ES 的分解包括 ES 分解成 E+S 和 E+P 两个过程。基于这一过程，Briggs 和 Haldane 对米氏方程进行了修正。

$$E+S \underset{k_2}{\overset{k_1}{\rightleftharpoons}} ES \underset{k_4}{\overset{k_3}{\rightleftharpoons}} E+P$$

由于测定的反应速率为反应初始速率，产物浓度很低，产物重新生成中间复合物可以忽略，反应式可以写成：

$$E+S \underset{k_2}{\overset{k_1}{\rightleftharpoons}} ES \xrightarrow{k_3} E+P$$

假定加入总酶为 E_t，游离酶为 E_f，则 $E_t=E_f+ES$，$E_f=E_t-ES$

ES 的生成速率：$v_1=k_1[E_f]$，ES 的分解速率：$v_2=k_2[ES]$，$v_3=k_3[ES]$

达到稳态时，$v_1=v_2+v_3$，即 $k_1[E_f]=k_2[ES]+k_3[ES]$，$k_1[E_t-ES]=k_2[ES]+k_3[ES]$

整理得：$\frac{k_2+k_3}{k_1}=\frac{[E_t][S]-[ES][S]}{[ES]}$

令：$\frac{k_2+k_3}{k_1}=K_m$

则：$K_m[ES]=[E_t][S]-[ES][S]$，可得$[ES]=[E_t][S]/(K_m+[S])$

所测的反应速率，即产物生成的速率 $v=k_3[ES]$，$v=k_3[E_t][S]/(K_m+[S])$

当反应速率达到最大反应速率时，酶全部和底物结合，没有游离的酶，即$[ES]=[E_t]$，这时

$$v=v_{max}=k_3[E_t]$$

所以反应速率：$v=\frac{v_{max}\ [S]}{K_m+\ [S]}$

米氏方程是根据稳态理论推导出的酶促反应动力学方程，反映了酶促反应过程中反应速率与底物浓度之间的关系，大多数酶的动力学行为符合此方程。其中 K_m 为米氏常数，是由速率常数组成的复合常数。

米氏方程所描述的酶促反应速率与底物浓度之间的定量关系，与实验测定的结果一致。当底物浓度很低时，$[S]\ll K_m$，米氏方程中分母的 [S] 可以忽略不计，这时反应速率 $v=v_{max}[S]/K_m$，反应速率与底物浓度呈线性关系。当底物浓度很高时，$[S]\gg K_m$，K_m 可以忽略不计，这时反应速率 $v=v_{max}$，表现为零级反应，反应速率达到最大反应速率。

2. 米氏常数的意义

当酶促反应的速率达到最大反应速率的一半时，从公式中可以得出 $K_m=[S]$，也就是说 K_m 就是当反应速率达到最大反应速率一半时的底物浓度，其单位为 mol/L。

不同的酶具有不同 K_m 值（表 4-2），它是酶的一个重要的特征物理常数。K_m 的大小只和酶的性质有关，与酶的浓度无关。但是在测定时，K_m 值只是在固定的底物，一定的温度和 pH 条件下，在一定的缓冲体系中测定的，不同条件下具有不同的 K_m 值。当一种酶有几种底物时，K_m 值最小的底物称为该酶的最适底物或天然底物。

表 4-2　几种酶的 K_m

酶	底物	K_m/(mmol/L)
己糖激酶	ATP	0.400
	D-葡萄糖	0.050
	D-果糖	1.500
胰凝乳蛋白酶	甘氨酰酪氨酰甘氨酸	108.000
	N-苯甲酰酪氨酰胺	2.500
碳酸酐酶	HCO_3^-	26.000
β-半乳糖苷酶	D-乳糖	4.000
乙酰胆碱酯酶	乙酰胆碱	0.095
过氧化氢酶	过氧化氢	25.000
脲酶	尿素	25.000
顺乌头酸酶	顺乌头酸	0.005
	苹果酸	0.025
β-内酰胺酶	氨苄青霉素	0.02

从某种意义上讲，K_m 是中间复合物分解速率与生成速率的比值[$K_m=(k_2+k_3)/k_1$]，如果 K_s 是 ES 的解离常数（k_2/k_1），当 $k_2 \gg k_3$ 时，$K_m \approx K_s$，K_m 可以表示酶和底物的亲和力，K_m 越大，酶与底物的亲和力就越小。

根据由实验数据所得到的 v-[S] 曲线来直接确定 v_{max} 是很困难的，也不易求出 K_m 值。可以通过多种作图法来求，其中最常用的方法就是 Lineweaver-Burk 双倒数作图法。

将米氏方程两边取倒数，可得

$$\frac{1}{v}=\frac{K_m}{v_{max}}\times\frac{1}{[S]}+\frac{1}{v_{max}}$$

取倒数后可以看出，如果将 $1/v$ 对 $1/[S]$ 作图，则呈线性关系，直线的斜率为 K_m/v_{max}，纵轴的截距为 $1/v_{max}$，横轴的截距为 $-1/K_m$，很容易求出 v_{max} 和 K_m（图 4-9）。

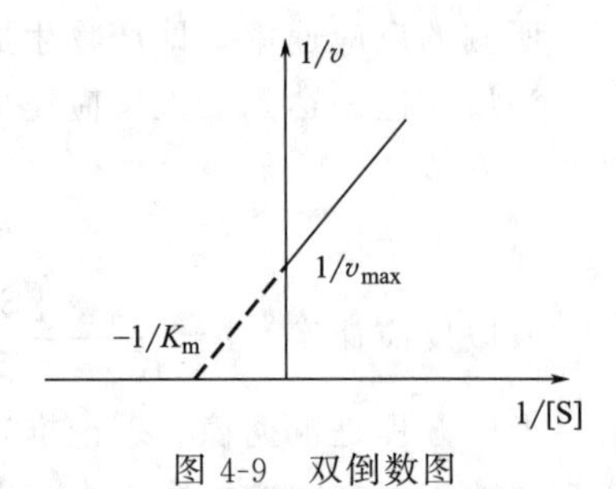

图 4-9 双倒数图

四、 pH 对酶促反应速率的影响

在一定的 pH 下，酶具有最大的催化活性，通常称这一 pH 为最适 pH。高于或低于这一 pH 酶的活力都会下降。但酶的最适 pH 并不是固定的，受酶的浓度和底物浓度、种类的影响较大（图 4-10）。

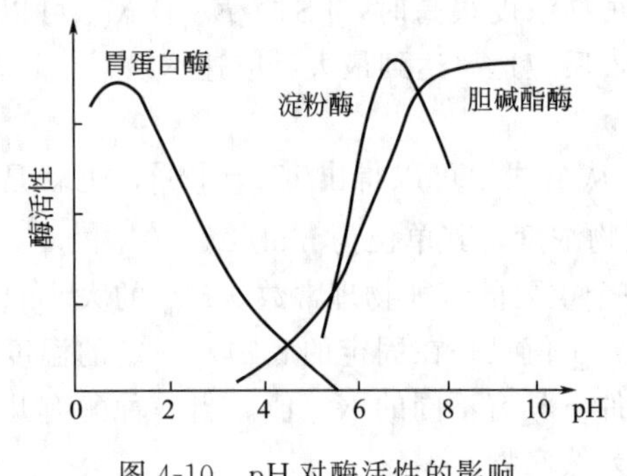

图 4-10 pH 对酶活性的影响

pH 对酶促反应速率影响的原因可能有：①影响酶蛋白的空间结构，过酸或过碱都会使酶蛋白高级结构发生改变，甚至会使酶活性丧失。酶的活性中心具有柔性，比其他部位更容易在酸碱作用下发生构象改变。②影响酶的解离状态，酶分子中有许多可以解离的基团，在不同的 pH 环境中，这些基团的解离状态不同，所带的电荷也不一样，酶分子的解离状态对酶与底物的结合能力以及酶的催化能力都有重要影响。因此 pH 的改变可通过改变酶分子基团的解离来影响酶活性。③影响底物的解离状态，酶催化反应的底物常具有极性基团，在不同的酸碱环境中所带的电荷也不一样。pH 改变会影响底物的解离状态及空间构象，影响酶和底物的结合，从而影响酶促反应的速率。胃蛋白酶、淀粉酶、胆碱酯酶等不同酶的最适 pH 不同，大多数在中性、弱酸性或弱碱性范围内。例如植物和微生物的酶最适 pH 多在 4.5～6.5，动物体内酶的最适 pH 多在 6.5～8.0，但胃蛋白酶的最适 pH 为 1.5，与胃中的酸性环境相适应。

五、温度对酶促反应速率的影响

温度对于酶活性的影响有两个方面，当温度升高时，加快酶促反应的速率，当温度过高时，会引起酶蛋白变性而丧失活性。多数酶都有一个最适温度，在最适温度条件下，反应速率最快。低于最适温度时，酶的活性随温度升高而升高，酶促反应速率加快；超过最适温度时，温度升高，酶的高级结构将发生变化或变性，导致酶活性降低甚至丧失（图 4-11）。一般

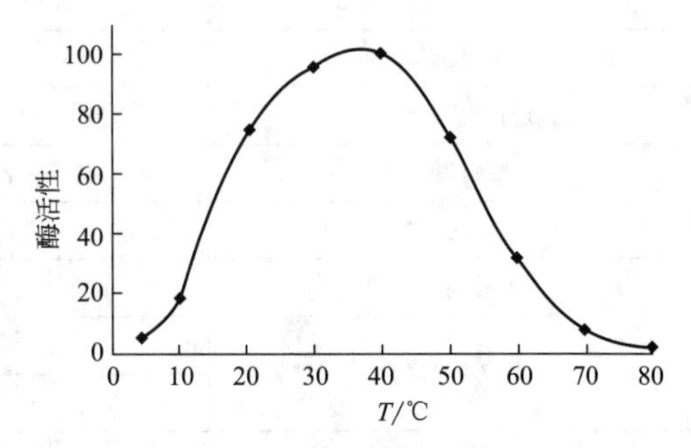

图 4-11 温度对于酶活性的影响

来说，动物体内酶的最适温度为35～40℃，植物体内酶的最适温度为40～50℃，一些嗜热菌的酶最适温度可高达90℃以上，如DNA扩增常使用的DNA聚合酶。将达到最适温度之前，温度每升高10℃时，反应速率与原来反应速率之比称为Q_{10}。

酶的最适温度并不是恒定的，常与反应时间、底物类型等因素有关。如反应时间延长，酶的最适温度测定值下降。

知识链接

温度对酶促反应影响的应用

①在生化检验中，可采取提高温度，缩短时间的方法，进行酶的快速检测诊断。②临床上低温麻醉就是通过低温降低酶活性来减慢组织细胞代谢速度，以提高机体在手术过程中对氧和营养物质缺乏的耐受性。③温度升高超过80℃后，多数酶因热变性而失去活性，应用这一原理可进行高温灭菌。④酶制剂和酶检测标本（如血清等）应放在冰箱中低温保存，需要时从冰箱中取出，在室温条件下待温度回升，酶的活性恢复后，再使用或进行检测。

六、激活剂对酶促反应速率的影响

凡是能够提高酶活性的物质，称为激活剂（activator)。大部分激活剂是简单的有机小分子化合物或无机离子，有些能够激活酶原的酶类也属于激活剂的范畴。激活剂对酶的作用有一定的选择性，也就是说一种酶的激活剂对另一种酶可能起抑制作用。

（一）无机离子

可作为激活剂的金属离子有K^+、Na^+、Ca^{2+}、Mg^{2+}、Zn^{2+}、Fe^{2+}等，其中Mg^{2+}是多种酶的激活剂；无机阴离子有Cl^-、Br^-、I^-、CN^-、NO_3^-、PO_4^{3-}等，其中Cl^-是动物唾液中α-淀粉酶最强的激活剂，Br^-也有激活作用，但作用较弱。

无机离子作为激活剂可能有以下原因：①与酶分子中的侧链基团结合，作为酶的辅因子，稳定酶分子整体结构，或稳定酶活性中心的构象。②在酶和底物的结合中起桥梁作用。

（二）有机小分子化合物

某些还原剂如半胱氨酸、还原型谷胱甘肽、维生素C等有机分子对含有巯基的酶有激活作用，因为这些还原剂能够保持巯基的还原状态，而巯基酶只有在还原型巯基存在时才具有催化作用。乙二胺四乙酸（EDTA）等螯合剂，能去除酶中重金属杂质，提高酶的活性，也被视为酶的激活剂。

七、抑制剂对酶促反应速率的影响

凡是能够引起酶活性下降或丧失，但是并不引起酶蛋白变性的作用称为抑制作用（inhibition)，起抑制作用的物质称为酶的抑制剂（inhibitor)。酶的抑制剂一般能够与酶的必需基团以非共价或共价的形式结合，形成比较稳定的复合体。

失活作用（inactivtation）与抑制作用不同，凡是能够引起酶蛋白变性进而引起酶活性丧失的作用称为失活作用，使酶蛋白变性的物质称为变性剂。抑制剂对酶的抑制作用有一定的选择性，一种抑制剂只能抑制一种或几种酶，而变性剂没有选择性，对所有的酶都起作用。根据抑制的程度和是否可逆，抑制作用分为不可逆的抑制作用和可逆的抑制作用。

（一）不可逆的抑制作用

抑制剂和酶的活性中心共价结合，使酶的活性下降，且不能够用透析的方法去除抑制剂使酶恢复活性，称为不可逆的抑制作用。不可逆的抑制作用可分为专一性抑制和非专一性抑制，前者指抑制剂专一性地和酶活性中心的必需基团结合产生抑制作用；后者指抑制剂作用于酶的一类或几类基团产生抑制作用。

1. 非专一性的不可逆抑制剂

有机磷化合物可以和酶分子中的丝氨酸残基结合，使其磷酰化从而使酶失活，抑制含有丝氨酸残基的水解酶（蛋白酶、酯酶等）活性。常见的有机磷化合物有二异丙基氟磷酸、敌敌畏、敌百虫、对硫磷等。有机磷杀虫剂能够强烈地抑制胆碱酯酶的活性，导致乙酰胆碱积累过多，使神经系统处于过度兴奋状态，产生神经中毒。解磷定或氯解磷定可以和磷酸根反应，将磷酸根从酶分子中分离，使酶恢复活性，在临床上被用作有机磷农药中毒的解毒药物。

有机砷化合物能够和酶分子中的半胱氨酸作用，使含有巯基的酶失活。如路易斯毒气与巯基作用，导致人畜中毒，使用二巯基丙醇和二巯基丁二酸钠可以将巯基还原，达到解毒的目的。

烷化剂又称烷基化剂，通常含有一个活泼的卤原子，如碘乙酸、碘乙酰胺、2,4-二硝基氟苯等，可以与酶分子的巯基、氨基、羧基和咪唑基作用。可以用二巯基丙醇等还原剂去除烷化剂，使酶恢复活性。

重金属盐能与生理 pH 条件下带负电荷的酶分子不可逆地结合，从而使酶的活性受到抑制。Ag^{+}、Cu^{2+}、Hg^{2+}、Cd^{3+}、Pb^{2+} 能使大多数酶失活，使用 EDTA 等螯合剂可以去除重金属离子，恢复酶的活性。

氰化物、硫化物、CO 可与含有铁卟啉的酶（如细胞色素氧化酶）中的 Fe^{2+} 结合，使酶失活，抑制细胞呼吸。

2. 专一性的不可逆抑制剂

底物类似物抑制剂和底物的结构相似，可以和相应的酶活性部位结合，同时带有一个活泼的化学基团，能与酶的必需基团共价结合，从而抑制酶的活性。在研究酶的作用机制时，可以利用这一类抑制剂对酶的活性中心进行亲和标记，以确定反应的必需基团。例如甲苯磺酰苯丙氨酰氯甲酮为胰凝乳蛋白酶的底物类似物，与胰凝乳蛋白酶的活性中心结合后，共价修饰酶分子中的组氨酸残基，导致酶活性受到抑制。

有些抑制剂不但具有与酶天然底物类似的结构，其本身也是酶的底物之一，而且有一个潜伏的活性基团，通过酶的催化作用，潜伏的基团被活化，与酶的活性中心共价结合，从而抑制酶的活性，该类抑制剂称为自杀性底物。例如青霉素的抑制作用。

（二）可逆的抑制作用

抑制剂和酶结合是一种可逆的反应，能用透析的方法把抑制剂除去使酶恢复活性，该抑制作用称为可逆的抑制作用。它又可以分为竞争性抑制（competitive inhibition）、反竞争性抑制（uncompetitive inhibition）和非竞争性抑制（noncompetitive inhibition）。

1. 竞争性抑制

抑制剂（I）与底物（S）分子结构相似，与底物竞争结合酶分子的活性中心，形成酶-抑制剂（EI）复合物，但 EI 不能分解成产物（图 4-12）。抑制剂与酶的活性中心结合，阻止了底物的结合，影响酶与底物的相互作用，从而降低了酶促反应的速率，这种抑制作用称为竞争性抑制。竞争性抑制剂、底物与酶的结合都是可逆的过程。

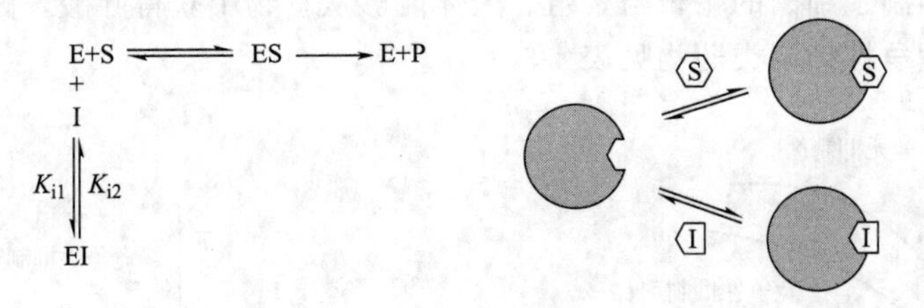

图 4-12 竞争性抑制

图 4-12 中 K_i 为抑制剂常数，$K_i=\dfrac{K_{i1}}{K_{i2}}$也是 EI 的解离常数，$K_m$ 为 ES 的解离常数。

酶不能同时与抑制剂、底物结合，所以只有 ES 和 EI，而没有 ESI。

$[E_t]=[E_f]+[ES]+[EI]$，其中 $[E_t]$ 为总酶浓度，$[E_f]$ 为游离酶的浓度。

$$v=k_3[ES],\ v_{max}=k_3[E_t]$$

$$\frac{v_{max}}{v}=\frac{[E_t]}{[ES]}=\frac{[E_f]+[ES]+[EI]}{[ES]}$$

$$K_m=\frac{[E_f][S]}{[ES]}\longrightarrow[E_f]=\frac{[K_m][ES]}{[S]}$$

$$K_i=\frac{[E_f][I]}{[EI]}\longrightarrow[EI]=\frac{[E_f][I]}{K_i}$$

$$EI=\frac{K_m[ES]}{[S]}\times\frac{[I]}{K_i}$$

$$EI=\frac{K_m[I]}{K_i[S]}[ES]$$

$$\frac{v_{max}}{v}=\frac{K_m}{[S]}+1+\frac{K_m[I]}{[K_i][S]}$$

$$\frac{v_{max}}{v}=\frac{\dfrac{K_m[ES]}{[S]}+[ES]+\dfrac{K_m[ES][I]}{[S]K_i}}{[ES]}$$

整理后得：

$$\frac{v_{max}}{v}=\frac{K_m}{[S]}+1+\frac{K_m[I]}{K_i[S]}=K'_m$$

将所得的速率公式与米氏方程相比可知，表观 K'_m 比 K_m 大，但是最大速率没有变化。由于竞争性抑制与酶的结合是可逆的，所以可以通过增加底物的浓度来解除抑制作用。

从动力学反应曲线（图 4-13）和双倒数图（图 4-14）可以看出，加入竞争性抑制以后，最大反应速率不变，但降低了酶和底物的亲和力，表观 K'_m变大。

关于竞争性抑制典型的例子是丙二酸或戊二酸对琥珀酸脱氢酶的抑制作用，琥珀酸脱氢酶不能催化丙二酸和戊二酸脱氢。一些药物就是根据竞争性抑制的原理设计的，如抗肿瘤药阿糖胞苷和 5-氟尿嘧啶、磺胺类抗菌药等。

磺胺类药物的结构与对氨基苯甲酸非常相似，是二氢叶酸合成酶的竞争性抑制剂。对磺胺敏感的细菌在生长与繁殖时不能够直接利用外源的叶酸，只能在二氢叶酸合成酶的作用下利用对氨基苯甲酸合成二氢叶酸，再被还原生成四氢叶酸，而后者是核酸合成中运载一碳基团（含一个碳原子基团）的载体，是合成核酸必需的物质。对氨基苯磺酰胺抑制细菌的二氢叶酸合成，也就抑制了细菌的生长与繁殖。人体能够从食物中获得叶酸，因此不受磺胺类药物的影响。几种竞争性抑制类药物见表 4-3。

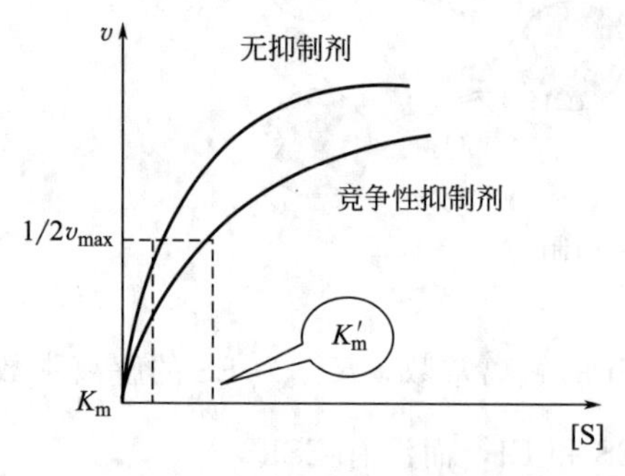

图 4-13　竞争性抑制动力学曲线图

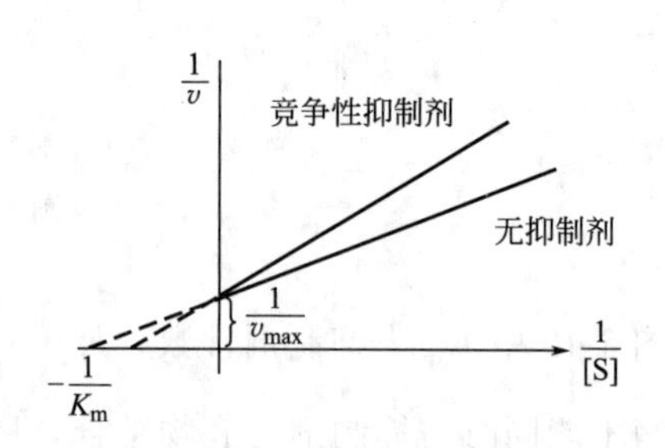

图 4-14　竞争性抑制双倒数图

表 4-3　几种竞争性抑制类药物

药物	竞争底物	抑制的酶	临床应用
磺胺药	对氨基苯甲酸	二氢叶酸合成酶	抗菌
氨基蝶呤	二氢叶酸	二氢叶酸还原酶	抗白血病
5-氟尿嘧啶	尿嘧啶(胸腺嘧啶)	尿嘧啶核苷酸磷酸化酶	抗肿瘤
别嘌醇	黄嘌呤(次黄嘌呤)	黄嘌呤氧化酶	抗痛风
苯丙胺	肾上腺素	单胺氧化酶	抗哮喘

2. 非竞争性抑制

抑制剂往往与酶的非活性部位相结合，形成抑制剂-酶的络合物后，进一步再与底物结合；或是酶与底物结合成底物-酶络合物后，其中一部分络合物再与抑制剂结合。虽然底物和抑制剂与酶的结合无竞争性，但两者与酶结合所形成的中间络合物不能直接生成产物，导致了酶催化反应速率的降低，这种抑制称为非竞争性抑制。非竞争性抑制剂的化学结构不一定与底物的分子结构类似，底物和抑制剂分别独立地与酶的不同部位相结合，抑制剂对酶与底物的结合无影响（图 4-15），故底物浓度的改变对抑制程度无影响。

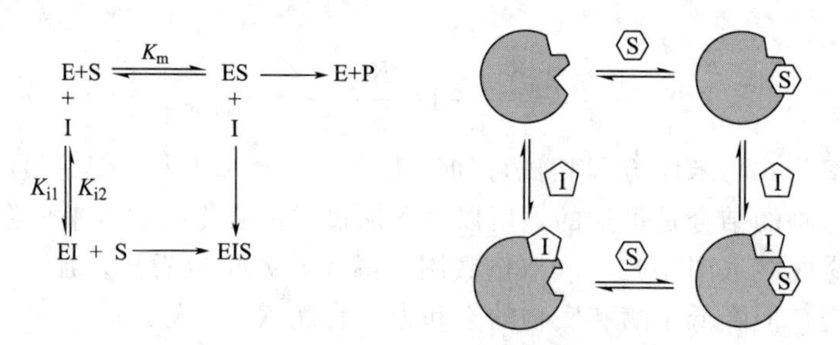

图 4-15　酶的非竞争性抑制示意图

酶的非竞争性抑制动力学方程为：

$$v=\frac{v_{max}[S]}{(K_m+[S])(1+[I]/K_i)}$$

通过抑制作用的动力学曲线和双倒数图（图 4-16）可以看出，非竞争性抑制作用引起酶

促反应的 v_{max} 变小，但是 K_m 不变，抑制强度的大小取决于抑制剂的浓度。

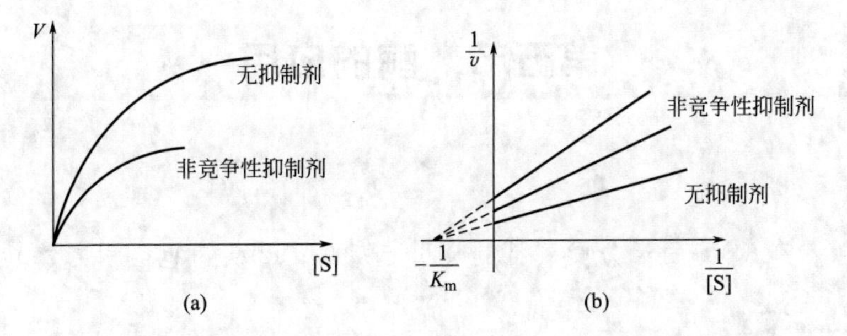

图 4-16　非竞争性抑制的动力学曲线图（a）和双倒数图（b）

3. 反竞争性抑制

抑制剂不直接与游离酶相结合，仅与酶-底物复合物结合，形成底物-酶-抑制剂复合物，从而影响酶促反应的现象。当抑制剂不在体系内时，酶与底物正常结合形成酶-底物复合物并进一步转变为游离酶与产物，遵循一般的单底物米氏反应动力学。当反应体系存在抑制剂时，反应平衡向酶-底物复合物生成的方向移动，但是抑制剂与酶-底物复合物进一步生成酶-底物-抑制剂三元复合物，而该三元复合物无法转变为游离酶和产物，故这一过程对酶促反应有抑制作用（图 4-17）。

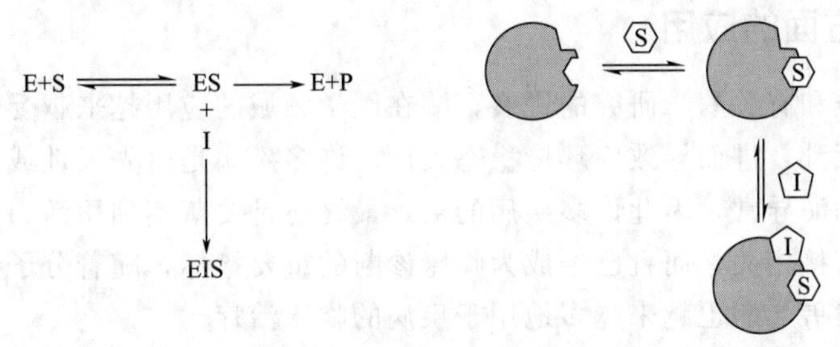

图 4-17　反竞争性抑制示意图

反竞争性抑制的动力学方程为：

$$v=\frac{v_{max}[S]}{K_m+[S](1+[I]/K_i)}$$

从反竞争抑制动力学曲线和双倒数图（图 4-18）可以看出，反竞争抑制存在时，表现为 v_{max} 和 K_m 都变小。

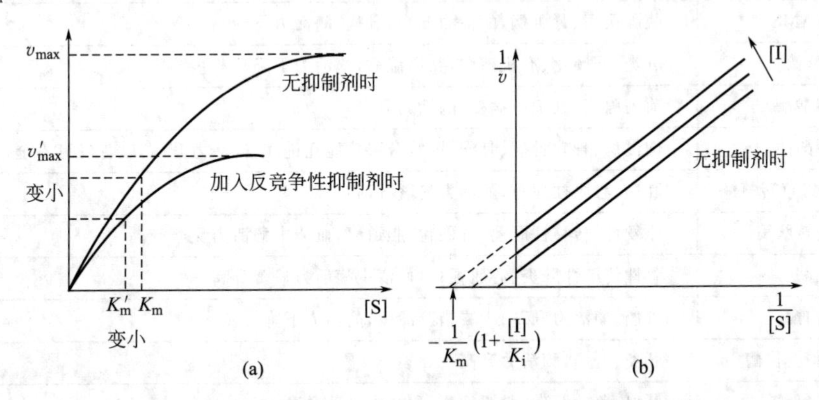

图 4-18　反竞争性抑制动力学曲线（a）和双倒数图（b）

第五节　酶的应用

要点

酶与疾病的关系	①酶的活力受到抑制会引起疾病；②疾病也会引起酶功能的异常。
酶在诊断中的应用	酶的异常和疾病互为因果关系，利用酶的活性和含量可以进行疾病的诊断及预防。
酶作为药物的应用	酶可作为药物使用，在临床上越来越多使用酶来治疗疾病。
酶在其他方面的应用	酶被广泛应用于食品、轻工、化工、医药、农业以及能源开发、环境保护等领域。

一、酶在医学方面的应用

随着临床实践和有关酶学研究的进展，酶在医学领域的应用越来越受到重视。疾病的生化特征就是代谢紊乱，进而导致内环境稳态失调。许多疾病是由先天性或继发性的酶异常引起，又导致其他的酶异常，因此许多疾病的治疗最终还是要落实到酶活力调节上。酶不仅与疾病的发生发展直接相关，而且已经成为临床诊断的重要指标，随着分子诊断和基因治疗的开展及酶工程的发展，酶也越来越多地用于疾病的临床治疗。

（一）酶与疾病发生的关系

生物体内的生化反应几乎都是在酶的催化下完成的，所以先天性或遗传性酶异常或酶活力受到抑制会导致疾病，同时疾病的发生也会导致酶活力含量和功能异常。表 4-4 列举了一些酶活力与疾病之间的关系。

表 4-4　酶的活力与相关疾病的关系

酶的名称	疾病与酶活力变化
淀粉酶(AMS)	胰腺疾病、肾脏病，酶活力升高；肝病，酶活力下降
胆碱酯酶	肝炎、肝硬化、有机磷中毒、风湿病，酶活力下降
酸性磷酸酶	前列腺癌、红细胞病变，酶活力升高
碱性磷酸酶	佝偻病、骨软骨病、骨瘤、甲状旁腺功能亢进症，酶活力升高；软骨发育不全，酶活力下降
谷丙转氨酶/谷草转氨酶	肝病、心肌梗死等，酶活力显著升高
γ-谷氨酰转肽酶	原发性/转移性肝癌、肝硬化、胆道癌，血清中酶活力显著升高
醛缩酶	急性传染性肝炎、心肌梗死，血清中酶活力显著升高
胃蛋白酶	胃癌，酶活力升高；十二指肠溃疡，酶活力下降
磷酸葡萄糖变位酶	肝炎、肝癌，酶活力升高
乳酸脱氢酶	肝癌、急性肝炎、心肌梗死，酶活力显著升高

续表

酶的名称	疾病与酶活力变化
山梨醇脱氢酶	急性肝炎，酶活力显著升高
脂肪酶	急性胰腺炎，酶活力显著增高；胰腺癌、胆管炎，酶活力升高
肌酸磷酸激酶	心肌梗死，酶活力显著增高；肌炎、肌肉损伤，酶活力升高
α-羟基丁酸脱氢酶	心肌炎、心肌梗死，酶活力明显升高
磷酸己糖异构酶	急性肝炎，酶活力急速增高；心肌梗死、脑出血，酶活力明显升高
鸟氨酸氨甲酰基转移酶	急性肝炎，酶活力急速增高；肝癌，酶活力明显增高
乳酸脱氢酶同工酶	心肌梗死、恶性贫血、白血病、淋巴肉瘤、肺癌、转移性肝癌、结肠癌、肝炎、原发性肝癌、脂肪肝，酶活力明显升高
葡糖氧化酶	低血糖，酶活力增高；糖尿病，酶活力降低
亮氨酸氨基肽酶	肝癌、阴道癌、阻塞性黄疸，酶活力明显增高

（二）酶在疾病诊断中的应用

酶的异常和疾病互为因果关系，这是利用酶的活力和含量诊断疾病的基础，可以利用酶进行疾病的诊断、病程追踪、疗效评价、疾病预后及预防。目前，酶诊断占临床化学检验的25%。

酶法分析常利用酶的底物或产物可以直接、简便地进行分析，把具体的酶作为指示酶，与不容易直接分析的反应相偶联，组成可以分析的反应体系。表4-5列出了部分常见的诊断用酶。

表4-5　常见的诊断用酶

酶	检测物质	相应的疾病
葡糖氧化酶	葡萄糖	糖尿病
脲酶	尿素	肝脏、肾脏病变
谷氨酰胺酶	谷氨酰胺	肝性脑病、肝硬化
胆固醇氧化酶	胆固醇	高血脂症

（三）酶在疾病治疗中的应用

酶作为药物使用，最早主要用来帮助消化。随着科学的发展，酶疗法已逐渐广泛受到重视，各种酶制剂在临床上的应用越来越普遍。在心肌梗死、血栓性静脉炎、肺梗塞以及弥散性血管内凝血等病的治疗中，可应用链激酶、纤溶酶、尿激酶等，以溶解血块，防止血栓的形成等。表4-6列举了部分常见的作为药物使用的酶。

表4-6　常见的用作药物的酶

酶的名称	所治疗的疾病
淀粉酶	消化不良、食欲不振
蛋白酶	消化不良、食欲不振、消炎、消肿、创愈、降血压
脂肪酶	消化不良、食欲不振
纤维素酶	消化不良、食欲不振
溶菌酶	各种细菌性、病毒性疾病

续表

酶的名称	所治疗的疾病
尿激酶	心肌梗死、结膜下出血、黄斑部出血
链激酶	血栓性静脉炎、咳痰、血肿、骨折
青霉素酶	青霉素过敏
L-天冬酰胺酶	白血病
超氧化物歧化酶	辐射损伤、红斑狼疮、皮肌炎、结肠炎
凝血酶	各种出血症
胶原酶	消炎、化脓、脱痂、溃疡
右旋糖苷酶	龋齿
胆碱酯酶	皮肤病、支气管炎、哮喘
纤溶酶	血栓
弹性蛋白酶	动脉硬化、高血脂
核糖核酸酶	抗感染、消炎、治肝癌
尿酸氧化酶	痛风

二、酶在其他方面的应用

生物产生的许多酶都能加工成不同纯度和剂型（包括固定化酶和固定化细胞）的生物酶制剂。其催化效率高、专一性强，主要用于催化生产过程中的各种化学反应，改进和改良产品特性，可降低下游行业的生产成本，被广泛应用于食品、轻工、化工、医药、农业以及能源开发、环境保护等领域。

（一）酶在食品工业中的应用

酶在食品工业中最大的用途是淀粉加工，其次是乳品加工、果汁加工、酶工程烘烤食品及啤酒发酵。与之有关的各种酶如淀粉酶、葡萄糖异构酶、乳糖酶、凝乳酶、蛋白酶等占酶制剂市场的一半以上。目前，帮助和促进食物消化的酶成为食品市场发展的主要方向，包括促进蛋白质消化的酶、促进纤维素消化的酶、促进乳糖消化的酶和促进脂肪消化的酶等。

（二）酶在轻化工业中的应用

酶工程在轻化工业中的应用主要包括：洗涤剂制造、毛皮工业、明胶制造、胶原纤维制造、牙膏和化妆品的生产、造纸、感光材料生产、废水废物处理和饲料加工等。

（三）酶在医药上的应用

重组 DNA 技术促进了各种有医疗价值的酶大规模生产，用于临床的各类酶品种逐渐增加。酶除了用于常规治疗外，还可作为医学工程的某些组成部分而发挥医疗作用。如在体外循环装置中，利用酶清除血液废物，防止血栓形成，以及体内酶控药物释放系统等。

（四）酶在能源开发上的应用

在全世界开发新型能源的大趋势下，利用微生物或酶工程技术在生物体中生产燃料也是人们正在探寻的一条新途径。例如，利用植物、农作物、林业产物和废物中的纤维素、半纤维素、木质素、淀粉等原料，制造氢、甲烷等气体燃料以及乙醇和甲醇等液体燃料。另外，在石油资源的开发中，利用微生物作为石油勘探、二次采油、石油精炼等手段也是近年来国内外普遍关注的课题。

（五）酶在环境保护工程上的应用

在现有的废水净化方法中，生物净化常常是成本最低且最可行的。微生物可以利用废水中的某些有机物质作为所需的营养来源。利用微生物体中酶的作用，可以将废水中的有机物质转变成可利用的小分子物质，同时达到净化废水的目的。人们利用基因工程技术创造高效菌种，并利用固定化微生物细胞等方法，在废水处理及环境保护工作中取得了显著的成效。另外，生物传感器的出现为环境监测的连续化和自动化提供了可能，降低了环境监测的成本，加强了环境监督的力度。

第六节　酶活力测定及酶的分离纯化

要点

酶活力测定	①酶活力的概念；②酶活力测定的常用方法。
酶活力单位	酶活力单位的概念 IU 和 Katal 的定义。
酶的分离与纯化	①酶的分离纯化步骤；②分离纯化方法；③提取过程的评估与计算。

一、酶活力的测定

酶活力（enzyme activity）也称酶活性，是指酶催化一定化学反应的能力。酶活力的大小可以用在一定条件下它所催化的某一化学反应的转化速率来表示，即酶催化的转化速率越快，酶的活力就越高；反之，转化速率越慢，酶的活力就越低。所以，可以通过测定单位时间内单位体积中底物的减少量或产物的增加量来表示酶活力。在反应中，底物的量一般远远大于酶的含量，底物的减少量只是底物总量的一小部分，测定的数据不够准确，所以一般测定产物的增加量。酶活力的测定也可以通过定量测定酶反应中底物某一性质的变化、如黏度变化来测定。通常是在酶的最适 pH 值和最适离子强度以及指定的温度下测定酶活力。

测定酶活力的方法常用的有分光光度法、荧光法、同位素测定法和电化学法等。

二、酶活力单位

酶活力单位是人为规定的对酶进行定量描述的基本度量单位，它是指在一定的条件下单位时间内将一定量的底物转化为产物所需要的酶量。酶的催化受各种环境条件的影响，因此只有在规定的条件下测定的酶活力才有实际意义。为规范酶活力单位，1961 年国际酶学会议定义了酶活力国际单位，规定在 25℃、最适 pH、最适离子强度及底物浓度足够大条件下，1min 内转化 1μmol 底物或者底物中 1μmol 有关基团所需的酶量为一个酶活力国际单位（international unit，IU）。这一规定使用比较方便，但是不符合国际单位制。1972 年，国际酶学会议又规定了一个酶活力单位 Katal，定义为：在最适条件下，1s 内能使 1mol 底物转化所需的酶量。

酶的比活力（specific activity）是指每毫克蛋白质中所含某种酶的催化活力，是生产和酶学研究中经常使用的基本数据。酶的比活力代表酶制剂的纯度。根据国际酶学委员会规定，比活力用每毫克蛋白质所含的酶活力单位数表示。

三、酶的分离纯化

在分离纯化酶时，首先要明确目的，目的不同，所需要酶的纯度和质量都是不一样的，如研究酶的理化特性和作为生化试剂、临床药物研究就需要高纯度的酶。由于绝大部分酶都是蛋白质，所以一般来说分离蛋白质的方法都可以用来分离酶。比一般蛋白质分离更为有利的是，在酶的分离纯化过程中，可以通过监测酶的总活力和比活力跟踪酶的分离效果。

① 在进行酶的分离纯化时，首先要选择合适的材料，要求材料中目标酶的含量丰富，且材料易于处理。

② 材料预处理，根据目标酶的特点对实验材料进行预处理。如果分离细胞外酶，就不需要进行细胞破碎的过程；如果分离的是细胞内酶，就需要将细胞破碎，使细胞内酶释放出来。

③ 粗制分离，一般使用盐析、等电点沉淀等方法，从酶的粗提取液中将酶沉淀出来。这些方法操作简单、处理量比较大，既能够除去大量杂质，又能将多酶提取液进行浓缩。但是提取物中含有杂质较多、分辨率低，需要进一步纯化。

④ 经过粗制分离以后，酶提取物的体积较小，可以进一步进行分离纯化，常用的方法有柱色谱（或离子交换色谱、亲和色谱、凝胶过滤色谱等）。有时还可以选择电泳分离（包括区带电泳、等电聚焦等）和密度梯度离心等作为进一步的精制、纯化步骤。用于精制的方法一般分离规模小，但是分辨率高。最后沉淀蛋白质，得到蛋白质结晶。

⑤ 经过各种方法对酶进行提取与纯化以后，一般要除去盐分，称为脱盐。常用的方法有透析、超过滤以及凝胶过滤等。如果酶的含量较低，还需要除去多余的水分，称为浓缩，浓缩后再进一步沉淀。为了使酶制剂易于运输和保存，常常需要对酶制剂进行干燥，常用的方法是冷冻真空干燥法。

酶容易失活，因此在酶分离纯化过程中，需要避免一切可以使酶失活的因素。酶的分离纯化过程中一般在低温（4℃）下，采用冰浴或冰盐浴的环境进行操作，离心一般使用冷冻离心机。在保证质量的前提下，尽量缩短分离、纯化所用的时间，分离纯化后的酶要在低温下保存，固体一般保存在 0～4℃，液体一般保存在－80～－20℃，使用时要尽量避免反复冻融。

酶是有催化活性的，因此在进行每一步纯化后，都要评估提取的效果，记录测量样品的体积、浓度、纯度等参数，还要测定酶活力和比活力，用回收率评估提取过程中酶的损失。

总活力＝每毫升酶液活力单位数×总体积

比活力＝总活力单位数/总蛋白质量

纯化倍数＝每次比活力/第一次比活力

回收率＝(每次总活力/第一次总活力)×100％

第七节　维生素与辅酶

要点

维生素的概念及分类	①维生素的概念；②缺乏维生素的原因与维生素中毒。
水溶性维生素	①水溶性维生素的种类；②B族维生素中各种维生素的生理作用和缺乏症状；③维生素C的生理作用。
脂溶性维生素	维生素A、维生素D、维生素E、维生素K的作用特点和缺乏症状及临床表现。

一、维生素的概念

维生素（vitamin）是维持人体生命活动必需的一类小分子有机物质。维生素不能像糖类、蛋白质及脂肪那样可以产生能量或组成细胞，但是它们对生物体的新陈代谢起重要的调节作用。大多数的维生素，人体不能合成或合成量不足，不能满足机体的需要，必须经常通过食物获得，人体对维生素的需要量很小，日需要量常以毫克或微克计算。过量摄取维生素常会导致中毒。

引起维生素缺乏的主要原因有：①食物供应严重不足，摄入不足；②吸收利用降低；③维生素需要量相对增高，如妊娠期和哺乳期妇女、儿童等；④长期食用营养素补充剂的人群对维生素的需要量增加；⑤不合理使用抗生素导致对维生素的需要量增加。

维生素可以分为水溶性和脂溶性两大类。水溶性的维生素包括B族维生素和维生素C；脂溶性维生素包括维生素A、维生素D、维生素E和维生素K。维生素是生命有机体生长发育所必需的营养物质。除此之外，一些维生素的衍生物还是许多酶的辅酶，也是它们在生物化学中重要功能的体现。

二、维生素分类

（一）水溶性维生素

1. 维生素 B_1

维生素 B_1 是由含硫的噻唑环和含氨基的嘧啶环组成的，所以又叫硫胺素，在生物体内，经过硫胺激素催化，可以和ATP反应生成焦磷酸硫胺素（TPP）（图4-19）。

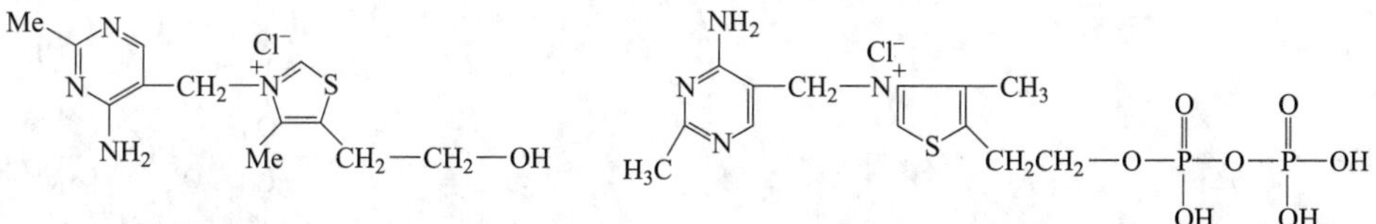

维生素B_1　　　　TPP

图4-19　维生素 B_1 和 TPP 的结构

焦磷酸硫胺素是生物体内糖代谢过程中 α-酮酸脱羧酶的辅酶，催化丙酮酸或 α-酮戊二酸脱羧反应。当维生素 B_1 缺乏时，丙酮酸脱羧反应受到抑制，会使丙酮酸积累，导致乙酰胆碱酯酶活性增加，乙酰胆碱降解过快，表现为周围神经系统病变，如感觉四肢异常无力，或出现心力衰竭、神经衰弱等疾病，称为脚气病（beriberi，多发性神经炎），因此维生素 B_1 也叫抗脚气病维生素。

知识链接

脚气与脚气病的不同

脚气是一种常见的真菌感染性皮肤病，主要症状表现为奇痒、脚臭，易传染，不仅对别人，同时也对自己的手及性器官进行传染，要及时治疗，平时一定要保持脚与鞋袜的清洁，预防脚气。

脚气病即维生素 B_1 缺乏病，一般分为三类：①急性的心脏类脚气病，患者全身循环发生较为急性的衰竭，血压下降、心跳速度加快等。②湿性脚气病，患者可能有恶心、呕吐及不思饮食、尿液减少等症状。③干性脚气病，多发生于神经系统方面，脑神经受损严重，患者的四肢运动出现障碍，足部或脚趾等出现垂直现象，行走姿势怪异，无法正常走路。

人体每天对维生素 B_1 的需求量为 1.0～1.5mg。维生素 B_1 主要存在于种子的外皮及胚芽中，米糠、麦麸、酵母、瘦肉中含量丰富，白菜和芹菜也含有较多的维生素 B_1。由于维生素 B_1 极易溶于水，因此米类谷物不宜多次淘洗以免造成营养流失。

2. 维生素 B_2

维生素 B_2 也称核黄素（riboflavin），是核糖醇与 7,8-二甲基异咯嗪的缩合物，在生物体内以黄素单核苷酸（flavin mononucleotide，FMN）和黄素腺嘌呤二核苷酸（flavin adenine dinucleotide，FAD）的形式存在（图 4-20），是氧化还原酶的辅基，主要参与催化脱氢与传递电子的反应。当机体缺乏维生素 B_2 时，会导致物质和能量代谢紊乱，引发多种炎症，

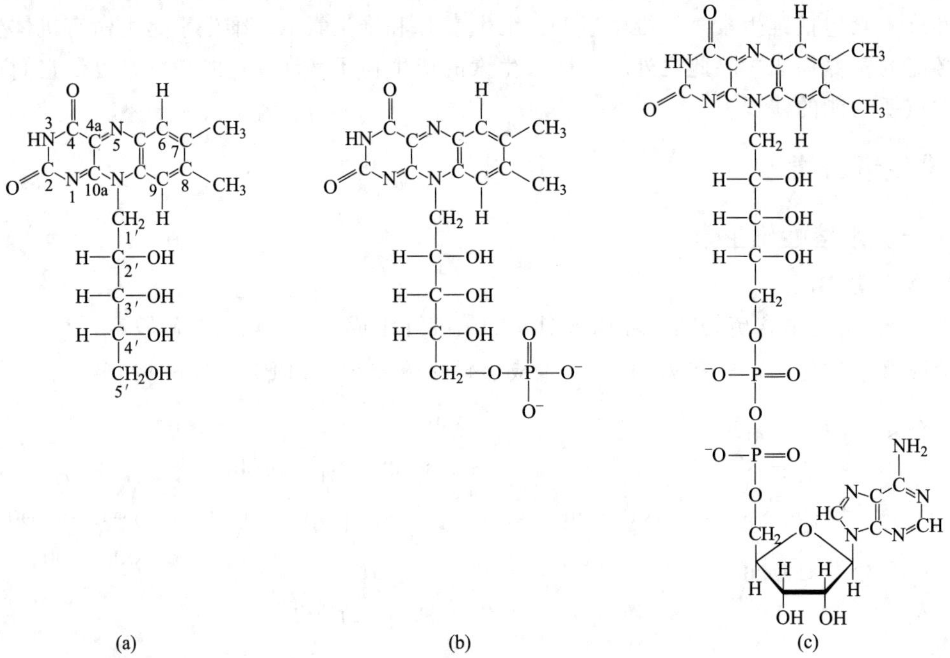

(a) (b) (c)

图 4-20　维生素 B_2（a）、FMN（b）和 FAD（c）的结构

如口角炎、舌炎、阴囊炎、口腔溃疡和巩膜充血等。维生素 B_2 多存在于酵母、肝脏、牛奶、大豆、蔬菜、蛋类。绿色植物和大多数微生物都能自主合成维生素 B_2，但人体不能合成，必须从食物中摄取。

3. 维生素 PP

维生素 PP 又叫维生素 B_3、抗癞皮病维生素，包括尼克酸（烟酸）和尼克酰胺（烟酰胺）两种物质，均属于吡啶衍生物，在生物体内主要以烟酰胺的形式存在，可以转化为烟酰胺腺嘌呤二核苷酸（NAD^+，又称辅酶Ⅰ）和烟酰胺腺嘌呤二核苷酸磷酸（$NADP^+$，又称辅酶Ⅱ）（图 4-21）。

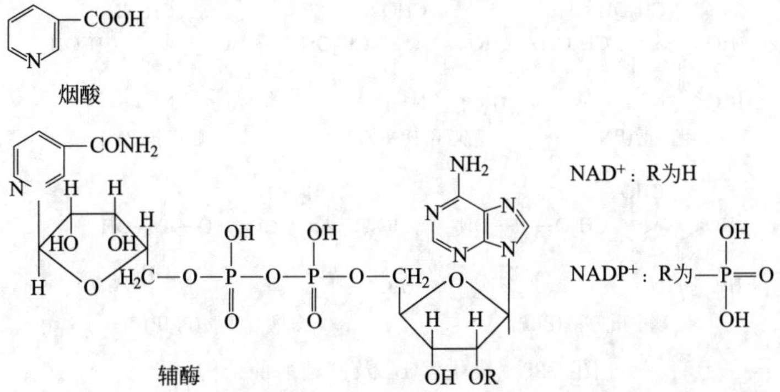

烟酸

辅酶

NAD^+：R为H

$NADP^+$：R为—P(OH)(OH)=O

图 4-21　烟酸、辅酶Ⅰ（NAD^+）和辅酶Ⅱ（$NADP^+$）的结构

NAD^+ 和 $NADP^+$ 是脱氢酶的辅酶，在生物氧化过程中起递氢体的作用，参与葡萄糖酵解、丙酮酸代谢、戊糖的生物合成和脂肪、氨基酸、蛋白质及嘌呤的代谢。烟酸在人体内可由色氨酸代谢产生，但数量有限，还需要从食物中获取。一般人体很少会缺乏烟酸，玉米中无色氨酸，长期以玉米为食者，可能患烟酸缺乏症（又称癞皮病，pellagra），临床表现为对称性皮炎、消化不良，严重时腹泻、神志不清等。因此维生素 PP 又称抗癞皮病维生素 (antipellagra vita-min)。猪肝、花生、豆类中维生素 PP 含量丰富。

4. 泛酸

泛酸又称遍多酸或维生素 B_5，由 β-丙氨酸与 α,γ-二羟基-β,β'-二甲基丁酸缩合而成，是辅酶 A（coenzyme A，CoA）及酰基载体蛋白的组成部分（图 4-22）。泛酸的重要作用是以乙酰辅酶 A 的形式参加代谢过程，是二碳单位的载体，也是体内乙酰化酶的辅酶，它是酰基的传递者，参与糖类、脂类和蛋白质的代谢。泛酸广泛分布于体内各组织中，以肝、肾、

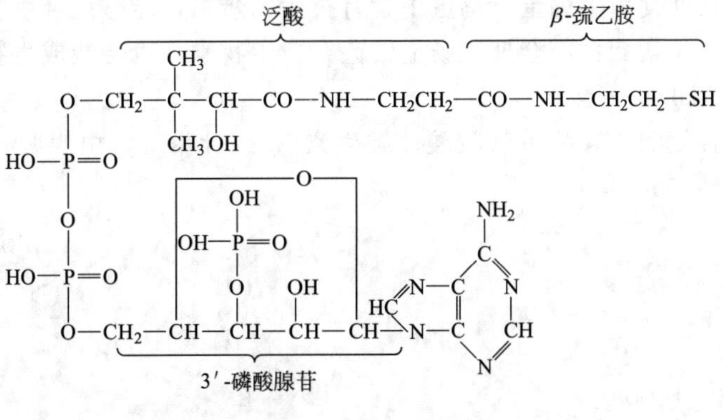

泛酸　β-巯乙胺

3′-磷酸腺苷

图 4-22　辅酶 A 的结构

脑、心和睾丸中的浓度最高。酵母、谷物、肝脏、蔬菜中泛酸含量较多，肠道细菌也可以合成，因此人类很少患泛酸缺乏症。

5. 维生素 B_6

维生素 B_6 又称吡哆素，包括吡哆醇、吡哆醛及吡哆胺（图 4-23），在体内以磷酸酯的形式存在，遇光或碱易被破坏，不耐高温，1936 年定名为维生素 B_6。磷酸吡哆醛和磷酸吡哆胺是氨基酸代谢中氨基转移酶、氨基酸脱羧酶等多种酶的辅酶。维生素 B_6 参与氨基酸代谢的各种反应，如转氨基作用、氨基酸脱羧反应、脱氨基作用、消旋作用等，其促进氨基酸代谢，缺乏时会引起色氨酸代谢障碍。

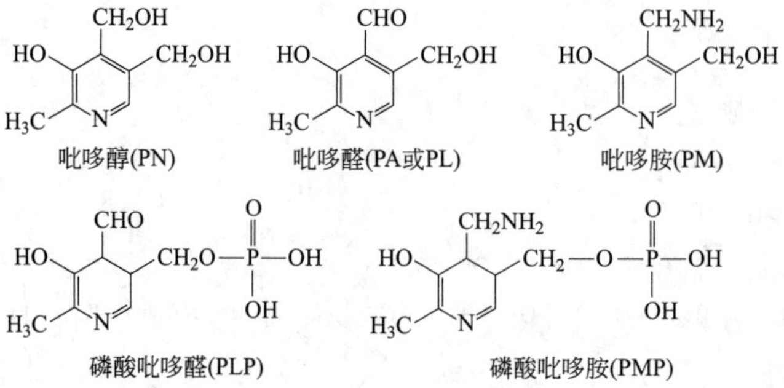

吡哆醇(PN)　吡哆醛(PA或PL)　吡哆胺(PM)

磷酸吡哆醛(PLP)　磷酸吡哆胺(PMP)

图 4-23　维生素 B_6 及其辅酶的结构

维生素 B_6 中度缺乏常见于嗜酒者，某些药物（如抗结核药物异烟肼）能与磷酸吡哆醛发生非酶促反应，也会造成维生素 B_6 缺乏。维生素 B_6 重度缺乏很少见，重度缺乏会引起铁粒幼细胞性贫血、周围神经炎、皮炎、口腔炎、精神症状、抽搐、癫痫等。每天维生素 B_6 需求量为男性成人 2.0mg，妇女 1.6mg，妊娠期妇女约 2.2mg。富含维生素 B_6 的食物有金枪鱼、瘦牛排、鸡胸肉、香蕉、花生、牛肉等。

6. 生物素（biotin）

生物素又称维生素 H、维生素 B_7、辅酶 R（coenzyme R）等，是由带有戊酸的噻吩和尿素结合而成的双环化合物（图 4-24），在生物体内，作为羧化酶的辅酶参与 CO_2 的固定。生物素是依赖 ATP 的羧化酶辅助因子，在糖、脂肪、蛋白质代谢中起重要作用，是维持机体上皮组织健全所必需的物质。缺乏时，可引起黏膜与表皮的角化、增生和干燥，患眼干燥症，严重时角膜角化、增厚、发炎，甚至穿孔导致失明。

生物素来源广泛，蔬菜、蛋、肝、肾中含量丰富，机体肠道菌也可合成。人类罕见生物素缺乏症，但如果长期食用生鸡蛋，鸡蛋中含有抗生物蛋白，能够结合生物素，会造成生物素缺乏。长期口服抗生素药物，会抑制肠道细菌合成生物素，也会造成生物素缺乏。

7. 叶酸（维生素 B_9）

叶酸又称蝶酰谷氨酸、蝶酸单麸胺酸、维生素 M 或叶精等，由蝶啶、对氨基苯甲酸和 L-谷氨酸组成（图 4-25）。

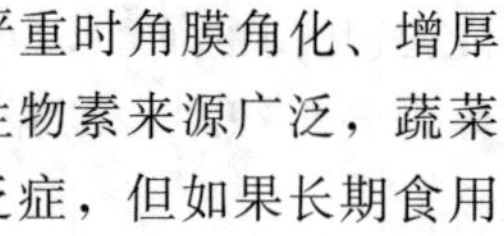

图 4-24　生物素的结构

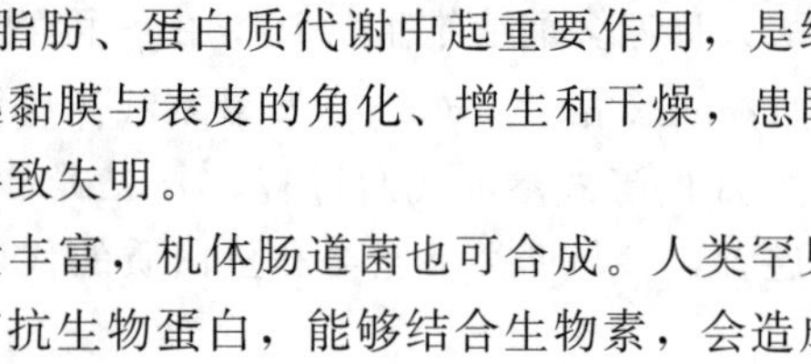

图 4-25　叶酸的结构

叶酸在体内主要以四氢叶酸（tetrahydrofolate，THF 或 FH_4）的形式存在，四氢叶酸也称辅酶 F。叶酸在二氢叶酸还原酶（dihydrofolate reductase）作用下被还原为二氢叶酸（dihydrofolate）及四氢叶酸。四氢叶酸通常作为一碳单位的载体，在氨基酸代谢中有重要作用。

人体缺少叶酸可导致红细胞异常、未成熟细胞增加、贫血以及白细胞减少。孕妇缺乏叶酸有可能导致胎儿出生时低体重、唇腭裂、心脏缺陷等。正常人体叶酸需求量为每天 400μg，孕妇需要量在 800μg 以上，约为 1.0～1.2mg，如果长期每天摄入叶酸超过 5mg，就会造成叶酸过量。绿色蔬菜、新鲜水果、动物内脏、谷物类、坚果类等各种食物中叶酸含量都很丰富。

8. 维生素 B_{12}

维生素 B_{12} 又称钴胺素或氰钴素，是一种由含钴的卟啉类化合物组成的 B 族维生素，分子结构是以钴离子为中心的咕啉环和以 5,6-二甲基苯并咪唑为碱基而组成的核苷酸（图 4-26）。维生素 B_{12} 是多种变位酶的辅酶，如催化 Glu 转变为甲基 Asp 的甲基天冬氨酸变位酶、催化甲基丙二酰 CoA 转变为琥珀酰 CoA 的甲基丙二酰 CoA 变位酶。辅酶维生素 B_{12} 也参与甲基及其他一碳单位的转移反应。

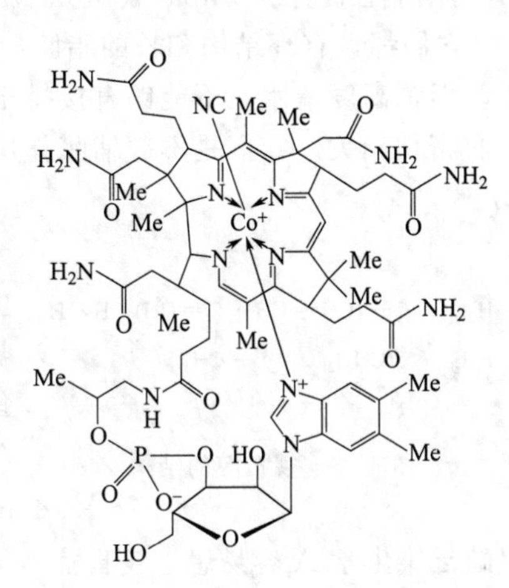

图 4-26 维生素 B_{12} 的结构

维生素 B_{12} 严重缺乏会导致贫血（红细胞不足）、月经不调、巨幼红细胞贫血（恶性贫血）、脊髓变性、神经和周围神经退化，所以维生素 B_{12} 又称抗恶性贫血因子。食物性维生素 B_{12} 缺乏者极为少见，动物肝、肉、鱼、蛋奶中其都含量丰富。

9. 维生素 C

维生素 C 又叫 L-抗坏血酸，是一种含有 6 个碳原子的多羟基酸性化合物。其中 C-1 和 C-3 位的烯醇式羟基易电离出氢离子，被氧化成脱氢抗坏血酸（图 4-27）。维生素 C 有 D 型和 L 型，D 型维生素 C 一般不具有抗坏血酸的生理功能，自然界存在的具有生理功能的维生素 C 是 L 型抗坏血酸。

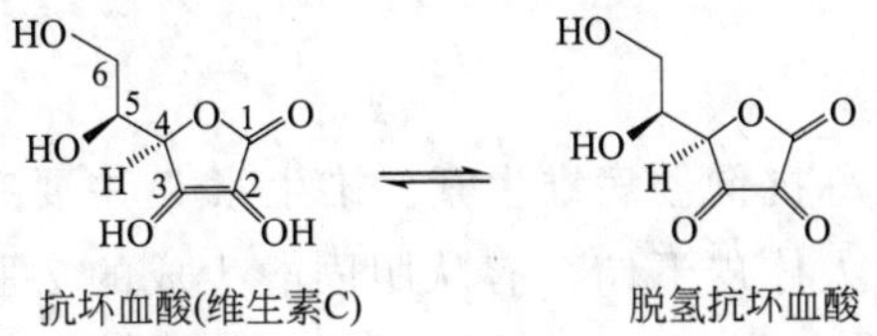

抗坏血酸(维生素C) ⇌ 脱氢抗坏血酸

图 4-27 维生素 C 的还原与氧化

维生素 C 主要是作为还原剂参与体内的氧化还原反应，保证巯基酶的巯基处于还原状态以及将谷胱甘肽还原，还原型的谷胱甘肽通过与重金属结合而排出体外。维生素 C 还可以作为羟化酶的辅酶参与体内的多种羟化反应，促进体内多种物质的合成，如胶原蛋白的合成。当体内维生素 C 缺乏时，胶原蛋白合成受阻，导致毛细血管通透性增加，易破裂出血，称为坏血病。另外，维生素 C 还可以促进类固醇羟化，使胆固醇转变成胆酸排出体外，达到降血脂的作用。

维生素 C 能治疗坏血病、防止毛细血管出血、预防牙龈萎缩和出血、预防动脉硬化、促进胆固醇的排泄，防止胆固醇在动脉内壁沉积，预防动脉粥样硬化，且能够清除自由基，有抗衰老及美容效果。维生素 C 能够使难以吸收利用的三价铁还原成二价铁，促进肠道对铁的吸收，有助于治疗缺铁性贫血。

成人每天对维生素 C 的需求量约为 60mg，如果每天口服 1～4g，可能会引起腹泻、胃液增多、胃反流，也可能出现泌尿系统结石。摄入超过 5g 的时候就有可能会出现溶血，重症可能会致命。

10. 硫辛酸

硫辛酸不是一种维生素，而是一种含硫的脂肪酸，是 C-6 和 C-8 的氢原子被二硫键取代的辛酸。硫辛酸是生物代谢中重要的辅因子，作为酰基载体参与丙酮酸和 α-酮戊二酸的脱羧反应。硫辛酸在自然界分布广泛，人体可以合成，目前人类还没有发现与硫辛酸缺乏相关的疾病。

（二）脂溶性维生素

脂溶性维生素（lipid soluble vitamin）包括维生素 A、维生素 D、维生素 E 和维生素 K，它们都含有环结构和长的脂肪族烃链，这四种维生素尽管每一种都至少含有一个极性基团，但都高度疏水，不能够直接排出。在食物中它们通常和脂质结合，因此其吸收和脂质的吸收密切相关。它们是不起辅酶作用的维生素，但在生命活动中有各种重要功能。

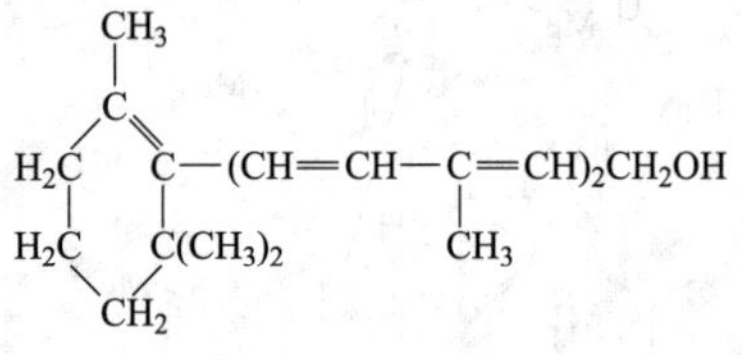

1. 维生素 A

维生素 A 又叫抗干眼病维生素，是最早被发现的维生素。维生素 A 有 A_1（视黄醇）（图 4-28）和 A_2（3-脱氢视黄醇）两种。前者主要存在于哺乳动物肝脏及咸水鱼的肝脏中，后者主要存在于淡水鱼的肝脏中。维生素 A 在体内的活性形式主要是由视黄醇被氧化形成的视黄醛。视黄醛是视觉细胞中感受弱光的视紫红质成分，所以缺乏维生素 A 容易患上夜盲症。

CH_3
H_2C　$C—(CH=CH—C=CH)_2CH_2OH$
H_2C　$C(CH_3)_2$　　CH_3
CH_2

图 4-28　视黄醇的结构

维生素 A 还具有促进上皮细胞生长、调节生长发育、提高机体的免疫力、维持正常视觉、维护上皮组织细胞的健康、促进免疫球蛋白的合成、维持骨骼正常生长发育、促进生长与生殖、抑制肿瘤生长等功能。一般可从蛋黄、鱼肝油、肝脏等食物中摄取，或以胡萝卜、番茄等中的 β-胡萝卜素为前体合成。

2. 维生素 D

维生素 D 是固醇类衍生物，具抗佝偻病作用，又称抗佝偻病维生素。维生素 D 主要有维生素 D_2（麦角钙化醇）和维生素 D_3（胆钙化醇）。人体皮下储存有从胆固醇生成的 7-脱氢胆固醇，受紫外线照射后，可转变为维生素 D_3，所以适当的日光浴足以满足人体对维生素 D 的需要。

钙三醇是维生素 D_3 的主要活性形式，起到激素的作用，调节体内钙、磷的代谢，促进小肠对钙、磷的吸收，促进新骨的钙化，维持骨质更新，促进肾脏对钙、磷的重吸收，调节细胞增殖和分化，增强肌肉功能。

维生素 D 缺乏会导致少儿佝偻病和成年人的骨软化症，佝偻病多发于婴幼儿，骨软化症多发于成人，多见于妊娠多产的妇女及体弱多病的老人。最常见的症状是骨痛、肌无力和骨压痛，可多晒太阳，多食用富含维生素 D 的食物，如蘑菇、虾、鸡蛋、牛奶、三文鱼、鱼肝油、动物肝脏等。

3. 维生素 E

维生素 E 又称生育酚，是苯并二氢吡喃的衍生物（图 4-29），主要有 α、β、γ、δ 四种。生育酚能促进性激素分泌，使男子精子活力和数量增加；使女子雌性激素浓度增高，提高生育能力，预防流产。近来还发现维生素 E 可抑制眼睛晶状体内的脂质过氧化反应，使末梢血管扩张，改善血液循环，预防近视眼发生和发展。麦芽、大豆、植物油、坚果类、芽甘蓝、绿叶蔬菜、菠菜等食物中维生素 E 含量丰富。成人日需要摄取量是 14mg，一般饮食中所含维生素 E，完全可以满足人体的需要。

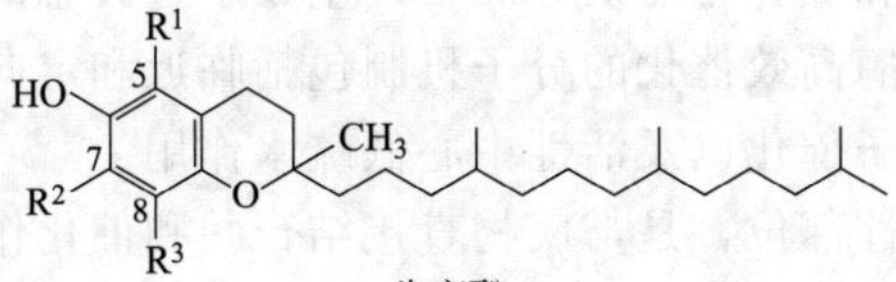

生育酚

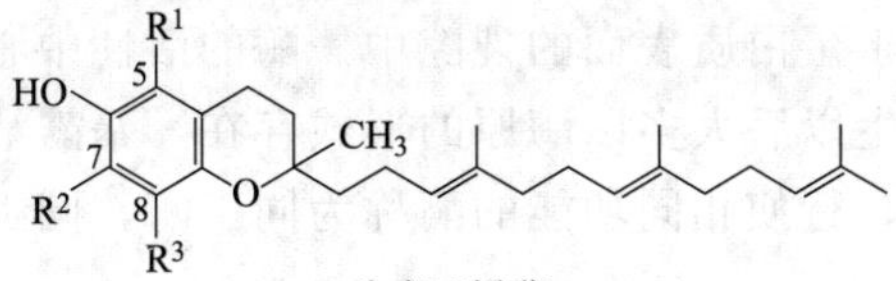

生育三烯醇

R^1	R^2	R^3	甲基位置	生育酚(T)	生育三烯醇
CH_3	CH_3	CH_3	5, 7, 8	α-T	α-T-3
CH_3	H	CH_3	5, 8	β-T	β-T-3
H	CH_3	CH_3	7, 8	γ-T	γ-T-3
H	H	CH_3	8	δ-T	δ-T-3

图 4-29　维生素 E 的结构

4. 维生素 K

维生素 K 属于萘醌类脂溶性化合物，是一系列萘醌衍生物的统称，主要有天然的来自植物的维生素 K_1、来自动物的维生素 K_2 以及人工合成的维生素 K_3 和维生素 K_4（图 4-30）。多存在于菠菜、苜蓿、白菜、肝等中。维生素 K 又叫凝血维生素，缺乏时会引起凝血时间延长。

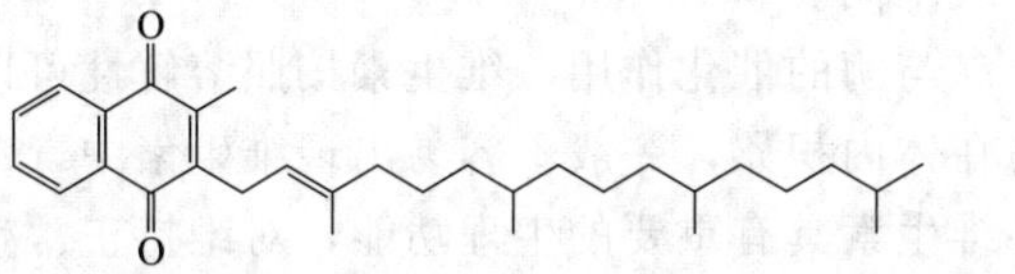

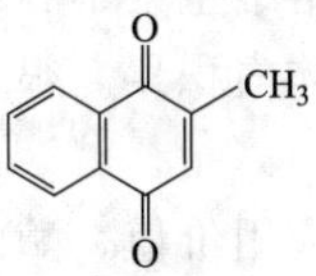

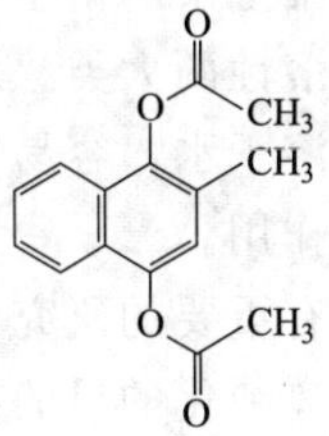

图 4-30　维生素 K（K_1、K_2、K_3、K_4）的结构

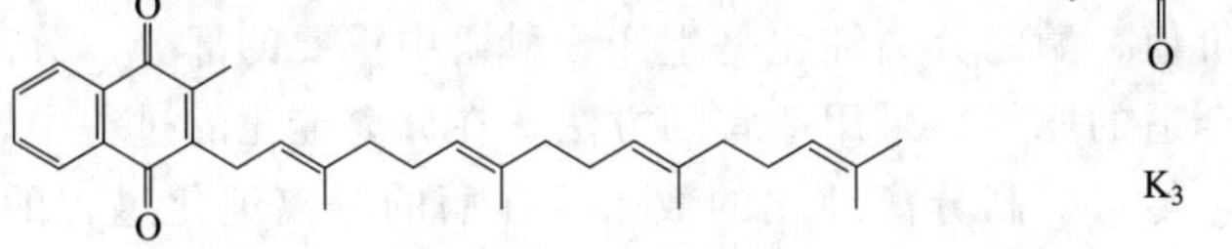

本章小结

酶是活细胞产生的具有催化功能的生物大分子，催化效率极高，反应条件温和，受到机体调控，有较强的专一性。绝大部分酶是蛋白质，分为单纯酶（只有酶蛋白）和结合酶（含有金属离子、辅助因子等）。根据酶的蛋白组成，酶分为单体酶、寡聚酶和多酶复合体。

酶的命名有习惯命名法和系统命名法两种，习惯命名法简单方便，但不够严谨。系统命名法严谨、科学，但比较复杂，使用不便。系统命名法将所有的酶分为氧化还原酶类、转移酶类、水解酶类、裂合酶类、异构酶类和合成酶类六大类。

一般认为在酶的催化中酶和底物相互诱导契合，生成了过渡态的中间产物，降低了反应的活化能，提高了反应速率。酶高效催化的分子机制包括临近和定向、“张力与形变”效应、酸碱催化、共价催化、金属离子催化以及活性中心低疏水作用。

酶的活性中心也叫酶的活性部位，是与底物直接结合并和催化作用直接相关的部位，具有立体三维结构，是由多肽链很小的部分形成的。活性中心的基团在一级结构上相距较远，整个中心的结构具有柔性，位于蛋白质表面的裂隙中。酶的活性中心基团都是必需基团，辅酶和辅基也是必需基团。酶产生以后大多以酶原的形式存在，暴露活性中心的过程称为酶原激活。在不同种属的生物体中，行使相同功能的酶称为同工酶，同工酶在临床诊断中有重要的作用。

酶促反应速率受环境因素的影响，包括酶的浓度、底物浓度、pH、激活剂和抑制剂的影响。如果只考虑反应体系中酶浓度的变化，反应速率和酶浓度成正比。底物浓度的影响比较复杂，米氏方程很好地解释了底物浓度对酶促反应的影响。其中 K_m 是酶的特征常数，是酶促反应中反应速率达到最大速率一半时底物的浓度。利用双倒数作图可以很方便地求出最大反应速率和 K_m。温度对酶的影响表现在两个方面，当温度低于最适温度时，酶活性随着温度升高而增大；达到最适温度以后，温度升高会导致酶活性迅速下降甚至失活。每一种酶都有自己的最适 pH，过酸过碱都会导致酶活性下降。

激活剂能够增加酶的活性，抑制剂抑制酶的活性。激活剂包括金属离子、无机阴离子和有机小分子。抑制剂根据抑制作用的特点分为可逆的抑制剂和不可逆的抑制剂。不可逆的抑制剂常与酶分子共价结合形成稳定的物质。可逆的抑制剂常与酶分子非共价结合，反应过程可逆，抑制剂可以用透析的方法除去。可逆的抑制作用又分为竞争性抑制、非竞争性抑制和反竞争性抑制，不同抑制作用的动力学曲线不同。

很多维生素的衍生物是辅酶的组分，参与酶的催化作用。维生素按照溶解性可以分为水溶性和脂溶性两大类。水溶维生素不容易在体内积累，一般不容易出现维生素中毒；脂溶性维生素不溶于水，容易在体内积累。很多维生素具有重要的生理功能，对维持正常生理活动有重要的作用。

酶具有重要的研究与应用价值，酶的分离纯化是生产、科研中重要的部分。分离纯化酶要根据分离纯化的目的，选用合适的原料，采用适宜的方法。在分离纯化的过程中，要尽量避免各种使酶活性降低的因素，尽量提高分离纯化的效果。在酶的分离纯化过程的每一步，都要对酶的活力、比活力、回收率、纯化倍数进行评估。

思考题

1. 名词解释：多酶复合体、辅酶、酶活力单位、比活力、酶的活性中心、竞争性抑制。
2. 酶促反应有什么特点?
3. 试解释酶高效催化的分子机制。
4. 下列数据是一个酶促反应的数据记录：请根据以下数据

$[S]/(mol/L)$	6.25×10^{-6}	7.5×10^{-5}	1.0×10^{-4}	1.0×10^{-3}	1.0×10^{-2}
$v/[nmol/(L\cdot min)]$	15	56.25	60	74.9	75

(1) 求 K_m 和 v_{max}。

(2) 当 [S] 分别为 2.5×10^{-5}mol/L 和 5×10^{-5}mol/L 时，反应速率是多少？

5. 简述磺胺类药物的作用机理及意义。

6. 某一个酶的 $K_m=2.4\times10^{-5}$mol/L，当 [S]=0.05mol/L 时，测得反应速率 $v=128\mu mol/(L\cdot min)$，求 $[S]=10^{-4}$mol/L 时的反应速率。

7. 请分析酶在临床上的作用。

8. 试述维生素 C 对于机体的重要作用。

9. 称取 25mg 酶蛋白配制成 25mL 溶液，取 2mL 测得蛋白氮 0.2mg，另取 0.1mL 测定酶活力，结果每小时可以水解酪蛋白产生 1500μg 酪氨酸，假定每分钟产生 1μg 酪氨酸所需要的酶量称为一个酶活力单位。请计算：

(1) 酶溶液中蛋白质浓度及酶的比活力。

(2) 每克纯酶制剂的总蛋白质含量及总活力。

第五章

生物氧化

【知识目标】掌握生物氧化的概念与特点；氧化呼吸链的概念、组成成分和排列方式，两条重要氧化呼吸链的名称及作用；底物水平磷酸化、氧化磷酸化的概念以及影响氧化磷酸化的主要因素；胞液中 NADH 的穿梭与氧化。熟悉二氧化碳、水和 ATP 的生成方式；氧化磷酸化的偶联机制。了解非线粒体氧化体系。

【能力目标】能利用所学知识，明确解释糖、脂肪、蛋白质等大分子在氧化分解时，二氧化碳、水和 ATP 是如何生成的；能理解两条氧化呼吸链与 ATP 生成的关系，为后续代谢部分的学习做好准备；能将理论与实践结合，利用氧化磷酸化的知识解释 CO 中毒、新生儿硬肿症、甲状腺功能亢进症等疾病。

【素质目标】从科学家对“呼吸链组分顺序的确定”“氧化磷酸化的偶联机制”等探究历程中，体会到科学探究要经过众多人、诸多方向的努力，培养学生勇于探究、乐于合作的科研精神。

第一节　生物氧化概述

要点

生物氧化的概念	有机大分子在生物体内氧化生成二氧化碳和水，并释放出能量的过程。
生物氧化的特点	条件温和、酶催化、逐步进行、能量储存于 ATP 中、受到严格调控。
生物氧化的方式	脱氢、加氧、失电子。

生命活动所需要的能量，绝大部分来源于大分子物质（糖、脂肪、蛋白质等）在生物体内的氧化分解。这些物质在体内被彻底氧化的过程，称为生物氧化。生物氧化的主要部位是线粒体，其次还有微粒体、过氧化物酶体等。线粒体内的生物氧化主要是营养物质氧化分解生成二氧化碳和水并伴随生成能量的过程。由于原核生物没有线粒体，故此过程在细胞膜上

进行。而线粒体外如微粒体、内质网的氧化则与毒物、药物或代谢物的清除与排泄有关。本章主要介绍线粒体内的生物氧化过程。

一、生物氧化的概念

生物氧化（biological oxidation）是指生物大分子物质（糖、脂肪、蛋白质等）在细胞内氧化分解，最终彻底氧化生成 CO_2 和 H_2O，并释放能量的过程（图 5-1）。生物氧化最终的目的是为机体提供生命活动所需要的能量。此外，生物氧化如同呼吸一样，是发生在细胞内或组织内的耗氧且生成二氧化碳的过程，因此，生物氧化又称为细胞呼吸或组织呼吸。

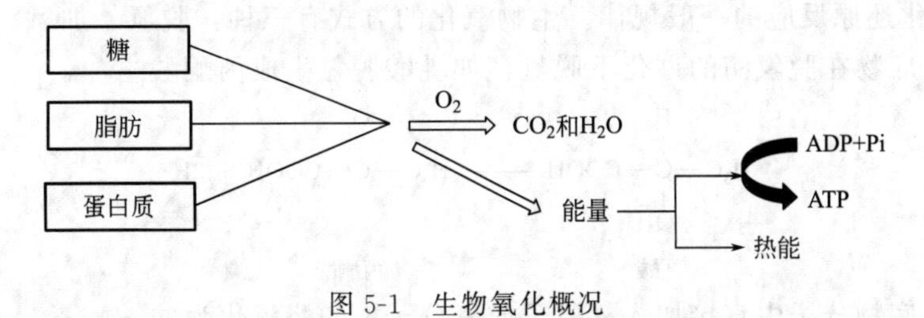

图 5-1　生物氧化概况

线粒体内的生物氧化大致分为四个阶段：①大分子物质如糖、脂肪、蛋白质分解为基本组成单位——葡萄糖、甘油和脂肪酸、氨基酸；②各基本组成单位经过一系列代谢生成乙酰辅酶 A；③中间产物乙酰辅酶 A 进入三羧酸循环，物质在此过程中彻底氧化并将代谢物脱下的氢传递给氧，生成水和二氧化碳；④在氧化过程中释放大量的能量，其中一部分的能量经氧化磷酸化的形式贮存在 ATP 分子中。生物氧化四阶段如图 5-2 所示。

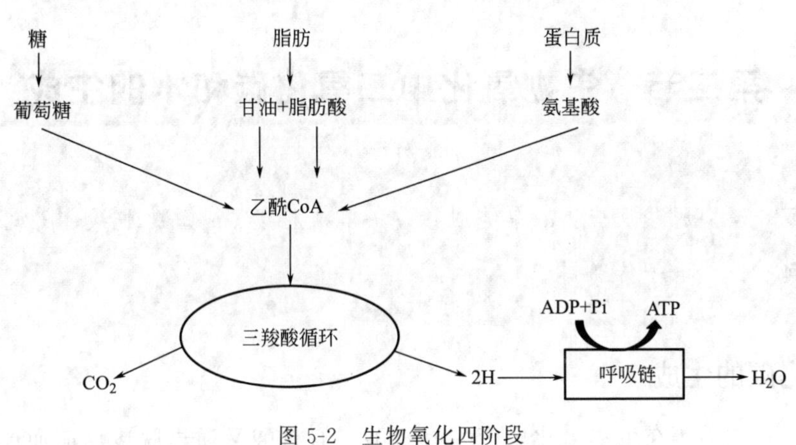

图 5-2　生物氧化四阶段

二、生物氧化的特点

物质在生物体内的氧化与生物体外的氧化（如燃烧）有相同之处，氧化时消耗的氧、终产物（CO_2 和 H_2O）以及产生的能量都是相同的。但是体内的生物氧化受各种因素的影响，与体外氧化又有许多不同之处。体内生物氧化具有的特点：

① 它是在一系列酶催化下进行的。常温、常压、中性 pH 及有水的环境中，氧化条件温和。

② 能量的释放是逐步的，一部分是以 ATP 形式暂存起来，另一部分是以热的形式释放。这样不会因温度迅速上升而损害机体，同时又可以使释放出来的能量得到最有效的

利用。

③ 生物氧化生成的 H_2O 是由代谢产物脱下的氢与氧结合而产生的，H_2O 也直接参与生物氧化反应；CO_2 由有机酸脱羧产生。

④ 生物氧化受到严格调控。体内生物氧化的速度由体内代谢物质和环境等因素进行调节，使得其速率正好满足生物体对能量的需求。

三、生物氧化的方式

在化学本质上，物质在体内的氧化方式是一样的。它们都是在一系列酶的作用下完成反应，并遵循氧化还原反应的一般规律。生物氧化的方式有三种：脱氢、加氧、失电子反应。

① 脱氢：底物在脱氢酶的催化下脱氢，如乳酸脱氢生成丙酮酸。

$$\underset{\text{乳酸}}{H_3C-\overset{\displaystyle H}{\underset{\displaystyle OH}{C}}-COOH} \longrightarrow \underset{\text{丙酮酸}}{H_3C-\overset{\displaystyle O}{\overset{\|}{C}}-COOH} + 2H$$

② 加氧：底物分子中直接加入氧原子或氧分子，如醛氧化为酸。

$$RCHO + \frac{1}{2}O_2 \longrightarrow RCOOH$$

③ 失电子：底物脱下电子，使其原子或离子化合价升高而被氧化。失去电子的反应为氧化反应，获得电子的反应为还原反应。如细胞色素中铁的氧化。

$$Fe^{2+} \longrightarrow Fe^{3+} + e^-$$

第二节 生物氧化中二氧化碳和水的生成

要点

CO_2 的生成	脱羧反应：α-单纯脱羧、β-单纯脱羧、α-氧化脱羧、β-氧化脱羧。
H_2O 的生成	电子传递链。

一、二氧化碳的生成

糖、脂、蛋白质等在生物氧化中产生有机酸，有机酸又通过脱羧反应而产生 CO_2。根据脱去羧基的位置不同，将脱羧基作用分为 α-脱羧和 β-脱羧；根据脱羧是否伴有脱氢，又可以分为单纯脱羧和氧化脱羧。综上所述，将人体内 CO_2 的生成方式分为四种类型：α-单纯脱羧、β-单纯脱羧、α-氧化脱羧、β-氧化脱羧。

（一）单纯脱羧

1. *α*-单纯脱羧

$$\underset{\text{氨基酸}}{R-\underset{\displaystyle NH_2}{HC}-COOH} \xrightarrow{\text{氨基酸脱羧酶}} \underset{\text{胺}}{R-CH_2-NH_2} + CO_2$$

2. β-单纯脱羧

$$\begin{array}{c} H_2C—COOH \\ | \\ O{=}C—COOH \end{array} \xrightarrow{\text{草酰乙酸脱羧酶}} \begin{array}{c} CH_3 \\ | \\ O{=}C—COOH \end{array} + CO_2$$

草酰乙酸　　　　　　　丙酮酸

（二）氧化脱羧

1. α-氧化脱羧

$$\begin{array}{c} CH_3 \\ | \\ O{=}C—COOH \end{array} + HSCoA \xrightarrow{\text{丙酮酸脱氢酶}} \begin{array}{c} O \\ \| \\ H_3C—C\sim SCoA \end{array} + CO_2$$

丙酮酸　　　辅酶A　　　　　　乙酰辅酶A

2. β-氧化脱羧

$$\begin{array}{c} H_2C—COOH \\ | \\ HC—COOH \\ | \\ OH \end{array} \xrightarrow{\text{苹果酸酶}} \begin{array}{c} CH_3 \\ | \\ O{=}C—COOH \end{array} + CO_2$$

苹果酸　　　　　　　丙酮酸

二、水的生成

在生物体内，水是由糖、脂肪和蛋白质等代谢产物脱下的氢经传递体最终传递给氧生成的。生物氧化中水的形成可以概括为两个阶段：第一阶段是脱氢酶将底物上的氢激活，使氢脱落下来；第二阶段是氧化酶将从空气中吸收的氧活化，活化的氧作为底物脱下的氢的最终受体，两者结合而生成水。人体内的代谢物常是成对地脱氢，脱下的氢可被转变成 $2H^+ + 2e^-$，它们通过线粒体内膜上的一系列酶和辅酶所催化的连锁反应逐步传递，最终与氧结合生成水。这些酶和辅酶构成的连锁反应体系，称为呼吸链或电子传递链，这个过程伴随ATP的产生。

第三节　线粒体生物氧化体系

要点

呼吸链的概念	①线粒体内膜上，具有递氢或递电子作用的酶和辅酶；②将代谢物脱下的氢传递给氧生成水，并释放能量。
呼吸链的组成	①以 NAD^+ 或 $NADP^+$ 为辅酶的脱氢酶；②黄素蛋白；③铁硫蛋白；④辅酶 Q；⑤细胞色素。
呼吸链的复合物及其顺序	复合体Ⅰ、复合体Ⅱ、复合体Ⅲ、复合体Ⅳ。
两条重要的呼吸链	NADH 氧化呼吸链与 $FADH_2$ 氧化呼吸链。

真核生物进行生物氧化的主要场所是线粒体，线粒体中含有丰富的与物质代谢和电子传

递相关的酶类、氧化还原蛋白，是生命活动的“动力工厂”。原核生物不具有线粒体，因此它们的能量转换在细胞膜上进行。线粒体结构简图如图 5-3 所示，其主要由四部分组成：外膜、内膜、膜间隙和基质，其中内膜向基质折叠形成嵴。

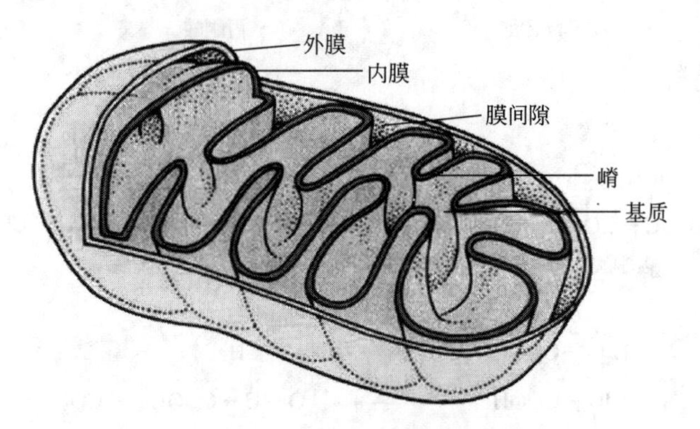

图 5-3　线粒体结构简图

线粒体外膜由脂类和蛋白质组成，主要功能是保持线粒体的形态。其内膜中含有丰富的蛋白质和酶类，内膜对分子和离子不通透，因此需要膜上的特殊转运蛋白对离子、底物等进行跨膜转运，内膜的不通透性形成的跨膜质子梯度是 ATP 生成的基础。内膜向内折叠形成嵴，增大了其表面积。外膜和内膜之间形成膜间隙，与跨膜质子梯度和 ATP 的生成相关。基质为胶状，富含蛋白质和酶。

一、呼吸链的概念

线粒体内膜上存在一系列具有递氢或递电子作用的酶和辅酶，它们按一定顺序排列，可将代谢物脱下的成对氢逐步传递给氧生成水，并释放能量，这一连锁反应体系，称为氧化呼吸链（oxidative respiratory chain）。其中，传递氢的酶和辅酶称为递氢体，仅能传递电子的酶或辅酶称为递电子体。由于传递氢的过程也能传递电子，因此氧化呼吸链又称为电子传递链（electron transport chain）。

二、呼吸链的组成

目前已发现，参与呼吸链组成的递氢体和递电子体有 20 多种，下面主要介绍具有重要功能的五大类成分。

（一）以 NAD^+ 或 $NADP^+$ 为辅酶的脱氢酶

这类酶也称烟酰胺腺嘌呤核苷酸脱氢酶（图 5-4），是一类以烟酰胺腺嘌呤二核苷酸（NAD^+）和烟酰胺腺嘌呤二核苷酸磷酸（$NADP^+$）为辅基的不需氧脱氢酶。能催化代谢物脱氢，脱下的氢由其氧化型辅酶 NAD^+ 或 $NADP^+$ 接受并还原成 $NADH+H^+$ 和 $NADPH+H^+$。因为其分子中的烟酰胺部分能可逆地加氢和脱氢（图 5-5），所以 NAD^+ 具有递氢或供氢的作用，是氧化呼吸链中的递氢体。

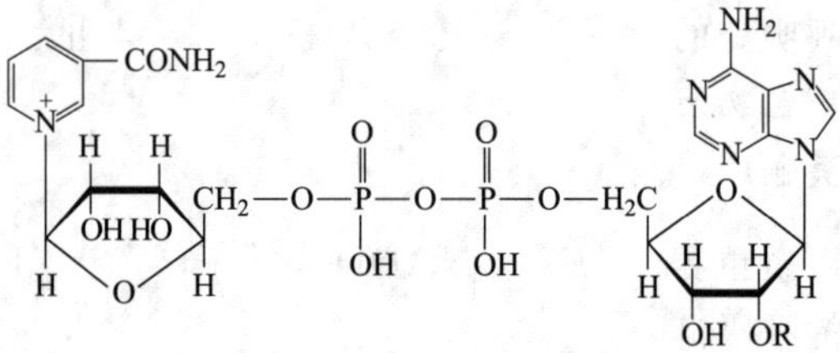

R=H：NAD^+；　R=H_2PO_3：$NADP^+$

图 5-4　$NAD(P)^+$ 的结构式

（二）黄素蛋白

黄素蛋白又称黄素酶，是一类以黄素单

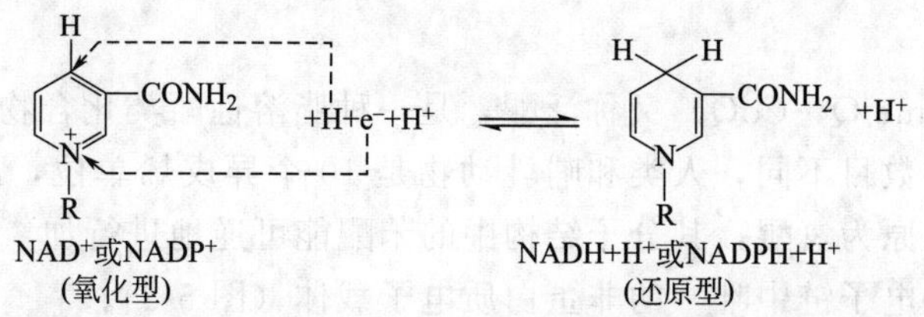

H
CONH2
+H+e⁻+H⁺
N⁺
R
NAD⁺或NADP⁺
(氧化型)
H H
CONH2
+H⁺
N
R
NADH+H⁺或NADPH+H⁺
(还原型)

图 5-5 $NAD(P)^+$ 的氧化还原反应（R 代表烟酰胺以外的部分）

核苷酸（FMN）和黄素腺嘌呤二核苷酸（FAD）为辅基的不需氧脱氢酶。FMN 和 FAD 两者都含核黄素（维生素 B_2），它们异咯嗪环上的第 1 位和第 10 位氮原子可以进行可逆的脱氢或加氢反应，因此两者都是氧化呼吸链中的递氢体（图 5-6）。代谢物脱下的氢，分别加到 FMN 和 FAD 分子上，使其氧化态的 FMN 或 FAD 变成还原型的 $FMNH_2$ 和 $FADH_2$。

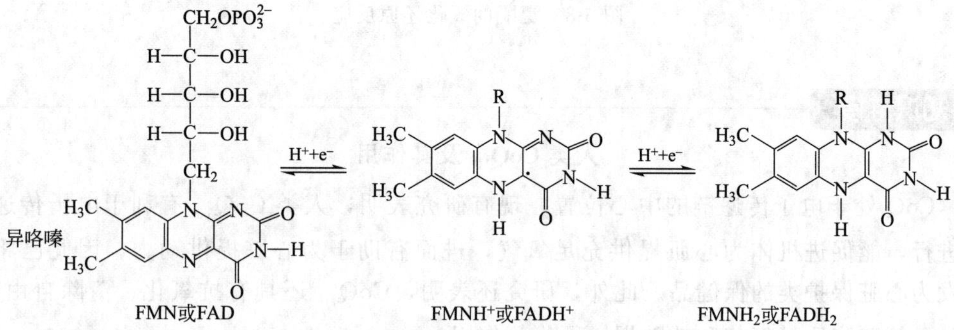

$CH_2OPO_3^{2-}$
H—C—OH
H—C—OH
H—C—OH
CH_2
H_3C
异咯嗪
H_3C
N—H
O
FMN或FAD
$H^+ + e^-$
R
H_3C
H_3C
N—H
H
FMNH⁺或FADH⁺
$H^+ + e^-$
R H
H_3C
H_3C
N—H
H
FMNH2或FADH2

图 5-6 FMN 或 FAD 的氧化还原反应

（三）铁硫蛋白

铁硫蛋白又称铁硫中心（Fe-S），它是含有铁原子和硫原子（Fe_2S_2，Fe_4S_4）的一类金属蛋白质，存在于线粒体内膜上，由 Fe-S 中的铁离子通过与无机硫及铁硫蛋白中半胱氨酸残基的—SH 连接而成。Fe-S 有多种形式，可以是单个铁离子与 4 个半胱氨酸残基的—SH 相连，也可以是 2 个或 4 个铁离子通过与无机硫原子及 4 个半胱氨酸残基的—SH 相连，形成 Fe_2S_2、Fe_4S_4。在电子传递链中 Fe-S 单作为电子传递体，使铁离子可以完成二价和三价形式的相互转变（图 5-7）。在呼吸链中，铁硫蛋白多与递氢体结合成复合物。

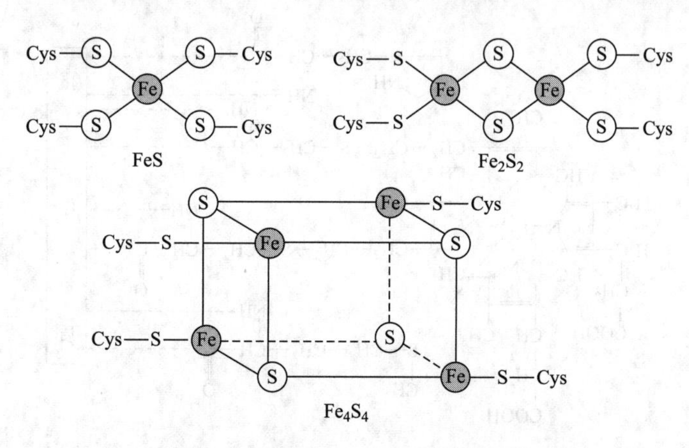

图 5-7 线粒体中铁硫中心的结构

（四）辅酶 Q

辅酶 Q（coenzyme Q，CoQ）又称泛醌，是一种脂溶性醌类化合物，不同来源的辅酶 Q 其侧链异戊烯单位的数目不同，人类和哺乳动物是 10 个异戊烯单位，故称 CoQ_{10}。CoQ 醌型结合两个氢而被还原为氢醌，其分子结构中的苯醌能可逆地进行加氢和脱氢，在呼吸链中起传递氢的作用，是电子链中唯一的非蛋白质电子载体（图 5-8）。

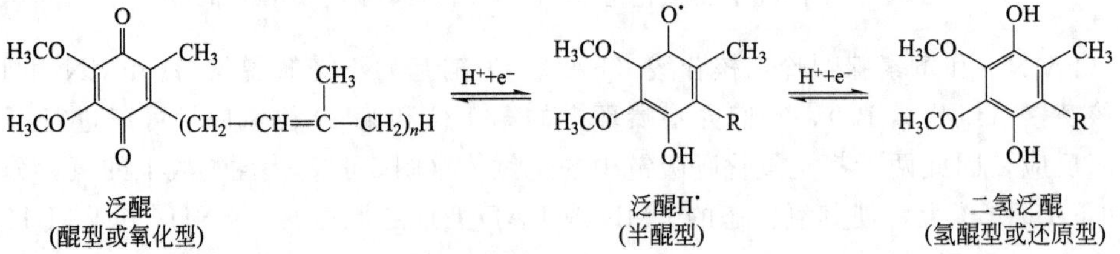

H_3CO CH_3 $(CH_2-CH=C(CH_3)-CH_2)_nH$ H^++e^- H^++e^- R OH

泛醌
(醌型或氧化型)

泛醌H·
(半醌型)

二氢泛醌
(氢醌型或还原型)

图 5-8　泛醌的氧化还原反应

知识链接

人类 CoQ_{10} 及其作用

CoQ 处于电子传递链的中心位置，现有研究表明，人类 CoQ_{10} 有利于电子传递顺利进行，能促进机体为心肌提供充足氧气，进而有助于为心脏提供动力，因此已将其开发为心脏保护类的保健品。此外，研究还表明，CoQ_{10} 还具有抗氧化、清除自由基、预防血管壁脂质过氧化和动脉粥样硬化等作用。

（五）细胞色素

细胞色素（cytochrome，Cyt）是一类含血红素样辅基的蛋白质，因具有颜色而得名细胞色素（图 5-9）。细胞色素通过辅基中的铁得失电子（$Fe^{2+} \longrightarrow Fe^{3+} + e^-$）进行可逆的氧化还原反应，起到传递电子的作用，是氧化呼吸链中单电子传递体。细胞色素分为 Cyt a、Cyt b、Cyt c 三类，每类又有各种亚类。呼吸链上的细胞色素有 b、c_1、c、a、a_3，由于细胞色素 a 和 a_3 结合紧密，很难分开，故合称为细胞色素 aa_3。细胞色素在呼吸链中传递电子的顺序为 Cyt b→Cyt c_1→Cyt c→Cyt a→Cyt a_3→O_2。Cyt aa_3 是呼吸链中直接与氧发生关

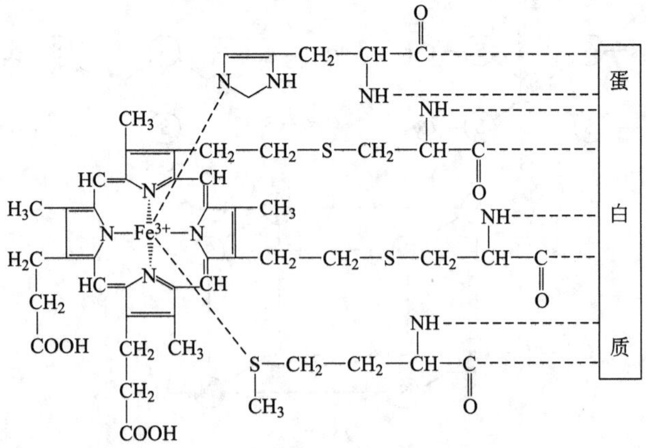

蛋白质

图 5-9　细胞色素 c 的结构

系的最后一个电子传递体，它直接将电子传递给氧，使氧被激活成氧离子，故将细胞色素 aa_3 也称为细胞色素 c 氧化酶。

三、呼吸链各组分的作用机理

Green 等在溶解线粒体外膜后，首先将电子传递链拆成四种功能复合体以及 CoQ 和 Cyt c。四种酶复合体是线粒体内膜氧化呼吸链的天然存在形式，它们在空间上具有一定独立性，但又紧密相连，共同完成电子传递过程（表 5-1，图 5-10）。

表 5-1 呼吸链的四种复合体及其功能

复合体	酶名称	辅基	含结合位点	主要作用
复合体Ⅰ	NADH-泛醌还原酶	FMN，Fe-S	NADH（基质侧） CoQ（脂质核心）	将 NADH 的氢原子传递给泛醌
复合体Ⅱ	琥珀酸-泛醌还原酶	FAD，Fe-S	琥珀酸（基质侧） CoQ（脂质核心）	将琥珀酸中的氢原子传递给泛醌
复合体Ⅲ	泛醌-细胞色素 c 还原酶	血红素 b_L，血红素 b_H，血红素 c_1，Fe-S	Cyt c（膜间隙侧）	将电子从还原性泛醌传递给细胞色素 c
复合体Ⅳ	细胞色素 c 氧化酶	血红素 a，血红素 a_3，Cu_a，Cu_b	Cyt c（膜间隙侧）	将电子从细胞色素 c 传递给氧

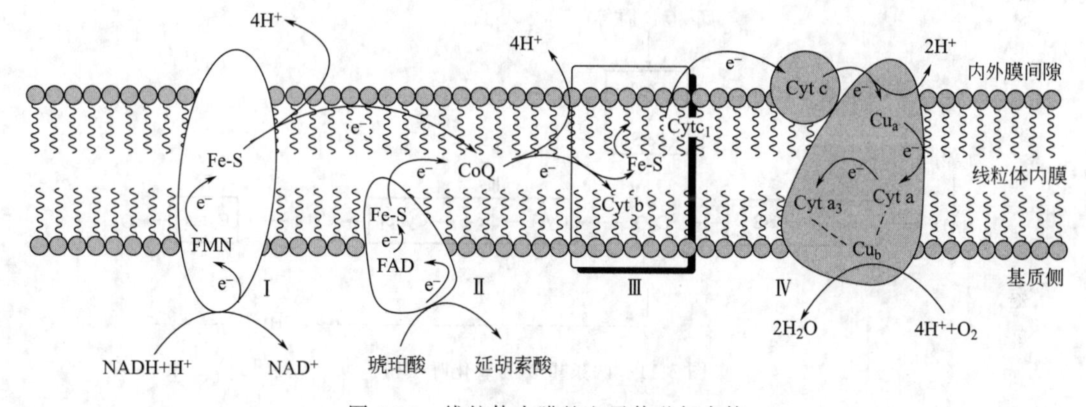

图 5-10 线粒体内膜的电子传递复合体

1. 复合体Ⅰ

复合体Ⅰ又称 NADH-泛醌还原酶，它包括黄素蛋白（辅基为 FMN）和铁硫蛋白。$NADH+H^+$ 脱下的氢经复合体Ⅰ中的 FMN、铁硫蛋白传递给泛醌，与此同时伴有质子从线粒体内膜基质侧泵到内膜胞质侧。

2. 复合体Ⅱ

复合体Ⅱ又称为琥珀酸-泛醌还原酶，复合体Ⅱ中含有以 FAD 为辅基的黄素蛋白、铁硫蛋白。以 FAD 为辅基的琥珀酸脱氢酶、脂酰辅酶 A 脱氢酶等催化相应底物脱氢后，使 FAD 还原为 $FADH_2$，后者再传递电子到铁硫中心，然后传递给泛醌。

3. 复合体Ⅲ

复合体Ⅲ又称为泛醌-细胞色素 c 还原酶，人复合体Ⅲ含有两种细胞色素 b（Cyt b_{562}，Cyt b_{566}）、细胞色素 c_1、铁硫蛋白以及其他多种蛋白质。复合体Ⅲ将电子从泛醌传递给细胞色素 c，同时将质子从线粒体内膜基质侧转移至胞质侧。细胞色素是以血红素（heme，又称为铁卟啉）为辅基的电子传递蛋白质，因具有颜色故名细胞色素。在呼吸链中其功能是将电子从泛醌传递到氧。细胞色素 c 分子量较小，与线粒体内膜结合疏松，是除泛醌外另外一个可在线粒体内膜外侧移动的递电子体，有利于将电子从复合体Ⅲ传递到复合体Ⅳ。

4. 复合体Ⅳ

复合体Ⅳ又称细胞色素 c 氧化酶，其功能是将电子从 Cyt c 传递给氧，它的电子传递过程是还原性 Cyt c 传出电子经 Cu_a 传递到 Cyt a，再传递到 Cyt a_3-Cu_b，最后传递给氧。其中 Cyt a_3-Cu_b 形成活性双核中心，将电子传递给氧。每 2 个电子传递过程使 2 个 H^+ 向膜间腔转移。

呼吸链的 4 个复合体中，复合体Ⅰ、复合体Ⅲ、复合体Ⅳ均有质子泵（proton pump）的功能，它们在传递电子的同时偶联把质子从基质泵出到膜间隙。由于质子泵的作用，基质成为负电性空间，而膜间隙成为正电性空间，从而形成电化学梯度，蕴藏着电化学势能。此势能可部分用于合成 ATP，部分以热能散发，维持体温。

四、生物体内重要的呼吸链

根据电子供体及其传递过程，目前认为，氧化呼吸链主要有两条途径：一条以 NADH 为电子供体，称为 NADH 氧化呼吸链；另一条途径以 $FADH_2$ 为电子供体，称为 $FADH_2$ 氧化呼吸链，也称琥珀酸氧化呼吸链。两条呼吸链各组分的排列如图 5-11 所示。

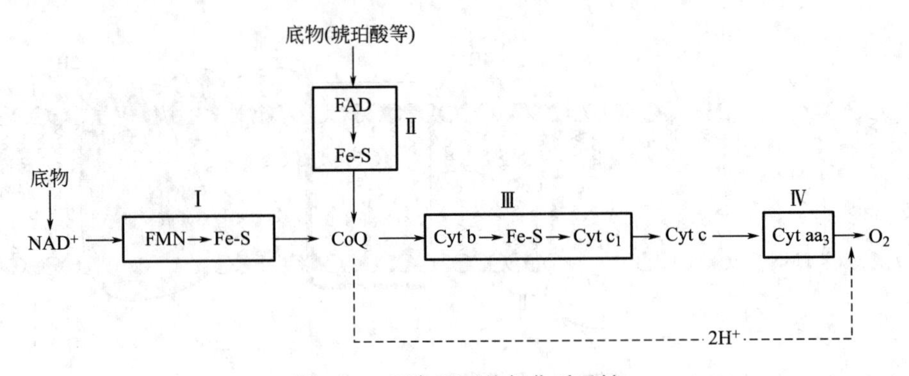

图 5-11 两条重要的氧化呼吸链

（一）NADH 氧化呼吸链

体内糖、脂肪、蛋白质等物质氧化分解后的代谢物，在一些酶的催化下脱下 2H，使 NAD^+ 生成 $NADH+H^+$，然后 $NADH+H^+$ 脱下的氢经复合体Ⅰ传递给 CoQ，生成还原型 $CoQH_2$，$CoQH_2$ 把 2H 中的 $2H^+$ 释放到介质中，而将 $2e^-$ 经复合体Ⅲ传递给 Cyt c，然后再将 $2e^-$ 经复合体Ⅳ传递给 O_2 生成 O^{2-}，最后 O^{2-} 与介质中的 $2H^+$ 结合生成 H_2O。实验证明，NADH 氧化呼吸链每传递 2 个 H 约生成 2.5 分子 ATP。由于生物氧化过程中大多数脱氢酶都是以 NAD^+ 为辅酶，因此 NADH 呼吸链是细胞内的主要呼吸链。该呼吸链的传递过程如图 5-12 所示。

（二） $FADH_2$ 氧化呼吸链

琥珀酸脱氢酶、脂酰辅酶 A 脱氢酶和 α-磷酸甘油脱氢酶等是以 FAD 为辅酶。与 NADH 氧化呼吸链的不同在于脱下的 2H 不经过 NAD^+ 这一环节，FAD 接受 2H 生成 $FADH_2$，$FADH_2$ 把 2H 经复合体Ⅱ传给 CoQ，其后的传递过程与 NADH 氧化呼吸链一致。

实验证明，$FADH_2$ 氧化呼吸链每传递 2H 生成约 1.5 分子 ATP。该呼吸链的传递过程如图 5-12 所示。

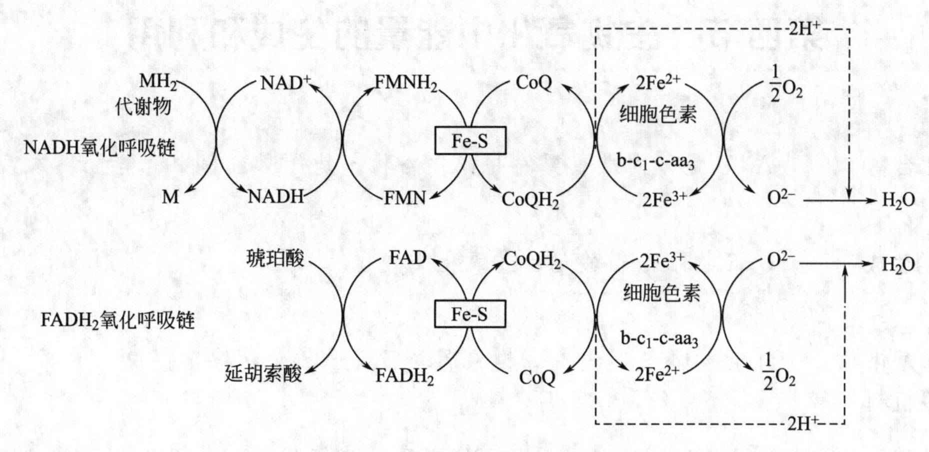

图 5-12　NADH 和 $FADH_2$ 氧化呼吸链电子传递过程

（三）呼吸链各组分排列顺序的确定

呼吸链中各组分的排列有着严格顺序和方向，各组分的排列顺序主要由以下四类实验而确定：①根据呼吸链各组分的标准氧化还原电位，按照由低到高的顺序排列（电位低容易失去电子）；②在体外将呼吸链拆开和重组，鉴定四种复合体的组成与排列；③利用呼吸链特异的抑制剂阻断某一组分的电子传递，在阻断部位之前的组分处于还原状态，后面组分处于氧化状态，根据吸收光谱的改变进行检测；④利用呼吸链各组分特有的吸收光谱，以离体线粒体无氧时处于还原状态作为对照，缓慢给氧，观察各组分被氧化的顺序。

（四）呼吸链中电子传递抑制剂

能够阻断电子传递链中某一部位传递的物质称为电子传递抑制剂。已知的抑制剂主要有以下几种。

（1）复合体Ⅰ抑制剂　主要有鱼藤酮、安密妥、杀粉蝶菌素等。鱼藤酮是一种剧毒的植物物质，可用作杀虫剂，其作用是阻断电子从 NADH 向 CoQ 的传递，从而抑制 NADH 脱氢酶。

> **知识链接**
>
> **CO 中毒**
>
> CO 进入人体后，大部分与血红蛋白结合，生成碳氧血红蛋白（HbCO），影响血红蛋白对氧气的运输；还有少量 CO 会与电子传递链中的细胞色素 a_3 结合，抑制电子传递与 ATP 的生成。所以，尽管目前血浆中 HbCO 水平是 CO 中毒的诊断依据，但有可能出现临床表现与血中 HbCO 水平不一致，特别是中毒时间延长时，会有更多的 CO 与细胞色素结合。因此，HbCO 只有在中毒后立即测定才具有可靠的临床意义。

（2）复合体Ⅲ抑制剂　抗霉素 A 是由淡灰链霉菌分离出来的抗生素，有抑制电子从细胞色素 b 到细胞色素 c_1 传递的作用。

（3）复合体Ⅳ抑制剂　主要有氰化物、硫化氢、一氧化碳和叠氮化物等，这类化合物能与细胞色素 aa_3 卟啉铁保留的一个配位键结合形成复合物，抑制细胞色素氧化酶的活性，阻断电子由细胞色素 aa_3 向分子氧的传递。

第四节 生物氧化中能量的生成和利用

要点

高能化合物与ATP	ATP是体内最重要的高能化合物，是代谢过程中的能量载体。
ATP的生成方式	①底物水平磷酸化；②氧化磷酸化。
氧化磷酸化的偶联机制	①化学偶联假说；②构象偶联假说；③化学渗透假说。
氧化磷酸化的影响因素	①ATP/ADP比值及ADP浓度；②抑制剂；③甲状腺激素。
胞液中NADH的氧化	①苹果酸-天冬氨酸穿梭主要存在于肝脏和心肌中，进入NADH电子呼吸链，生成2.5分子ATP；②α-磷酸甘油穿梭主要存在于肌肉和神经组织中，进入$FADH_2$电子传递链，最终生成1.5分子ATP。

一、高能键与高能化合物

生物体内许多化合物在水解或者基团转移反应中可释放出大量自由能，若某种化合物一次水解或者基团转移所释放出的自由能超过20.92kJ/mol，则称为高能化合物，相应的化学键称为高能键，用“～”表示。

（一）高能化合物的类型

根据高能键的特点，将生物体内的高能化合物分为两大类：高能磷酸化合物与高能非磷酸化合物，其中以高能磷酸化合物最为常见。

1. 高能磷酸化合物

（1）磷氧键型化合物　它是最常见的高能化合物类型，主要包括：①酰基磷酸化合物，如1,3-二磷酸甘油酸等；②烯醇式磷酸化合物，如磷酸烯醇式丙酮酸等；③焦磷酸化合物，如三磷酸腺苷（ATP）等。

（2）磷氮键型化合物　如磷酸肌酸、磷酸精氨酸，这两种高能化合物在生物体内起储存能量的作用。

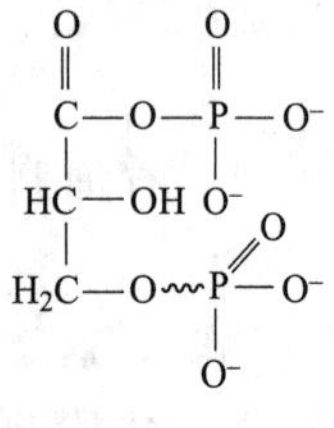

1, 3-二磷酸甘油酸 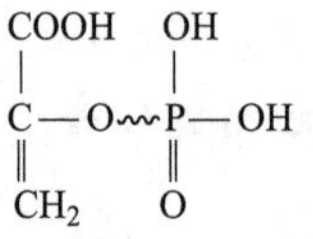　　磷酸烯醇式丙酮酸 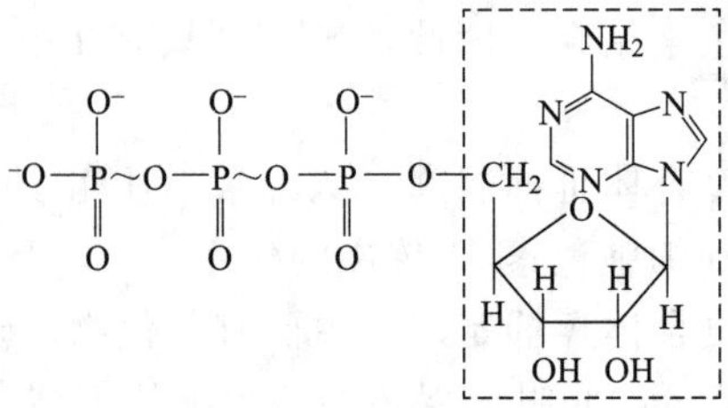　　三磷酸腺苷(ATP)

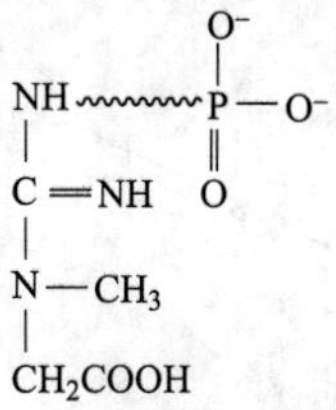

磷酸肌酸 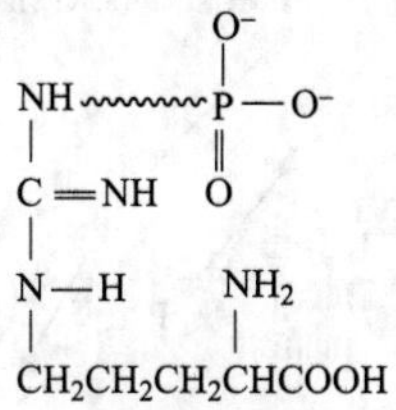　　磷酸精氨酸

2. 高能非磷酸化合物

高能非磷酸化合物主要包括：硫酯键型化合物，如酰基辅酶 A 等；甲硫键型化合物，如 *S*-腺苷甲硫氨酸等。

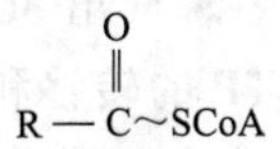

酰基辅酶A 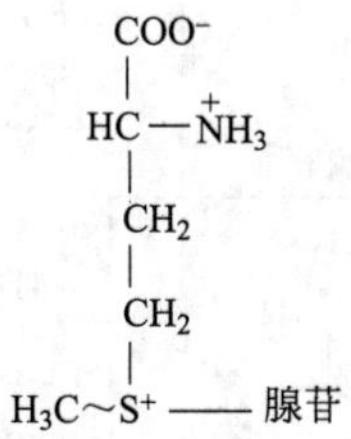　　*S*-腺苷甲硫氨酸

（二）磷酸基团转移势能

生物代谢反应过程中，最常见的高能化合物是高能磷酸化合物，其磷酸基团通常是从转移势能高的分子向转移势能低的分子转移。磷酸基团的转移势能在数值上等于其水解反应的 $\Delta G^{\ominus}$。表 5-2、图 5-13 显示了部分磷酸化合物的磷酸基团转移势能，由此可知，ATP 的磷酸基团转移势能处于常见磷酸化合物的中间位置，这决定了 ATP 在代谢过程中充当能量载体的重要地位。

表 5-2　部分磷酸化合物水解时标准自由能的变化及磷酸基团转移势能

磷酸化合物	水解时标准自由能的变化($\Delta G^{\ominus}$)/(kJ/mol)	磷酸基团转移势能/(kJ/mol)
磷酸烯醇式丙酮酸	−61.9	61.9
1,3-二磷酸甘油酸	−49.3	49.3
磷酸肌酸	−43.1	43.1
乙酰磷酸	−42.3	42.3
磷酸精氨酸	−32.2	32.2
ATP (→ADP+Pi)	−30.5	30.5
1-磷酸葡萄糖	−20.9	20.9
6-磷酸果糖	−15.9	15.9
6-磷酸葡萄糖	−13.8	13.8
1-磷酸甘油	−9.2	9.2

（三）“能量货币”　ATP

ATP 是细胞内最重要的高能化合物，糖、脂肪、蛋白质等在代谢过程中所涉及的能量释放、贮存、转移和利用，均是以 ATP 的形式来实现。

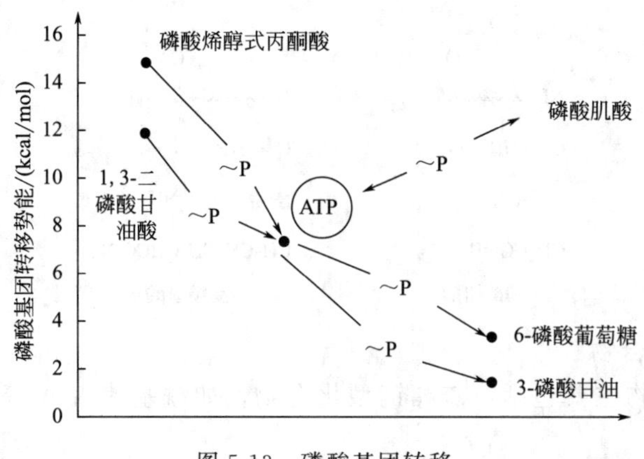

图 5-13　磷酸基团转移

(1kcal=4.1868kJ)

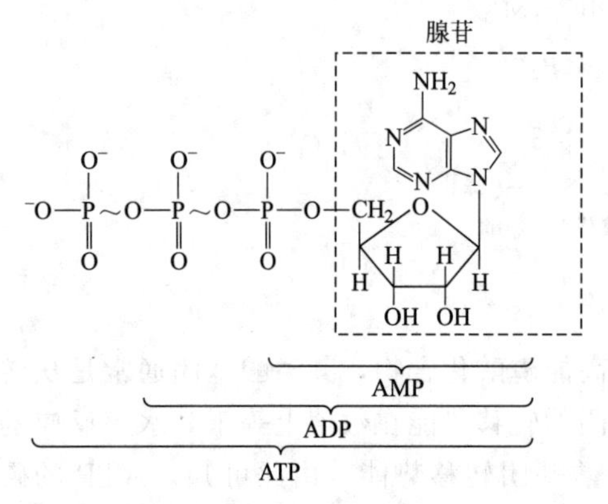

图 5-14　ATP（三磷酸腺苷）结构式

1. ATP 的结构

如图 5-14 所示，ATP 具有两个高能磷酸键，其水解时各释放出 30.54kJ/mol 能量。

2. ATP 的转移和利用

机体的大多数合成反应是以 ATP 为直接能源，但也有少数例外，如糖原的合成是以尿苷三磷酸（UTP）为能源，磷脂的合成是以胞苷三磷酸（CTP）为能源等，而这些能源物质，通常来源于 ATP 磷酸基团的转移。

$$ATP+UDP \rightleftharpoons ADP+UTP$$

$$ATP+CDP \rightleftharpoons ADP+CTP$$

$$ATP+GDP \rightleftharpoons ADP+CTP$$

虽然 ATP 是能量的中心，但是它不是能量储存的方式。当机体内 ATP 充足时，其分子中的高能磷酸键可在肌酸激酶（CK）的催化下转移给肌酸（C）生成磷酸肌酸（C～P）而储存。肌酸主要存在于肌肉组织和脑组织中。但是磷酸肌酸不能被直接利用，当 ATP 的生成速率低于消耗速率时，磷酸肌酸将其高能磷酸基团转移给 ADP 生成 ATP。

$$磷酸肌酸+ADP \rightleftharpoons 肌酸+ATP$$

知识链接

ATP 的药用价值

由于 ATP 能够提供能量，改善机体代谢，现已作为一种药品，用于进行性肌萎缩、脑出血后遗症、心功能不全、心肌疾病及肝炎等疾病的辅助治疗。

二、 ATP 的生成方式

生物体通过生物氧化所产生的能量，除一部分用以维持体温外，大部分都通过磷酸化作用转移至 ATP 中。ATP 的生成方式一般有三种：底物水平磷酸化、氧化磷酸化（电子传递体系磷酸化）和光合磷酸化，其中光合磷酸化只在植物和光合细菌中进行，将光能转化生成 ATP。通常所说的氧化磷酸化指的就是电子传递体系磷酸化。

（一）底物水平磷酸化

底物水平磷酸化是指直接将一个代谢中间产物上的磷酸基团转移到ADP分子上生成ATP的过程。底物水平磷酸化的典型代表有：糖酵解过程中3-磷酸甘油醛转变成1,3-二磷酸甘油酸、磷酸烯醇式丙酮酸转变为丙酮酸；三羧酸循环过程中琥珀酰辅酶A转变为琥珀酸。

$$X\sim Ⓟ + ADP \rightarrow ATP + X$$

式中，X～Ⓟ代表底物在氧化过程中所形成的高能磷酸化合物。

底物水平磷酸化在有氧和无氧条件下都能发生，与氧的存在与否无关。底物水平磷酸化是厌氧生物获得能量的主要途径。

（二）氧化磷酸化

氧化磷酸化通常指电子传递体系磷酸化，是指当电子从NADH或$FADH_2$经过电子传递链传递给氧生成水时，同时偶联ADP磷酸化生成ATP的过程。氧化磷酸化是需氧生物生成ATP的主要途径。

1. 氧化磷酸化的偶联部位

氧化磷酸化的偶联部位就是电子传递链中偶联生成ATP的部位，电子传递是产能过程，而ATP的生成是贮能过程。现已证实，两条电子传递链的氧化磷酸化偶联部位共有3处，见图5-15。

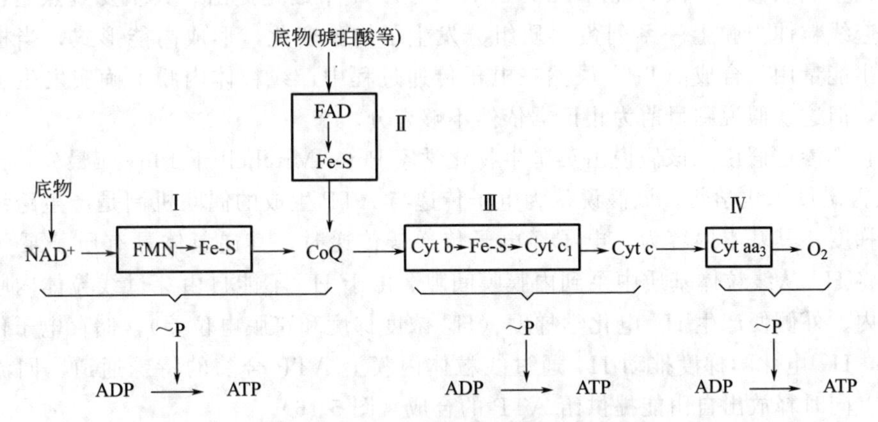

图5-15 氧化磷酸化的偶联部位

氧化磷酸化偶联部位的确定，通常有两种方法：一种是计算自由能的变化；另一种是计算P/O比值。

（1）自由能变化　实验证明，氧化还原反应中释放的自由能（$\Delta G^{\ominus}$），与反应底物和产物标准氧化还原电位差（$\Delta E^{\ominus}$）之间存在下列关系：

$$\Delta G^{\ominus} = -nF\Delta E^{\ominus}$$

式中，n为电子转移数目；F为法拉第常数，96.5kJ/(mol·V)。

因为1分子ATP水解成ADP与Pi所释放的能量为30.54kJ，故电子传递过程中释放能量大于30.54kJ（即$\Delta E^{\ominus}>0.1583V$），就能生成1分子ATP，便可能存在一个偶联部位。

测得从NAD^+到CoQ的电位差为0.27V，从Cyt b到Cyt c电位差为0.22V，从Cyt aa_3到O_2的电位差为0.53V，均满足生成ATP的条件，因此存在这三处偶联部位。

（2）P/O比值　它是指在氧化磷酸化过程中，每消耗1mol原子氧，所生成ATP的物质的量（单位为mol），或者一对电子通过电子传递链传递给氧所生成的ATP分子数。

P/O 比值可以通过体外实验测得，在一个密闭容器中加入氧化的底物、ADP、Pi、氧饱和的缓冲液以及线粒体制剂。反应结束后测定氧的消耗量和 ATP 的生成量，即可求得 P/O 比值。在反应体系中加入不同的底物，测定其各自的 P/O 比值，结合电子传递链的顺序，即可推断 ATP 的偶联部位。

经测定，一对电子经 NADH 电子传递链传递，P/O 比值约为 2.5，即产生 2.5 分子 ATP；经 $FADH_2$ 电子传递链传递，P/O 比值约为 1.5，即产生 1.5 分子 ATP。

2. 氧化磷酸化的偶联机制

电子传递的过程中究竟如何生成 ATP？在正常的生理条件下，电子传递和 ATP 合成相偶联的事实早已通过实验确定，但偶联机制问题有待进一步研究。目前有三种假说来解释氧化磷酸化的偶联机制：化学偶联假说（chemical coupling hypothesis）、构象偶联假说（conformational coupling hypothesis）、化学渗透假说（chemiosmotic coupling hypothesis）。其中化学渗透假说越来越受到人们的重视，是普遍为人们所认可的氧化磷酸化偶联机制。

（1）化学偶联假说　该假说由 Edward Slater 于 1953 年最先提出。其主要观点是：电子传递过程中先形成一个高能共价中间物，随后高能中间物裂解将其能量提供给 ATP 的合成。化学偶联假说对后续研究起了引导作用，但是存在两大疑点：人们并未从电子传递链中发现假想的高能共价中间物；此假说不能解释为何线粒体内膜的完整性对氧化磷酸化是必要的。

（2）构象偶联假说　该假说由 Paul Boyer 在 1964 年最先提出。其主要观点是：电子传递过程引起线粒体内膜上一系列蛋白质组分发生了构象变化，形成高能形式，当构象复原时，释放出能量用于合成 ATP。虽然在电子传递过程中，线粒体内膜上确实发生了一系列物理变化，但这一假说到目前为止证据依然不够充分。

（3）化学渗透假说　该假说由英国生物化学家 Peter Mitchell 于 1961 年最先提出，并于 1978 年获得诺贝尔化学奖。该假说认为电子传递与 ATP 生成的偶联机制是产生跨线粒体内膜的质子梯度，其基本内容为：电子经电子传递链传递时，其递氢体具有质子泵（H^+ 泵）的作用，将 H^+ 从线粒体基质中泵到内膜膜间隙。由于 H^+ 不能自由穿过线粒体内膜，这样在内膜的内、外侧便产生 H^+ 电化学梯度（H^+ 浓度梯度和跨膜电位差），储存电子传递时释放的能量，H^+ 电化学梯度推动 H^+ 通过线粒体内膜上 ATP 合酶的特殊通道，回流到线粒体基质中，同时释放出自由能提供给 ATP 的合成（图 5-16）。

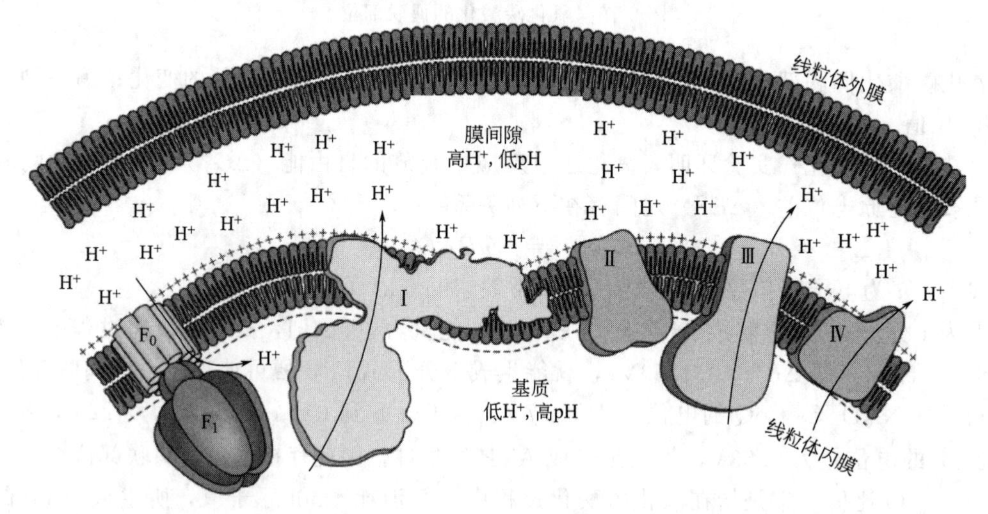

图 5-16　化学渗透假说

化学渗透假说的基本观点包括以下几点。

① 在电子传递链中，递氢体与递电子体间隔交替排列，有序定位于线粒体内膜上，使反应定向进行。

② 在电子传递链中，复合体Ⅰ、复合体Ⅲ、复合体Ⅳ中的递氢体具有质子泵的作用，将 H^+ 从线粒体基质泵向内膜外侧（膜间隙），而将电子传向其后的电子传递体。

③ 完整的线粒体内膜对质子不具有通透性，这样在内膜两侧会形成质子浓度梯度，这就是推动 ATP 合成的原动力，也称为质子推动力。

④ 在线粒体的内膜上嵌有 ATP 合酶（F_1F_0-ATPase），是 ATP 合成的场所（图 5-17）。当存在足够高的跨膜质子化学梯度时，强大的质子流通过 F_1F_0-ATPase 进入线粒体基质，释放的自由能推动 ATP 合成。

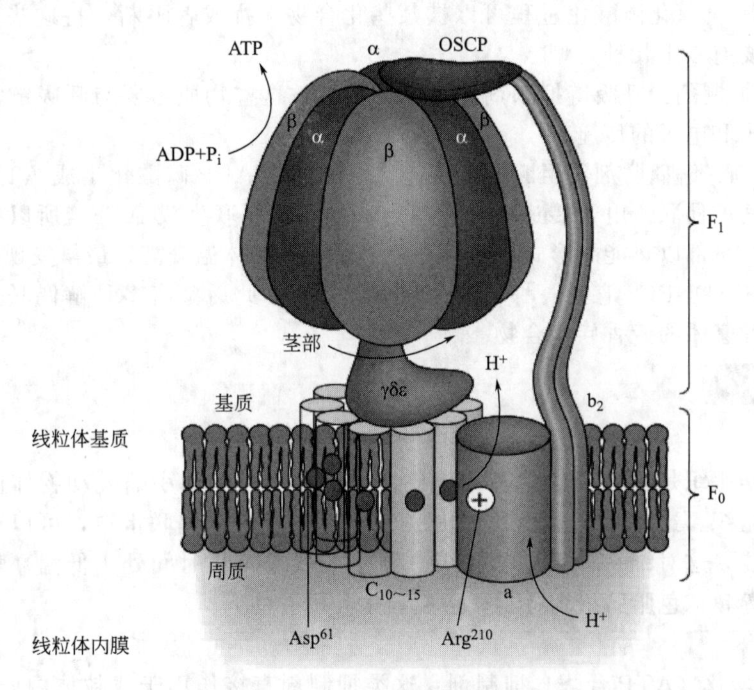

图 5-17 ATP 合酶结构模式图

ATP 合酶镶嵌在线粒体内膜上，由 F_1 和 F_0 两个单元组成，常称为 F_1F_0-ATP 酶，由于它是从线粒体内膜上分离出的第五个复合体，因此又称复合体Ⅴ。

F_1 单元俗称头部，呈球状，位于线粒体基质中，是由 α、β、γ、δ 和 ε 5 种亚基组成的九聚体，其功能是催化 ADP 磷酸化生成 ATP。

F_0 单元俗称基部，嵌入线粒体内膜中，为质子通道。

寡霉素敏感相关蛋白（OSCP）因含有寡霉素敏感蛋白（OSCP）而得名，连接 F_1 与 F_0，控制质子的流动，从而控制 ATP 的生成速度。

ATP 合酶构象的改变，促使质子在膜内外流动，利用质子驱动力来催化 ATP 的合成。

根据当前最新测定，一对电子经过复合体Ⅰ、复合体Ⅲ、复合体Ⅳ时，泵出的质子数依次为 4、4、2 个，按照 4 个 H^+（3 个 H^+ 直接推动 ATP 合酶生成 ATP，1 个 H^+ 在 ATP 与 ADP 的交换运输过程中因电荷不平衡而被消耗）返回线粒体基质产生 1 分子 ATP 计算，一对电子经 NADH 电子传递链传递，产生 2.5 分子 ATP；经 $FADH_2$ 电子传递链传递，产生 1.5 分子 ATP。这与 P/O 比值测定结果相符。

3. 氧化磷酸化的影响因素

细胞内氧化磷酸化受到多种因素的影响，主要包括 ADP 与 ATP 的调节作用、抑制剂的作用以及甲状腺等激素的调节作用。

（1）细胞内 ATP/ADP 比值及 ADP 浓度　这是体内调节氧化磷酸化最重要的因素。氧化磷酸化的速度取决于细胞对能量的需求，当细胞内合成、代谢等耗能反应活跃时，对能量需求增加，ATP 加快分解，使得 ADP 浓度增高，ATP/ADP 比值下降，这时氧化磷酸化的速率就会加快，以补充足量的 ATP 满足机体的需求。与此同时，体内糖酵解与三羧酸循环的速率也随之加快，以提供更多的电子源进行电子传递。而 ATP 不断合成会消耗 ADP，使得 ATP/ADP 比值回升，这时氧化磷酸化的速率会逐渐减慢，同时体内糖分解代谢的速率亦会放慢。这种调节充分体现了机体自身的稳定性，有利于能源的合理利用。

（2）抑制剂　氧化磷酸化过程可以被某些化合物干扰或者阻断，将这些化合物统称为抑制剂，其主要有以下几种类型。

① 呼吸链抑制剂：呼吸链抑制剂详见第三小节，这些物质主要与呼吸链上的某种成分结合，阻断质子和电子的传递。

② 解偶联剂：解偶联剂不阻断电子传递，但能抑制 ADP 磷酸化生成 ATP，即解除氧化与磷酸化之间的偶联。电子传递能正常进行，但不能偶联生成 ATP，所以电子传递所产生的自由能就会全部以热能的形式散失，往往能引起人的体温升高。最早发现的解偶联剂是2,4-二硝基苯酚（DNP），它是一种弱酸性亲脂化合物。此后又有多种解偶联剂被发现，大多数为带有酸性基团的芳香族化合物。

知识链接

解偶联作用与体温维持

棕色脂肪组织是机体产热御寒的重要组织。新生儿和幼小哺乳动物体内含有较多的棕色脂肪组织，这些组织的线粒体内膜中含有丰富的解偶联蛋白，可以通过解偶联作用释放热能，这对维持体温非常重要。新生儿如果较长时间处于低温环境下，会因散热过多，导致棕色脂肪组织耗尽，引起新生儿硬肿症。

③ 氧化磷酸化（ATP 合酶）抑制剂：这类抑制剂直接作用于线粒体内膜上的 ATP 合酶，干扰 ATP 的生成过程，最终既抑制了 ATP 的生成，也阻断了电子传递。如寡霉素可以与 ATP 合酶的 F_0 单元结合，阻断质子的回流，ATP 合酶活性被抑制，影响 ATP 的生成，同时线粒体内膜两侧的质子梯度也被破坏，进而影响电子传递的正常进行。

④ 离子载体抑制剂：离子载体抑制剂能与某种离子结合，携带其穿过线粒体内膜而进入线粒体，从而破坏线粒体内膜两侧的电位梯度，导致氧化磷酸化被抑制。如缬氨霉素可以结合 K^+、短杆菌肽可结合 K^+ 和 Na^+ 等阳离子并穿过线粒体内膜。

（3）甲状腺激素的调节　甲状腺激素能诱导细胞膜上 Na^+/K^+-ATP 酶的生成，该酶催化 ATP 分解，使 ATP/ADP 比值减小，进而加速氧化磷酸化的过程，又使 ATP 生成增多。因此甲状腺激素会加速 ATP 的生成与分解。同时甲状腺激素还可以促进解偶联蛋白基因的表达，进而引起机体产热增加。因此，甲亢患者常表现为基础代谢率增高、食欲亢进、怕热多汗、性情急躁等症状。

三、胞液中 NADH 的氧化

NADH 与 NAD^+ 均不能自由通过线粒体内膜。若代谢过程在线粒体中进行，所产生的

NADH 可直接进入内膜上的电子传递链而被氧化，但在胞质中进行的代谢过程（如糖酵解），其产生的 NADH 需要通过特殊的穿梭系统才能进入线粒体内部。细胞中存在两种转运 NADH 穿梭系统：苹果酸-天冬氨酸穿梭系统和 α-磷酸甘油穿梭系统。

（一）苹果酸—天冬氨酸穿梭系统

苹果酸-天冬氨酸穿梭系统（图 5-18）主要存在于肝脏和心肌中。在苹果酸脱氢酶的催化下，胞液中产生的 NADH 将 2H 传递给草酰乙酸，使之还原成苹果酸。苹果酸通过线粒体内膜进入线粒体内，随后又在苹果酸脱氢酶的催化下重新生成草酰乙酸和 NADH，进入 NADH 电子传递链，可产生 2.5 分子 ATP。生成的草酰乙酸不能自由通过线粒体内膜，经谷草转氨酶作用转变为天冬氨酸而运出线粒体，在胞液中又可转变成草酰乙酸。

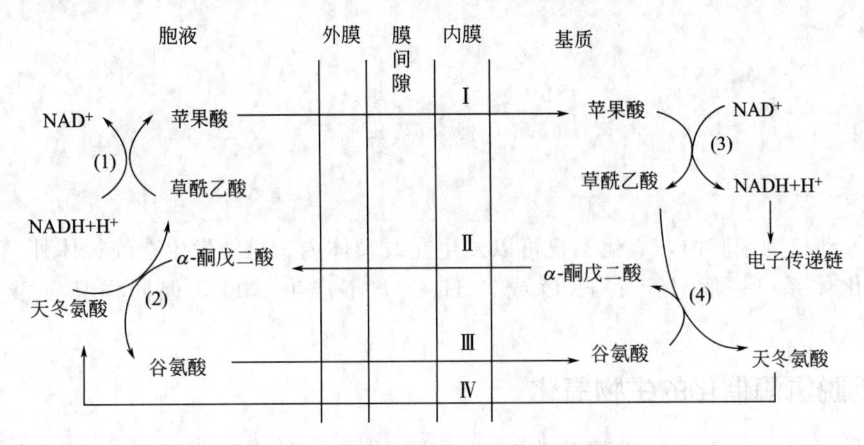

图 5-18　苹果酸-天冬氨酸穿梭系统

（1）—胞液中苹果酸脱氢酶；（2）—胞液中谷草转氨酶；
（3）—线粒体中苹果酸脱氢酶；（4）—线粒体中谷草转氨酶

（二）α-磷酸甘油穿梭系统

α-磷酸甘油穿梭系统（图 5-19）的机制主要存在于肌肉和神经组织中。在 α-磷酸甘油脱氢酶的催化下，胞液中生成的 NADH 将 2H 传递给磷酸二羟丙酮，使其还原成 α-磷酸甘油。α-磷酸甘油扩散至线粒体外膜与内膜的间隙中，在 α-磷酸甘油脱氢酶的催化下将其 2H 传递给内膜中的 FAD，从而进入 $FADH_2$ 电子传递链，最终生成 1.5 分子 ATP。同时，脱氢生成的磷酸二羟丙酮可再离开线粒体而继续下一轮穿梭。

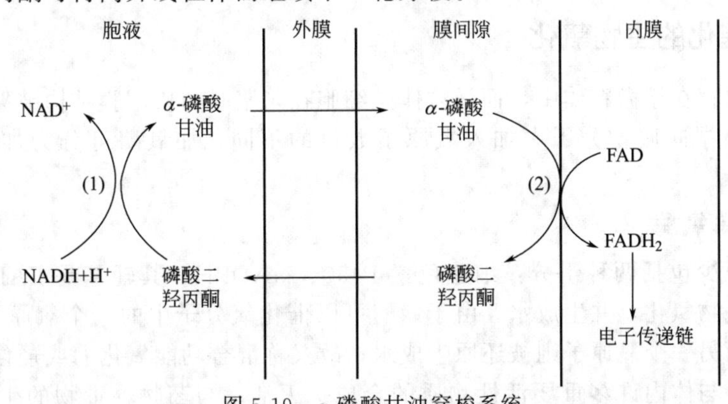

图 5-19　α 磷酸甘油穿梭系统

（1）—胞液中 α-磷酸甘油脱氢酶；（2）—线粒体中 α-磷酸甘油脱氢酶

第五节　线粒体外的生物氧化体系

要点

需氧脱氢酶催化的生物氧化	以FMN或者FAD为辅基，催化代谢物脱氢生成H_2O_2，如黄嘌呤氧化酶。
加氧酶催化的生物氧化	①加单氧酶；②加双氧酶。
抗氧化酶体系	①超氧化物歧化酶；②过氧化物酶；③过氧化氢酶。

在高等动植物细胞内，氧化不仅可以发生在线粒体内，也能发生在线粒体外，这些非线粒体的氧化体系，一般只产生H_2O或者H_2O_2，不产生ATP，但同样具有重要的生理功能。

一、需氧脱氢酶催化的生物氧化

需氧脱氢酶以FMN或者FAD为辅基，催化代谢物脱氢生成H_2O_2，典型代表是在嘌呤核苷酸的分解代谢中，黄嘌呤氧化酶将次黄嘌呤氧化生成黄嘌呤，并进一步氧化生成尿酸。

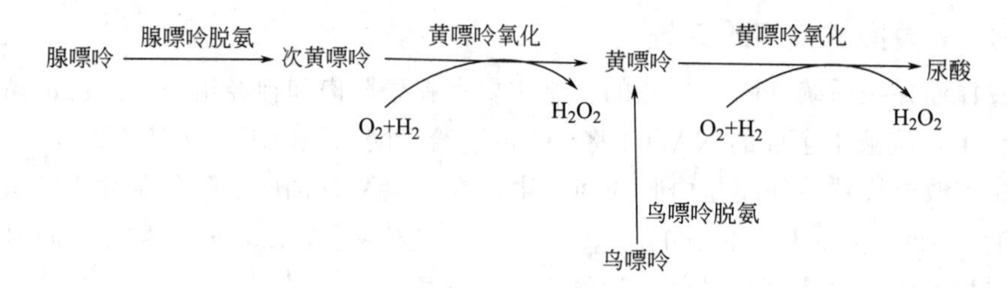

二、加氧酶催化的生物氧化

加氧酶主要存在于微粒体中，而微粒体是细胞在匀浆时内质网膜结构破裂后重新封闭形成的小囊泡。根据向底物分子中加入氧原子数目的不同，加氧酶可分为加单氧酶和加双氧酶。

（一）加单氧酶

加单氧酶至少包括两种组分：细胞色素P450、NADPH，其辅基是FAD。由NADPH提供电子，将底物氧化，并生成水。由于该酶可以催化氧分子中的一个氧原子加在底物上，使底物羟化，而另一个氧原子则被还原生成水，故又称混合功能氧化酶或羟化酶。

加单氧酶参与体内许多重要活性物质的合成、灭活，与药物、毒物的生物转化密切相关。例如维生素D_3的活化，维生素D_3需要经过肝、肾的羟化作用生成1,25-二羟维生素

D_3，才能具有明显的生物学活性，而肾脏中其在1位的羟化作用便由加单氧酶催化。

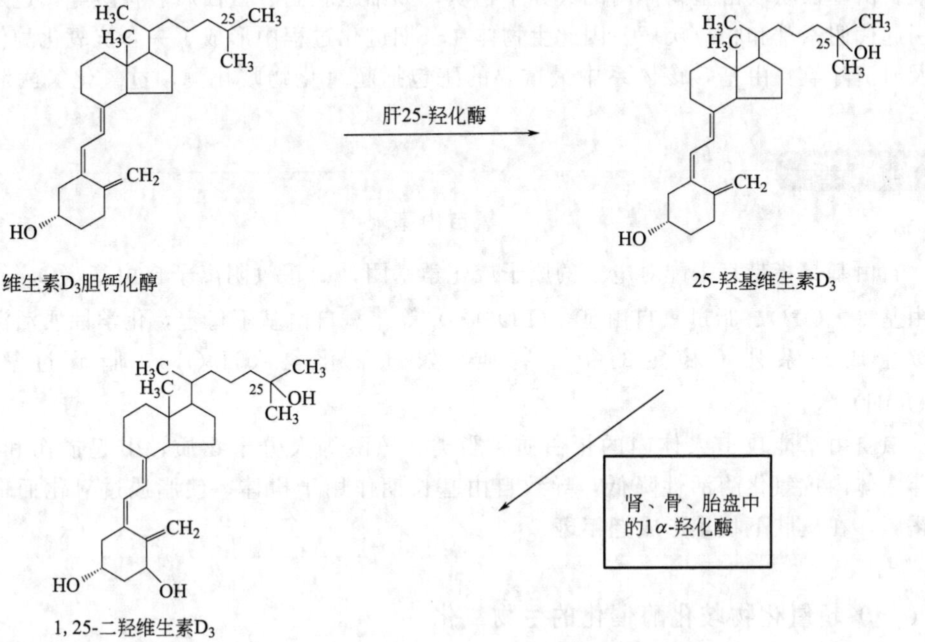

肝25-羟化酶

维生素D_3胆钙化醇　　25-羟基维生素D_3

肾、骨、胎盘中的1α-羟化酶

1,25-二羟维生素D_3

（二）加双氧酶

加双氧酶催化氧分子中的两个氧原子直接加到底物双键的碳原子上，其典型代表为β-胡萝卜素转化为视黄醛的反应。

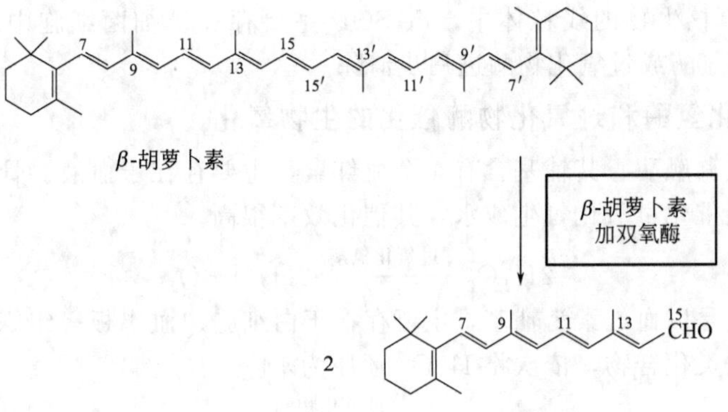

β-胡萝卜素

β-胡萝卜素加双氧酶

2　视黄醛

三、抗氧化酶体系

生物体在氧化反应中，特别是受到某些胁迫因素（病原、冷害、电离辐射、重金属等）影响，会产生一些电子使氧发生不完全还原，形成氧自由基。一个电子使氧还原形成超氧阴离子自由基（$O_2^{\cdot -}$），两个电子使氧还原生成过氧化氢（H_2O_2），3个电子使氧还原生成羟自由基（·OH），反应如下所示。

$$O_2 + e^- \longrightarrow O_2^{\cdot -}$$

$$O_2 + 2e^- + 2H^+ \longrightarrow H_2O_2$$

$$O_2 + 3e^- + 3H^+ \longrightarrow H_2O + \cdot OH$$

氧自由基极易攻击生物体内的大分子物质，如细胞膜脂、蛋白质、核酸等，造成严重损伤，引起代谢紊乱和相应疾病。因此生物体在长期进化过程中形成了一套抗氧化酶体系，以便能及时清除氧自由基，该体系中最重要的酶包括超氧化物歧化酶、过氧化氢酶和过氧化物酶。

知识链接

氧自由基

自由基是指带有未配对电子的原子或化学基团，如超氧阴离子自由基（$O_2^{\cdot -}$）、羟自由基（·OH）、脂过氧自由基，（LOO·）等。氧自由基不稳定，化学性质活泼，可继续生成一系列不稳定的衍生物质，如过氧化氢（H_2O_2）、脂质过氧化物（LOOH）等。

氧自由基能攻击人体内的蛋白质、脂类、核酸等大分子物质，引起损伤和衰老。老年人体内抗氧化酶活性降低，导致自由基长期作用于机体，使脂质过氧化而形成类脂褐素，在皮肤下积累形成老年斑。

（一）超氧化物歧化酶催化的生物氧化

超氧化物歧化酶（SOD）是机体中清除自由基的重要酶，它能催化超氧阴离子自由基生成过氧化氢，在催化过程中，一个超氧阴离子自由基被氧化，而另一个则被还原。

$$O_2^{\cdot -} + O_2^{\cdot -} + 2H^+ \xrightarrow{SOD} H_2O_2 + O_2$$

超氧化物歧化酶主要具有三种同工酶。其中 Cu-Zn-SOD 主要存在于高等植物中，Mn-SOD 主要存在于真核生物的线粒体中，Fe-SOD 主要存在于细菌细胞中。它们催化生成的 H_2O_2 将由过氧化氢酶或过氧化物酶进一步清除。

（二）过氧化氢酶和过氧化物酶催化的生物氧化

过氧化氢酶又称触酶，其辅基含有 4 个血红素，主要存在于血液、骨髓、肝、肾等组织中，过氧化氢酶能催化过氧化氢生成水，其催化效率很高。

$$2H_2O_2 \xrightarrow{\text{过氧化氢酶}} 2H_2O + O_2$$

过氧化物酶也是以血红素为辅基，主要存在于白细胞、血小板等组织中。它催化 H_2O_2 直接氧化酚类、胺类化合物，依次将 H_2O_2 还原为水。

$$2H_2O_2 + RH_2 \xrightarrow{\text{过氧化物酶}} 2H_2O + R$$

$$2H_2O_2 + R \xrightarrow{\text{过氧化物酶}} 2H_2O + RO$$

本章小结

本章主要介绍了线粒体的生物氧化。生物氧化是指生物大分子物质（糖、脂肪、蛋白质等）在细胞内氧化分解，最终彻底氧化生成 CO_2 和 H_2O，并释放能量的过程。生物氧化的内容，概括起来即为三个方面：CO_2 如何生成、H_2O 如何生成、ATP 如何生成。

首先，CO_2 通过有机物脱羧生成，这便能解释为何代谢过程中的许多中间产物都带有羧基。

其次，H_2O 通过氧化呼吸链的电子传递生成。NADH 与 $FADH_2$ 氧化呼吸链是生物体内最重要的两条氧化呼吸链，代谢底物脱下的质子和电子，通过呼吸链逐级传递给氧，最终生成 H_2O。

ATP 的生成方式主要有两种：底物水平磷酸化和氧化磷酸化。底物水平磷酸化是指底物直接将高能键转移给 ADP 生成 ATP，而氧化磷酸化则是指 ATP 的生成与氧化呼吸链的偶联，目前普遍认可的偶联机制为化学渗透假说。在线粒体中进行的代谢反应，一对电子经 NADH 与 $FADH_2$ 氧化呼吸链传递，分别产生 2.5 分子和 1.5 分子 ATP。而在细胞质中进行的代谢反应，则与 NADH 进入线粒体的穿梭方式相关：在动物肝脏、心肌中，NADH 通过苹果酸-天冬氨酸穿梭进入线粒体，传递一对电子产生 2.5 分子 ATP；而在骨骼、肌肉等组织中，NADH 通过 α-磷酸甘油穿梭进入线粒体，传递一对电子只产生 1.5 分子 ATP。

线粒体外的氧化一般不产生 ATP，而是与毒物、药物或代谢物的清除与排泄有关。其中最具代表性的是生物体的抗氧化酶体系，如超氧化物歧化酶、过氧化氢酶和过氧化物酶等。

思考题

1. 名词解释：生物氧化、氧化磷酸化、底物水平磷酸化、氧化呼吸链、P/O 比值。
2. 人体有哪两条重要的氧化呼吸链？每条呼吸链传递一对电子各产生多少分子 ATP？
3. 简述化学渗透假说的要点。
4. 胞液中的 NADH 如何穿梭进入线粒体？各产生多少分子 ATP？

第六章 糖代谢

【知识目标】掌握糖的概念和生物学作用、糖的无氧氧化、糖的有氧氧化，糖异生的概念、基本过程、关键酶及生理意义；三羧酸循环的生理意义；磷酸戊糖途径的重要产物及生理意义；糖代谢途径中有关能量的计算。熟悉糖代谢过程中的调节因素，能够阐述糖代谢的概况。了解糖代谢与人体健康的关系。

【能力目标】通过糖代谢中物质变化的规律和特点，培养学生理顺知识脉络的能力，提高学生用生物学知识来分析解决问题的能力。

【素质目标】通过联系自身及生活等实际，激发学生学习生物化学的兴趣；通过对不同生理条件下，人体血糖的来源及去路的学习，促进学生良好生活习惯和健康生活方式的养成。

糖类是自然界分布最广、含量最丰富的物质之一，从细菌到高等动植物，有机体都含有糖类物质，其中，植物体内含糖量最多，占其干重的85%～90%；动物体内含糖量少，不超过其干重的2%；微生物体内含糖量占其菌体干重的10%～30%。

糖类是生物的主要能量来源，动物、植物和微生物都能利用糖类分解代谢产生的能量，以供给生命活动及生长发育的需要，动物生命活动所需的能量主要由糖类提供，成人每天所需能量的55%～65%来自糖代谢。

糖在生物体内的代谢过程基本相似，主要包括分解代谢和合成代谢。糖的分解代谢是指糖类物质经酶促降解成单糖后，进一步分解成小分子物质并释放能量的过程。同时在分解过程中形成的某些中间产物，又可作为合成脂类、蛋白质、核酸等生物大分子物质的原料（作为碳骨架）。糖的合成代谢是指生物体将某些小分子非糖物质转化为糖或将单糖合成低聚糖及多糖的过程。植物通过光合作用将 CO_2 和 H_2O 转变成葡萄糖或果糖，不仅供植物自身利用，同时还可作为食物供给动物和微生物。在高等植物和动物体内，葡萄糖可以多糖（淀粉、糖原）或寡糖（蔗糖）的形式贮存；又可经糖酵解转变为三碳化合物，进一步分解，提供 ATP 和代谢中间物；也可通过磷酸戊糖途径，形成戊糖用于核酸的合成，同时偶联产生还原力——NADPH。

糖类代谢与脂类、蛋白质等物质代谢相互联系、相互转化、不可分割，共同构成了代谢的统一整体。

第一节　糖的概述

要点

糖的定义　①主要由C、H、O这三种元素组成，是多羟醛、多羟酮及其衍生物或多聚物的统称；②单糖大多符合 $(CH_2O)_n$ 或 $C_n(H_2O)_n$ 的结构通式。

糖的分类　①单糖：醛糖葡萄糖、戊糖、酮糖果糖的结构。②寡糖：蔗糖、麦芽糖、乳糖的结构。③多糖：淀粉、糖原的结构。④结合多糖：糖蛋白、糖脂。

糖的生理功能　①氧化分解，供应能量；②储存能量，维持血糖；③提供原料，合成其他物质；④参与构造组织细胞；⑤其他功能。

糖的消化吸收　①消化：从口腔开始，主要的消化部位是小肠，主要消化产物为葡萄糖。②吸收：以葡萄糖形式从门静脉入肝，从肝静脉进入血液循环。③代谢概况：三来源，四去路。

一、糖的定义

糖类主要由C、H、O三种元素组成，有些分子还含有N、S、P等元素。糖类可水解为多羟基醛、多羟基酮或其衍生物，因此从化学角度看，糖的化学本质为多羟基醛、多羟基酮及其衍生物或多聚物。单糖大多符合 $(CH_2O)_n$ 或 $C_n(H_2O)_n$ 的结构通式，但符合通式的不一定是糖，如乙酸 (CH_3COOH)、甲醛 (CH_2O)；是糖的也不一定都符合通式，如脱氧核糖 $(C_5H_{10}O_4)$、鼠李糖 $(C_6H_{12}O_5)$。因此，糖类称为碳水化合物并不确切，但因为使用广泛，沿用至今。

二、糖的分类

糖按其组成分为四大类：单糖、寡糖、多糖、结合多糖。

（一）单糖

单糖（monosacchride）是指不能被水解为更小分子的糖。根据分子中所含羰基的位置不同，单糖分为醛糖（甘油醛、葡萄糖、核糖等）和酮糖（二羟丙酮、果糖、核酮糖等）。根据分子中碳原子数不同，单糖分为三碳糖、四碳糖、五碳糖、六碳糖、七碳糖，习惯又称为丙糖、丁糖、戊糖、己糖、庚糖。生物界存在的单糖有很多，以含四碳（丁糖）、五碳（戊糖）和六碳（己糖）的糖最为普遍。最重要的单糖是葡萄糖，它是体内糖的主要运输和利用形式。

单糖都是无色晶体，味甜、有吸湿性，除了甘油醛微溶于水，其他单糖均极易溶于水，微溶于乙醇，不溶于乙醚、丙酮。

1. 单糖的旋光性与立体构型

大多数单糖有旋光性（“+”右旋，“-”左旋），其溶液有变旋现象，旋光度可由旋光仪测出，而其构型是人为规定的。单糖的构型参照化学家费歇尔（Fischer）对甘油醛构型的规定，即根据离羰基最远的手性碳原子上的—OH位置规定：羟基在该碳原子左边的为L

构型，羟基在右边的为 D 构型。甘油醛 D 型和 L 型互为立体异构体，如图 6-1(a) 为构型的费歇尔投影式；图 6-1(b) 为透视式表示方法，楔形实线表示基团朝向面外，楔形虚线表示基团或原子向面内。

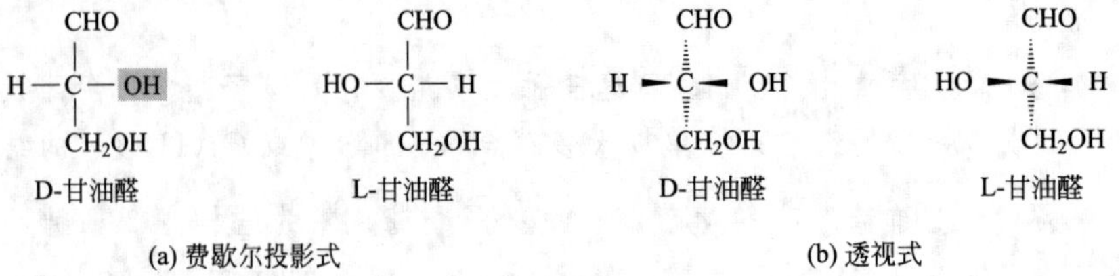

CHO
H—C—OH
CH₂OH
D-甘油醛
CHO
HO—C—H
CH₂OH
L-甘油醛
CHO
H C OH
CH₂OH
D-甘油醛
CHO
HO C H
CH₂OH
L-甘油醛
(a) 费歇尔投影式
(b) 透视式

图 6-1　甘油醛的立体构型

2. 单糖的开链结构与环状结构

链状醛糖和酮糖，常由醛基或酮基（C-1 或 C-2）与分子末端离羰基最远的手性碳原子上的羟基形成半缩醛而形成六元环（吡喃糖）或五元环（呋喃糖）的环状分子（图 6-2）。当由链状结构转变为环形结构时，原羰基的 C-1 成为手性碳，这个手性碳原子上的半缩醛羟基有两种空间取向，分别形成 α-异构体和 β-异构体。

D-葡萄糖
吡喃(pyran)
α-D-吡喃葡萄糖
β-D-吡喃葡萄糖
D-果糖
呋喃(furan)
α-D-呋喃果糖
β-D-呋喃果糖

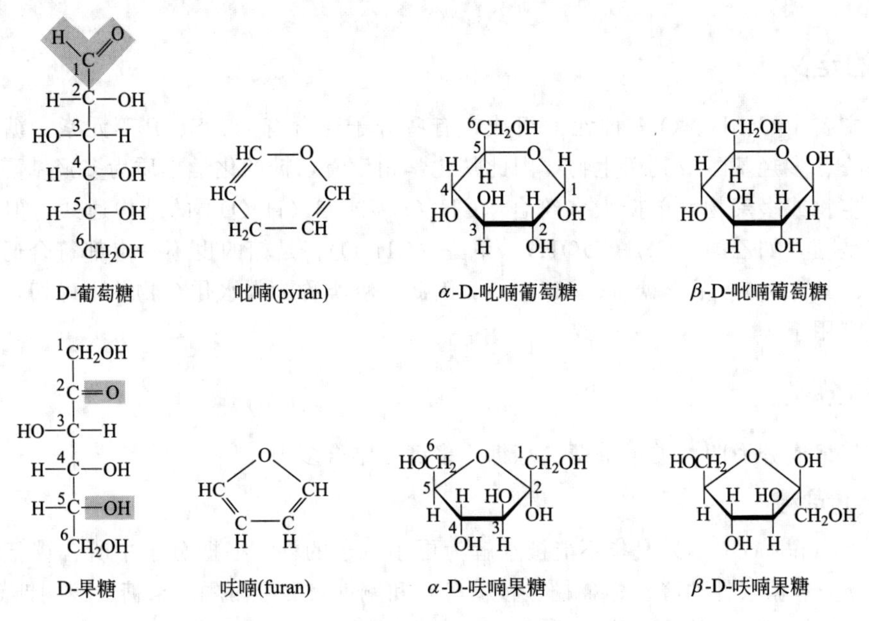

图 6-2　D-葡萄糖和 D-果糖的环形结构

单糖主要以环状结构形式存在，但在溶液中可与开链结构相互转变。葡萄糖的环状结构和开链结构的互相变化可以解释变旋现象。在平衡混合物中，α-型约占 36%，β-型约占 64%，而游离醛基的开链葡萄糖占 0.024%。D-葡萄糖不同结构之间的转换如图 6-3 所示。单糖因含有的游离半缩醛羟基而容易被弱的氧化剂（Fe^{2+} 或 Cu^{+}）氧化，具有还原性。在碱性溶液中，单糖的醛基或酮基烯醇化成为活泼的烯二醇，能还原金属离子 Cu^{+}、Hg^{2+} 和 Ag^{+} 等，这种特性在实验中被用来进行还原糖的定性、定量分析，是 Fehling 反应的基础。利用 Fehling 反应可定性测定还原糖的存在，并估算出糖的浓度。

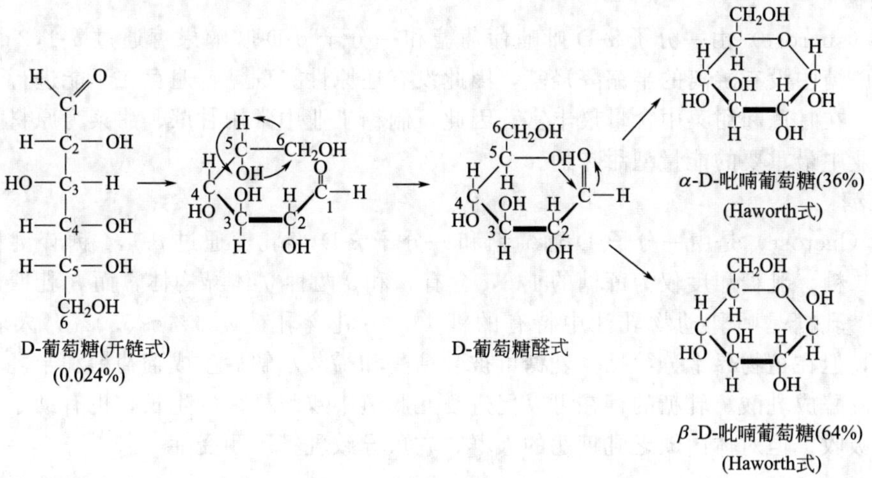

图 6-3　D-葡萄糖几种不同结构式的转换

知识链接

糖的环状结构 Haworth 投影式

Walter Norman Haworth 最早发现糖的环状结构，并提出用 Haworth 投影式表示糖的环状结构。此外，他对维生素 C 结构的研究也有重要贡献，1937 年 Haworth 和瑞士化学家 Paul Karrer 同获诺贝尔化学奖。

生物体内其他常见的单糖戊糖（如核糖和脱氧核糖）和己糖（如果糖），其 Haworth 式结构如图 6-4 所示。

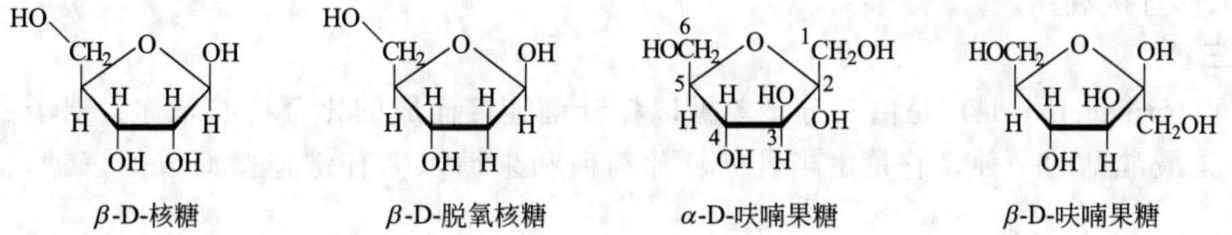

图 6-4　几种重要单糖的 Haworth 式结构

（二）寡糖

寡糖（oligosacchride）是由 2～10 分子单糖缩合而成，又称低聚糖。一般易溶于水，有甜味。有些寡糖具有防病抗病及增强健康等生理功效，被称为功能性食品，如异麦芽糖、大豆低聚糖等能促进双歧杆菌的增殖，促进老年人对钙离子的吸收，预防骨质疏松。在植物的生长发育过程中，低聚糖具有调节功能。自然界中最常见的寡糖是二糖，是人类饮食中主要的热源之一。

1. 麦芽糖

麦芽糖（maltose）是由通过 α-1,4-糖苷键连接起来的两个 D-葡萄糖构成，是淀粉的酶促降解产物。它是一种还原糖。其甜度为蔗糖的 1/3，可作为食品的膨松剂，防止烘烤干瘪，还可作为冷冻食品的填充剂和稳定剂。

2. 蔗糖

蔗糖（sucrose）由一分子 α-D-吡喃葡萄糖和一分子 β-D-呋喃果糖通过 α-1,2-糖苷键相连而成。蔗糖中没有游离的半缩醛羟基，因此没有还原性。蔗糖普遍存在于能进行光合作用的植物中，在甘蔗和甜菜中含量最丰富，因此，制糖工业中常用甘蔗、甜菜为原料。蔗糖也是食品工业中最重要的能量型甜味剂。

3. 乳糖

乳糖（lactose）是由一分子 D-葡萄糖和一分子 β-D 半乳糖通过 β-1,4-糖苷键相连而成的还原性二糖。乳糖甜度仅为蔗糖的 1/6，含有 α 和 β 两种立体异构体，而 β 乳糖比 α-乳糖的甜度大。乳糖是哺乳动物乳汁中特有的糖类，牛乳含乳糖 4.6%～5.0%，人乳含乳糖 5%～7%，但在植物界十分罕见。乳糖可被乳糖酶和稀酸水解后生成葡萄糖和半乳糖，也能被乳酸菌发酵成乳酸。乳糖的存在可以促进婴儿肠道中双歧杆菌的生长，也有助于机体内钙的代谢和吸收。但对体内缺乏乳糖酶的人群，它可导致乳糖不耐受症。

知识链接

乳糖不耐受症

在小肠中，双糖必须在酶的作用下水解成单糖才能被人体吸收。如果这些酶有缺陷的话，那么人体摄入双糖后由于不能消化就会出现消化系统疾病。未消化的双糖进入大肠，在渗透压的作用下从周围组织夺取水分，引起腹泻（diarrhea），结肠中的细菌消化双糖（发酵）产生气体引起气胀、绞痛或痉挛。最常见的双糖消化缺陷是乳糖过敏，就是由于缺乏乳糖酶（lactase），解决的办法就是用乳糖酶处理食物或避免摄入乳糖。

4. 纤维二糖

纤维二糖（cellobiose）是由两分子 D-葡萄糖通过 β-1,4-糖苷键相连而成，是纤维素的降解产物和基本结构单位，具有还原性。因人体缺乏水解 β-1,4-糖苷键的酶，所以纤维二糖不能被人体直接利用。

5. 三糖

三糖（trisaccharide）是由三分子单糖以糖苷键连接而成的化合物的总称。棉子糖（raffinose）是最常见的一种，它是由半乳糖、葡萄糖和果糖以糖苷键连接而成的三糖，为非还原性糖。

一些寡糖的结构见图 6-5。

（三）多糖

自然界中糖类主要的存在方式是多糖。多糖（polysacchride）是由许多单糖分子或其衍生物缩合而成的高聚物，又称高聚糖。不同的多糖差异主要表现在重复单糖单位的同一性、链的长度、连接单糖单位的键类型、链的分支程度等方面。根据组成，多糖可分为同多糖和杂多糖两类。由一种单糖缩合形成的多糖称为同多糖，如淀粉、纤维素等。由两种以上单糖或其衍生物缩合形成的多糖称为杂多糖，如透明质酸、硫酸软骨素等。多糖未经水解没有还原性和变旋现象，无甜味，一般不能结晶，大多不溶于水。重要的多糖有淀粉、纤维素、糖原等。

1. 淀粉

淀粉（starch）存在于植物的根茎或种子中，是贮存多糖。天然淀粉由直链淀粉和支链淀粉组成，在淀粉分子中，葡萄糖单位由 α-1,4-糖苷键联结为直链结构，而分支由 α-1,6-糖

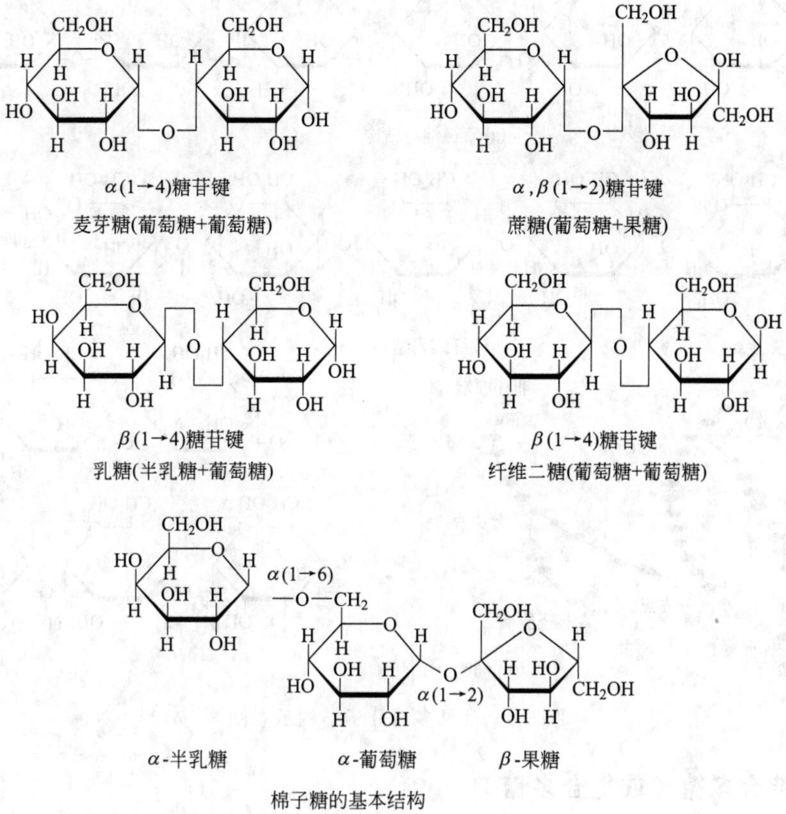

$\alpha(1\to4)$糖苷键

麦芽糖(葡萄糖+葡萄糖)

$\alpha,\beta(1\to2)$糖苷键

蔗糖(葡萄糖+果糖)

$\beta(1\to4)$糖苷键

乳糖(半乳糖+葡萄糖)

$\beta(1\to4)$糖苷键

纤维二糖(葡萄糖+葡萄糖)

$\alpha(1\to6)$

$\alpha(1\to2)$

α-半乳糖　　α-葡萄糖　　β-果糖

棉子糖的基本结构

图 6-5　常见寡糖的结构

苷键联结。这样的结构使淀粉里众多的葡萄糖单位中仅有一个末端葡萄糖保留有自由的羰基(C-1，叫作还原端)，其他末端均为非还原端（C-4），所以淀粉不表现还原性。酸或酶可水解淀粉产生葡萄糖，中间产物为长度不同的糊精。碘液常作为淀粉的定性试剂，直链淀粉遇碘呈蓝色，支链淀粉遇碘呈紫红色，糖原呈红紫色。

2. 纤维素

纤维素（cellulose）是由β-葡萄糖以β-1,4-糖苷键联结组成的植物多糖，是世界上最丰富的有机化合物。纤维素是白色物质，不溶于水，无还原性。纤维素比淀粉难水解，一般需要在浓酸中或用稀酸在加压下进行。在水解过程中可以得到纤维四糖、纤维三糖、纤维二糖，最终产物是 D-葡萄糖。棉花几乎全部是由纤维素组成（占 98%），亚麻中纤维素含量约 80%，木材中纤维平均含量约为 50%。

3. 糖原

糖原（glycogen）又称动物淀粉，贮存在动物的肝脏与肌肉中。糖原分子中的葡萄糖单位也是由α-1,4-糖苷键联结为直链结构，以α-1,6-糖苷键联结为分支结构，但糖原较易分散在水中，因为糖原较淀粉具有更多的支链结构。而较多支链结构中的非还原端不仅提供了更多的反应位点，也使糖原能同时在多个位点进行分解和合成代谢，从而适应机体的生理需要。糖原是动物细胞贮存的多糖，其结构很像支链淀粉，只是分支更多，分子更为致密。肝脏中的糖原特别丰富，骨骼肌中也含有糖原。常见的多糖结构见图 6-6。

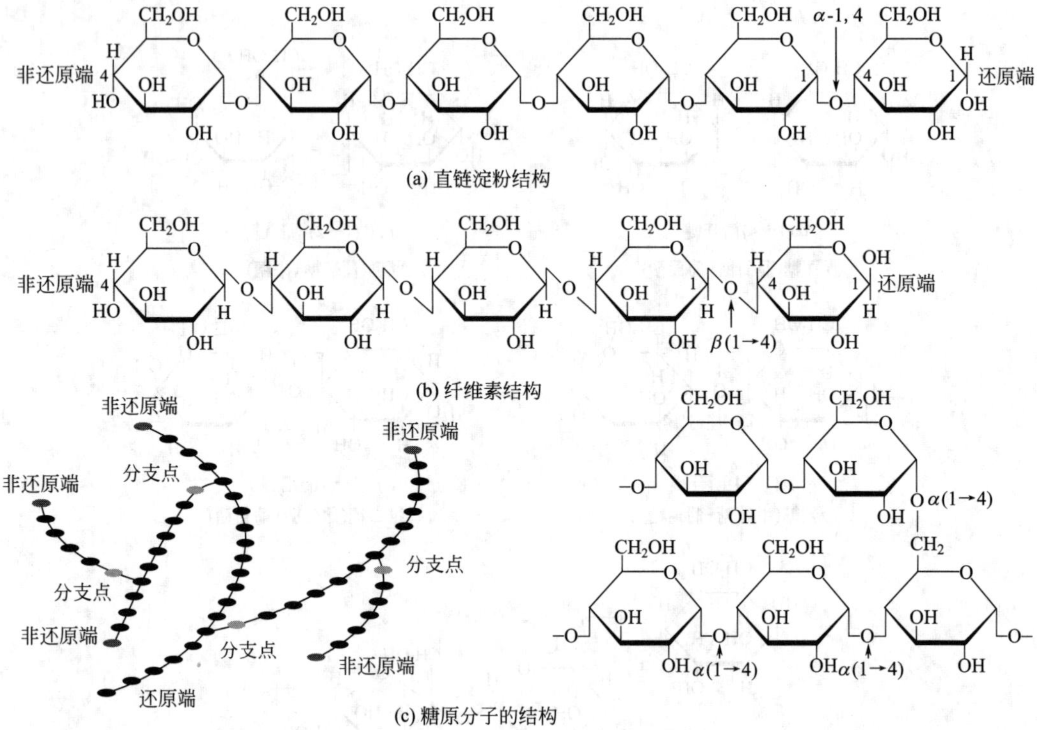

(a) 直链淀粉结构

(b) 纤维素结构

(c) 糖原分子的结构

图 6-6　常见多糖分子结构示意图

（四）结合多糖（或复合多糖）

结合多糖（glycoconjugate）是糖类与蛋白质、脂质等生物大分子形成的共价结合物，如糖蛋白、蛋白聚糖和糖脂等，又称为复合多糖。

1. 糖蛋白

糖蛋白（glycoprotein）是由复杂程度不等的寡糖链与蛋白质共价相连的一类复合糖。其主要性质接近蛋白质，突出特点是高黏度。糖链是作为缀合蛋白质的辅基，糖蛋白中的糖链变化较大，含有丰富的结构信息，往往是受体、酶类的识别位点。绝大多数糖蛋白中的寡糖链是其功能中心。

知识链接

糖链研究

糖链结构与功能的阐明将是后基因组时代生命科学研究的核心内容之一，对人类健康的维护和疾病的防治将产生深远影响。近十年，各国政府和国际著名研究机构纷纷启动了一系列庞大的计划开展糖生物学与糖化学研究，核心内容是揭示糖链的结构和生物学功能。糖链是继核酸、蛋白质后重要的生命大分子，细胞中 50%以上的蛋白质都有糖链修饰。糖链参与了包括细胞识别、细胞分化、发育、信号传导、免疫应答等各种重要生命活动。在人类的重大疾病中，如肿瘤、神经退行性疾病、心血管病、代谢性疾病、免疫性疾病及感染性疾病，均伴随着蛋白质糖基化异常的发生。对重大疾病特征糖链结构与功能的研究，不仅可揭示基因功能等生命本质，还将阐明重大疾病发生发展机制。

糖蛋白分布广泛、种类繁多、功能多样。例如，人和动物结缔组织中的胶原蛋白，黏膜组织分泌的黏蛋白，血浆中的转铁蛋白、免疫球蛋白、补体等，都是糖蛋白。核糖核酸酶、唾液中的α-淀粉酶（α-amylase）过去被认为是简单蛋白质，现在发现也是糖蛋白。

2. 蛋白聚糖

蛋白聚糖（proteoglycan，PG）是一类特殊的糖蛋白，由一条或者多条糖胺聚糖链和一个核心蛋白共价连接而成，其性质以多糖为主。与糖蛋白比较，蛋白聚糖按质量计算糖的比例高于蛋白质，糖含量可达95%甚至更高，糖部分主要是不分支的糖胺聚糖链，典型的每条含约80个单糖残基。不同的蛋白聚糖功能各异，可作为结缔组织的组分、具有抗凝血作用、可促进伤口愈合、具有保护作用等。

3. 糖脂

糖脂（glycolipid）广泛存在于动物、植物和微生物中，是脂质与糖半缩醛羟基结合的一类复合物。主要存在于细胞膜表面，是细胞识别的分子基础，其中的糖链参与分子识别和细胞识别。

三、糖的生理功能

（一）氧化分解，供应能量

糖的主要生理功能是作为人体的能源物质。人体所需能量的50%～70%来自糖的氧化分解。1mol葡萄糖在体内完全氧化可释放2840kJ的能量，这些能量一部分以热能形式散失，一部分用于完成机体的各种做功。

（二）储存能量，维持血糖

糖在体内可以糖原的形式进行储存，这是机体储存能源的重要方式。当机体需要时，糖原分解，释放进入血液，可有效地维持正常血糖浓度，保证重要生命器官的能量供应。

（三）提供原料，合成其他物质

糖分解代谢的中间产物可为体内其他含碳化合物的合成提供原料。如糖在体内可转变为脂肪酸和甘油，进而合成脂肪；可转变为某些氨基酸以供机体合成蛋白质所需；可转变为葡萄糖醛酸，参与机体的生物转化反应等，因而糖是人体重要的碳源。

（四）参与构造组织细胞

糖是细胞的重要组成成分，如核糖、脱氧核糖是核酸的组成成分；杂多糖和结合多糖是构成细胞膜、神经组织、结缔组织、细胞间质的主要成分；糖蛋白和糖脂不仅是生物膜的重要组成成分，而且其糖链部分还参与细胞间的识别、黏着以及信息传递等过程。

（五）其他功能

糖可构成一些具有重要生理功能的物质，如免疫球蛋白、血型物质、部分激素及大部分凝血因子等。

四、糖的消化吸收

体内的糖主要来源于食物中的淀粉及少量蔗糖、麦芽糖、乳糖等。食物中淀粉的消化从口腔开始，主要在小肠进行。在小肠上部经肠黏膜吸收入血，经门静脉入肝，其中一部分在肝中进行代谢，一部分以肝静脉进入体循环随血液运输至全身各组织细胞。被小肠黏膜吸收入血的单糖主要是葡萄糖，少量果糖和半乳糖被吸收后，在肝脏和肠黏膜上皮细胞内几乎全部转变为葡萄糖，因此，体内糖代谢主要是葡萄糖代谢。葡萄糖在体内代谢概况见图 6-7。

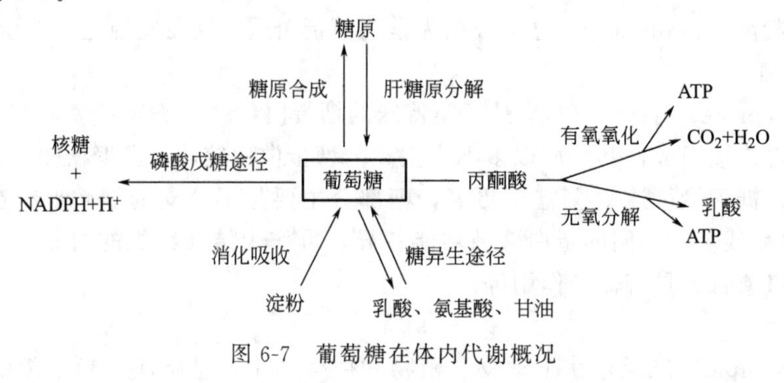

图 6-7 葡萄糖在体内代谢概况

第二节 糖的分解代谢

要点

多糖和寡糖的酶促降解	①淀粉在 α-淀粉酶、脱支酶作用下水解为葡萄糖。②糖原在磷酸化酶、转移酶、脱支酶协同下水解为 1-磷酸葡萄糖。③纤维素在人体内不被水解。④寡糖水解得到葡萄糖、果糖等单糖。
糖的无氧氧化	①在胞液中，通过 11 步化学反应，1 分子葡萄糖转化成 2 分子乳酸，生成 2 分子 ATP。②有三个关键酶，一次脱氢和一次加氢反应。③为人体在无氧、缺氧情况下快速获得能量的有效方式。
糖的有氧氧化	在两个反应部位，通过三个反应阶段，1 分子葡萄糖通过 TAC 彻底氧化成 CO_2 和 H_2O，释放出 30（或 32）分子的 ATP，是生物体获得能量的主要方式。
磷酸戊糖途径	磷酸戊糖途径是糖代谢的一条支路，主要是生成了重要中间产物 5 一磷酸核糖（为核酸合成提供原料）和 NADPH＋H＋（作为供氢体可参与体内多种代谢反应）。

多糖和低聚糖由于分子大，不能透过细胞膜，动物或微生物在利用多糖作为碳源和能源时，需要在酶的作用下，将其降解成单糖或二糖，才能被细胞吸收，进入分解代谢。

一、多糖和寡糖的酶促降解

（一）淀粉的酶促降解

淀粉是高等植物的储存多糖，是人类粮食及动物饲料的主要成分。人体和动物不能直接吸收大分子淀粉，必须通过消化道水解酶分解成小分子的葡萄糖才能被人体吸收利用。对人或动物而言，淀粉的消化从口腔开始，但因食物在口腔中停留的时间很短，唾液中的 α-淀粉酶将淀粉水解为糊精，当食物进入胃后，唾液中的 α-淀粉酶在胃酸作用下很快失去活性。因此，淀粉的消化主要是在小肠腔内和小肠黏膜上皮细胞表面进行。小肠是消化淀粉最重要的器官，肠腔中含有的胰 α-淀粉酶，可以水解淀粉中任何部位的 α-1,4-糖苷键。如果底物是直链淀粉，生成葡萄糖和麦芽糖的混合物；如果底物是支链淀粉，则形成带有 α-1,6-糖苷键的 α-极限糊精及麦芽糖、麦芽三糖和麦芽寡糖。脱支酶（又称 R 酶）是专一水解 α-1,6-糖苷键的酶。支链淀粉经淀粉酶水解产生的极限糊精，由脱支酶水解去除 α-1,6-糖苷键连接的葡萄糖（淀粉脱支酶的作用机制与图 6-8 糖原脱支酶的作用机制相同），再在 α-淀粉酶作用下彻底水解，水解产生的葡萄糖可被小肠黏膜细胞吸收，进行单糖的分解代谢。

（二）糖原的酶促降解

糖原可看作动物淀粉，其结构与支链淀粉相似，主要储存于肌肉和肝脏中。糖原在细胞内的降解是经磷酸化酶的磷酸解作用生成 1-磷酸葡萄糖，磷酸化酶只能磷酸解 α-1,4-糖苷键，不作用于 α-1,6-糖苷键，转移酶和脱支酶共同负责对支链的切除。磷酸化酶作用于糖原分子的非还原端，循序进行磷酸解，连续释放 1-磷酸葡萄糖，直到在分支点以前还有 4 个葡萄糖残基为止。在脱支酶的作用下，将糖原分支上的 3 个葡萄糖残基转移至主链的非还原末端，在分支点处还留下一个 α-1,6-糖苷键连接的葡萄糖残基，被脱支酶水解为游离的葡萄糖。脱支酶为 α-1,6-糖苷酶，可特异性水解 α-1,6-糖苷键。磷酸化酶、转移酶、脱支酶的协同促进糖原分解见图 6-8。

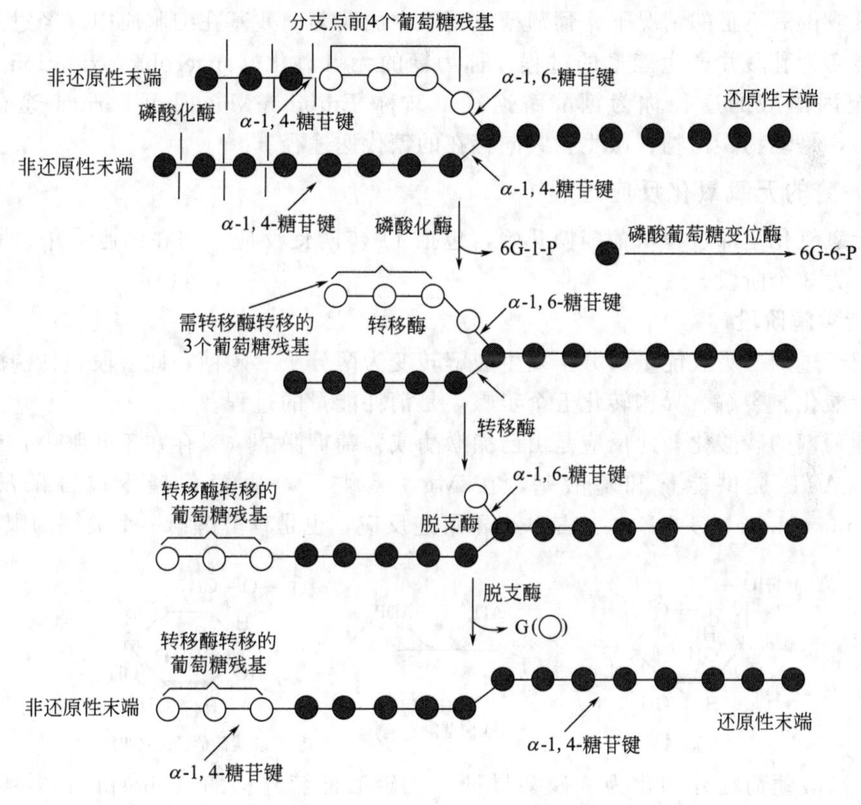

图 6-8　磷酸化酶、转移酶、脱支酶的协同作用

糖原经磷酸解作用生成 1-磷酸葡萄糖，由磷酸葡萄糖变位酶转化为 6-磷酸葡萄糖。在肝脏中，含 6-磷酸葡萄糖酶，可使 6-磷酸葡萄糖转化为葡萄糖，这是血糖的主要来源，所以肝糖原可用于维持血糖水平。而肌肉组织中不含 6-磷酸葡萄糖酶，肌糖原不能分解成葡萄糖，只能进行糖酵解或有氧氧化，用于提供运动所需要的能量。

（三）纤维素的酶促降解

天然纤维素可用无机酸水解成葡萄糖。食草动物体内能分泌纤维素酶，可将摄入的纤维素降解为葡萄糖。此外，青霉菌、枯草杆菌等一些细菌，也能合成和分泌纤维素酶，分解和利用草类和木材中的纤维素作为碳源。人的消化道无水解 β-1,4-糖苷键的酶，所以人体不能消化纤维素，但纤维素能促进肠道蠕动，有防止便秘的功能。

（四）寡糖的酶促降解

多糖的水解产物寡糖和二糖，还需进一步分解为单糖后，才能进入糖的代谢途径。蔗糖的水解由蔗糖酶催化，此酶也称蔗糖转化酶，在植物体内广泛存在。蔗糖水解后产生 1 分子葡萄糖和 1 分子果糖。麦芽糖和麦芽三糖由麦芽糖酶水解为葡萄糖。乳糖由乳糖酶水解为半乳糖和葡萄糖。个别成年人或老人由于胃肠中缺乏乳糖酶，乳糖不能被吸收而积累在小肠腔中，由渗透作用使液体大量流入小肠，因此表现出喝牛奶后腹胀、腹痛或腹泻等症状。

二、糖的无氧氧化

（一）糖的无氧氧化定义

在缺氧或供氧不足的情况下，葡萄糖或糖原中的葡萄糖残基在细胞质中，经过一定的化学变化，转变为乳酸并产生能量的过程，称为糖的无氧氧化（anaerobic oxidation)。其中，从葡萄糖至丙酮酸的途径称为糖酵解途径，又称 Embden-Meyerhof-Parnas 途径（简称 EMP 途径)，是动物、植物、微生物共同存在的糖代谢途径。

（二）糖的无氧氧化反应过程

糖的无氧氧化全部过程从葡萄糖开始，包括 11 步酶促反应，均在细胞质中进行。无氧氧化可划分为 3 个阶段。

1. 耗能裂解阶段

葡萄糖经过两次吸收能量，分子发生裂解转变为两分子三碳糖。此阶段包括磷酸化、异构化、再磷酸化、裂解、异构转化五个步骤，是消耗能量的过程。

(1) 葡萄糖的磷酸化　此反应是由己糖激酶或葡萄糖激酶（只存在于肝脏中）催化的不可逆反应，ATP 提供能量和磷酸基，在 Mg^{2+} 参与下，由葡萄糖生成 6-磷酸葡萄糖 (glucose-6-phosphate，G-6-P)。这是一个不可逆反应，也是糖酵解第一个关键的限速步骤。

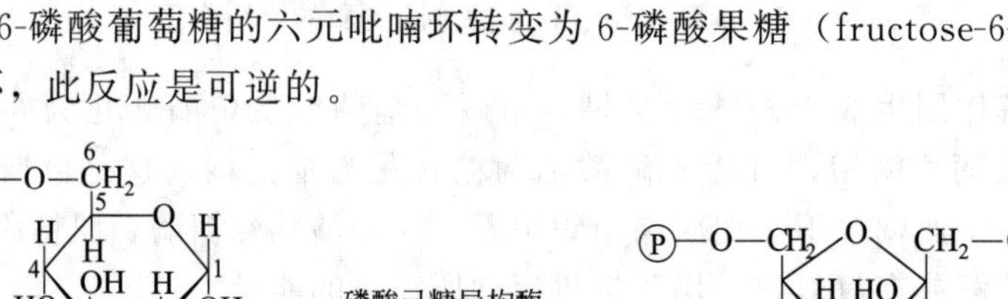

ATP　ADP　Mg^{2+}
己糖激酶
(或葡萄糖激酶)

葡萄糖　　6-磷酸葡萄糖(G-6-P)

(2) 6-磷酸葡萄糖异构化为 6-磷酸果糖　在磷酸己糖异构酶（phosphohexose isomerase）的催化下，6-磷酸葡萄糖的六元吡喃环转变为 6-磷酸果糖（fructose-6-phosphate，F-6-P）的五元呋喃环，此反应是可逆的。

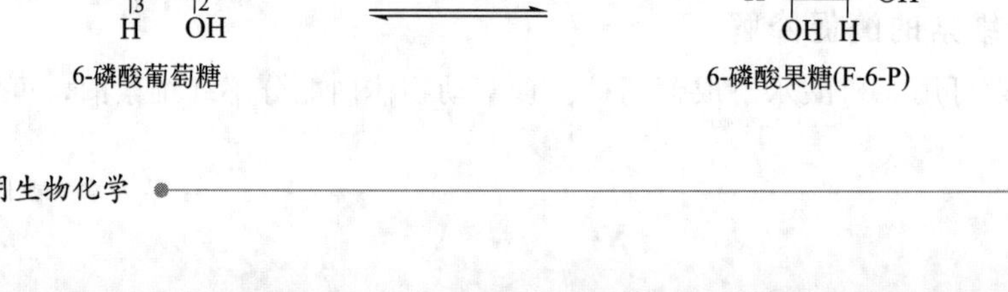

磷酸己糖异构酶

6-磷酸葡萄糖　　6-磷酸果糖(F-6-P)

（3）6-磷酸果糖的磷酸化　在磷酸果糖激酶催化下，6-磷酸果糖进一步磷酸化生成1，6-二磷酸果糖，磷酸基由ATP提供，也有Mg^{2+}参与，是不可逆的限速步骤。磷酸果糖激酶是糖酵解过程中最重要的限速酶，是一种变构酶，催化效率较低，有多个同工酶，受多个因素的调控。从葡萄糖开始，每生成1分子1,6-二磷酸果糖，消耗2分子ATP；若从糖原开始，每生成1分子1,6-二磷酸果糖则消耗1分子ATP。

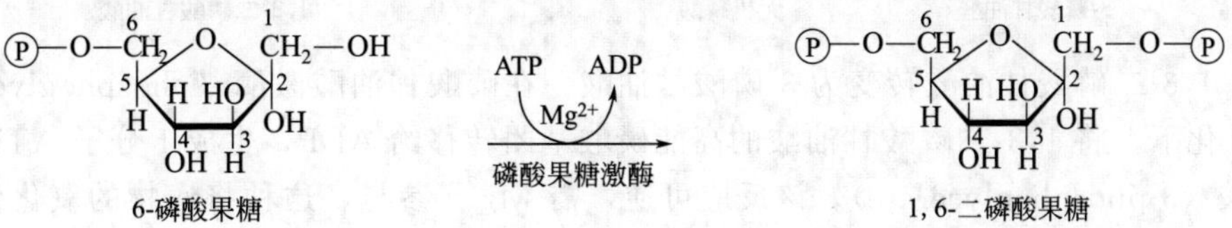

6-磷酸果糖 —（ATP → ADP，Mg^{2+}，磷酸果糖激酶）→ 1,6-二磷酸果糖

（4）1,6-二磷酸果糖的裂解　1,6-二磷酸果糖在醛缩酶（aldolase）的催化下，发生分子裂解，生成3-磷酸甘油醛和磷酸二羟丙酮。这一步是可逆反应，但代谢产物3-磷酸甘油醛在细胞内不断被消耗，其浓度很低，使正反应能够顺利进行。

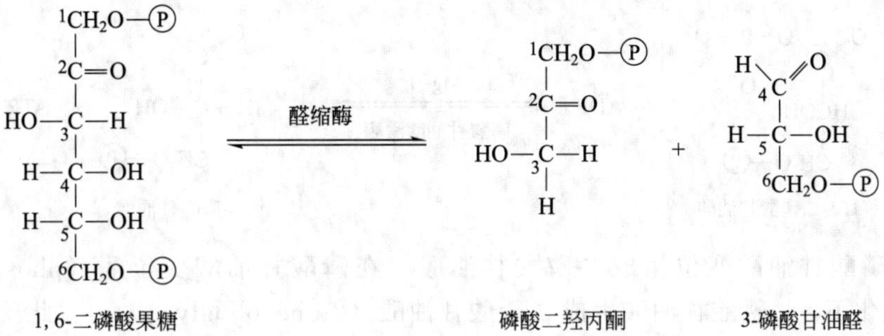

1,6-二磷酸果糖 ⇌（醛缩酶）磷酸二羟丙酮 + 3-磷酸甘油醛

（5）磷酸丙糖的异构　磷酸二羟丙酮和3-磷酸甘油醛互为同分异构体，在磷酸丙糖异构酶（triose-phosphate isomerase）的催化下可以互相转变。在糖酵解途径中，由于3-磷酸甘油醛不断转化成下游代谢物，促使磷酸二羟丙酮不断向3-磷酸甘油醛转变，推动糖酵解途径向纵深发展；同时，磷酸二羟丙酮还是联系糖代谢与脂代谢的重要枢纽物质。

磷酸二羧丙酮(酮糖)(96%) ⇌（磷酸丙糖异构酶）3-磷酸甘油醛(醛糖)(4%)

2. 释放能量阶段

1分子葡萄糖在经过第一阶段的活化和裂解后形成了2分子三碳糖，之后便开始进入氧化和释能反应的第二阶段。

（1）3-磷酸甘油醛氧化成1,3-二磷酸甘油酸　3-磷酸甘油醛在3-磷酸甘油醛脱氢酶（glyceraldehyde-3-phosphate dehydrogenase）的催化下，以NAD^+为受氢体进行脱氢氧化，再与无机磷酸反应生成混合酸酐型高能化合物1,3-二磷酸甘油酸（1,3-bisphosphoglycerate，1,3-BPG）。NAD^+接受氢生成$NADH+H^+$，无氧氧化时，$NADH+H^+$用于还原丙酮酸生成乳酸；有氧氧化时，$NADH+H^+$进入线粒体呼吸链生成ATP。

$$\text{3-磷酸甘油醛} + \text{无机磷酸}\ \underset{\text{3-磷酸甘油醛脱氢酶}}{\overset{NAD^+ \quad NADH+H^+}{\rightleftharpoons}}\ \text{1,3-二磷酸甘油酸}$$

(2) 1,3-二磷酸甘油酸转变为3-磷酸甘油酸　在磷酸甘油酸激酶（phosphoglycerate kinase）催化下，将1,3-二磷酸甘油酸的高能磷酸基团转移给ADP，生成1分子ATP和3-磷酸甘油酸（3-phosphoglycerate）。该反应可逆，需Mg^{2+}参与。这种将底物的氧化作用直接与ADP（或NDP）的磷酸化作用相偶联生成ATP（或NTP）的过程，称为底物水平磷酸化（substrate level phosphorylation）。它是生物体生成ATP的重要方式之一。此反应是糖酵解途径中第一次通过底物水平磷酸化生成ATP的反应。

$$\text{1,3-二磷酸甘油酸} + ADP\ \underset{\text{磷酸甘油酸激酶}}{\overset{Mg^{2+}}{\rightleftharpoons}}\ \text{3-磷酸甘油酸} + ATP$$

(3) 3-磷酸甘油酸变位生成2-磷酸甘油酸　在磷酸甘油酸变位酶（phosphoglycerate mutase）催化下，3-磷酸甘油酸生成2-磷酸甘油酸（2-phosphoglycerate）。此反应可逆，需Mg^{2+}参与。

$$\text{3-磷酸甘油酸}\ \overset{\text{磷酸甘油酸变位酶}, Mg^{2+}}{\rightleftharpoons}\ \text{2-磷酸甘油酸}$$

(4) 2-磷酸甘油酸脱水生成磷酸烯醇式丙酮酸　在烯醇化酶（enolase）作用下，2-磷酸甘油酸进行脱水反应和分子内部能量重新分布，生成含有高能磷酸键的磷酸烯醇式丙酮酸（phosphoenolpyruvate，PEP）。该反应可逆，需Mg^{2+}或Mn^{2+}参与。

$$\text{2-磷酸甘油酸}\ \overset{\text{烯醇化酶}, Mg^{2+}}{\rightleftharpoons}\ \text{磷酸烯醇式丙酮酸} + H_2O$$

(5) 磷酸烯醇式丙酮酸脱羧生成丙酮酸　在丙酮酸激酶（pyruvate kinase，PK）催化下，磷酸烯醇式丙酮酸的高能磷酸基团转移给ADP生成ATP，同时生成烯醇式丙酮酸，并自发转变为丙酮酸，反应需K^+和Mg^{2+}。此反应不可逆，是糖酵解途径中第二次以底物水平磷酸化方式生成 ATP 的反应。丙酮酸激酶是糖酵解途径中又一重要的调节酶。

$$\underset{\text{磷酸烯醇式丙酮酸}}{CH_2{=}C(OPO_3^{2-})COO^-} \xrightarrow[\text{ADP}\ \to\ \text{ATP}]{\text{丙酮酸激酶}, K^+, Mg^{2+}} \underbrace{\underset{\text{烯醇式}}{CH_2{=}C(OH)COO^-} \rightleftharpoons \underset{\text{酮式}}{CH_3C(=O)COO^-}}_{\text{丙酮酸}}$$

3. 丙酮酸的去路

丙酮酸的去路，与氧的供应有密切关系。在无氧或氧气供应不足时，丙酮酸的去路有两条途径：一是直接被 NADH 还原生成乳酸；二是丙酮酸脱羧生成乙醛，再在乙醇脱氢酶的催化下由 NADH 还原生成乙醇。在有氧条件下，丙酮酸进入线粒体彻底氧化成 CO_2 和 H_2O，释放出大量能量，具体过程见有氧氧化。

（1）丙酮酸还原成乳酸　动物在剧烈运动或由于呼吸系统、循环系统障碍而发生供氧不足时，丙酮酸在乳酸脱氢酶（lactate dehydrogenase，LDH）催化下，接受 3-磷酸甘油醛氧化生成的 $NADH+H^+$，还原成乳酸，使 NAD^+ 得到再生，从而维持糖酵解在无氧条件下持续不断的运转。

$$\underset{\text{丙酮酸}}{CH_3COCOO^-} + NADH + H^+ \xrightleftharpoons{\text{乳酸脱氢酶}} \underset{\text{乳酸}}{CH_3CH(OH)COO^-} + NAD^+$$

如果动物缺氧时间过长，将大量积累乳酸，造成代谢性酸中毒，严重时会导致死亡。乳酸发酵可用于生产奶酪、酸奶、食用泡菜及青贮饲料等。例如，食用泡菜的腌制就是乳酸杆菌大量繁殖，产生乳酸积累导致酸性增强，抑制了其他细菌的活动，从而使泡菜不致腐烂。

（2）丙酮酸还原成乙醇　在植物和某些微生物中，丙酮酸由丙酮酸脱羧酶催化脱羧生成乙醛，该酶需焦磷酸硫胺素（TPP）作为辅基，然后再由乙醇脱氢酶催化，以 NADH 为辅酶，还原乙醛生成乙醇。在乙醛生成乙醇的过程中，NAD^+ 也得到再生。乙醇发酵有很大的经济意义，在制作面包和馒头以及酿酒工业中起着关键性作用，如酿酒酵母在无氧条件下，可将葡萄糖最终转变为乙醇。

$$\underset{\text{丙酮酸}}{CH_3COCOO^-} \xrightleftharpoons[\text{丙酮酸脱羧酶}]{\text{TPP}, Mg^{2+}\ \ \to CO_2} \underset{\text{乙醛}}{CH_3CHO} \xrightleftharpoons[\text{乙醇脱氢酶}]{NADH+H^+\ \to\ NAD^+} \underset{\text{乙醇}}{CH_3CH_2OH}$$

（3）丙酮酸氧化成乙酰 CoA　在有氧条件下丙酮酸进入线粒体，经过脱羧脱氢变成乙酰 CoA 进入三羧酸循环，最终被彻底氧化生成 CO_2 和 H_2O，释放出能量，具体见有氧氧化过程。

糖的无氧氧化反应全过程如图 6-9 所示。

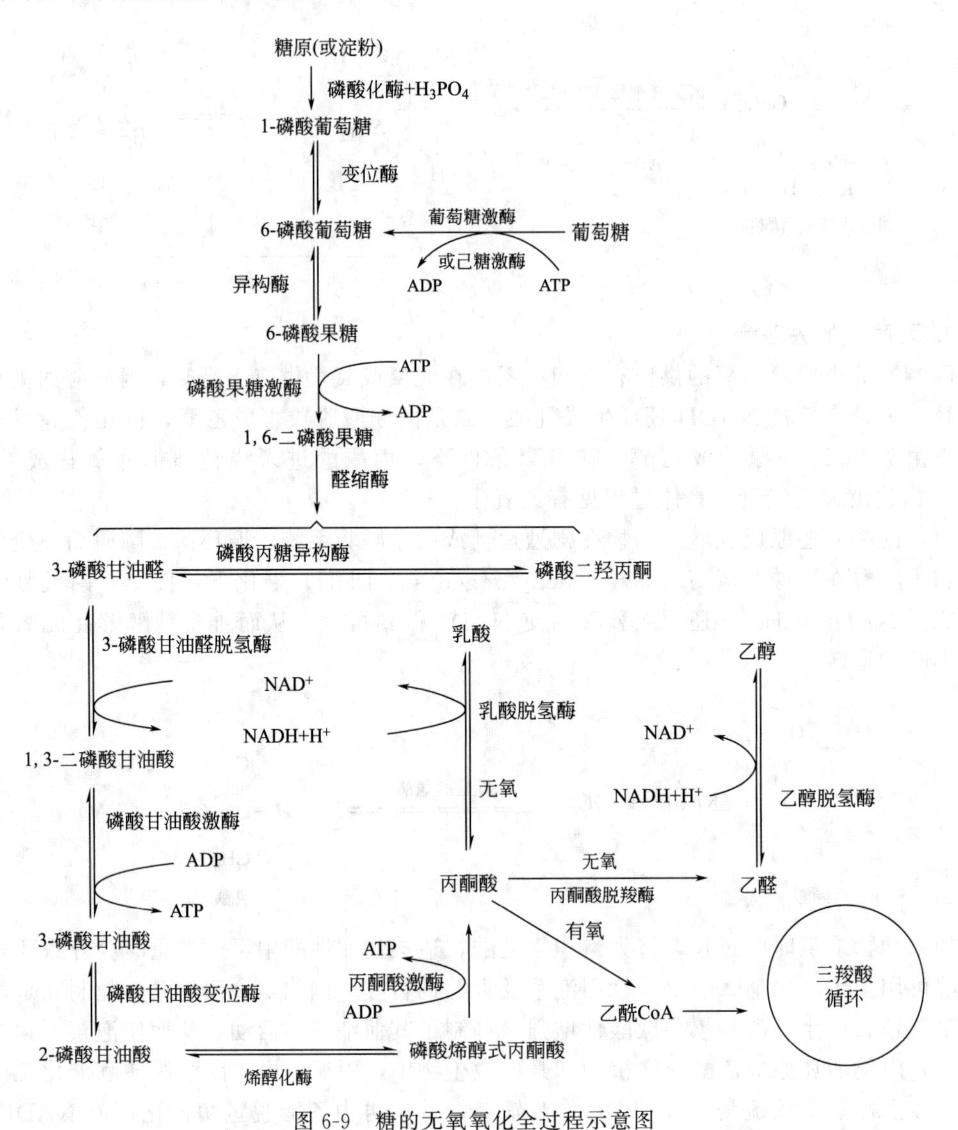

图 6-9 糖的无氧氧化全过程示意图

（三）糖的无氧氧化反应特点

① 糖的无氧氧化反应是在无氧、缺氧条件下进行的，全程在细胞液中，在人体内乳酸是必然终产物，在植物和某些微生物中可转变成乙醇。

② 糖的无氧氧化反应全过程中有三步不可逆的单向反应，即由己糖激酶（或葡萄糖激酶）、磷酸果糖激酶和丙酮酸激酶催化的反应。这三种酶是糖酵解途径的关键酶，调节这三个酶的活性，可影响糖酵解的反应速率，其中磷酸果糖激酶是最重要的限速酶。

知识链接

心肌梗死的临床治疗

临床上对心肌梗死患者在改善心肌代谢时，不能选择10%的葡萄糖，而是首选1,6—二磷酸果糖。这是因为1,6—二磷酸果糖进入体内分解供能时，一方面不需要消耗

ATP可直接产能；另一方面它还是磷酸果糖激酶的变构激活剂，能大大加快糖在体内的分解速度。葡萄糖在体内分解供能时，要先消耗2分子ATP然后再产能，会加重心肌负担。所以1,6－二磷酸果糖在改善心肌代谢时优于葡萄糖。

③ 糖的无氧氧化是体内葡萄糖分解供能的一条重要途径，但只能发生不完全的氧化分解，反应中释放能量较少，1分子葡萄糖可净生成2分子ATP。若从糖原开始，则糖原中1分子葡萄糖残基净生成3分子ATP。

④ 糖的无氧氧化反应过程虽有脱氢氧化反应，但无氧分子参与，所以脱下的氢最终只能还原丙酮酸。

（四）糖的无氧氧化生理意义

① 无氧氧化是机体在缺氧情况下供应能量的重要方式，虽然1分子葡萄糖只净生成2分子ATP，但在机体供氧不足或有氧氧化受阻时，可使生物体快速获得生命活动所需的部分能量。这也说明了为什么效益如此低下的代谢途径能被生物广泛使用，最根本的原因就是生物不需要氧气就能获取能量。但无氧氧化同时会产生大量乳酸堆积，刺激神经末梢，导致肌肉有酸痛的感觉。

② 无氧氧化是成熟红细胞供能的主要方式，成熟红细胞没有线粒体，不能进行有氧氧化，而是以无氧氧化作为能量的基本来源。人体红细胞每天利用葡萄糖约25g，其中90%～95%的能量来自糖酵解。

③ 即使在有氧条件下，某些组织细胞如视网膜、睾丸、白细胞、肿瘤细胞等，也常以糖酵解获得部分能量。

④ 无氧分解过程生成的中间产物（如磷酸二羟丙酮、丙酮酸等）可以为其他物质生物合成提供原料。

（五）其他糖类的分解途径

除葡萄糖可进入糖的无氧氧化途径外，细胞中的许多其他糖类通过转变，也能以不同的方式进入糖的无氧氧化途径。半乳糖、蔗糖、果糖和甘露糖等代谢途径见图6-10。

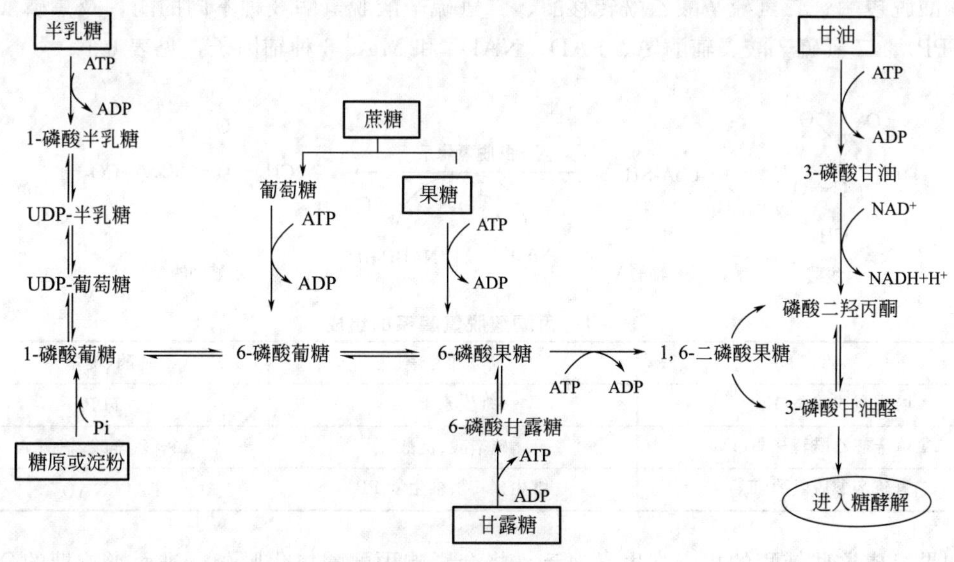

图6-10　其他糖类的分解途径

三、糖的有氧氧化

（一）糖的有氧氧化定义

糖的无氧氧化释放的能量极为有限，这对于多细胞的大型生物是无法满足能量需求的，大部分生物的糖代谢是在有氧条件下进行的。葡萄糖或糖原在有氧条件下彻底氧化分解，生成水和二氧化碳并释放大量能量的过程，称为糖的有氧氧化（aerobic oxidation）。这是葡萄糖在体内分解代谢的主要途径。

（二）糖的有氧氧化过程

糖的有氧氧化过程可分为三个阶段（图 6-11）。第一阶段是在胞质中葡萄糖生成丙酮酸；第二阶段是丙酮酸进入线粒体被氧化脱羧生成乙酰辅酶 A（acetyl-coenzyme A，乙酰 CoA）；第三阶段是乙酰 CoA 进入三羧酸循环（又称柠檬酸循环）彻底氧化生成 CO_2 和 H_2O。

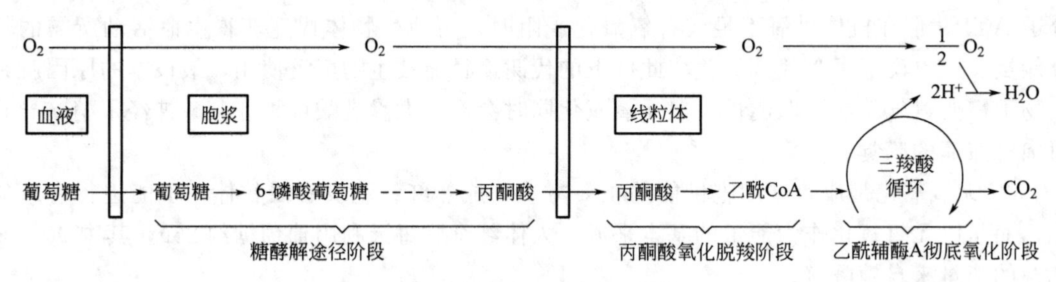

图 6-11　糖的有氧氧化过程

1. 葡萄糖或糖原生成丙酮酸

葡萄糖或糖原生成丙酮酸见糖酵解途径过程。

2. 丙酮酸氧化脱羧生成乙酰辅酶 A

在有氧条件下，胞质中生成的丙酮酸进入线粒体，在酶系催化下进行氧化脱羧，生成乙酰辅酶 A。从丙酮酸转变为乙酰辅酶 A 包括了一系列非常复杂的过程，反应为不可逆反应，这些反应是由丙酮酸脱氢酶系催化的。丙酮酸脱氢酶系是一个非常复杂的多酶体系，其中包括丙酮酸脱羧酶、二氢硫辛酸乙酰转移酶、二氢硫辛酸脱氢酶 3 种不同的酶，及焦磷酸硫胺素（TPP）、二氢硫辛酸、辅酶 A、FAD、NAD^+ 和 Mg^{2+} 6 种辅因子，见表 6-1。

$$\underset{\text{丙酮酸}}{CH_3-CO-COO^-} + \underset{\text{辅酶A}}{\text{CoA-SH}} \xrightarrow[NAD^+ \rightarrow NADH+H^+]{\text{丙酮酸脱氢酶系}} \underset{\text{乙酰辅酶A}}{CH_3-\overset{O}{\overset{\|}{C}}-SCoA} + CO_2$$

表 6-1　丙酮酸脱氢酶系的组成

酶	所含维生素	辅酶（辅基）
丙酮酸脱羧酶（E_1）	维生素 B_1	TPP
二氢硫辛酸乙酰转移酶（E_2）	硫辛酸、泛酸	二氢硫辛酸、辅酶 A
二氢硫辛酸脱氢酶（E_3）	维生素 B_2、维生素 PP	FAD、NAD^+

如果组成这些辅酶的相应维生素缺乏，将会影响丙酮酸氧化脱羧，进而影响糖的分解代

谢，造成体内能量生成障碍，如丙酮酸及乳酸堆积可引发末梢神经炎，维生素 B_1 缺乏可引起脚气病。

丙酮酸的脱氢脱羧机制分为以下五步反应（图 6-12）：

① 丙酮酸脱羧生成羟乙基-TPP：在丙酮酸脱氢酶（E1）催化下，丙酮酸与 TPP 作用脱羧形成羟乙基-TPP，同时释放 CO_2。

② 羟乙基-TPP 脱氢生成乙酰基-硫辛酰胺：二氢硫辛酸乙酰转移酶（E2）催化羟乙基-TPP，使羟乙基被氧化成乙酰基，同时将乙酰基转移给硫辛酰胺形成乙酰基-硫辛酰胺。

③ 乙酰基-硫辛酰胺将乙酰基交给 CoASH 生成乙酰 CoA：乙酰基-硫辛酰胺将携带的乙酰基从一个部位转移至另一个活性部位，在二氢硫辛酸乙酰转移酶的催化下与 CoASH 反应生成乙酰 CoA，随后从丙酮酸脱氢酶复合体上释放出来。

④ 丙酮酸氧化脱下的氢交给 FAD 生成 $FADH_2$：丙酮酸氧化脱下的氢使氧化型硫辛酰胺转变成还原型硫辛酰胺，后者再将氢转移给二氢硫辛酸脱氢酶（E_3）的辅酶 FAD 生成 $FADH_2$。

⑤ $FADH_2$ 将氢转移给 NAD^+ 生成 $NADH+H^+$：二氢硫辛酸脱氢酶以 FAD 和 NAD^+ 为辅酶，催化 $FADH_2$ 将氢转移给 NAD^+ 生成 $NADH+H^+$ 与 FAD。

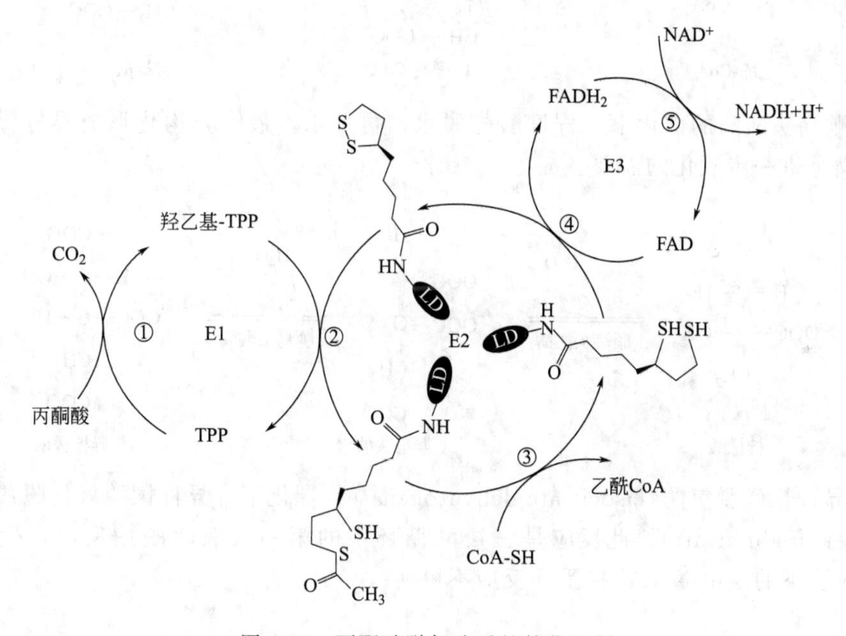

图 6-12　丙酮酸脱氢酶系的催化机制

3. 乙酰辅酶 A 彻底氧化分解（三羧酸循环）

从乙酰辅酶 A 与草酰乙酸缩合生成柠檬酸开始，经历 4 次脱氢及 2 次脱羧等一系列反应，最后又生成草酰乙酸结束而构成的循环，称为柠檬酸循环（citric acid cycle）。因柠檬酸结构中含有三个羧基，又称为三羧酸循环（tricarboxylic acid cycle，TAC）。为纪念汉斯·克雷布斯（Hans Krebs）在阐明三羧酸循环方面所做的贡献，这一循环反应还称为 Krebs 循环。它不仅是糖有氧分解代谢的途径，也是机体内一切有机物的碳链骨架氧化成 CO_2 和 H_2O 的必经途径。

知识链接

三羧酸循环（柠檬酸循环）的发现

体内许多生物物质的合成和分解，取决于柠檬酸循环中的分子及产生的能量，柠檬酸循环好比体内代谢的水轮。柠檬酸循环是 Krebs 在 1937 年提出来的，他在前人经验的基础上总结了柠檬酸循环。Krebs 伟大之处不仅仅是发现了几个化学物质的变化，而是将每个变化都整理出来，找出了可以解释动态生命现象的结构。为此，Krebs 在 1953 年获得了诺贝尔生理学或医学奖。

三羧酸循环具体反应过程如下：

① 乙酰辅酶 A 在柠檬酸合酶催化下与草酰乙酸进行缩合，然后水解成 1 分子柠檬酸。催化此反应的酶称为柠檬酸合酶，属于调控酶。它的活性受 ATP、NADH、琥珀酸辅酶 A 和脂酰辅酶 A 等的抑制，是柠檬酸循环中的限速酶。

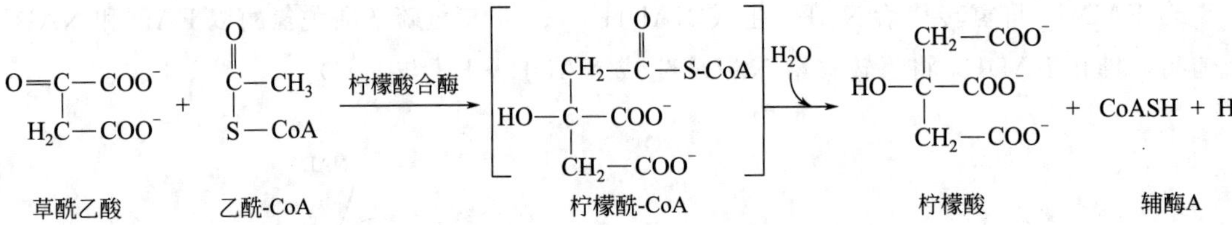

$$O{=}C(COO^-)-CH_2-COO^- + CH_3-C(=O)-S-CoA \xrightarrow{\text{柠檬酸合酶}} [HO-C(COO^-)(CH_2-C(=O)-S-CoA)(CH_2-COO^-)] \xrightarrow{H_2O} HO-C(COO^-)(CH_2-COO^-)_2 + CoASH + H^+$$

草酰乙酸　乙酰-CoA　柠檬酰-CoA　柠檬酸　辅酶A

② 在顺乌头酸酶的催化下，柠檬酸先脱水，再加水，最终异构化形成异柠檬酸。此反应有利于满足进一步氧化的需要。

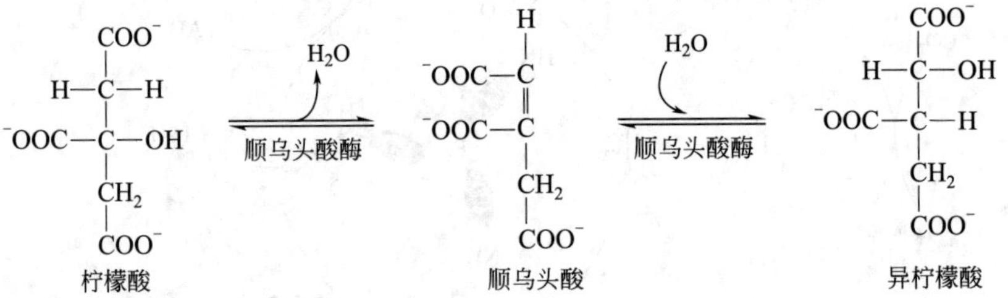

$$\text{柠檬酸} \underset{\text{顺乌头酸酶}}{\overset{-H_2O}{\rightleftharpoons}} \text{顺乌头酸} \underset{\text{顺乌头酸酶}}{\overset{+H_2O}{\rightleftharpoons}} \text{异柠檬酸}$$

柠檬酸　顺乌头酸　异柠檬酸

③ 在异柠檬酸脱氢酶（isocitrate dehydrogenase）催化下，异柠檬酸氧化脱羧生成 α-酮戊二酸（α-ketoglutatrate）。此反应是三羧酸循环中的第一次氧化脱羧反应，生成 1 分子 CO_2，反应脱下的氢由 NAD^+ 接受，反应不可逆。

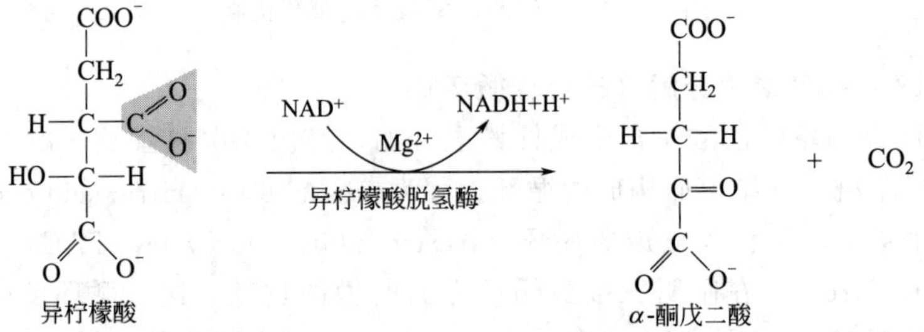

$$\text{异柠檬酸} \xrightarrow[\text{异柠檬酸脱氢酶}]{NAD^+ \to NADH+H^+,\ Mg^{2+}} \alpha\text{-酮戊二酸} + CO_2$$

异柠檬酸　α-酮戊二酸

④ 在 α-酮戊二酸脱氢酶系（α-ketoglutatrate dehydrogenase complex）催化下，α-酮戊二酸氧化脱羧生成含有高能硫酯键的琥珀酰辅酶 A（succinyl CoA）。这是三羧酸循环中的

第二次氧化脱羧反应，反应不可逆。α-酮戊二酸脱氢酶系的催化机制与丙酮酸脱氢酶系相似，它由α-酮戊二酸脱氢酶、二氢硫辛酸琥珀酰转移酶、二氢硫辛酸脱氢酶三种酶组合而成，也包含 TPP、NAD^+、FAD、硫辛酸、辅酶 A 等辅助因子，这是三羧酸循环中第二次脱氢。

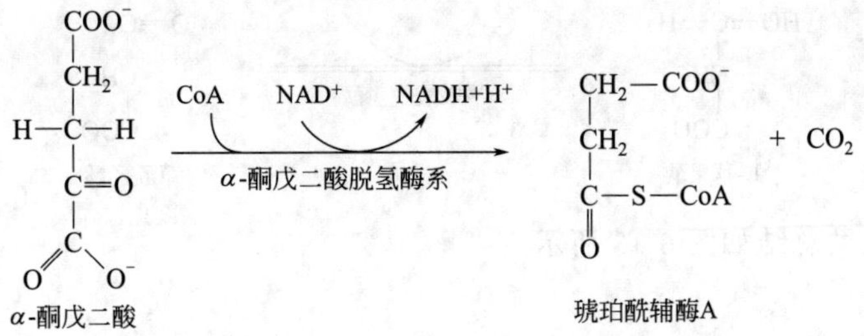

$$\underset{\alpha\text{-酮戊二酸}}{^-OOC{-}CH_2{-}CH_2{-}CO{-}COO^-} + CoA + NAD^+ \xrightarrow{\alpha\text{-酮戊二酸脱氢酶系}} \underset{\text{琥珀酰辅酶A}}{^-OOC{-}CH_2{-}CH_2{-}CO{-}S{-}CoA} + NADH + H^+ + CO_2$$

⑤ 在琥珀酰-CoA 合成酶的催化下琥珀酰辅酶 A 的高能硫酯键水解，释放能量，转移给 GDP，使之磷酸化生成 GTP，其本身生成琥珀酸，生成的 GTP 可直接利用，也可将其高能磷酸基团转移给 ADP 生成 ATP。这是三羧酸循环中唯一的一次底物水平磷酸化反应。

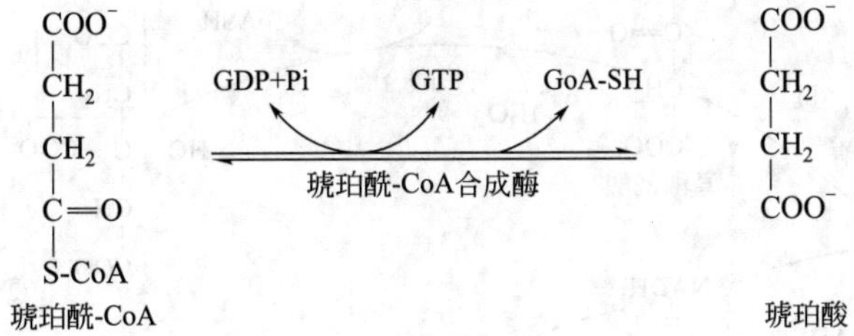

$$\underset{\text{琥珀酰-CoA}}{^-OOC{-}CH_2{-}CH_2{-}CO{-}S{-}CoA} + GDP + Pi \underset{}{\xrightleftharpoons{\text{琥珀酰-CoA合成酶}}} \underset{\text{琥珀酸}}{^-OOC{-}CH_2{-}CH_2{-}COO^-} + GTP + GoA{-}SH$$

⑥ 在琥珀酸脱氢酶（succinate dehydrogenase）的催化下琥珀酸脱氢生成延胡索酸，脱下的氢由 FAD 传递，这是三羧酸循环中第三次脱氢。琥珀酸脱氢酶是 TAC 中唯一结合在线粒体内膜上并直接与呼吸链联系的酶，反应产物为延胡索酸（反丁烯二酸），而不是马来酸（顺丁烯二酸）。丙二酸、戊二酸等是该酶的竞争性抑制剂。

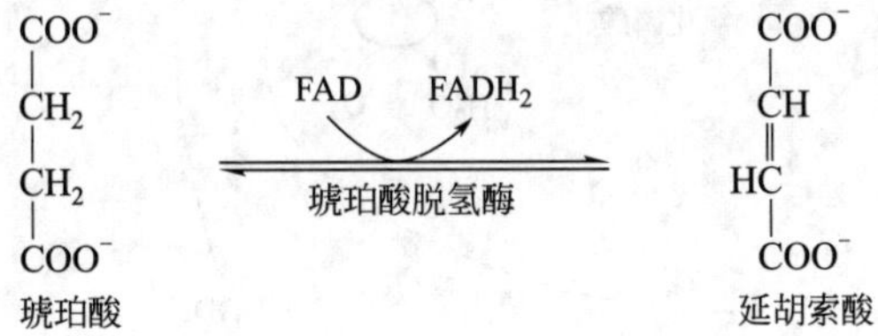

$$\underset{\text{琥珀酸}}{^-OOC{-}CH_2{-}CH_2{-}COO^-} + FAD \xrightleftharpoons{\text{琥珀酸脱氢酶}} \underset{\text{延胡索酸}}{^-OOC{-}CH{=}CH{-}COO^-} + FADH_2$$

⑦ 延胡索酸在延胡索酸酶（fumarate hydratase）催化下，加 H_2O 生成苹果酸。延胡索酸酶仅对延胡索酸的反式双键起作用，而对顺丁烯二酸无催化作用，因而具有高度立体特异性。

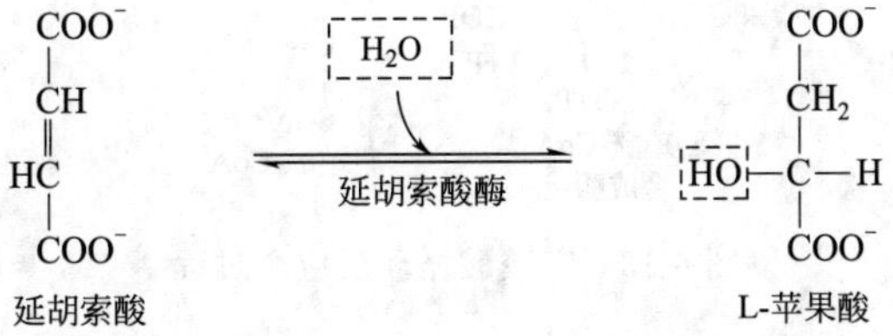

$$\underset{\text{延胡索酸}}{^-OOC{-}CH{=}CH{-}COO^-} + H_2O \xrightleftharpoons{\text{延胡索酸酶}} \underset{\text{L-苹果酸}}{^-OOC{-}CH_2{-}CH(OH){-}COO^-}$$

⑧ 在苹果酸脱氢酶（malate dehydrogenase）催化下苹果酸脱氢生成草酰乙酸，脱下的氢由 NAD^+ 传递，这是三羧酸循环中第四次脱氢。生成的草酰乙酸可再次携带乙酰基进入三羧酸循环。

$$\underset{\text{L-苹果酸}}{HO{-}CH(COO^-){-}CH_2{-}COO^-} \xrightleftharpoons[\text{苹果酸脱氢酶}]{NAD^+ \quad NADH+H^+} \underset{\text{草酰乙酸}}{O{=}C(COO^-){-}CH_2{-}COO^-}$$

三羧酸循环归纳总结如图 6-13 所示。

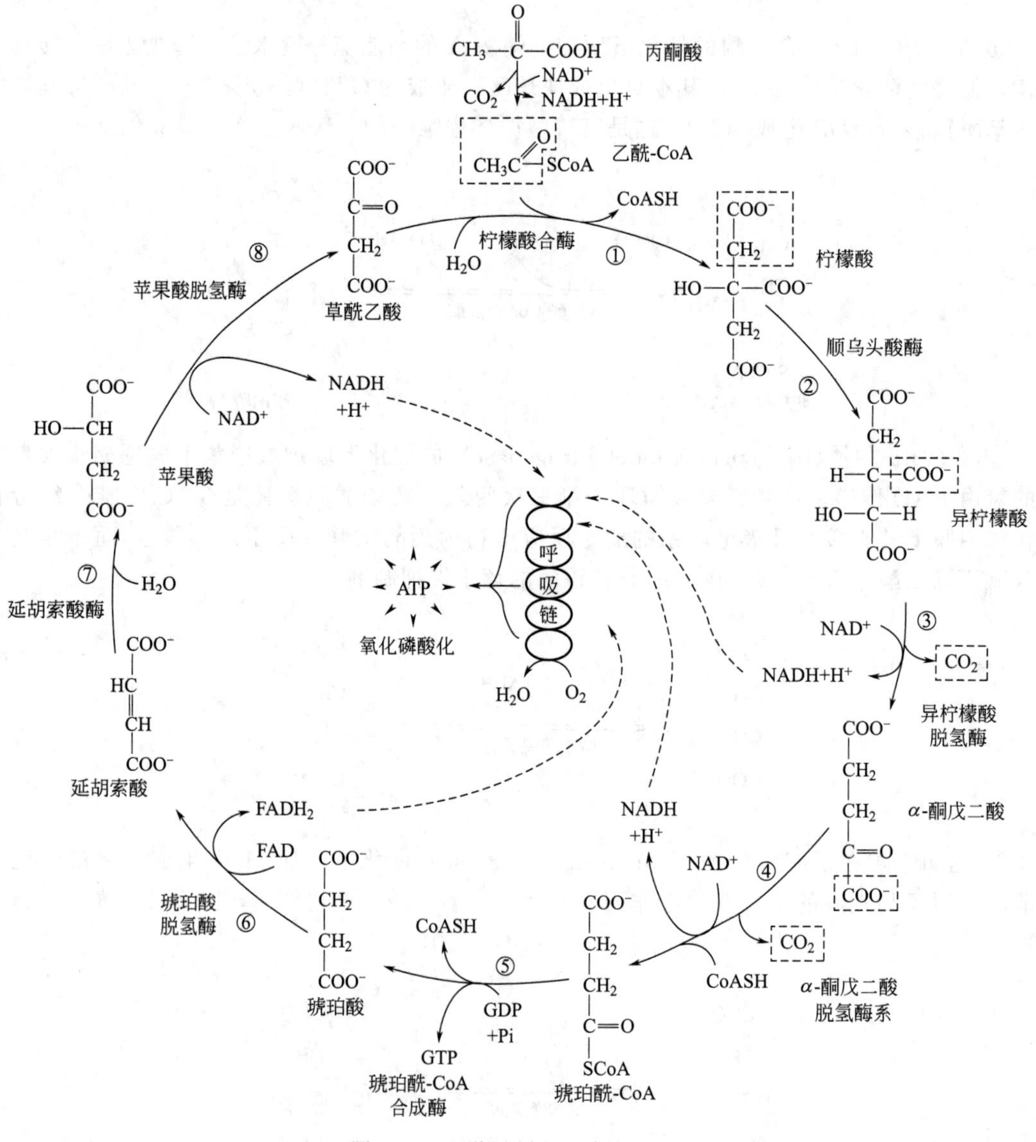

图 6-13　三羧酸循环反应全过程

（三）三羧酸循环的特点

① 三羧酸循环的总反应式：

乙酰-CoA+ $3NAD^+$ +FAD+GDP+Pi⟶$2CO_2$+3NADH+$FADH_2$+GTP+$3H^+$+ CoA-SH

② 三羧酸循环是在线粒体内进行的一个不可逆循环。除琥珀酸脱氢酶位于线粒体内膜上外，其余三羧酸循环酶系均分布于线粒体基质中；由柠檬酸合酶、异柠檬酸脱氢酶和α-酮戊二酸脱氢酶系三个限速酶催化的反应不可逆，使得整个三羧酸循环为不可逆循环。

③ 三羧酸循环中只有一次底物水平磷酸化，释放的能量交给 GDP 生成 1 分子 GTP。

④ 每循环 1 次有 2 次氧化脱羧反应，生成 2 分子 CO_2，但 CO_2 的产生不是直接来自于乙酰 CoA，而是间接来自草酰乙酸。

⑤ 每轮循环有 4 次脱氢反应，其中有 1 次脱氢由 FAD 接受，其余 3 次脱氢均由 NAD^+ 接受。1 分子 NADH+H^+ 经呼吸链氧化可产生 2.5 分子 ATP；1 分子 $FADH_2$ 经呼吸链氧化可产生 1.5 分子 ATP（见第五章生物氧化）。因此，1 分子乙酰 CoA 进入三羧酸循环彻底氧化分解所释放的能量，总共可生成 10 分子 ATP，加上丙酮酸脱羧氧化一步产生 1 分子 NADH+H^+，则 1 分子丙酮酸彻底氧化分解产生的能量为 10+2.5=12.5 分子 ATP。

⑥ 三羧酸循环的中间产物，从理论上讲，可以循环不消耗，但是由于循环中的某些组成成分还可参与合成其他物质，而其他物质也可不断通过多种途径而生成中间产物，所以说三羧酸循环的组成成分处于不断更新之中。草酰乙酸是三羧酸循环的重要启动物质，可由丙酮酸羧化酶催化丙酮酸生成，也可通过苹果酸脱氢生成，但都来自葡萄糖。

（四）糖有氧氧化的生理意义

① 糖的有氧氧化是机体维持正常生命活动，利用糖或其他物质氧化而获得能量的最有效方式。1mol 葡萄糖经有氧氧化彻底分解成 CO_2 和 H_2O，净生成 30mol 或 32mol ATP（表 6-2），是生物细胞活动可利用的最直接的能量形式。

表 6-2 葡萄糖有氧氧化时 ATP 的生成与消耗

反应步骤	生成 ATP 方式	ATP 数量
葡萄糖→6-磷酸葡萄糖		−1
6-磷酸果糖→1,6-二磷酸果糖		−1
3-磷酸甘油醛→1,3-二磷酸甘油酸	NADH($FADH_2$)呼吸链氧化磷酸化	2.5(或 1.5)×2①
1,3-二磷酸甘油酸→3-磷酸甘油酸	底物水平磷酸化	1×2②
磷酸烯醇式丙酮酸⟶烯醇式丙酮酸	底物水平磷酸化	1×2
丙酮酸→乙酰辅酶 A	NADH 呼吸链氧化磷酸化	2.5×2
异柠檬酸→α-酮戊二酸	NADH 呼吸链氧化磷酸化	2.5×2
α-酮戊二酸→琥珀酰辅酶 A	NADH 呼吸链氧化磷酸化	2.5×2
琥珀酰辅酶 A→琥珀酸	底物水平磷酸化	1×2
琥珀酸→延胡索酸	$FADH_2$ 呼吸链氧化磷酸化	1.5×2
苹果酸→草酰乙酸	NADH 呼吸链氧化磷酸化	2.5×2
合计		30 或 32

① 根据 NADH+H^+ 进入线粒体的方式不同，如α-磷酸甘油穿梭经电子传递链只产生 1.5×2ATP。

② 1 分子葡萄糖生成 2 分子 3-磷酸甘油醛，故×2。

② 糖的有氧氧化是糖、脂、蛋白质三大营养物质相互联系的纽带（图 6-14）。通过三羧

酸循环的中间产物如 α-酮戊二酸及草酰乙酸等，可以沟通糖、脂、氨基酸间的相互联系与转化。

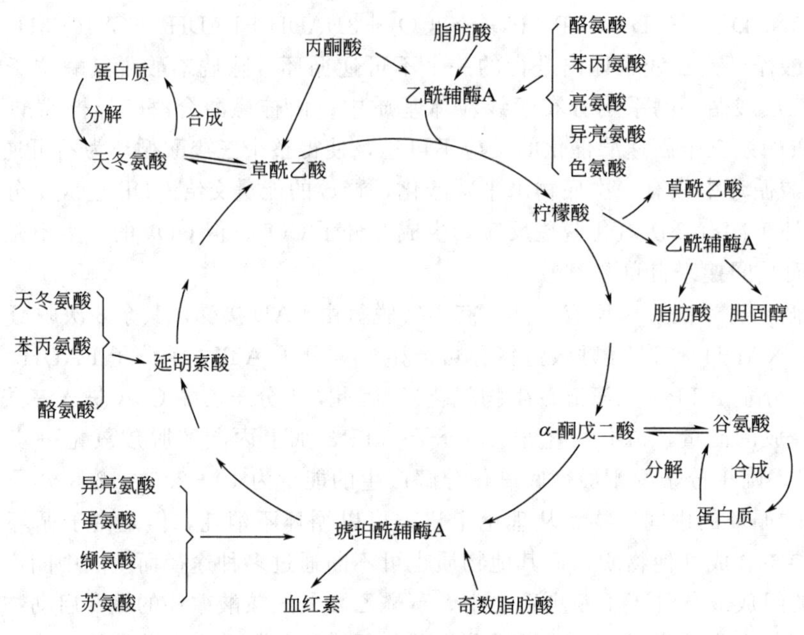

图 6-14　糖、脂、蛋白质三大营养物质相互联系的枢纽

③ 三羧酸循环是糖、脂、蛋白质彻底氧化分解的共同通路。三羧酸循环的起始物乙酰辅酶 A，不只是糖氧化分解产物，它也可来自脂肪的甘油、脂肪酸和蛋白质中的某些氨基酸代谢，所以，三羧酸循环是三大营养物质彻底氧化分解的共同途径。人体内的有机物大约 2/3 最终都是通过三羧酸循环分解供能的。

（五）糖有氧氧化与糖酵解的相互调节

巴斯德效应（Pasteur effect）指在有氧条件下糖的有氧氧化抑制糖的无氧氧化的现象。这个效应是 1857 年法国科学家巴斯德（Louis Pasteur）在研究酵母菌葡萄糖发酵时发现的。巴斯德效应的机制是：在无氧条件下，糖无氧分解生成的 $NADH+H^+$ 不能进入呼吸链氧化，只能用于还原丙酮酸生成乳酸，释放出来的 NAD^+ 推动糖酵解继续进行；在有氧条件下，糖无氧分解生成的 $NADH+H^+$ 和丙酮酸都进入线粒体内氧化，从而有效抑制了丙酮酸在胞质中的还原。

这种现象同样出现在肌肉中，当肌肉组织缺氧时，丙酮酸不能进入线粒体氧化而在胞质中还原成乳酸。由于缺氧时氧化磷酸化受阻，ADP 与无机磷酸不能合成 ATP，导致 ADP/ATP 比值升高，磷酸果糖激酶、丙酮酸激酶等糖无氧分解途径的限速酶被激活，使通过无氧分解途径消耗的葡萄糖大量增加。

四、磷酸戊糖途径

磷酸戊糖途径（pentose phosphate pathway）是糖在体内分解代谢的另一条重要途径，广泛存在于动植物细胞内。此代谢途径由 6-磷酸葡萄糖开始，虽不产生 ATP 和 NADH，但能为机体提供具有重要功能的 5-磷酸核糖和 NADPH 等中间产物。此反应途径主要发生在肝、脂肪组织、哺乳期的乳腺、肾上腺皮质、性腺、骨髓和红细胞等组织中，代谢相关的酶存在于细胞质中。

知识链接

磷酸戊糖途径的发现

1931 年，瓦博格（O. Warburg）及李普曼（F. Lipman）等发现了 6-磷酸葡萄糖脱氢酶和 6-磷酸葡萄糖酸脱氢酶，其辅酶都是 $NADP^+$，用同位素 ^{14}C 分别标记葡萄糖 C-1 和 C-6，如果糖酵解是唯一代谢途径，则 ^{14}C-1 和 ^{14}C-6 生成 $^{14}CO_2$ 的速度相等。而实验结果表明，^{14}C-1 更容易氧化成 $^{14}CO_2$。迪肯斯（F. Dickens）继续瓦博格（O. Warburg）等的研究，发现了很多中间产物，由于氧化后产生磷酸戊糖，于是 1953 年提出了磷酸戊糖途径（pentose phophate pathway，PPP），当时称为单磷酸己糖支路（hexose monophosphate shunt，HMS），后来也曾称为己糖单磷酸途径（HMP）、磷酸葡萄糖氧化途径、戊糖支路、磷酸戊糖途径等。

（一）磷酸戊糖途径反应过程

磷酸戊糖途径全过程分为氧化反应和基团转移两个阶段（图 6-15）。在氧化反应阶段，6-磷酸葡萄糖经氧化脱羧生成 5-磷酸核糖和 NADPH＋H^+；在基团转移阶段，磷酸戊糖经过一系列基团转移再重新变成磷酸己糖和磷酸丙糖。

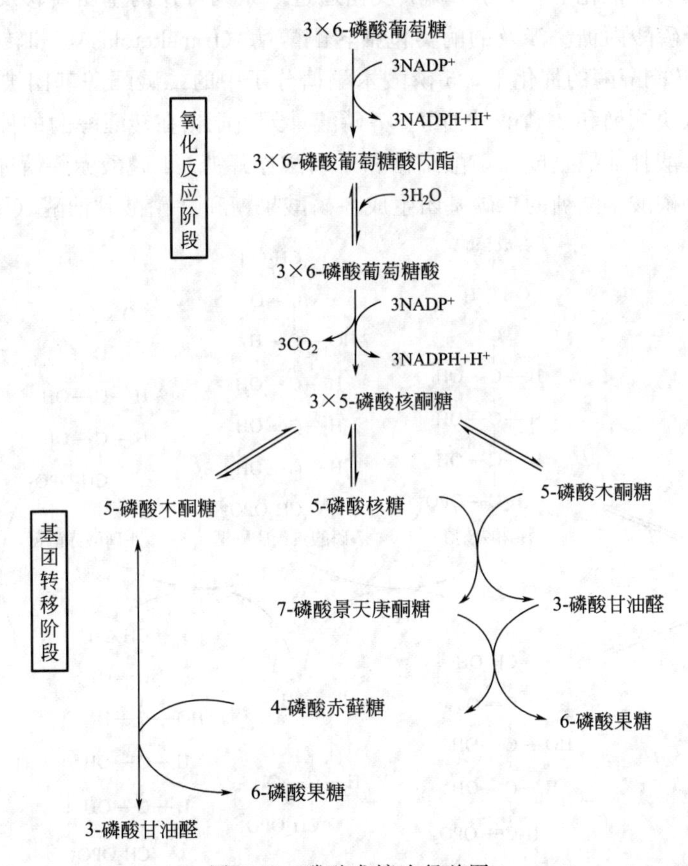

图 6-15　磷酸戊糖途径总图

1. 氧化反应阶段

从葡萄糖开始的氧化脱羧共有 4 步反应，首先是葡萄糖活化生成 6-磷酸葡萄糖，然后通过 3 种酶分别催化的脱氢、水解和脱氢脱羧 3 步反应，由 $NADP^+$ 作为氢的受体，产生高还原力物质 NADPH，脱去 1 分子 CO_2，生成磷酸戊糖。氧化阶段是不可逆的。

6-磷酸葡萄糖首先在 6-磷酸葡萄糖脱氢酶的催化下脱氢生成 6-磷酸葡萄糖酸，并生成 NADPH，需要 Mg^{2+} 参与，此酶是整个磷酸戊糖途径的限速酶。6-磷酸葡萄糖酸在 6-磷酸葡萄糖酸脱氢酶的催化下再次脱氢、脱羧，生成 NADPH 和 CO_2，同时生成 5-磷酸核酮糖，后者经异构化反应生成 5-磷酸核糖。

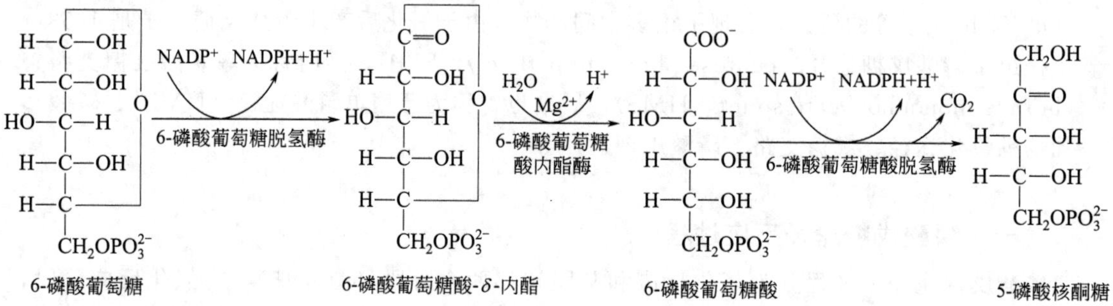

6-磷酸葡萄糖 —（$NADP^+$ → $NADPH+H^+$；6-磷酸葡萄糖脱氢酶）→ 6-磷酸葡萄糖酸-δ-内酯 —（H_2O，Mg^{2+} → H^+；6-磷酸葡萄糖酸内酯酶）→ 6-磷酸葡萄糖酸 —（$NADP^+$ → $NADPH+H^+$，CO_2；6-磷酸葡萄糖酸脱氢酶）→ 5-磷酸核酮糖

2. 基团转移阶段

在基团转移酶类的催化下，3 分子磷酸戊糖通过一系列可逆的基团转移反应，生成 2 分子磷酸己糖和 1 分子磷酸丙糖。涉及的酶类包括转酮醇酶（transketolase）和转醛醇酶（transaldolase）两类。在转酮醇酶的催化下，5-磷酸木酮糖分子中的二碳酮醇基团被转移给 5-磷酸核糖生成 7-磷酸景天庚酮糖和 3-磷酸甘油醛。7-磷酸景天庚酮糖在转醛醇酶的催化下，将三碳醛醇基团转移给 3-磷酸甘油醛生成 6-磷酸果糖和 4-磷酸赤藓糖。4-磷酸赤藓糖进一步在转酮醇酶的催化下，接受 5-磷酸木酮糖的二碳基团生成 6-磷酸果糖和 3-磷酸甘油醛（图 6-16）。

合成核酸

5-磷酸核酮糖　5-磷酸核糖　7-磷酸景天庚酮糖　4-磷酸赤藓糖　5-磷酸木酮糖

5-磷酸木酮糖　3-磷酸甘油醛　6-磷酸果糖　3-磷酸甘油醛

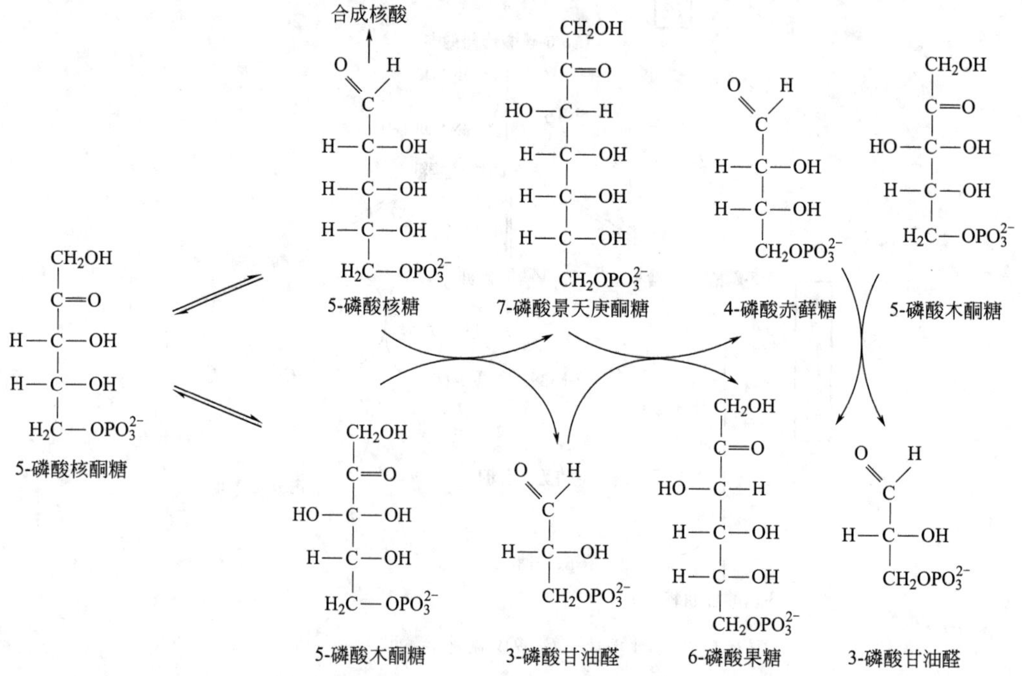

图 6-16　基团间相互转移示意图

（二）磷酸戊糖途径的特点

① 葡萄糖直接脱氢和脱羧，不必经过糖酵解途径，也不必经过三羧酸循环。

② 在整个反应过程中，脱氢酶的辅酶为 $NADP^+$ 而不是 NAD^+。

③ 磷酸戊糖途径可分为氧化阶段与基团转移阶段（又称非氧化阶段），前者是6-磷酸葡萄糖脱氢、脱羧形成5-磷酸核糖的过程；后者是磷酸戊糖分子重排产生磷酸己糖和磷酸丙糖的过程。

（三）磷酸戊糖途径的意义

1. 5-磷酸核糖（R-5-P）的作用

磷酸戊糖途径是葡萄糖在体内生成5-磷酸核糖的唯一途径。5-磷酸核糖是合成核苷酸及其衍生物的重要原料。

2. NADPH 的作用

（1）作供氢体　NADPH 是脂肪酸、胆固醇和类固醇激素等化合物合成的供氢体，所以在损伤后修复再生的组织、脂肪组织、泌乳期的乳腺和更新旺盛的组织中，如肾上腺皮质、梗死后的心肌及部分切除后的肝中等，此代谢途径都比较活跃。

（2）作谷胱甘肽还原酶的辅酶　对维持细胞中还原型谷胱甘肽（GSH）的正常含量起着重要作用。还原型谷胱甘肽是体内重要的抗氧化剂，可以保护一些含巯基的蛋白质或酶避免因受氧化剂尤其是过氧化物的氧化而丧失正常结构与功能，红细胞膜中还原型谷胱甘肽具有更重要的作用，它可以保护红细胞膜蛋白的完整性。

遗传性6-磷酸葡萄糖脱氢酶缺陷的患者，磷酸戊糖途径不能正常进行，导致 NADPH 缺乏，不能有效维持 GSH 的还原状态，如进食蚕豆或服用氯喹、磺胺类等药物后易发生急性溶血，造成溶血性黄疸。

（3）作供氧体　NADPH 作为供氧体，是加单氧酶体系的组成成分，参与激素、药物、毒物的生物转化过程。

磷酸戊糖途径与糖的有氧、无氧分解途径相互联系。3-磷酸甘油醛是糖分解代谢3种途径的枢纽点。如果磷酸戊糖途径在受到某种因素影响不能继续进行时，生成的3-磷酸甘油醛可进入无氧或有氧分解途径，以保证糖的分解仍然能继续进行。糖分解途径的多样性，可以认为是从物质代谢上表现生物对环境的适应性。

第三节　糖的合成代谢

要点

糖原合成　①动物体内糖的储存形式，主要有肝糖原和肌糖原；②需要糖原引物；③在糖原合酶的作用下，增加一个 G 单位，消耗 2 分子 ATP；④UDPG 为活性葡萄糖供体。

淀粉合成　①淀粉和蔗糖是光合作用的主要终产物；②需要引物；③淀粉合成酶催化 UDPG 中的葡萄糖转移到 α-1,4-糖苷键连接的葡聚糖引物上，增加直链淀粉的一个 G 单位；④支链淀粉还需有分支酶的作用。

糖异生作用　①非糖化合物转化为糖的途径；②非糖物质包括乳酸、丙酮酸、丙酸、甘油、某些氨基酸等；③糖酵解的逆过程跨过三个能障，是饥饿空腹时补充血糖来源的重要途径。

生物界所利用的自由能主要来自太阳光能。绿色植物通过光合作用将无机的 CO_2 和 H_2O 转变成糖类，光合作用的生化反应机制在植物生理学中进行讨论。本章主要讨论生物体将单糖作为单体进一步合成寡糖和多糖；将非糖物质转变为糖的过程。

一、糖原合成

糖原（glycogen）是由许多葡萄糖分子聚合而成的具有多分支结构的大分子多糖，是动物体内糖的储存形式。机体摄入的糖类只有一小部分以糖原形式贮存，以便机体急需葡萄糖时可以迅速被动用，而大部分糖类则转变成脂肪贮存在脂肪组织中。肝和肌肉是储存糖原的主要场所。肝组织中的糖原称为肝糖原，约占肝重5%～7%，总量约为70～100 g，肝糖原的合成与分解主要是为了维持血糖浓度的相对恒定。肌肉组织中的糖原称为肌糖原，约占肌肉总量的1%～2%，总量约为250～400 g，肌糖原是肌肉糖酵解的主要来源。

由单糖（主要是葡萄糖）合成糖原的过程称为糖原合成（glycogenesis）。糖原合成反应在胞液中进行，消耗 ATP 和 UTP（三磷酸尿苷）。

（一）反应过程

（1）葡萄糖生成6-磷酸葡萄糖　此反应是由己糖激酶（或葡萄糖激酶）催化的，由 ATP 提供能量，为不可逆反应。

葡萄糖 + ATP →（己糖激酶（或葡萄糖激酶），Mg^{2+}）→ 6-磷酸葡萄糖 + ADP

（2）6-磷酸葡萄糖转变为1-磷酸葡萄糖（glucose-1-phosphate，G-1-P）　此反应是磷酸葡萄糖变位酶催化的可逆反应。

6-磷酸葡萄糖 ⇌（磷酸葡萄糖变位酶）1-磷酸葡萄糖

（3）UDPG 的生成　在尿苷二磷酸葡萄糖焦磷酸化酶作用下，1-磷酸葡萄糖与 UTP 作用，生成尿苷二磷酸葡萄糖（uridine diphosphate glucose，UDPG），并释放焦磷酸（PPi）。UDPG 被称为"活性葡萄糖"，是体内合成糖原时葡萄糖的直接供体。

1-磷酸葡萄糖 + Ⓟ～Ⓟ～Ⓟ—尿苷（UTP）→（UDPG焦磷酸化酶）→ UDPG（Ⓟ～Ⓟ—尿苷）+ PPi

（4）糖原合成　UDPG 是葡萄糖的活化形式，其葡萄糖残基在糖原合酶作用下，转移到细胞内原有的小的糖原引物上，通过 α-1,4-糖苷键连接到糖原引物分子的非还原末端。每进行一次反应，糖原引物上即增加一个葡萄糖残基。

$$\text{UDPG} + \text{糖原}(G_n) \xrightarrow{\text{糖原合酶}} \text{糖原}(G_{n+1})$$

糖原合酶只能延长糖链，不能形成分支。当链长增至 12～18 个葡萄糖单位时，分支酶就将链长约 6～7 个葡萄糖单位的糖链转移到邻近的糖链上，以 α-1,6-糖苷键连接，从而形成糖原的分支（图 6-17）。

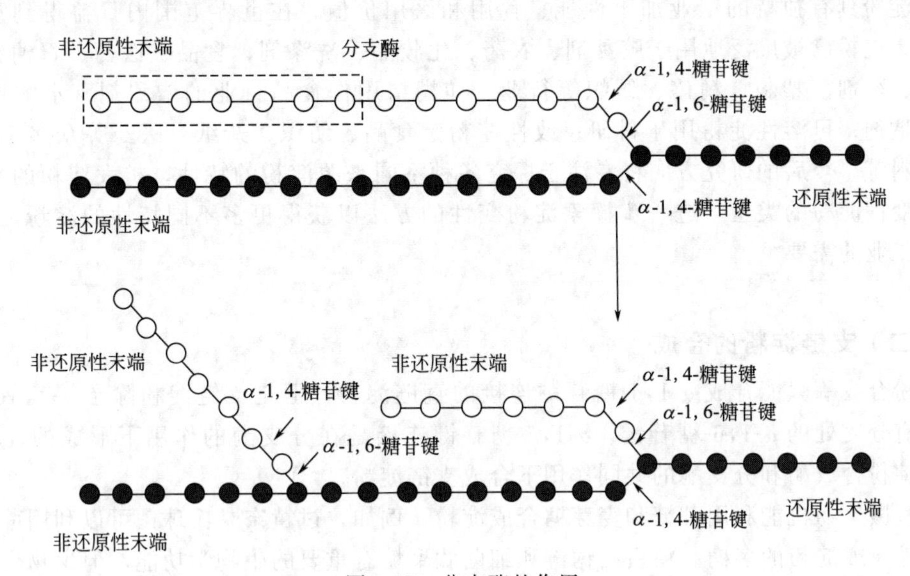

图 6-17　分支酶的作用

（二）糖原合成反应的特点

（1）引物　糖原合成反应不能从头开始将 2 个葡萄糖分子相互连接，而是需要一个至少含 4 个葡萄糖残基的 α-1,4-葡聚糖作为引物（primer），在此基础上使糖原分子逐渐延长。

（2）限速酶　糖原合酶是糖原合成的限速酶，受胰岛素的激活。因此，当餐后血糖浓度升高时，胰岛素分泌增多，糖原合成过程加强。

（3）糖原合成是耗能的过程　在糖原引物上每增加 1 个葡萄糖单位，需要消耗 2 个高能磷酸键。

二、淀粉合成

淀粉和蔗糖是光合作用的主要终产物，光合组织叶绿体在光合作用旺盛时，可直接合成并累积淀粉；非光合组织也可利用葡萄糖或蔗糖合成淀粉。植物体内的直链淀粉和支链淀粉是通过不同的途径合成的。直链的增长是在原有直链基础上逐步增加葡萄糖基；支链的增多是把直链的一部分拆下来装配成侧支链。

（一）直链淀粉的合成

现在普遍认为生物体内淀粉合成是由淀粉合成酶催化的。淀粉合成酶是一种葡萄糖转移酶，在有“引物”存在的条件下，催化 UDPG 中的葡萄糖转移到 α-1,4-糖苷键连接的葡聚糖引物上，使链加长一个葡萄糖单位。引物的功能是作为 α-葡萄糖的受体。引物分子可以是麦芽糖、麦芽三糖、麦芽四糖，甚至是一个淀粉分子。UDPG把葡萄糖转给引物以后，生成二磷酸尿苷（UDP），又可重新接受葡萄糖，再转给引物，直到直链淀粉的形成。在植物和微生物中，腺苷二磷酸葡萄糖（ADPG）比UDPG更为有效，用ADPG合成淀粉的反应要比UDPG快10倍。近年来普遍认为高等植物主要是通过ADPG转葡糖苷酶途径合成淀粉的。淀粉合成酶不能形成α-1,6-糖苷键，因此不能形成支链淀粉。

知识链接

淀粉的应用

淀粉具有独特的工业加工性能、食用和医用价值，在世界范围内日益得到重视。目前，淀粉已被广泛地用于胶黏剂、农药、化妆品、洗涤剂、食品、医药、石油钻井、造纸、药剂、塑料、精炼、纺织等行业。如糊精用作食品行业的增甜剂（水解糖浆）和增稠剂；可溶性淀粉用于科研；改性淀粉是食品、纺织、造纸、医药等众多工业的原辅料等。今后的研究方向将专注于探究各种不同来源淀粉的特性，扩大淀粉的来源，扩大变性淀粉的类型，进一步探索淀粉变性的方法以获得更多不同特性的淀粉，满足不同工业的需要。

（二）支链淀粉的合成

淀粉合成酶只能合成α-1,4-糖苷键连接的直链淀粉，但是支链淀粉除了α-1,4-糖苷键外，还有分支处的α-1,6-糖苷键。α-1,6-糖苷键连接是在分支酶的作用下形成的，见图6-17，在淀粉合成酶和分支酶的共同作用下合成支链淀粉。

有些微生物也能利用蔗糖和麦芽糖合成淀粉。例如，过黄奈瑟氏球菌可以利用蔗糖合成类似于糖原或淀粉的多糖。糖蛋白糖链和细菌肽聚糖有重要的生物学功能，但生物合成比较复杂。

三、糖异生

由非糖物质转变为葡萄糖或糖原的过程称为糖异生作用（gluconeogenesis）。非糖物质包括乳酸、丙酮酸、丙酸、甘油、某些氨基酸等。在生理条件下，糖异生主要是在肝中进行，肾的糖异生能力为肝的1/10，但在长期饥饿时肾也会成为糖异生的重要器官。

糖异生作用存在于所有物种中，对人类及高等动物具有特别重要的意义。大脑以葡萄糖作为主要燃料，红细胞则以葡萄糖作为唯一燃料，因此维持血液中葡萄糖浓度的平衡非常重要。从消耗量看，人体每天对葡萄糖需求量约为160g，而成人大脑每日需要量达120g，占总需求量的绝大部分。从存储量看，体液的葡萄糖量约为20g，可及时动用的糖原约190g，因此正常情况下，葡萄糖的库存量足够满足人体一天的需求。但在禁食、长期饥饿及肝糖原耗竭时，糖异生作用就是葡萄糖的重要补充途径。

（一）糖异生的途径

糖异生途径基本上是糖酵解的逆过程，但在糖酵解途径中由己糖激酶（或葡萄糖激酶）、磷酸果糖激酶及丙酮酸激酶所催化的三个反应是不可逆的，都有相当大的能量变化，称为“能障”。下面重点介绍糖异生途径与糖酵解途径不同的3个主要反应步骤。

1. 丙酮酸羧化支路

丙酮酸不能直接逆转为磷酸烯醇式丙酮酸，但丙酮酸可以在丙酮酸羧化酶催化下生成草酰乙酸，这也是体内草酰乙酸的重要来源之一。然后，草酰乙酸在磷酸烯醇式丙酮酸羧激酶催化下脱羧基，并从 GTP 获得磷酸生成磷酸烯醇式丙酮酸，此过程称为丙酮酸羧化支路，是一个消耗能量的过程。上述两步反应共消耗两个高能磷酸键（一个来自 ATP，另一个来自 GTP），反应中丙酮酸羧化酶和磷酸烯醇式丙酮酸羧激酶均是糖异生的关键酶。

$$\underset{\text{丙酮酸}}{\mathrm{CH_3-CO-COO^-}} + \mathrm{HCO_3^-} \xrightarrow[\mathrm{ATP \to ADP+Pi}]{\text{丙酮酸羧化酶}} \underset{\text{草酰乙酸}}{\mathrm{^-OOC-CH_2-CO-COO^-}} \xrightarrow[\text{磷酸烯醇式丙酮酸羧激酶}]{\mathrm{GTP \to GDP},\ \mathrm{CO_2}} \underset{\text{磷酸烯醇式丙酮酸}}{\mathrm{CH_2=C(OPO_3^{2-})-COO^-}}$$

2. 1,6-二磷酸果糖转变为 6-磷酸果糖

在果糖 1,6-二磷酸酶催化下，1,6-二磷酸果糖水解，生成 6-磷酸果糖，完成糖酵解中磷酸果糖激酶催化反应的逆过程。

$$\text{1,6-二磷酸果糖} \xrightarrow[\mathrm{H_2O \to Pi}]{\text{果糖1,6-二磷酸酶}} \text{6-磷酸果糖}$$

3. 6-磷酸葡萄糖转变为葡萄糖

在葡萄糖-6-磷酸酶催化下，6-磷酸葡萄糖水解生成葡萄糖，完成己糖激酶（或葡萄糖激酶）催化反应的逆过程。

$$\text{6-磷酸葡萄糖} \xrightarrow[\mathrm{H_2O \to Pi}]{\text{葡萄糖-6-磷酸酶}} \text{葡萄糖}$$

糖异生与糖酵解是两条相同但方向相反的代谢途径，这两条途径究竟以哪一条为主，主要由上述两条途径中催化不可逆反应的酶活性而定。糖异生途径中四个关键酶（丙酮酸羧化酶、磷酸烯醇式丙酮酸羧激酶、果糖 1,6-二磷酸酶和葡萄糖-6-磷酸酶）是糖异生的主要调节点。

（二）糖异生的生理意义

1. 维持血糖浓度相对恒定

糖异生最主要的意义是在体内糖来源不足的情况下，利用非糖物质转变为糖以维持血糖浓度。在禁食情况下，仅靠肝糖原分解维持血糖浓度，不到 12 小时即被全部耗净，此后机体主要靠糖异生途径来维持血糖浓度，这对于保证脑细胞的葡萄糖供应十分必要。

2. 有利于乳酸的再利用

在剧烈运动时，肌肉糖酵解生成大量乳酸，大部分可经血液运输到肝，通过糖异生作用合成肝糖原或葡萄糖，释放入血以补充血糖，因而使不能直接产生葡萄糖的肌糖原间接变成血糖，并且有利于回收乳酸分子中的能量，更新肌糖原，构成乳酸循环（图 6-18），防止乳酸中毒的发生。

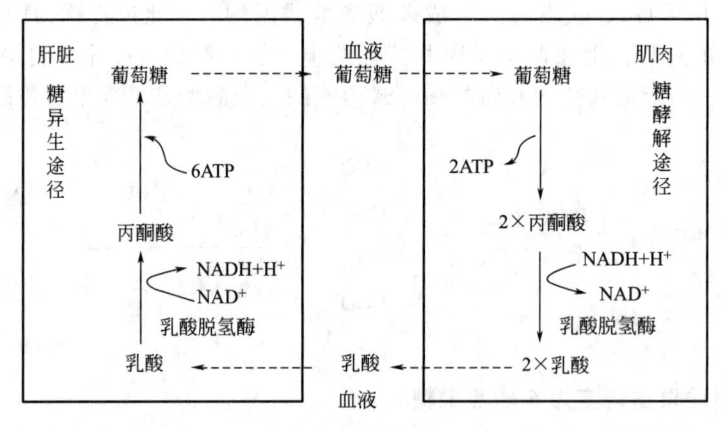

图 6-18 乳酸循环

3. 补充肝糖原

糖异生是补充或恢复肝糖原储备的重要途径。近年来发现，肝糖原摄取葡萄糖的能力低，而增加糖异生原料如丙酮酸、甘油、谷氨酸等，可使肝糖原迅速增加。即使在进食 2～3 小时内，肝仍保持较高的糖异生活性。

4. 协助氨基酸代谢

禁食后期，由于组织蛋白分解增强，血中氨基酸含量升高，糖异生作用十分活跃，氨基酸是饥饿时维持血糖的主要糖异生原料来源，因而氨基酸异生成糖是氨基酸代谢的重要途径。实验证明，进食蛋白质后，肝糖原的含量增加。

第四节　糖代谢的调节

要点

细胞水平的糖代谢调节　①细胞水平调节的核心是对限速酶的调节；②糖代谢过程中共有 14 个关键限速酶，通过变构调节、磷酸化修饰调节以及激素调节等方式来调节糖代谢及能量的供给。

组织器官对糖代谢的调节　组织器官对糖代谢的调节，主要通过肝脏、肌肉、肾脏、脂肪组织等自身的代谢特异性，在不同环境状况下对糖的分解代谢与合成代谢进行调控，以维持机体对能量的总体需求。

激素对血糖浓度的调节　①血糖指血液中的葡萄糖，正常值 3.89～6.11mmol/L；②胰岛素是降低血糖的激素；③肾上腺素、胰高血糖素、肾上腺糖皮质激素和生长激素等是升高血糖的激素。

代谢调节普遍存在于生物界，是生物的重要特征。机体中各种糖的分解与合成代谢途径，同脂代谢、氨基酸代谢、核苷酸代谢等其他代谢途径相互协调，形成了一个有机联系的完整代谢体系，通过调节各代谢途径的代谢方向和代谢强度来适应内外环境的变化。糖代谢各条途径的相对强弱，在细胞水平上受限速酶相对活性的调节；在组织器官水平上受肝脏、肌肉、脂肪组织等组织内不同代谢途径的相对强弱的调节；在整体水平上血糖受升糖激素与降糖激素的调节。

一、细胞水平的糖代谢调节

细胞是构成组织器官的基本功能单位，细胞水平的调节是器官水平调节和整体水平调节的基础，对限速酶的调节是细胞水平调节的核心。限速酶活性的改变与酶量的增减，直接影响到整个代谢途径的速度乃至方向。在糖代谢过程中，有 14 处由限速酶催化的调节点，通过变构调节、磷酸化修饰调节以及激素调节等方式来进行调节。

（一）糖酵解途径限速酶的调节

糖酵解途径中有三步是不可逆的单向反应，催化这三个反应的分别是己糖激酶（或葡萄糖激酶）、磷酸果糖激酶和丙酮酸激酶，其活性受到别构效应剂和激素的调节。其中磷酸果糖激酶的活性是该途径中的主要调节点，丙酮酸激酶和己糖激酶是次要调节点。

(1) 己糖激酶（或葡萄糖激酶）的活性调节　己糖激酶是一种别构酶，其活性受到自身反应产物 6-磷酸葡萄糖的抑制。而葡萄糖激酶由于不存在 6-磷酸葡萄糖的别构部位，故不受 6-磷酸葡萄糖的影响。胰岛素可诱导葡萄糖激酶基因的转录，促进葡萄糖激酶的合成，进而促进糖酵解，以降低血糖。

(2) 磷酸果糖激酶的活性调节　磷酸果糖激酶为四聚体寡聚蛋白，其活性受多种别构效应剂的影响。ATP、异柠檬酸、柠檬酸等是此酶的别构抑制剂，而 AMP、ADP、1,6-二磷酸果糖和 2,6-二磷酸果糖是此酶的别构激活剂。

(3) 丙酮酸激酶的活性调节　丙酮酸激酶是糖酵解的第 2 个重要调节点。1,6-二磷酸果糖是丙酮酸激酶的别构激活剂，而 ATP、肝丙氨酸、乙酰 CoA 和长链脂肪酸是其别构抑制剂。此外，丙酮酸激酶还受共价修饰方式调节，环腺苷酸（cAMP）依赖蛋白激酶和依赖 Ca^{2+} 、钙调蛋白的蛋白激酶均可使其磷酸化而失活。胰高血糖素可通过激活 cAMP 依赖蛋白激酶抑制丙酮酸激酶活性，从而抑制糖酵解。

（二）有氧氧化限速酶的调节

机体对能量的需求变动很大，因此有氧氧化的速率必须加以调节。其中，糖酵解途径的调节前面已叙述，这里主要讲丙酮酸脱氢酶复合体的调节与三羧酸循环的调节。

(1) 丙酮酸脱氢酶复合体的活性调节　丙酮酸脱氢酶复合体（又称丙酮酸脱氢酶系）的调节有变构调节和共价修饰调节两种方式。ATP、乙酰 CoA 和 $NADH+H^+$ 为丙酮酸脱氢酶复合体的变构抑制剂，AMP 为变构激活剂。当 ATP/AMP、乙酰 CoA/CoASH 和 $NADH/NAD^+$ 比值升高，酶活性被抑制；反之则被激活。当机体处于饥饿状态时，脂肪大量动员使乙酰 CoA 和 NADH 升高，抑制糖的有氧氧化，减少肌肉等组织对糖的摄取利用，确保大脑等组织对葡萄糖的需求。

丙酮酸脱氢酶复合体还受磷酸化/脱磷酸化共价修饰调节。丙酮酸脱氢酶激酶通过磷酸化丙酮酸脱氢酶复合体的丝氨酸使酶变构失活，丙酮酸脱氢酶磷酸酶通过使磷酸化的丙酮酸脱氢酶复合体脱去磷酸而恢复活性。ATP、乙酰 CoA 和 $NADH+H^+$ 能增强丙酮酸脱氢酶激酶的活性；NAD^+ 和 ADP 可抑制丙酮酸脱氢酶激酶的活性。胰岛素和 Ca^{2+} 能增强丙酮酸脱氢酶磷酸酶的活性，促使丙酮酸脱氢酶复合体去磷酸化。

(2) 三羧酸循环限速酶的调节　三羧酸循环的三个调节点是：柠檬酸合酶、异柠檬酸脱氢酶、α-酮戊二酸脱氢酶复合体这三个限速酶，最重要的调节点是异柠檬酸脱氢酶，其次是

α-酮戊二酸脱氢酶复合体；最主要的调节因素是 ATP 和 NADH 的浓度，通过产物的反馈抑制来实现。当［ATP］/［ADP］、［NADH］/［NAD^+］很高时，提示能量足够，三个限速酶活性被抑制；反之，这三个限速酶的活性被激活。此外，底物乙酰 CoA、草酰乙酸的不足，产物柠檬酸、ATP 产生过多，都能抑制柠檬酸合酶的活性。

（三）磷酸戊糖途径限速酶的调节

6-磷酸葡萄糖脱氢酶是磷酸戊糖途径的限速酶，酶活性高低决定 6-磷酸葡萄糖进入该途径的流量和 5-磷酸核糖与 $NADPH+H^+$ 的生成速度，主要受 $NADPH/NADP^+$ 比值高低的调控。当 $NADPH/NADP^+$ 升高时，酶活性受到抑制，磷酸戊糖途径代谢速度下降；反之，酶活性升高，磷酸戊糖途径代谢速度加快。

（四）糖原合成与降解途径限速酶的调节

糖原合酶与糖原磷酸化酶分别是调节机体糖原合成与降解代谢平衡的限速酶，其酶活性都受到化学修饰和别构调节两种方式的快速调节，从而决定糖原代谢的方向。供能物质不足时，糖原磷酸化酶活性增强，使糖原分解供能；供能物质充足时，糖原合酶活性增强，摄入的糖类物质被大量合成肝糖原或肌糖原储存。两者相互制约，调节非常精细，这也是生物体内合成与分解代谢的普遍规律。

（1）糖原合成与分解受别构调节　葡萄糖是糖原磷酸化酶的别构抑制剂。当血糖升高时，葡萄糖进入肝细胞，与磷酸化酶 a 的别构部位相结合，引起酶构象改变而暴露出磷酸化的第 14 位丝氨酸，此时磷蛋白磷酸酶-1 使之去磷酸化转变成磷酸化酶 b 而失活，肝糖原的分解减弱。糖原合酶受别构调节，骨骼肌内糖原合酶的别构效应剂主要为 AMP、ATP 和 6-磷酸葡萄糖。当静息时，ATP 和 6-磷酸葡萄糖水平较高，能别构激活糖原合酶，有利于糖原合成；当骨骼肌收缩时，ATP 和 6-磷酸葡萄糖水平降低，此时 AMP 浓度升高，通过别构抑制糖原合酶而使糖原合成途径关闭。

（2）糖原合成与分解受化学修饰调节　糖原合酶有两种形式：磷酸型无活性的糖原合酶 b；去磷酸型有活性的糖原合酶 a。糖原磷酸化酶也有两种形式：磷酸型有活性的糖原磷酸化酶 a；去磷酸型无活性的糖原磷酸化酶 b。糖原合酶与糖原磷酸化酶的磷酸化和脱磷酸化，由相应蛋白激酶和磷蛋白磷酸酶催化。

（五）糖异生的调节

糖异生的四个关键酶是丙酮酸羧化酶、磷酸烯醇式丙酮酸羧激酶、果糖 1,6-二磷酸酶和葡萄糖-6-磷酸酶，它们受多种代谢物及激素的调节。

（1）代谢物对糖异生的调节　饥饿情况下，脂肪动员增加、组织蛋白质分解加强、血浆中甘油和氨基酸含量增高；激烈运动时，血乳酸含量剧增，这些都可促进糖异生作用。

（2）乙酰 CoA 浓度对糖异生的影响　乙酰 CoA 决定了丙酮酸代谢的方向，脂肪酸氧化分解产生大量的乙酰 CoA，可以抑制丙酮酸脱氢酶系，使丙酮酸大量蓄积，为糖异生提供原料；同时又可激活丙酮酸羧化酶，加速丙酮酸生成草酰乙酸，使糖异生作用增强。

（3）激素对糖异生的调节　激素对糖异生的调节，是通过调节糖异生和糖酵解这两个途径的关键酶来实现的。胰高血糖素激活腺苷酸环化酶而产生 cAMP，通过 cAMP 促进双功能酶（磷酸果糖激酶/果糖 2,6-二磷酸酶）磷酸化。此酶经磷酸化后激酶部位灭活但磷酸酶部位活化，果糖-2,6-二磷酸生成减少，导致磷酸果糖激酶活性下降、果糖 2,6-二磷酸酶活性增高，有利于糖异生。然而，胰岛素的作用则相反。

二、组织器官对糖代谢的调节

在物质代谢中，不同组织器官既有差异性又有协调性，共同形成组织器官水平的代谢网络调控。在组织器官水平上对糖代谢的调节，主要是根据肝脏、肌肉、肾脏、脂肪组织等不同组织器官自身的代谢特异性，在不同环境状况下对糖的分解代谢与合成代谢进行调控，以维持机体对能量的总体需求。

（一）肝脏是调节糖代谢的中枢器官

肝细胞中分布着丰富的糖原合成与分解、糖氧化与糖异生等代谢途径酶系。当餐后血糖水平升高时，肝细胞能够快速摄取葡萄糖经三碳途径合成糖原而储存，同时加速糖的氧化和糖转脂，抑制糖异生，使血糖浓度迅速恢复到正常水平；当饥饿引起血糖水平下降时，储存在肝细胞中的肝糖原，能够快速分解成葡萄糖直接补充血糖，同时肝细胞还可通过减少糖氧化与加快糖异生作用来补充血糖，从而维持血糖的正常水平。

（二）肌肉组织是调节糖代谢的主要组织

肌细胞中含有丰富的糖原合成与分解、糖有氧氧化和无氧氧化等代谢途径酶系。当餐后血糖水平升高时，肌细胞一方面可以直接将葡萄糖转化为肌糖原储存，另一方面可以加速葡萄糖的氧化供能，以降低血糖水平；当饥饿引起血糖水平降低时，储存在肌细胞中的肌糖原可以氧化分解成三碳物质，与肌蛋白降解产生的氨基酸一起被运输入肝并在肝中异生成糖，从而间接补充血糖，同时肌细胞通过以脂酸氧化供能为主的方式，大大减少了葡萄糖的氧化消耗。

（三）其他组织在调节糖代谢中的重要作用

肾脏具有糖异生作用，脂肪组织可以通过脂代谢与糖代谢协同，它们在血糖水平调节中具有重要作用。肝脏、肌肉及其他组织器官的相互协调，使血糖水平维持着相对恒定。

三、激素对血糖浓度的调节

血糖（blood sugar）是指血液中的葡萄糖，它是体内糖的运输形式。正常生理状态下，血糖水平相对恒定，维持在3.89～6.11mmol/L之间。禁食或餐后，血糖浓度会在一定范围内上下波动，一般在短时间内能够恢复到正常水平，以保证人体各组织器官对葡萄糖的需求，维持正常生理功能。血糖低于正常值的1/3～1/2时，即可引起脑组织机能障碍，甚至死亡。

（一）血糖的来源和去路

1. 血糖的来源

①食物中糖类经消化吸收后入血的葡萄糖是血糖最主要的来源；②在空腹时，肝糖原分解生成葡萄糖释放入血，补充血糖浓度，肝糖原分解是空腹时血糖的重要来源；③长期饥饿时，体内大量非糖物质通过糖异生转变为糖，来维持血糖的正常水平。

2. 血糖的去路

①血液中的葡萄糖流经全身各组织时，即可被组织细胞摄取利用，氧化分解以供应能量，这是血糖最主要的去路；②葡萄糖可转变成糖原，储存在肝脏和肌肉组织中；③血糖可转变为脂肪及某些非必需氨基酸，还可转变为其他糖类及其衍生物，如核糖、氨基糖、葡萄

糖醛酸等，以作为一些重要物质合成的原料；④葡萄糖也可以转变成脂肪及某些氨基酸等非糖物质；⑤当血糖浓度高于 8.89～10.0mmol/L，超过肾糖阈时，则糖从尿液中排出，出现糖尿现象，尿排糖是血糖的非正常去路。

（二）血糖的调节

血糖浓度的相对恒定，是机体对血糖的来源和去路进行精细调节，使之维持动态平衡的结果。这种平衡的维持需要神经、激素及组织器官对糖代谢的调节作用。

1. 肝对血糖的调节

肝脏对血糖的调节是稳定血糖浓度最重要的调节作用。一方面，当餐后血糖浓度增高时，肝糖原合成增加，避免进食后葡萄糖过量涌入体循环，从而使血糖水平不致过度升高；另一方面，空腹时肝糖原分解加强，用以补充血糖浓度。此外，在饥饿或禁食情况下，肝的糖异生作用加强，以有效地维持血糖浓度。

2. 激素对血糖的调节

调节血糖的激素有两类：一类是降低血糖的激素，如胰岛素；另一类是升高血糖的激素，如肾上腺素、胰高血糖素、肾上腺糖皮质激素和生长素等。这两类不同作用的激素相互协调，共同维持血糖的正常水平（表 6-3）。

表 6-3　激素对血糖水平的调节

降低血糖的激素		升高血糖的激素	
胰岛素	(1)促进葡萄糖进入肌肉、脂肪等组织细胞 (2)加速葡萄糖在肝、肌肉组织中合成糖原 (3)促进糖的有氧氧化 (4)促进糖转变为脂肪 (5)抑制糖异生 (6)抑制肝糖原分解	肾上腺素	(1)促进肝糖原分解 (2)促进肌糖原酵解 (3)促进糖异生
		胰高血糖素	(1)抑制肝糖原合成 (2)促进糖异生
		糖皮质激素	(1)促进糖异生 (2)促进肝外组织蛋白分解生成氨基酸

3. 神经对血糖的调节

中枢神经通过植物性神经系统对激素分泌的控制来调节血糖浓度。当迷走神经兴奋时，胰岛素分泌增加，血糖浓度降低；当交感神经兴奋时，肾上腺素、去甲肾上腺素分泌增加，血糖浓度升高，同时又抑制胰岛 β 细胞分泌胰岛素，减少葡萄糖的利用，使血糖浓度升高。

（三）血糖水平异常

多种因素可以影响糖代谢，如神经系统、内分泌系统、酶系统及其某些组织器官的功能紊乱，均可引起糖代谢障碍导致血糖浓度异常。临床上血糖水平改变主要有两种类型，即低血糖与高血糖。

1. 低血糖

空腹血糖浓度低于 3.33～3.89mmol/L 称为低血糖（hypoglycemia）。脑细胞首先对低血糖出现反应，因为脑细胞中几乎不储存糖原，同时又由于血脑屏障的限制，脑细胞难以利用脂肪酸，其所需能量主要靠摄取血中的葡萄糖进行氧化分解来供给。低血糖时，患者常表现出头晕、心悸、出冷汗、手颤、倦怠无力和饥饿感等症状，严重时发生低血糖昏迷，甚至导致死亡。

低血糖的常见原因：①胰岛 β 细胞增生（如胰岛肿瘤），胰岛素分泌过多或治疗时使用胰岛素过多，引起低血糖；②垂体机能或肾上腺机能低下时糖皮质激素和生长素分泌不足，对抗胰岛素的激素分泌减少，也会引起低血糖；③出现严重肝疾患（如肝癌）时，肝功能普遍低下，肝不能及时有效地调节血糖浓度，故易产生低血糖；④饥饿或不能进食时，剧烈运动及高热等也能造成低血糖；⑤空腹饮酒，由于乙醇在肝内氧化而使 NAD^+ 过多地转变为 $NADH+H^+$，进而过多地将丙酮酸还原成乳酸，不仅造成乳酸浓度升高，而且抑制其糖异生作用，减少了血糖来源，引起低血糖。

2. 高血糖与糖尿病

空腹血糖水平高于7.22～7.78mmol/L，称高血糖（hyperglycemia）。如果血糖值高于肾糖阈值（8.89 mmol/L）时，超过了肾小管对糖的最大重吸收能力，则尿液中就会出现糖，此现象称为糖尿。高血糖及糖尿可分为生理性和病理性两种。

① 生理性高血糖和糖尿：糖的来源增加可引起生理性高血糖。如一次性进食或静脉输入大量葡萄糖（每小时每千克体重超过22～28 mmol/L）时，血糖浓度急剧增高，可引起饮食性高血糖；情绪激动，肾上腺素分泌增加，肝糖原分解为葡萄糖释放入血，使血糖浓度增高，可出现情感性高血糖。生理性高血糖和糖尿都是暂时性的。

知识链接

糖尿病

糖尿病分为胰岛素依赖型（Ⅰ型）糖尿病、非胰岛素依赖型（Ⅱ型）糖尿病和妊娠期糖尿病，主要特点是血糖过高、糖尿、多尿、多饮、多食、消瘦、疲乏。糖尿病是一种复杂的代谢紊乱性疾病，基本发病机制是胰岛素绝对或相对不足。Ⅰ型糖尿病常见于青少年，占糖尿病发病的10%以上，胰岛素绝对缺乏，“三多一少”症状明显，患糖尿病酮症酸中毒的概率高，必须依赖胰岛素治疗维持生命。Ⅱ型糖尿病好发于中、老年人，病因主要是机体对胰岛素不敏感，占糖尿病发病的90%以上，“三多一少”症状不明显。妊娠期糖尿病是因为细胞的胰岛素抵抗，一般在分娩后即可自愈。

② 病理性高血糖：临床上常见的高血糖症是糖尿病。由胰岛素分泌障碍所引起的高血糖和糖尿，称为糖尿病。糖尿病患者，因缺乏胰岛素，血糖不易进入组织细胞；糖原合成减少，分解增强；组织细胞氧化利用葡萄糖的能力减弱；糖异生作用增强，肝糖原分解加强，因而出现糖血糖。由于糖氧化发生障碍，能量供应不足，故患者感到饥饿而多食，多食后血糖浓度进一步升高；血糖浓度升高超过肾糖阈即出现糖尿，排出大量糖就会带出大量水分，故引起多尿。多尿即失水过多，血液浓缩引起口渴，因而多饮。由于糖氧化供能发生障碍，必须动用体内脂肪和蛋白质氧化供能，因消耗脂肪和蛋白质过多，就会引起体重减轻。当出现持续性高血糖和糖尿时，就会表现出多食、多饮、多尿、体重减少的“三多一少”症状。严重糖尿病病人还可能出现糖尿病酮症酸中毒。

本章小结

糖是生物体重要的能源和碳源，糖分解可释放能量，供给生命活动的需要。生物体中典型的单糖是葡萄糖和果糖；重要的寡糖是二糖，其中以蔗糖、乳糖和麦芽糖为主。动植物通过淀粉磷酸化酶或淀粉酶把糖原（淀粉）水解成葡萄糖，很多微生物则有水解纤维素的酶。

蔗糖、乳糖等寡糖经水解和异构化可转化成葡萄糖。葡萄糖通过糖代谢无氧氧化、有氧氧化、磷酸戊糖途径、糖原合成途径、糖异生途径等，使中间产物或产物彼此联系、相互影响，并与氨基酸、脂类、核苷酸代谢紧密联系、协调互变。

糖酵解途径指葡萄糖在己糖激酶、磷酸果糖激酶、丙酮酸激酶等催化下分解成丙酮酸的过程。在缺氧条件下，丙酮酸从 $NADH+H^+$ 获得氢还原成乳酸，称为糖酵解。其主要生理意义是在缺氧状况下为机体迅速提供能量供应，并为代谢旺盛的组织提供能量补充。在供氧充足条件下，丙酮酸进入线粒体经三羧酸循环和氧化磷酸化，彻底分解成 CO_2 和 H_2O 并产生大量 ATP 的过程称为有氧氧化。它是糖氧化供能的主要方式，是糖、脂、蛋白质分解代谢的共同通路，是联系体内物质代谢的枢纽。有氧氧化除受酵解途径限速酶调控外，还受丙酮酸脱氢酶复合体、柠檬酸合酶、异柠檬酸脱氢酶和 α-酮戊二酸脱氢酶复合体的调节。在6-磷酸葡萄糖脱氢酶等催化下，6-磷酸葡萄糖经氧化脱羧和基团转移反应后，又与酵解途径相连接的代谢过程称为磷酸戊糖途径。其主要生理意义在于产生 5-磷酸核糖与 $NADPH+H^+$。葡萄糖在细胞质中，经糖原合酶等催化合成糖原的过程称为糖原合成。糖原经磷酸化酶等催化，水解生成磷酸葡萄糖和葡萄糖的过程称为糖原分解。糖异生指非糖物质在肝脏及肾脏中，经丙酮酸羧化酶、磷酸烯醇式丙酮酸羧激酶、果糖 1,6-二磷酸酶-1 和葡萄糖-6-磷酸酶等催化转变成葡萄糖的过程。糖原合成与分解及糖异生作用的主要生理意义在于维持血糖水平的相对稳定。

糖代谢途径各限速酶的含量与活性主要受代谢物的浓度和机体的能量水平（ATP/ADP、ATP/AMP）、供氧水平（$NADH/NAD^+$）和激素水平（升糖激素与降糖激素）影响。调节的方式包括对关键酶的共价修饰与变构调节等快速调节以及基因开放与表达等慢速调节。血糖指血液中的葡萄糖，是联系各组织细胞糖代谢的代谢库，是观察机体糖代谢正常与否的窗口，在神经、激素、组织器官和限速酶的精密调节下保持着动态平衡。胰岛素是体内唯一的降糖激素，胰高血糖素、肾上腺素和糖皮质激素是体内主要的升糖激素。

思考题

1. 写出葡萄糖和果糖的环式结构，标明碳原子编号及 α-构型和 β-构型的区别。
2. 什么是糖酵解途径？写出糖酵解途径的反应历程及生物学意义。
3. 简述三羧酸循环的特点。为什么说三羧酸循环是物质代谢的枢纽？
4. 简述磷酸戊糖途径的生理意义、蚕豆病的病因及出现溶血性贫血的生化机制。
5. 简述 6-磷酸葡萄糖在体内的代谢概况及其在糖代谢中的地位。
6. 血糖有哪些来源和去路？调节血糖的激素有哪些？
7. 血糖浓度如何保持动态平衡？肝在维持血糖浓度相对稳定中起何作用？
8. 糖异生作用与糖酵解代谢途径有哪些差异？
9. 俗话说：糖吃多了容易长胖。请你用所学知识给予理论分析。
10. 在一个具有全部细胞功能的哺乳动物细胞匀浆中分别加入 1mol 下列不同的底物，每种底物完全被氧化为 CO_2 和 H_2O 时，将产生多少摩尔 ATP 分子？

（1）丙酮酸　（2）磷酸烯醇式丙酮酸　（3）乳酸

（4）草酰琥珀酸　（5）磷酸二羟丙酮　（6）果糖-1,6-二磷酸

第七章 脂代谢

【知识目标】掌握脂类的结构和生理功能、甘油氧化和脂肪酸β-氧化的途径、酮体的生成和利用，熟悉脂肪酸链延长和去饱和机制、软脂酸合成途径、胆固醇合成途径及转化方式，了解脂肪酸代谢的调控方式、脂肪酸氧化的其他途径、类脂代谢和调控途径。

【能力目标】能够解释脂代谢异常导致的疾病和治疗途径，具备收集、整理和利用脂代谢资料的能力；学会运用所学的脂代谢知识分析和解决生活、生产或社会相关问题。

【素质目标】培养乐于探索生命奥秘的兴趣和实事求是的科学态度、探索精神和创新意识；养成热爱生活、珍爱生命的健康生活理念。

第一节 脂类概述

要点

脂类的生理功能	贮存能量、调节体温、抗震、细胞膜组分、信号转导、体液调节（激素的形式）、其他作用。
脂类的分类	①按照结构分为简单脂质、复合脂质、衍生脂质；②按照生物学功能分贮存脂质、结构脂质、活性脂质；③按照极性分为极性脂质、非极性脂质；④常见脂质有三酰甘油、蜡、磷脂、糖脂、类固醇。

脂类（lipids）是脂肪及类脂的总称，是一类较难溶于水而易溶于有机溶剂的化合物。脂肪（fat）是一分子甘油和三分子脂肪酸组成的酯，主要功能是储存能量及氧化供能。类脂（lipoid）包括磷脂、糖脂、胆固醇及胆固醇酯等，是细胞膜结构的重要组分，参与细胞识别及信息传递。

一、几种重要的脂类

（一）三酰甘油

动植物油脂的化学本质是酰基甘油（acylglycerol），主要形式是三酰甘油（又称为甘油三酯，triacylglycerol，TG)，还有部分二酰甘油和单酰甘油（图 7-1）。常温下液态的酰基甘油叫作油（oil)，固态的叫脂（fat)，固液态的酰基甘油统称为油脂或中性脂（neutral fat)。除可可脂外，植物体内的酰基甘油多为液态油。除鱼肝油外，动物体的酰基甘油多为固态脂。

1. 三酰甘油的结构

一分子甘油和三分子脂肪酸酯化形成三酰甘油，其化学性质比较稳定，结构式见图 7-1。结构通式中，R^1、R^2、R^3 代表脂肪酸的烃链尾巴。若 R^1、R^2、R^3 相同则为单三酰甘油；若 R^1、R^2、R^3 中有不少于 2 种脂肪酸时，则为混三酰甘油。三酰甘油脱去 1 个或者 2 个脂肪酸分别形成二酰甘油和单酰甘油，由于游离羟基在水中具有形成分散态的倾向，故二酰甘油和单酰甘油常作为乳化剂在食品工业中使用。三酰甘油是体内最有效的能量储存形式，并且其储存过程不需要结合水，每克储存的三酰甘油释放的能量是等量水合糖原的 4 倍。平均体重 70kg 的人其肝脏和肌肉最多能储存 350g 的糖原，可提供 5857.6kJ（1400kcal）的热量，不足以满足 1 天的能量需求。然而，人体内可以储存 10 kg 的三酰甘油，饥饿状态下可以维持数周的基本能量需求。此外，摄入的能量增多，则三酰甘油的储存量也会增加。

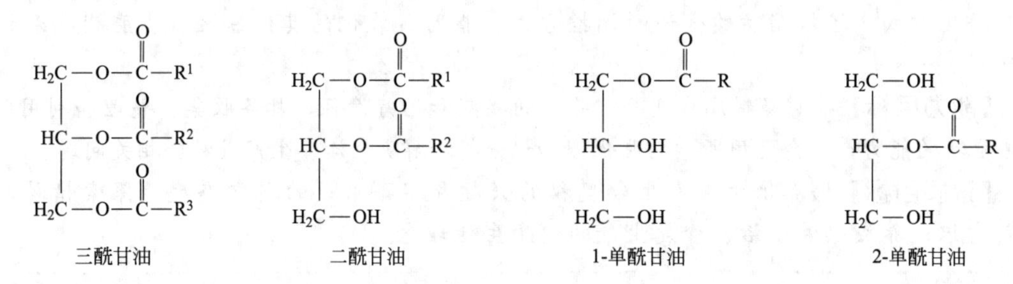

图 7-1　酰基甘油

2. 三酰甘油的理化性质

纯的三酰甘油无色、无臭、无味，为黏稠性液体或者蜡状固体，不溶于水，微溶解于低级醇，易溶解于乙醚、苯、氯仿、石油醚等脂溶性溶剂。三酰甘油的熔点随组分内不饱和脂肪酸和低分子量脂肪酸的比例降低而升高，是一个大概的范围。在酸、脂酶的作用下，三酰甘油可被水解成甘油和脂肪酸。在碱性条件下，三酰甘油可通过皂化作用（saponification）水解成甘油和脂肪酸盐（钠盐、钾盐)，脂肪酸盐俗称皂。将皂化 1g 油脂所需要的 KOH 的质量（以 mg 为单位）称为皂化值（saponification value)。在镍等催化剂存在的情况下，油脂分子中的双键能与氢发生氢化加成反应，生成影响健康的反式脂肪酸。不饱和油脂中的烯键会与卤族元素发生卤化反应（halogenation)。100g 油脂卤化时能吸收的碘的质量（以 g 为单位）称为碘值（iodine value)。

3. 油脂的酸败及脂质过氧化作用

油脂及油脂类食物长时间暴露在空气中容易氧化变质，即双键发生自动氧化，油脂断裂成碳链较短且容易挥发的醛和酸，并产生难闻的气味，称为酸败（rancidity)。加入抗氧化剂、真空、冷藏等都可以有效减少油脂的酸败。脂质中多不饱和脂肪酸氧化变质过程称为脂质过氧化（peroxidation)，该过程是活性氧参与的自由基链式反应，常用丙二醛的生成量来反映脂质过氧化程度。脂质过氧化的中间产物和氧化终产物对细胞毒害较大，可能导致蛋白质失活，影响新陈代谢。

（二）脂肪酸

生物体内分离出来的脂肪酸（fatty acid，FA）已有百余种，大部分以结合的形式存在于三酰甘油、糖脂、磷脂等内，只有少量的脂肪酸游离。脂肪酸由一条长的线型烃链尾巴和一个末端羧基头部组成。烃链不含双键和三键的称为饱和脂肪酸（saturated FA，SFA），含有一个双键的称为单不饱和脂肪酸（monounsaturated FA，MUFA），含有两个或者两个以上双键的为多不饱和脂肪酸（polyunsaturated FA，PUFA）。不同脂肪酸之间的区别是烃链的长度、双键的数目、双键的位置。每个脂肪酸都具有俗名（common name）、系统名（systematic name）、简写符号三种表述方式。例如，顺，顺-9,12-十八碳二烯酸，俗名是亚油酸，简写符号是 $18{:}2\Delta^{9c,12c}$，其中 18 是脂肪酸的碳原子数目，2 是双键数目，两个数字之间用冒号（:）隔开，Δ 右上角标的数字表示的是双键的位置，c（*cis*，顺式）和 t（*trans*，反式）标明的是双键的构型。常见的是 16 碳和 18 碳的脂肪酸，低于 14 个碳的脂肪酸主要存在于乳脂中（表 7-1）。饱和脂肪酸的基本分子结构为 $CH_3(CH_2)_nCOOH$。有的不饱和脂肪酸双键多达 6 个，双键之间由亚甲基（$—CH_2—$）隔开，双键几乎都是顺式构型。

表 7-1 天然存在的脂肪酸代表

俗名	系统名	简写符号	结构	熔点/℃	存在形式
酪酸（butyric acid）	*n*-丁酸（*n*-butanoic acid）	4:0	$CH_3(CH_2)_2COOH$	−7	乳脂
羊油酸（caproic acid）	*n*-己酸（*n*-hexanoic acid）	6:0	$CH_3(CH_2)_4COOH$	−3.4	乳脂、可可油
羊脂酸（caprylic acid）	*n*-辛酸（*n*-octanoic acid）	8:0	$CH_3(CH_2)_6COOH$	16.5	乳脂、可可油
羊蜡酸（capric acid）	*n*-癸酸（*n*-decanoic acid）	10:0	$CH_3(CH_2)_8COOH$	31.6	棕榈油、乳脂
月桂酸（lauric acid）	*n*-十二酸（*n*-dodecanoic acid）	12:0	$CH_3(CH_2)_{10}COOH$	44.2	可可油
豆蔻酸（myristic acid）	*n*-十四酸（*n*-tetradecanoic acid）	14:0	$CH_3(CH_2)_{12}COOH$	53.9	肉豆蔻油、乳脂
棕榈酸（软脂酸，palmitic acid）	*n*-十六酸（*n*-hexadecanoic acid）	16:0	$CH_3(CH_2)_{14}COOH$	63.1	动植物油脂
硬脂酸（stearic acid）	*n*-十八酸（*n*-octadecanoic acid）	18:0	$CH_3(CH_2)_{16}COOH$	69.6	动植物油脂
花生酸（arachidic acid）	*n*-二十酸（*n*-eicosanoic acid）	20:0	$CH_3(CH_2)_{18}COOH$	76.5	花生油
棕榈油酸（palmitoleic acid）	十六碳-9-烯酸（顺）（*cis*-9-hexadecenoic acid）	$16{:}1\Delta^9$	$CH_3(CH_2)_5CH{=}CH(CH_2)_7COOH$	−0.5～0.5	乳脂、海藻类
油酸（oleic acid）	十八碳-9-烯酸（顺）（*cis*-9-octadecenoic acid）	$18{:}1\Delta^9$	$CH_3(CH_2)_7CH{=}CH(CH_2)_7COOH$	13.4	分布广泛
亚油酸（linoleic acid）	十八碳-9,12-二烯酸（顺，顺）（*cis*,*cis*-9,12-octadecadienoic acid）	$18{:}2\Delta^{9,12}$	$CH_3(CH_2)_4(CH{=}CHCH_2)_2(CH_2)_6COOH$	−5	大豆油、亚麻籽油

续表

俗名	系统名	简写符号	结构	熔点/℃	存在形式
α-亚麻酸（α-linolenic acid）	十八碳-9,12,15-三烯酸（全顺）（all *cis*-9,12,15-octadecatrienoic acid）	18:3 $\Delta^{9,12,15}$	$CH_3CH_2(CH{=}CHCH_2)_3(CH_2)_6COOH$	−11	亚麻籽油等
花生四烯酸（arachidonic acid）	二十碳-5,8,11,14-四烯酸（全顺）（all-*cis*-5,8,11,14-eicosatetraenoic acid）	20:4 $\Delta^{5,8,11,14}$	$CH_3(CH_2)_4(CH{=}CHCH_2)_4(CH_2)_2COOH$	−49.5	卵磷脂、脑磷脂
EPA	二十碳-5,8,11,14,17-五烯酸（全顺）（all,*cis*-5,8,11,14,17-eicosapentaenoic acid）	20:5 $\Delta^{5,8,11,14,17}$	$CH_3CH_2(CH{=}CHCH_2)_5(CH_2)_2COOH$	−54	鱼油、动物磷脂
DHA	二十二碳-4,7,10,13,16,19-六烯酸（全顺）（all,*cis*-docosahexaenoic acid）	22:6 $\Delta^{4,7,10,13,16,19}$	$CH_3(CH_2)(CH{=}CHCH_2)_6CH_2COOH$	−45.59	鱼油、动物磷脂

哺乳动物体内可以合成多种脂肪酸，但是不能引入超过 Δ^9 的双键，故不能合成多不饱和脂肪酸，必须从膳食中摄取。对人体功能重要但人体自身不能合成的多不饱和脂肪酸称为必需脂肪酸（essential fatty acid）。亚油酸和 α-亚麻酸属于多不饱和脂肪酸（PUFA）家族的 omega-6（ω-6）和 omega-3（ω-3）系列（表 7-2），即第一个双键分别距离末端甲基 6 个碳原子和 3 个碳原子。ω-6 PUFA 可以显著降低血清胆固醇水平，ω-3 PUFA 降低三酰甘油水平效果显著，目前还不清楚它们对血脂水平的作用机制。大多数人可从膳食中获得足够的 ω-6 PUFA，但是缺乏最适量的 ω-3 PUFA。人体内 ω-6 PUFA 和 ω-3 PUFA 不能相互转变，膳食中缺乏 ω-6 PUFA 将导致皮肤病变，缺乏 ω-3 PUFA 会导致神经和心脏疾病。亚油酸在哺乳动物体内可以转变成 γ-亚麻酸，并继续延长为花生四烯酸，维持细胞膜的结构和功能。亚油酸也可以合成生理活性脂质，如类二十碳烷化合物。人体可将从膳食中获取的 α-亚麻酸转化成 ω-3 系列的二十碳五烯酸（EPA）和二十二碳六烯酸（DHA）。DHA 在视网膜和大脑皮层中比较活跃，大脑中一半的 DHA 是出生前积累的，一半是出生后积累的。

表 7-2 ω-6 和 ω-3 多不饱和脂肪酸的来源

脂肪酸	来源
亚油酸（ω-6）	植物油（葵花籽、大豆、小麦胚、芝麻、花生、油菜籽、玉米胚）
花生四烯酸（ω-6）	肉类、玉米胚油
α-亚麻酸	植物油（芝麻、大豆、小麦胚、油菜籽）、坚果、种子
EPA 和 DHA（ω-3）	人乳、鱼类（沙丁鱼、鲱鱼、鲑鱼等）、贝类、甲壳类

（三）磷脂

磷脂（phospholipid）主要参与细胞膜的组成，又称成膜分子，分为甘油磷脂和鞘磷脂两大类。实验室内常用氯仿-甲醇混合液从细胞和组织内提取磷脂。

1. 甘油磷脂

甘油磷脂（glycero phosphatide），又称为磷酸甘油酯（图 7-2）。磷脂酸（phosphatidic

acid）存在于多种生物体内，是甘油磷脂的母体化合物。磷脂酸的磷酸基被高极性或带电荷的醇（XOH）酯化后形成甘油磷脂。XOH 通常为含氮碱，例如，胆碱（choline）、乙醇胺（ethanolamine）、丝氨酸、肌醇、甘油等。在甘油磷脂中，XOH 以磷酸二酯键与甘油连接，从而形成极性头，两个长的烃链是非极性尾。

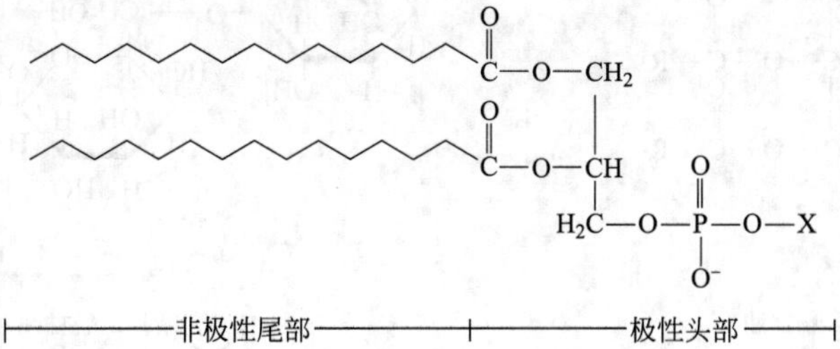

图 7-2　甘油磷脂的结构通式

2. 鞘磷脂

鞘磷脂（sphingomyelin）是鞘氨醇的衍生物，含有 1 个极性头基、2 个非极性尾部（1 分子脂肪酸、1 分子鞘氨醇或其衍生物），作为极性头的磷酸基团通过磷酸二酯键相连接。鞘氨醇的 C-1、C-2、C-3 位分别携带—OH、—NH_2、—OH。脂肪酸通过酰胺键与鞘氨醇 C-2 位上的—NH_2 连接，形成神经酰胺母体，磷酸胆碱或者磷酸乙醇胺作为极性头部通过磷酸二酯键与神经酰胺的 C-1 位相连接（图 7-3）。在性质、结构、极性头部等方面，鞘磷脂类似于磷脂酰胆碱和磷脂酰乙醇胺。

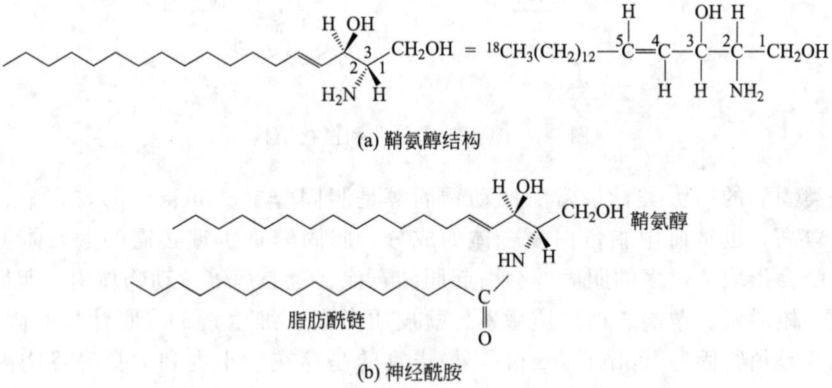

(a) 鞘氨醇结构

(b) 神经酰胺

图 7-3　鞘氨醇和神经酰胺的结构

（四）糖脂

糖通过半缩醛羟基以糖苷键与脂质连接的化合物叫作糖脂，包括鞘糖脂和甘油糖脂两类。

1. 鞘糖脂

鞘糖脂（glycosphingolipid）分子中，单糖或者寡糖分子通过糖苷键与神经酰胺 C-1 位上—OH 直接相连，主要分布于质膜的外表面。根据糖基内唾液酸（又称 *N*-乙酰神经氨酸）或者硫酸成分的有无，鞘糖脂分为中性鞘糖脂和酸性鞘糖脂。

2. 甘油糖脂（glyceroglycolipid）

甘油糖脂又称为糖基甘油酯，以甘油为共同组成成分，在二酰甘油分子 *sn*-3 位置上，羟基通过糖苷键与糖基相连而形成（图 7-4）。主要分布在植物的叶绿体和微生物的质膜中，哺乳动物的睾丸和精子的质膜中也存在少量的甘油糖脂。

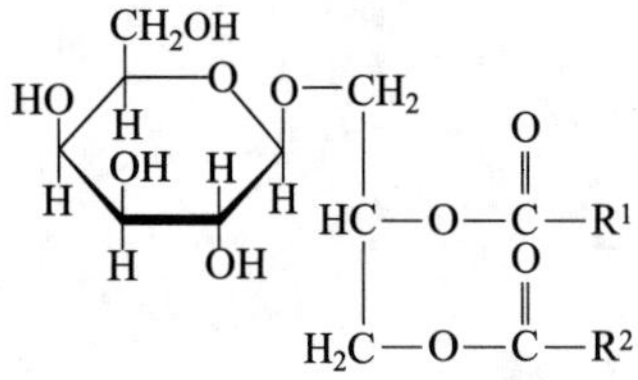

单半乳糖基二酰甘油 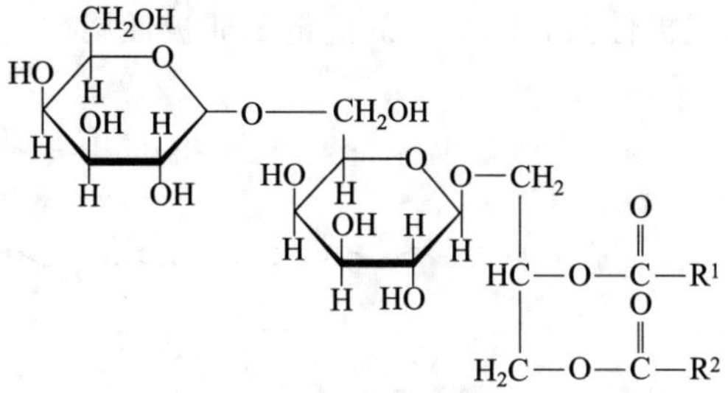　　二半乳糖基二酰甘油

图 7-4　常见的甘油糖脂结构通式

（五）类固醇

固醇又称为甾醇（sterol），以环戊烷多氢菲（cyclopentano perhydro phenanthrene）为基础，环戊烷多氢菲的 A、B 环之间以及 C、D 环之间各有 1 个角甲基，形成甾核，是类固醇的母体（图 7-5）。环上的双键数目、位置，取代基的种类、数目、位置、α/β 取向，环和环稠合的构型差异，均是导致类固醇种类多样的因素。

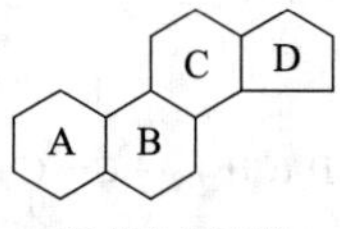

环戊烷多氢菲 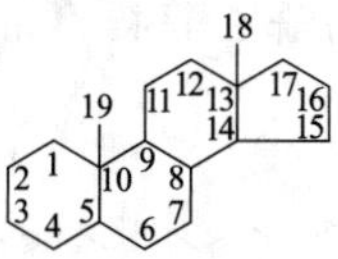　　甾核

图 7-5　环戊烷多氢菲和甾核结构

固醇是类固醇的一大类，最常见的动物固醇是胆固醇（cholesterol），在脑、肝脏、蛋黄中含量比较高，也是血中脂蛋白复合体的成分。胆固醇是生理必需的，人体可以自发合成，也可由膳食摄取。过多的胆固醇会引起胆结石症、冠心病等。动物体内，胆固醇可以衍生出雌激素、雄激素、孕酮、糖皮质激素、盐皮质激素、维生素 D、胆汁酸等固醇衍生物。植物体内主要是植物固醇（phytosterol），最丰富的是存在于小麦和大豆等谷物内的 β-谷固醇、豆固醇、菜油固醇、麦角固醇等（图 7-6），但是很少被人的肠黏膜吸收，同时也抑制小肠对胆固醇的吸收。植物中的强心苷配基、昆虫产生的蜕皮激素、蟾蜍腮腺毒液中分离出的蟾毒素（bufotoxin）都是固醇衍生物。

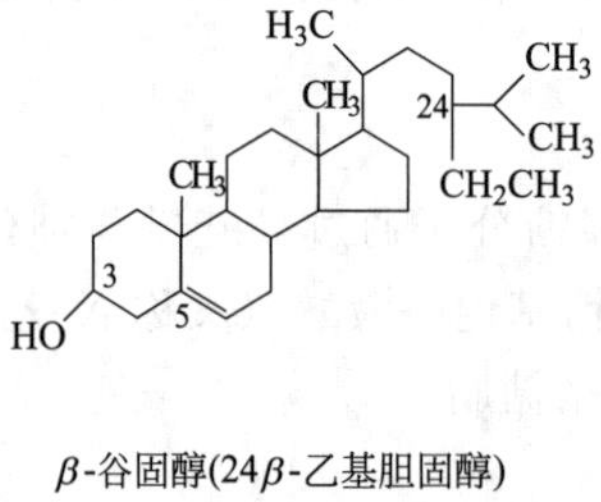

β-谷固醇(24β-乙基胆固醇) 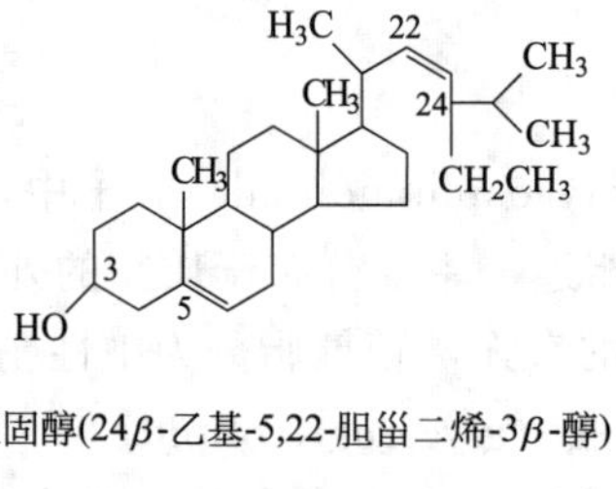　　豆固醇(24β-乙基-5,22-胆甾二烯-3β-醇)

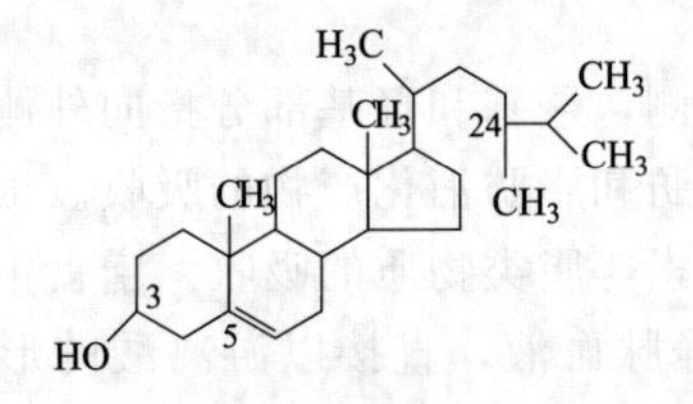

菜油固醇(24α-甲基-5-胆甾烯-3β-醇)　　麦角固醇(24β-甲基-5,7,22-胆甾三烯-3β-醇)

图 7-6　常见的植物固醇和真菌固醇

二、脂类的生理功能

脂类的生理功能主要有以下几个方面。

(1) 储能与供能　脂肪是体内储存能量的主要形式，脂肪组织是储存脂肪的重要场所。人在空腹时，50%以上的能量来源于储存脂肪的氧化。脂肪氧化所释放的能量比等量的糖或蛋白质约高一倍，每克脂肪完全氧化分解释放能量约 38.9kJ (9.3kcal)。

(2) 构成细胞膜的成分　类脂是构成生物膜的重要成分，占膜质量的 40%～70%，如细胞膜、线粒体膜、内质网膜、核膜和神经鞘膜等。磷脂对维持生物膜的正常结构和功能具有重要作用。

(3) 促进脂溶性维生素的吸收　食物中的脂溶性维生素，常随脂肪在肠道被吸收、转运和储存。食物中脂类缺乏或消化吸收障碍时，往往会发生脂溶性维生素缺乏。

(4) 提供必需脂肪酸　必需脂肪酸是维持机体生长发育和皮肤正常代谢所必需的多不饱和脂肪酸，若食物中缺乏营养必需脂肪酸，会出现生长缓慢、皮肤鳞屑多、毛发稀疏等症状。

(5) 其他作用　人体皮下脂肪可防止热散失从而保持体温，脏器周围脂肪可固定和保护内脏等。

三、脂类的消化、吸收

(一) 脂类的消化

成人每天平均摄入 60～150g 脂肪，膳食中的脂类是非极性化合物，90%是三酰甘油 (triacylglycerol)。脂肪的消化开始于胃，彻底消化发生在小肠内。胰脏分泌的胰脂肪酶将三酰甘油催化生成 2-单酰甘油和脂肪酸。胰脏产生的辅脂肪酶 (12kDa) 对胰脂肪酶催化活性至为重要，辅脂肪酶与脂肪酶形成 1∶1 的复合物，抑制脂肪酶在界面的变性，并把脂肪固定在脂质-水界面上。胰液内的酯酶 (esterase) 可以作用于单酰甘油。消化三酰甘油的酶是在脂质-水界面处对不溶于水的三酰甘油进行消化的，因此三酰甘油的消化速度取决于界面的表面积。小肠的剧烈蠕动，加上胆汁盐的乳化作用，使得三酰甘油的消化量大幅度提高。胆汁盐是肝脏合成的，经胆囊分泌到小肠。肝脏内也生成磷脂酰胆碱，其亲水基和疏水基分居两侧，有助于脂肪的乳化。酯酶作用于胆固醇酯和维生素 A。胰脏分泌的磷脂酶 (phospholipase)，催化磷脂的 2-酰基水解，产生脂肪酸和溶血磷脂 (lysophospholipid)。胰磷脂酶 A2 同样在界面处优先催化磷脂。胰脏分泌的胰脂肪酶在磷脂上的催化位点是 1 位和 3 位，形成 1,2-二酰甘油、2-单酰甘油，以及脂肪酸的钠盐和钾盐。

（二）脂类的吸收

胆汁盐形成胶状颗粒状的微团，疏水部分指向内侧，羧基和羟基部分指向外侧，作为载体将脂肪从小肠腔移到小肠上皮细胞，促进小肠对脂肪和脂肪消化产物的吸收。微团也参与小肠上皮细胞对游离脂肪酸、单酰甘油、脂溶性维生素等脂类物质的吸收。膳食中含量不多短链脂肪酸和中等链长的脂肪酸可以被吸收进入门静脉血液，直接以游离酸的形式被送到肝脏。

第二节　脂肪的分解代谢

要点

脂肪分解代谢	①脂肪分解成脂肪酸和甘油；②脂肪酸的活化；③脂肪酸转运到线粒体基质；④脂肪酸氧化。
脂肪酸β氧化	脱氢、加水、脱氢、硫解。
乙酰-CoA去处	①进入柠檬酸循环氧化分解；②从线粒体进入细胞溶胶合成脂肪酸；③合成胆固醇等类脂；④肝脏内合成酮体，肝外组织利用。

当机体需代谢能量时，激素动员调节脂肪组织中的三酰甘油，在骨骼肌、心肌、肾内分解，为机体提供能量。在骨骼肌和脂肪组织的毛细血管中，乳糜微粒表面的ApoC-Ⅱ载脂蛋白激活脂蛋白脂肪酶（lipoprotein lipase），从而使微粒内部三酰甘油再分解成甘油和游离态脂肪酸。

一、三酰甘油的分解代谢

（一）脂肪动员

储存于脂肪细胞中的脂肪，被脂肪酶逐步水解为游离脂肪酸和甘油并释放入血，运输到其他组织进行氧化利用的过程，称为脂肪动员。脂肪动员中的三酰甘油脂肪酶活力可受激素调节，故亦称激素敏感性脂肪酶，它是脂肪动员的限速酶（图7-7）。胰高血糖素、肾上腺素、去甲肾上腺素、肾上腺皮质激素、甲状腺素可激活此酶，促进脂肪动员，故称这些激素为脂解激素。相反，胰岛素使此酶活性降低，抑制脂肪动员，故称胰岛素为抗脂解激素。

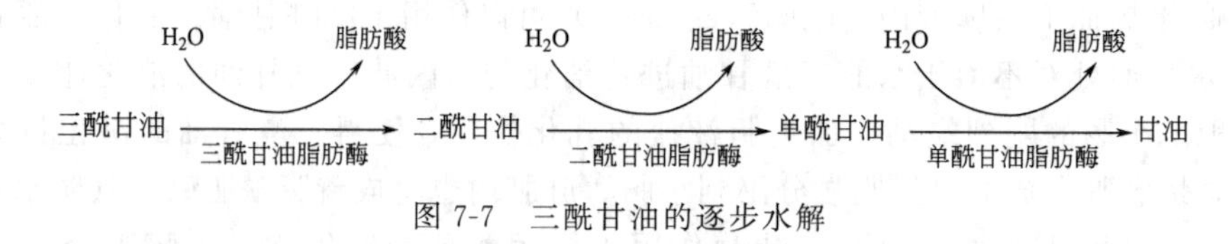

图7-7　三酰甘油的逐步水解

（二）甘油的代谢

由脂肪动员而来的甘油主要在肝、肾、小肠黏膜细胞中被利用。肝细胞的甘油激酶活性最高，脂肪组织及骨骼肌因甘油激酶活性很低，不能直接利用甘油。在ATP提供磷酸基团和能量的情况下，甘油被甘油磷酸激酶催化生成3-磷酸甘油（glycerol-3-phosphate，又称α-

磷酸甘油)，NAD^+ 作为质子和电子受体，3-磷酸甘油被 3-磷酸甘油脱氢酶（glycerol-3-phosphate dehydrogenase）催化转化成磷酸二羟丙酮（图 7-8)。生成的磷酸二羟丙酮可以进入糖酵解途径氧化分解释放能量，也可以进入糖异生途径生成葡萄糖储存。上述生成的 α-磷酸甘油，亦可作为三酰甘油的合成原料。

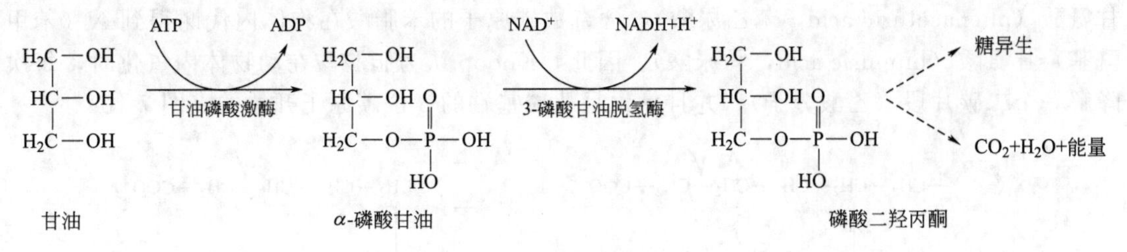

图 7-8 甘油的分解代谢

（三）脂肪酸的代谢

1. 脂肪酸的活化

在三酰甘油分子中，95%的生物能量贮存在脂肪酸中，5%在甘油中。脂肪酸分解代谢主要发生在原核生物的细胞溶胶、真核生物的线粒体基质中。在细胞质中，脂酰辅酶 A 合酶（acyl-CoA synthase）催化脂肪酸与辅酶 A（CoA）通过硫酯键（thioester bond）连接成脂酰-CoA，此过程需要消耗 1 分子 ATP（2 个高能磷酸键)，反应是不可逆的。脂酰辅酶 A 合酶位于线粒体外膜或者内质网上，是一个有三种类型的酶家族，分别催化不同链长度的脂肪酸底物。脂酰-CoA 是高能化合物，水解成脂肪酸和 CoA 时，会产生大约－13kJ/mol 的标准自由能变化。

2. 脂肪酸转入线粒体

10 个碳原子以下的短的或者中等链长度的脂酰-CoA 分子可直接通过线粒体内膜。长链脂酰-CoA 不能轻易透过线粒体内膜，需要与极性的肉碱（carnitine）分子结合成脂酰肉碱，同时将 CoA 释放到细胞质中，该反应由线粒体内膜表层上的肉碱脂酰转移酶Ⅰ（carnitine acyltransferase Ⅰ）催化。随后，脂酰肉碱被“膜运输蛋白”肉碱/肉碱脂酰转移酶（canitine/acylcamitine translocase）从细胞质运到线粒体内，肉碱/肉碱脂酰转移酶Ⅱ催化脂酰肉碱生成游离肉碱和脂酰-CoA，游离肉碱再被肉碱脂酰转移酶Ⅰ从线粒体运到细胞质，脂酰-CoA 则留在线粒体参与后续的分解代谢。整个转运过程，脂酰基团从细胞质被转运到了线粒体基质（图 7-9)，细胞质和线粒体基质内的 CoA 库得以维持恒定，并满足脂肪酸生物合成。线粒体 CoA 库维持了脂肪酸代谢，并在丙酮酸和部分氨基酸氧化分解过程中起作用。

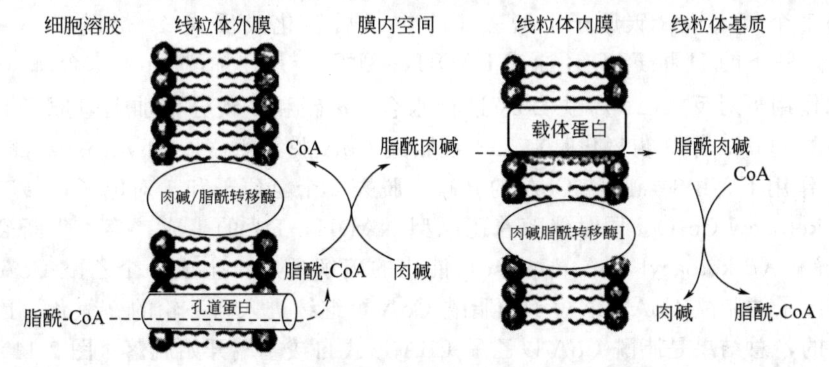

图 7-9 脂酰-CoA 跨线粒体内膜的机制

二、饱和偶数碳脂肪酸的氧化分解

1904 年，Knoop 在不同碳原子脂肪酸的末端甲基接上不被动物体代谢的苯环，用其喂狗后分析狗的尿液。Knoop 发现含偶数碳原子的苯脂肪酸在狗体内代谢成 *N*-(苯乙酰基)甘氨酸（phenaceturic acid，苯乙尿酸），含奇数碳原子的苯脂酸在狗体内代谢得到 *N*-(苯甲酰基) 甘氨酸（hippuric acid，马尿酸）。因此，Knoop 认为脂肪酸在动物体内氧化时，每次降解一个二碳片段（乙酸分子），并且氧化是从羧基端的 β 位碳原子开始的（图 7-10）。

$C_6H_5-CH_2-CH_2-CH_2-CH_2-CH_2-COO^-$ → $C_6H_5-CH_2-CH_2-CH_2-COO^-$ → $C_6H_5-CH_2-COO^-$ 苯乙酸 + $^+NH_3CH_2COO^-$ 甘氨酸 → H_2O + $C_6H_5-CH_2-C(=O)-NH-CH_2-COO^-$ *N*-(苯乙酰基)甘氨酸

(a) 偶数碳脂肪酸

$C_6H_5-CH_2-CH_2-CH_2-CH_2-COO^-$ → $C_6H_5-CH_2-CH_2-COO^-$ → $C_6H_5-COO^-$ 苯甲酸 + $^+NH_3CH_2COO^-$ 甘氨酸 → H_2O + $C_6H_5-C(=O)-NH-CH_2-COO^-$ *N*-(苯甲酰基)甘氨酸

(b) 奇数碳脂肪酸

图 7-10　Knoop 的苯基标记脂肪酸氧化实验

苯基在动物体内不被代谢，并以特定的化合物形式排出体外，因此在实验中起着“示踪物”的作用。继 Knoop 之后，近百年的脂肪酸代谢研究结果几乎都能证明该论点，并将此过程命名为 β-氧化（β-oxidation）。目前被广泛接受的脂肪酸氧化与 Knoop 的假说有三点差异：①切掉的是含两个碳原子的乙酰-CoA，不是醋酸分子；②氧化代谢过程中的中间产物全部结合在辅酶 A 上；③降解开始需要 ATP 水解供给能量。

（一）脂肪酸的 β-氧化过程

在细胞质内脂肪酸被活化后形成的脂酰-CoA，转入线粒体后所发生的 β-氧化包括脱氢氧化（oxidation）、水合（hydration）、再脱氢氧化（oxidation）、断裂（cleavage）4 个步骤：第 1 步氧化是在脂酰-CoA 脱氢酶作用下，脂酰-CoA 羧基端的 α 碳原子和 β 碳原子碳原子上各脱去 1 个氢，从 β 碳原子上脱去 1 个电子后转化成反式-Δ^2-烯酰-CoA（*trans*-Δ^2-enoyl CoA），脱下的 H 将 FAD 还原成 $FADH_2$；第 2 步是在烯酰-CoA 水合酶（enoyl CoA hydratase）作用下对反式-Δ^2-烯酰-CoA 进行水合，α 碳和 β 碳分别加上氢原子和羟基，生成 L-3-羟脂酰-CoA；第 3 步氧化是在 L-3-羟脂酰-CoA 脱氢酶（L-3-hydroxyacyl CoA dehydrogenase）作用下，L-3-羟脂酰-CoA 的 β 碳上脱去 2 个氢原子和 1 对电子，转变成 β-酮脂酰-CoA（β-ketoacyl CoA），同时伴随着还原型 $NADH+H^+$ 的生成；第 4 步断裂是 β-酮脂酰-CoA 硫解酶（β-ketoacyl CoA-thiolase）催化的硫解反应，生成一个乙酰-CoA 和一个缩短了两个碳原子的脂酰-CoA。缩短了的脂酰-CoA 可继续进入新一轮的 β-氧化。因此 β-氧化是循环发生的，总结果是脂酰-CoA 以乙酰-CoA 形式自羧基端开始脱落（图 7-11）。

β-氧化形成的乙酰-CoA 进入柠檬酸循环，脱羧生成 CO_2，脱氢生成还原性递氢体。β-

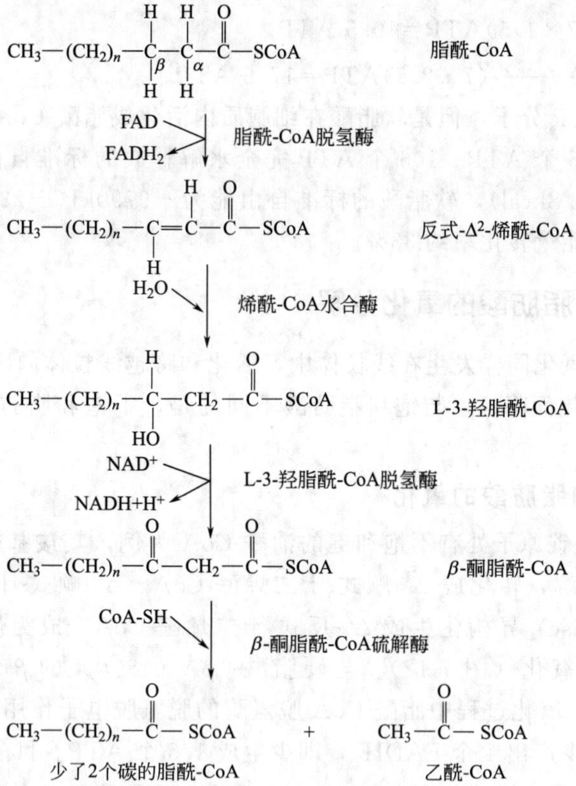

$$CH_3-(CH_2)_n-\overset{H}{\underset{H}{\overset{|}{\underset{|\beta}{C}}}}-\overset{H}{\underset{H}{\overset{|}{\underset{|\alpha}{C}}}}-\overset{O}{\overset{\|}{C}}-SCoA$$ 脂酰-CoA

$FAD \rightarrow FADH_2$　脂酰-CoA脱氢酶

$$CH_3-(CH_2)_n-\underset{H}{\underset{|}{C}}=\overset{H}{\overset{|}{C}}-\overset{O}{\overset{\|}{C}}-SCoA$$ 反式-Δ^2-烯酰-CoA

H_2O　烯酰-CoA水合酶

$$CH_3-(CH_2)_n-\overset{H}{\underset{HO}{\overset{|}{\underset{|}{C}}}}-CH_2-\overset{O}{\overset{\|}{C}}-SCoA$$ L-3-羟脂酰-CoA

$NAD^+ \rightarrow NADH+H^+$　L-3-羟脂酰-CoA脱氢酶

$$CH_3-(CH_2)_n-\overset{O}{\overset{\|}{C}}-CH_2-\overset{O}{\overset{\|}{C}}-SCoA$$ β-酮脂酰-CoA

CoA-SH　β-酮脂酰-CoA硫解酶

$$CH_3-(CH_2)_n-\overset{O}{\overset{\|}{C}}-SCoA \quad + \quad CH_3-\overset{O}{\overset{\|}{C}}-SCoA$$

少了2个碳的脂酰-CoA　　乙酰-CoA

图 7-11　脂肪酸 β-氧化图解

氧化和柠檬酸循环过程产生的还原型电子传递分子（$NADH+H^+$ 和 $FADH_2$）把电子传送到线粒体呼吸链，经过呼吸链最后运送给活性氧原子，在电子传递的过程中质子从线粒体基质泵出到线粒体内外膜间隙，膜外质子达到一定的量后重新回到线粒体内，回流过程中伴随着 ADP 磷酸化作用生成 ATP，即氧化磷酸化作用。

以 16 碳的软脂酸 $CH_3(CH_2)_{14}COOH$ 为例，每一轮 β-氧化切下两个碳原子单元（乙酰-CoA），经过 7 轮氧化，最初的软脂酸只剩下两个碳原子与 CoA 相连（乙酰-CoA）。每形成一个乙酰-CoA，脂酰-CoA 需要失去 4 个氢原子和两对电子，总反应式为：

$$\text{软脂酰-CoA}+7FAD+7NAD^++7\text{CoA-SH} \longrightarrow 8\text{乙酰-CoA}+7FADH_2+7(NADH+H^+)$$

（二）脂肪酸氧化是高度释放能量的过程

脂肪酸的每一轮回 β-氧化产生 1 个 $FADH_2$、1 个 $NADH+H^+$、1 个乙酰-CoA。1 个乙酰-CoA 进入柠檬酸循环脱氢脱电子生成 1 个 $FADH_2$、3 个 $NADH+H^+$、1 个 GTP 分子。1 个 $FADH_2$ 经过呼吸链传递电子生成 1.5 个 ATP，1 个 $NADH+H^+$ 通过呼吸链传递电子生成 2.5 个 ATP。因此，1 个乙酰-CoA 经过柠檬酸循环和氧化磷酸化共生产 10 个 ATP。

以软脂酸彻底氧化为例，1 分子软脂酰-CoA 经过 7 次 β-氧化，最后剩下 1 分子乙酰-CoA，总共生成 8 个乙酰-CoA、7 个 $FADH_2$、7 个 $NADH+H^+$。因此，软脂酰-CoA 彻底氧化释放的能量是：

$$1\ \text{软脂酰-CoA} \longrightarrow 8\ \text{乙酰-CoA}+7\ FADH_2+7(NADH+H^+)$$

8 乙酰-CoA ⟶ (8×10) ATP＝80 ATP

7 $FADH_2$ ⟶ (7×1.5)ATP＝10.5 ATP

7 ($NADH+H^+$) ⟶ (7×2.5)ATP＝17.5 ATP

总计为 108 个 ATP 分子，但是软脂酸在细胞质内活化成脂酰-CoA 时消耗了 2 个高能磷酸键，因此净生成 106 个 ATP。106 个 ATP 完全水解释放的标准自由能为：－30.54kJ×106＝－3237kJ(－773.8kcal)，软脂酸的标准自由能为－9790kJ(－2340kcal)，因此在标准状态下软脂酸氧化的能量转化率约 33％。

三、不饱和偶数碳脂肪酸的氧化分解

不饱和脂肪酸的氧化同样发生在线粒体中，活化和跨越线粒体内膜的方式与饱和脂肪酸相同，同样是经 β-氧化而降解。与饱和脂肪酸不同的是，不饱和脂肪酸的分解还需要异构酶和还原酶。

（一）单不饱和脂肪酸的氧化

以在 9 位和 10 位碳原子处有不饱和键的油酰-CoA 为例，其羧基端饱和的 C-1～C-6 部分经过 3 轮 β-氧化降解，转化成 Δ^3-顺式-十二烯酰-CoA。Δ^3-顺式-十二烯酰-CoA 被烯酰-CoA 异构酶（isomerase）异构化生成 Δ^2-反式-十二烯酰-CoA，成为烯酰-CoA 水合酶的正常底物，继续进行 β-氧化（图 7-12）。与硬脂酰-CoA（18∶0）的 β-氧化相比，油酰-CoA（18∶1Δ^9）在第四次 β-氧化过程中脂酰-CoA 脱氢酶的脱氢脱电子作用被烯酰-CoA 异构酶异构化反应取代，因此少产出 1 个 $FADH_2$，即少生成 1.5 个 ATP。目前从肝的线粒体内纯化出烯酰-CoA 异构酶，分子量为 90kDa，该酶对 Δ^3-顺式或 Δ^3-反式的含 6～16 个碳的脂酰-CoA 都有比较强的活性。

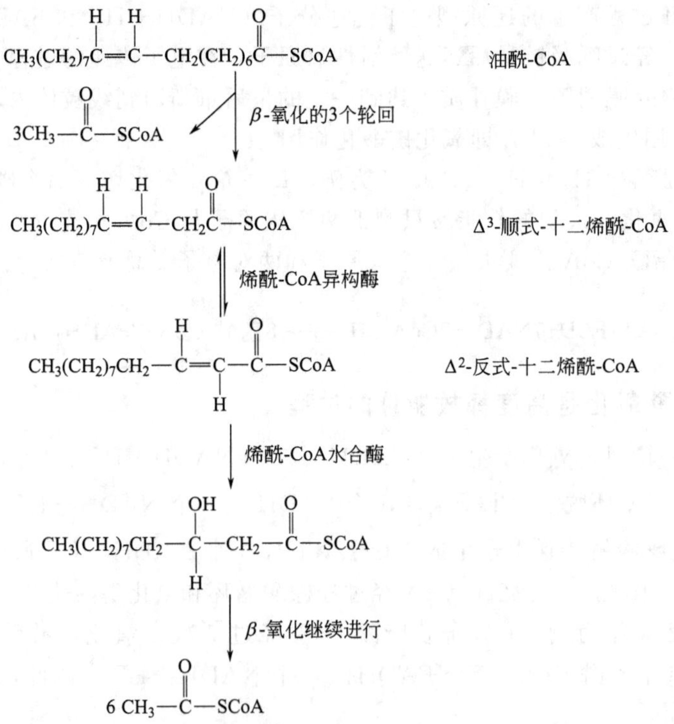

$CH_3(CH_2)_7CH{=}CH{-}CH_2(CH_2)_6C(=O){-}SCoA$　油酰-CoA

↓ β-氧化的3个轮回（→ $3CH_3{-}C(=O){-}SCoA$）

$CH_3(CH_2)_7CH{=}CH{-}CH_2C(=O){-}SCoA$　Δ^3-顺式-十二烯酰-CoA

⇅ 烯酰-CoA异构酶

$CH_3(CH_2)_7CH_2{-}CH{=}CH{-}C(=O){-}SCoA$　Δ^2-反式-十二烯酰-CoA

↓ 烯酰-CoA水合酶

$CH_3(CH_2)_7CH_2{-}CH(OH){-}CH_2{-}C(=O){-}SCoA$

↓ β-氧化继续进行

$6\ CH_3{-}C(=O){-}SCoA$

图 7-12　单不饱和脂肪酸降解

（二）多不饱和脂肪酸氧化

含 2 个以上不饱和键的多不饱和脂肪酸也是经 β-氧化降解的，但是多不饱和键的存在导致需要更多的酶类，除了油酰异构酶外，还需要 2,4-二烯酰-CoA 还原酶（2,4 -dienoyl-CoA reductase）参与。以顺式-9,12 十八碳二烯酰-CoA（亚油酰-CoA，linoleoyl-CoA）为例，从羧基端开始进行 3 轮正常的 β-氧化，转化成 Δ^3-顺式-Δ^6-顺式不饱和脂肪酸；然后在烯酰-CoA 异构酶的作用下，Δ^3-顺式位的双键异构化为 Δ^2-反式位，继续进行 1 次 β-氧化生成 Δ^4-顺式-烯酰-CoA；接着在脂酰-CoA 脱氢酶的催化下生成 Δ^2-反式，Δ^4-顺式-二烯酰-CoA；在 NADPH 及 2,4-二烯酰-CoA 还原酶的作用下，Δ^2-反式，Δ^4-顺式-二烯酰-CoA 又生成 Δ^3-反式烯酰-CoA，再转化为 Δ^2-反式异构体，继续 4 次的 β-氧化过程，完全生成乙酰-CoA（图 7-13）。2,4-二烯酰-CoA 还原酶也是从肝中纯化出来的，NADPH 对该酶的活性起着重要的调节作用。

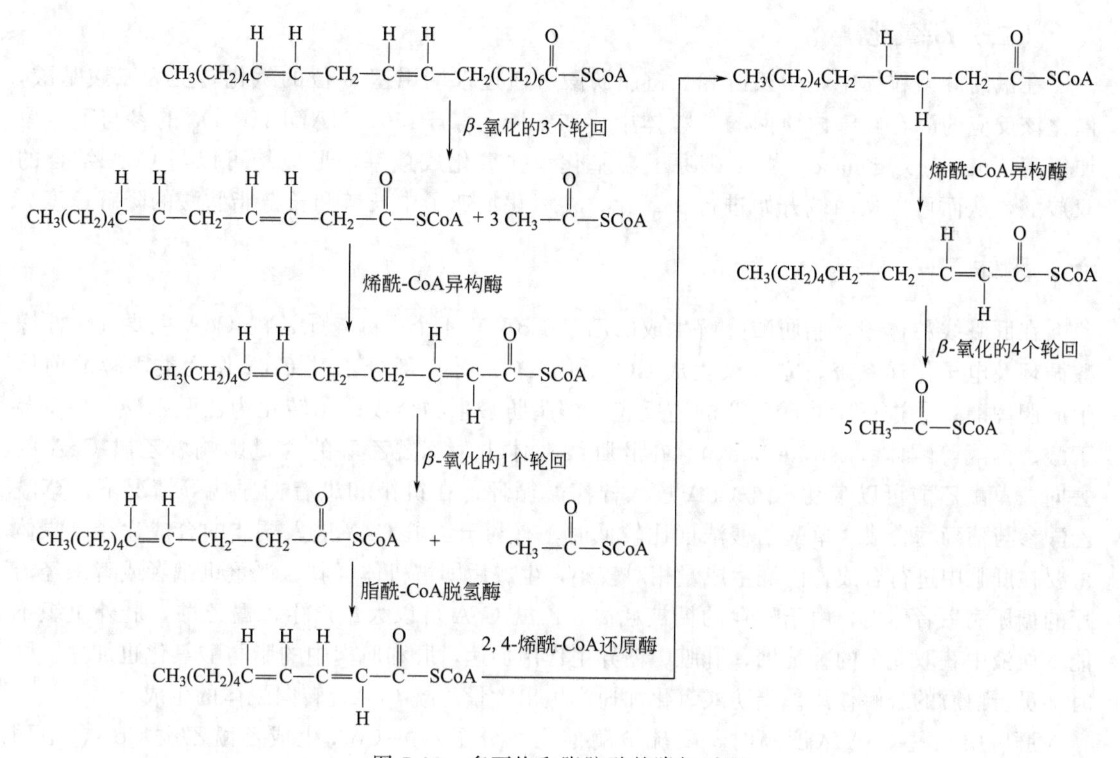

图 7-13　多不饱和脂肪酸的降解过程

四、奇数碳脂肪酸的氧化

含奇数碳原子的脂肪酸在大多数哺乳动物组织内十分罕见，然而反刍动物牛、羊体内所需能量的 25%来自奇数碳原子脂肪酸的氧化分解。奇数碳原子的脂肪酸降解主要也是通过脂肪酸的 β-氧化过程。例如，含 17 个碳的直链脂肪酸，在线粒体内可进行 7 次正常的 β-氧化过程，每次生成 1 个乙酰-CoA，最后剩下 1 个丙酰-CoA。丙酰-CoA 经过 3 步酶促反应转化成琥珀酰-CoA：①在生物素作为辅助因子的情况下，丙酰-CoA 羧化酶催化丙酰-CoA 生成 D-甲基丙二酰-CoA；②在甲基丙二酰-CoA 消旋酶（methylmalonyl -CoA racemase）催化下将 D-甲基丙二酰-CoA 转化成 L-甲基丙二酰-CoA；③辅酶维生素 B_{12} 与甲基丙二酰-CoA 变位酶（methylmalonyl-CoA mutase）结合，将 L-甲基丙二酰-CoA 转变成琥珀酰-

CoA，琥珀酰-CoA 进入柠檬酸循环参与代谢。

五、脂肪酸的其他氧化方式

除了 β-氧化，某些脂肪酸还可以进行 α-氧化或者 ω-氧化。

（一）α-氧化

α-氧化对人类健康也很重要。反刍动物的脂肪内存在植烷酸（phytanic acid），植烷酸的 C-3 位上有一个甲基取代基，其降解的第一步是脂肪酸 α-羟化酶（fatty acid α-hydroxylase）催化的，即脂肪酸 α-羟化酶在植烷酸的 α 位上发生羟基化，继而脱羧形成降植烷酸（pristanic acid）和 CO_2。降植烷酸经硫激酶（thiokinase）活化可以形成降植烷酰-CoA，然后进行脂肪酸的 β-氧化。人体内若缺少 α-氧化作用的系统，则会导致体内植烷酸的过度积聚，引起外周神经炎性运动失调，甚至是视网膜炎等症状。

（二）ω-氧化

在鼠的肝微粒体中，中长链和长链脂肪酸可通过末端甲基 ω 位的氧化转变为二羧基酸，催化该反应的酶存在于内质网的微粒体中。在细胞色素 P450、NADPH、O_2 的参与下，单加氧酶（monooxygenase）将 ω 碳原子羟基化，并氧化成羧基，形成均可以与 CoA 结合的双羧酸，从而可以从两端开始进行 β-氧化。ω-氧化加速了中长链和长链脂肪酸的降解速度。

六、酮体

在肝脏线粒体中，脂肪酸降解生成的乙酰-CoA 有 4 个去处：①乙酰-CoA 主要进入柠檬酸循环及电子传递系统，完全氧化成 CO_2 和 H_2O；②一部分乙酰-CoA 作为类固醇的前体生成胆固醇；③进行脂肪酸代谢的逆反应，即脂肪酸生物合成；④转化为乙酰乙酸、D-β-羟丁酸、丙酮等酮体（ketone body）。在肝脏线粒体中，草酰乙酸的含量影响着乙酰-CoA 的去向，草酰乙酸可以带动乙酰-CoA 进入柠檬酸循环；在饥饿和患有糖尿病等情况下，草酰乙酸参与葡萄糖合成，草酰乙酸浓度比较低时，有利于乙酰-CoA 进入酮体的合成途径。酮体主要在肝脏中进行合成，丙酮生成量相对较小，生成后即被机体吸收。严重饥饿者或者未经治疗的糖尿病患者体内，由于贮存的糖被耗尽，乙酰-CoA 可以大量产生乙酰乙酸，肝外组织不能从血液中获取充分的葡萄糖，肝脏中糖异生作用加速，肝和肌肉中的脂肪酸氧化也加速，同时动员蛋白质的分解作用。脂肪酸氧化加速产生出大量乙酰-CoA，转向酮体的生成。

肝脏中乙酰-CoA 浓度高时，酮硫解酶催化 2 分子乙酰-CoA 生成乙酰乙酰-CoA，是酮体生成的第 1 步，也是 β-氧化最后一步的逆向反应；第 2 步是 HMG-CoA 合酶催化乙酰乙酰-CoA 与乙酰-CoA 缩合形成 β-羟基-β-甲基戊二酸单酰-CoA；第 3 步是在 HMG-CoA（β-羟基-β-甲基戊二酸单酰-CoA）裂合酶作用下，HMG-CoA 生成乙酰-CoA 和乙酰乙酸（图 7-14）。游离的乙酰乙酸经线粒体基质酶 D-β-羟丁酸脱氢酶（D-β-hydoxybutyrate dehydogenase）还原成 D-β-羟丁酸。健康人体内，少量的乙酰乙酸可以自动脱羧基形成丙酮。乙酰乙酸和 D-β-羟丁酸则经血液进入肝外组织（骨、心肌、肾皮质等），经柠檬酸循环提供能量供组织使用。脑组织一般只用葡萄糖作为燃料，葡萄糖供应不足时，可以使用乙酰乙酸或者 D-β-羟丁酸供能。在肝外组织中，D-β-羟丁酸被 D-β-羟丁酸脱氢酶氧化为乙酰乙酸，乙酰乙酸再与 CoA 连接而活化成乙酰乙酰-CoA。硫解酶将乙酰乙酰-CoA 裂解成 2 分子的乙酰-CoA，从而进入柠檬酸循环。

血液中大量的丙酮是有毒的，并且丙酮具有挥发性和特殊的气味，患者的气息中可以嗅到。血液中出现的D-β-羟丁酸和乙酰乙酸会使血液pH降低，尿中酮体显著增高，发生酸中毒，统称为“酮病”。血液或者尿中酮体过高均可以导致患者昏迷甚至死亡。

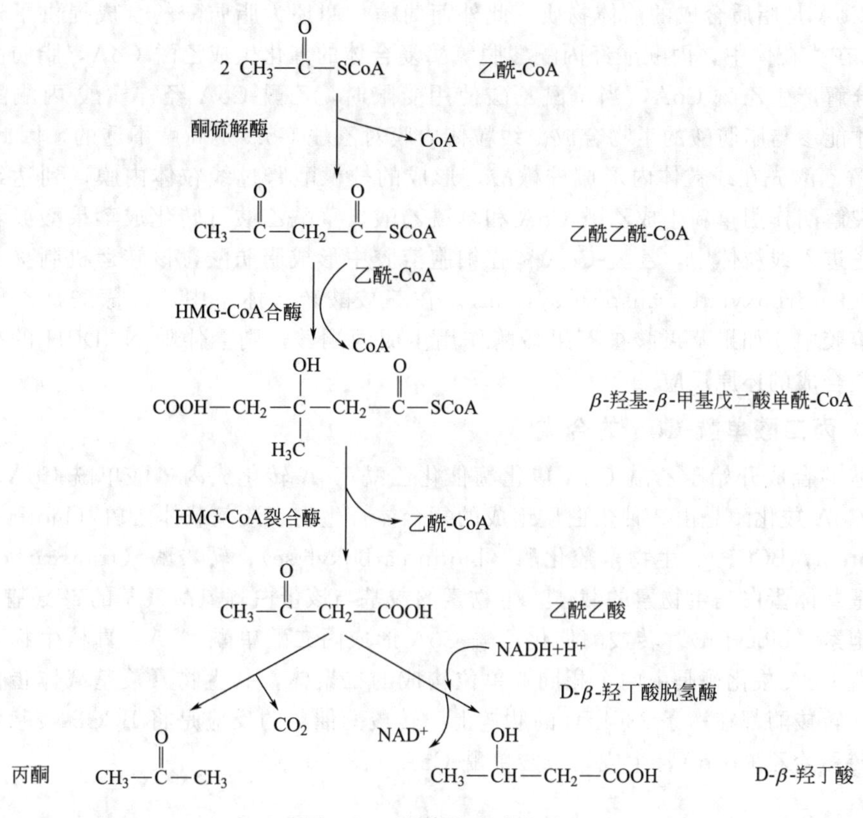

图7-14　酮体的生成途径

第三节　脂肪的合成代谢

要点

脂肪酸的生物合成　①合成丙二酰单酰-CoA；②细胞溶胶内，脂肪酸合成酶催化乙酰-CoA和丙二酰单酰-CoA形成软脂酸；③内质网或者线粒体内，软脂酸碳链延长；④光面内质网内，脂肪酸碳链去饱和，形成不饱和脂肪酸。

三酰甘油的合成　①甘油-3-磷酸与脂酰-CoA形成单脂酰甘油；②单脂酰甘油与脂酰-CoA形成二脂酰甘油；③1,2-二脂酰甘油-3-磷酸水解磷酸基团，得到1,2-二脂酰甘油；④1,2-二脂酰甘油与脂酰-CoA反应生成三酰甘油。

膳食中的糖用于产能和合成糖原后，多余的部分会在肝脏中转化成脂肪酸；膳食及体内用于合成蛋白质的多余氨基酸也能转换成脂肪酸。脂肪酸再结合甘油合成三酰甘油等脂类物质。

一、脂肪酸的生物合成

乙酰-CoA是脂质合成的前体物质，此外葡萄糖代谢还为脂肪酸的合成提供了还原当量NADPH。在线粒体中，丙酮酸经丙酮酸脱氢酶复合体的催化生成乙酰-CoA，脂肪酸以及氨基酸氧化分解产生乙酰-CoA，当草酰乙酸使用受限时，乙酰-CoA经柠檬酸-丙酮酸循环进入细胞质才能参与脂肪酸的生物合成。线粒体内膜对乙酰-CoA是高度不透的，因此，乙酰-CoA与草酰乙酸先在线粒体内形成柠檬酸，形成的柠檬酸跨过线粒体内膜，到达细胞溶胶被柠檬酸裂解酶作用重新生成乙酰-CoA和草酰乙酸，草酰乙酸可转化成苹果酸或者丙酮酸再次被运送进入线粒体中，乙酰-CoA留在细胞溶胶中形成脂肪酸，该转运机制称为三羧酸转运体系（tricarboxylate transport system）。在三羧酸转运体系中，柠檬酸是乙酰基的载体。细胞溶胶中，如果苹果酸被苹果酸酶作用生成丙酮酸，则会伴随NADPH的生成，可用于脂肪酸合成的还原反应。

（一）丙二酸单酰-CoA的合成

脂肪酸的合成开始于乙酰-CoA羧化酶催化乙酰-CoA转化成丙二酸单酰-CoA。大肠杆菌的乙酰-CoA羧化酶是由3种蛋白质组成的复合体：生物素羧基载体蛋白（biotin carboxyl carrier protein，BCCP）、生物素羧化酶（biotin carboxylase）、转羧酶（transcarboxylase）。生物素羧基载体蛋白是生物素的载体，生物素的羧基与该蛋白赖氨酸残基的ε-氨基共价连接形成生物胞素（biocytin）。转羧酶催化乙酰-CoA形成丙二酸单酰-CoA。真核生物哺乳类和鱼类的乙酰-CoA羧化酶是由两个相同亚单位构成的二聚体，其生物素羧基载体蛋白、生物素羧化酶、转羧酶都在一条230kDa的肽链上。转羧酶催化的反应是将BCCP-羧基生物素的活性羧基转移给乙酰-CoA，生成丙二酸单酰-CoA（图7-15）。

$$CH_3-\overset{O}{\overset{\|}{C}}-SCoA + HCO_3^- + ATP \xrightarrow{\text{乙酰-CoA羧化酶}} COOH-CH_2-\overset{O}{\overset{\|}{C}}-SCoA + H_2O + ADP + Pi$$

图7-15 丙二酸单酰-CoA的形成

（二）脂肪酸的合成

在细胞溶胶中，脂肪酸合酶（fatty acid synthase）利用乙酰-CoA合成脂肪酸。在大肠杆菌（*E. coli*）和植物中，脂肪酸合酶是由7个蛋白质构成的复合体，分别为6个酶和1个酰基载体蛋白（acyl carrier protein，ACP）。酵母中脂肪酸合酶是由2条多肽链构成的，其中1条链18.5kDa，含有ACP和2种酶的活性；另一条链17.5kDa，具有其他4种酶的活性，6个二聚体组合成分子量为2.4×10^6的大复合体。哺乳动物体内的脂肪酸合酶则是一条含7种酶活性和一个ACP的多功能肽链，多肽链的邻近区折叠成独特的形式，形成不同的酶活性和ACP功能区，2个相同的亚单位（分子质量约260kDa）构成二聚体，反平行从头到尾进行配置。动物脂肪酸合酶较其他多出的是软脂酰-ACP硫酯酶（palmitoyl-ACP thioesterase），其催化软脂酰-CoA水解为软脂酸和ACP，该酶在16个碳的脂肪酸链合成以后才有功能。细菌、真菌、植物体内没有软脂酰-ACP硫酯酶，可直接利用软脂酰-ACP。

酰基载体蛋白的分子质量较低，其辅基是磷酸泛酰巯基乙胺（phosphopantetheine），辅基的磷酸基以磷酯键与ACP的丝氨酸残基结合（图7-16），辅基另一端的—SH基与脂酰基形成硫酯键，可把脂酰基从一个酶反应转移到另一个酶反应。在脂肪酸的降解中，磷酸泛酰巯基乙胺又是辅酶A的重要组成部分。

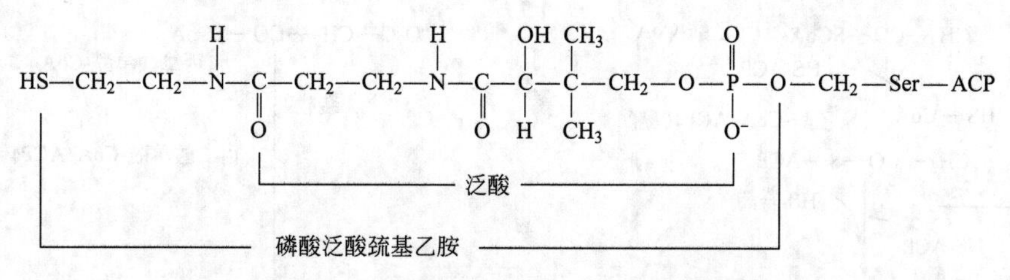

图 7-16 ACP 与辅基磷酸泛酰巯基乙胺的复合体

脂肪酸合成需要经历启动、装载、缩合、还原、脱水、还原、释放等步骤。在大肠杆菌中，启动反应分两步。乙酰-CoA:ACP 转酰酶催化乙酰-CoA 的乙酰基转移到 ACP 上，形成乙酰-ACP 中间体，随后转移到 HS-合酶上形成乙酰合酶（CH_3CO-S-合酶），在哺乳动物体内不经过乙酰-ACP 中间体。丙二酸单酰-CoA：ACP 转酰酶催化装载步骤，ACP 的游离—SH 基团向加入的丙二酸单酰-CoA 的羰基进攻，形成丙二酸单酰-ACP。缩合过程中，β-酮酰-ACP 合酶将启动步骤加载的乙酰基与装载步骤加入的丙二酸单酰基酶促缩合，脱去 CO_2 后形成连接在 ACP 上的反应产物乙酰乙酰基，即乙酰乙酰-ACP。在还原步骤，β-酮酰-ACP 还原酶催化第一个还原反应，NADPH 作为还原剂，产物为 D-β-羟丁酰-ACP。在脱水步骤，在 β-羟酰-ACP 脱水酶催化下生成 α,β-不饱和化合物，即 α,β-反式-丁烯酰-ACP。第二次还原步骤发生在 β 位上，烯酰-ACP 还原酶催化此步骤，NADPH 同样是还原剂，产物是一个连接在 ACP 上的四碳脂肪酸（丁酰-ACP），如图 7-17 所示。丁酰-ACP 可以进入第二轮回的碳链延伸，然而第一轮回的乙酰-ACP 由丁酰-ACP 代替，经过缩合、还原、脱水、还原后，得到 6 个碳的己酰-ACP。己酰-ACP 进入第三轮回，循环至生成 16 个碳原子的软脂酸与 ACP 相连，即终产物软脂酰-ACP。软脂酰-ACP 硫酯酶可将软脂酸从脂肪酸合成酶中释放出来，使脂肪酸游离。

合成第 1 轮生成的是 4 碳脂肪酸，饱和的 16 碳软脂酸的合成共需要 7 个轮回的反应，即需要 7 个丙二酸单酰-CoA，每一个循环生成 1 分子水，然后最后一步软脂酸释放消耗了 1 分子水，因此净生成 6 分子水。1 分子 NADPH 代表 1 分子乙酰-CoA 被运送到细胞溶胶内。合成 1 分子软脂酸需要 8 分子乙酰-CoA 和 14 分子的 NADPH，将 8 分子乙酰-CoA 运送到细胞质可以产生 8 分子 NADPH，而剩余的 6 分子 NADPH 则由肝脏中的磷酸戊糖途径或苹果酸酶反应提供。从起始底物乙酰-CoA 到产物软脂酸，化学计量的总反应式为：

$$8\text{乙酰-CoA}+7ATP+14NADPH+14H^+ \longrightarrow \text{软脂酸}+14NADP^+ + 8\ CoA\text{-}SH+6H_2O+7ADP+7Pi$$

（三）脂肪酸碳链的加长和去饱和

在动物体内，脂肪酸的合成终点是 16 个碳的软脂酸。更长链的脂肪酸和不饱和脂肪酸的合成是通过对软脂酸进行碳链延长和去饱和等修饰后得到的。

碳链的延长发生在线粒体和内质网中，不同部位的组织细胞碳链的延长机制不同。线粒体中脂肪酸的延长与脂肪酸合成不同，它是脂肪酸降解过程的逆反应，即乙酰单元的加成和还原，但是脂肪酸延长最后一步使用了还原剂 NADPH，而不是脂肪酸降解第一步使用的 FAD。光面内质网中脂肪酸的延长比较活跃，软脂酸可延长两个碳原子形成硬脂酸，参与的酶不同，辅酶 A 代替了脂肪酸合成中需要的 ACP，由已合成的软脂酰-CoA 以丙二酸单酰-CoA 为二碳单元的供体，由 NADPH $+H^+$ 供氢，经还原、脱水、再还原的步骤，形成十八碳的硬脂酰-CoA。

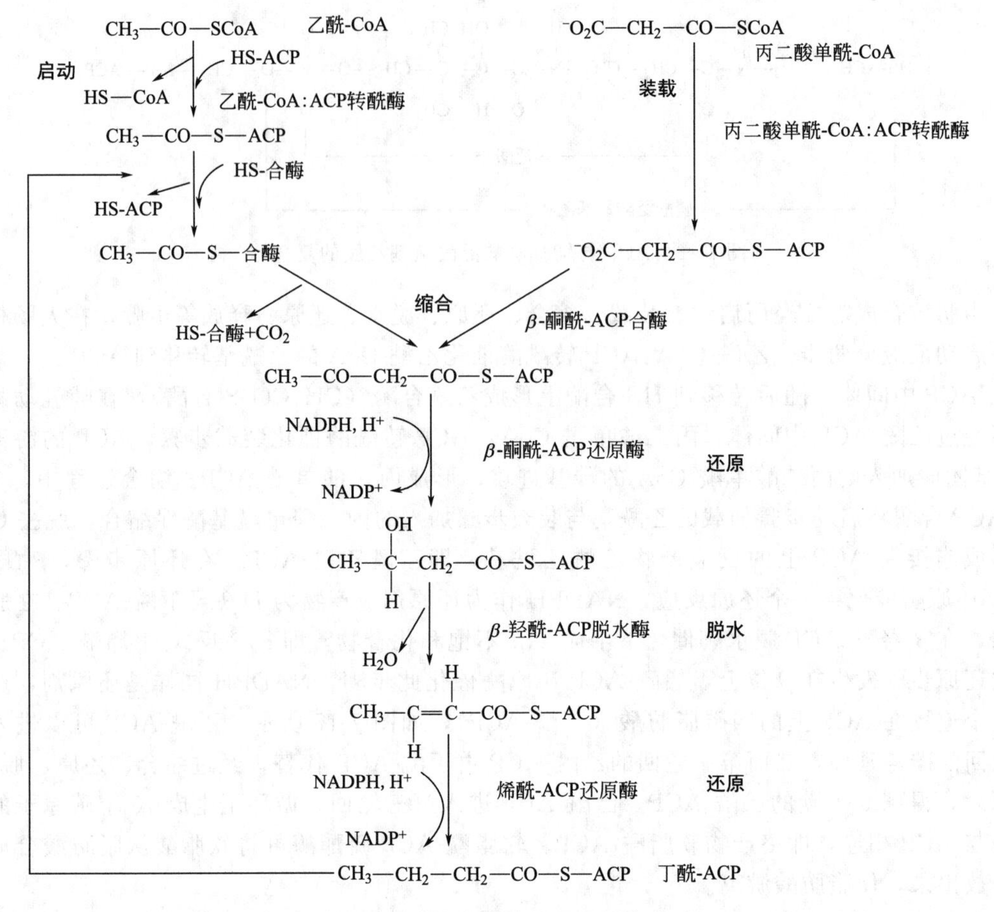

图 7-17 大肠杆菌中脂肪酸的合成

碳链的去饱和发生在光面内质网内，软脂酸和硬脂酸是单不饱和脂肪酸棕榈酸（$16:1\Delta^9$）和油酸（$18:1\Delta^9$）的前体物质，C-9 位和 C-10 位间的双键是在脂肪酰-CoA 去饱和酶（fatty acyl-CoA desaturase）催化下形成的。哺乳动物体内引入双键的氧化反应需要脂酰-CoA 去饱和酶和电子传递体系参与。哺乳动物肝细胞中能够容易地在脂肪酸 Δ^9 位引入双键，缺少能够在 C-9 位以外引进双键的酶系统。因此，亚油酸（$16:2\Delta^{9,12}$）和亚麻酸（$18:3\Delta^{9,12,15}$）在人体内不能合成，作为必需脂肪酸只能通过膳食摄取。脂肪酸和 NAD^+ 是脂酰-CoA 去饱和酶的两个底物，相继经历两个电子的氧化作用，电子传递包括黄素蛋白（细胞色素 b_5 还原酶）和细胞色素（细胞色素 b_5），分子氧作为电子受体参与反应。植物中的去饱和酶可以引入多个双键，不能直接作用于游离脂肪酸，但可对磷脂类去饱和，成为亚油酸链、亚麻酸链。

二、脂酰甘油的生物合成

在肝脏细胞的内质网或者脂肪细胞中，多数脂肪酸酯化成三酰甘油（或者磷酸甘油酯）储存。脂酰甘油（acyl glycerols）是由脂酰-CoA（fatty acyl-CoA）和甘油-3-磷酸（glycerol-3-phosphate）两个前体物质合成的。单酰甘油和二酰甘油是由甘油-3-磷酸与脂酰-CoA 相继酯化形成的。1,2-二脂酰甘油-3-磷酸水解除去磷酸基团，得到的 1,2-二脂酰甘油再与另一分子的脂酰-CoA 反应即可生成三酰甘油（图 7-18）。

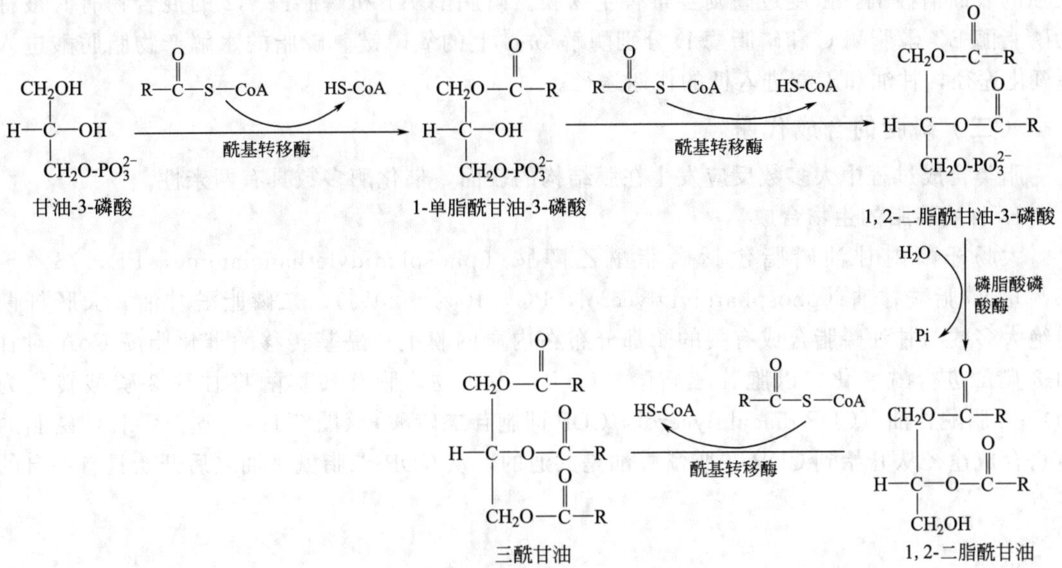

图 7-18　三酰甘油的生物合成

第四节　类脂的代谢

要点

磷脂类代谢	①分解代谢：磷脂酶 A1、磷脂酶 A2、磷脂酶 C、磷脂酶 D 专一性酶切。②合成代谢：甘油磷脂的合成代谢，鞘磷脂的合成代谢。
糖脂类代谢	①分解代谢：在溶酶体内，糖基降解得神经酰胺，经神经酰胺酶催化分解为长链碱和脂肪酸。②合成代谢：鞘糖脂合成以糖基二磷酸尿苷为起始物，与神经酰胺反应形成葡糖-神经酰胺、半乳糖-神经酰胺。
胆固醇的代谢	①胆固醇的生成过程。

一、磷脂类代谢

（一）磷脂的分解代谢

两亲性质的磷脂是构成脂双层的主要成分，其亲水性区和疏水性区将磷脂固定成膜的双分子层。细胞膜中，磷酸甘油酯的疏水区是 2 个脂肪酸，鞘磷脂（sphingolipid）的疏水区是一个与羟基化的二级胺相连的脂肪酸，亲水区大多是简单的羟基，如磷酸甘油酯及鞘磷脂中的醇基或末端的磷酸，脂肪酸尾部或极性头部常附有结合基团。

甘油磷脂即磷酸甘油酯，它的母体是甘油-3-磷酸，常称为 *sn*-甘油-3-磷酸，是磷脂酸的衍生物。磷脂酶 A1 和磷脂酶 A2 专一性除去甘油磷脂中 *sn*-1 或 *sn*-2 碳原子上的脂肪酸，可以形成仅含 1 个脂肪酸的溶血甘油磷脂（lysophosphoglyceride），又称为溶血磷脂，是一种较强的表面活性剂，浓度过高则会毒害生物膜。磷脂酶 A1 和磷脂酶 A2 的混合物有时被称为磷脂酶 B，磷脂酶 C 和磷脂酶 D 分别酶解 *sn*-3 上的氧磷键。磷脂的水解产物脂肪酸进入 *β*-氧化途径，甘油和磷酸进入糖的代谢途径。

（二）磷脂的合成代谢

脂类合成过程中大多数反应发生在膜结构的表面，催化酶多数具有两亲性。

1. 甘油磷脂的生物合成

大肠杆菌内甘油磷脂包括磷脂酰乙醇胺（phosphatidylethanolamine，PE，75%～85%）、磷脂酰甘油（phosphatidylglycerol，PG，10%～20%）、二磷脂酰甘油。大肠杆菌中绝大多数与甘油磷脂合成有关的酶都分布在内质网膜上。酰基转移酶催化脂酰-CoA 对甘油-3-磷酸进行酰基化。以胞苷三磷酸（CTP）为底物，胞苷转移酶将甘油-3-磷酸转化为 CDP-二脂酰甘油（CDP-diacylglycerol，CDP 即胞苷二磷酸）（图 7-19）。这三种甘油磷脂的生物合成途径从开始到 CDP-二脂酰甘油是共通的，从 CDP-二脂酰甘油之后开始具有各自的特点。

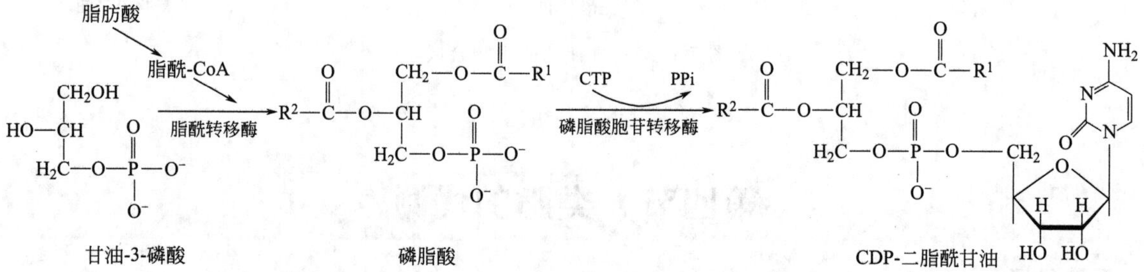

图 7-19　CDP-二脂酰甘油的合成

在真核生物甘油磷脂合成中，磷脂酸来自磷酸二羟丙酮，磷脂酸经分解代谢形成二脂酰甘油或 CDP-二脂酰甘油，再进行后续的代谢。磷脂酰胆碱的生物合成始自胆碱，膳食中的胆碱进入细胞后，在细胞溶胶的胆碱酯酶催化下迅速磷酸化成磷酸胆碱。随后，磷酸胆碱转入内质网，CDP：磷酸胆碱胞苷转移酶将磷酸胆碱与 CTP 转化成 CDP-胆碱。内质网中相关的酶催化 CDP-胆碱与二脂酰甘油，生成磷脂酰胆碱。细胞溶胶中无活性的 CDP：磷酸胆碱胞苷转移酶进入内质网后，与膜磷脂作用而活化。二脂酰甘油是磷脂酰胆碱和磷脂酰乙醇胺合成过程中关键的物质（图 7-20）。

在肝脏、酵母、细菌、假单胞菌（Pseudononas）中，磷脂酰乙醇胺接受来自 *S*-腺苷甲硫氨酸的甲基化，经过三次同样的反应，乙醇胺的—O—$CH_2CH_2NH_3$ 转化为胆碱的末端—$OCH_2CH_2N(CH_3)_3$，此时磷脂酰胆碱降解产生胆碱，这是肝脏中唯一产生胆碱的机制。肺组织可以产生特定的磷脂酰胆碱，即二软脂酰磷脂酰胆碱，是肺表面活性剂的主要成分，可以保持肺泡的表面张力，在肺泡中空气被排出后保障肺泡不会折叠塌陷，在此化合物中软脂酸以软脂酰形式连接在甘油骨架的 *sn*-1 和 *sn*-2 位置上。

2. 鞘磷脂的生物合成

鞘磷脂的主要代表是鞘氨醇（sphingosine）（图 7-21）。髓鞘中鞘磷脂最丰富，在红细胞及血浆脂蛋白中也都存在。鞘磷脂直接由神经酰胺生成，生物合成发生在内质网上，3-酮鞘氨醇合酶催化起始底物软脂酰-CoA 与丝氨酸缩合成 3-酮鞘氨醇。随后，3-酮鞘氨醇还原酶以 NADPH＋H^+ 为辅助因子，将 3-酮衍生物还原成二氢鞘氨醇（sphinganine）。二氢鞘氨

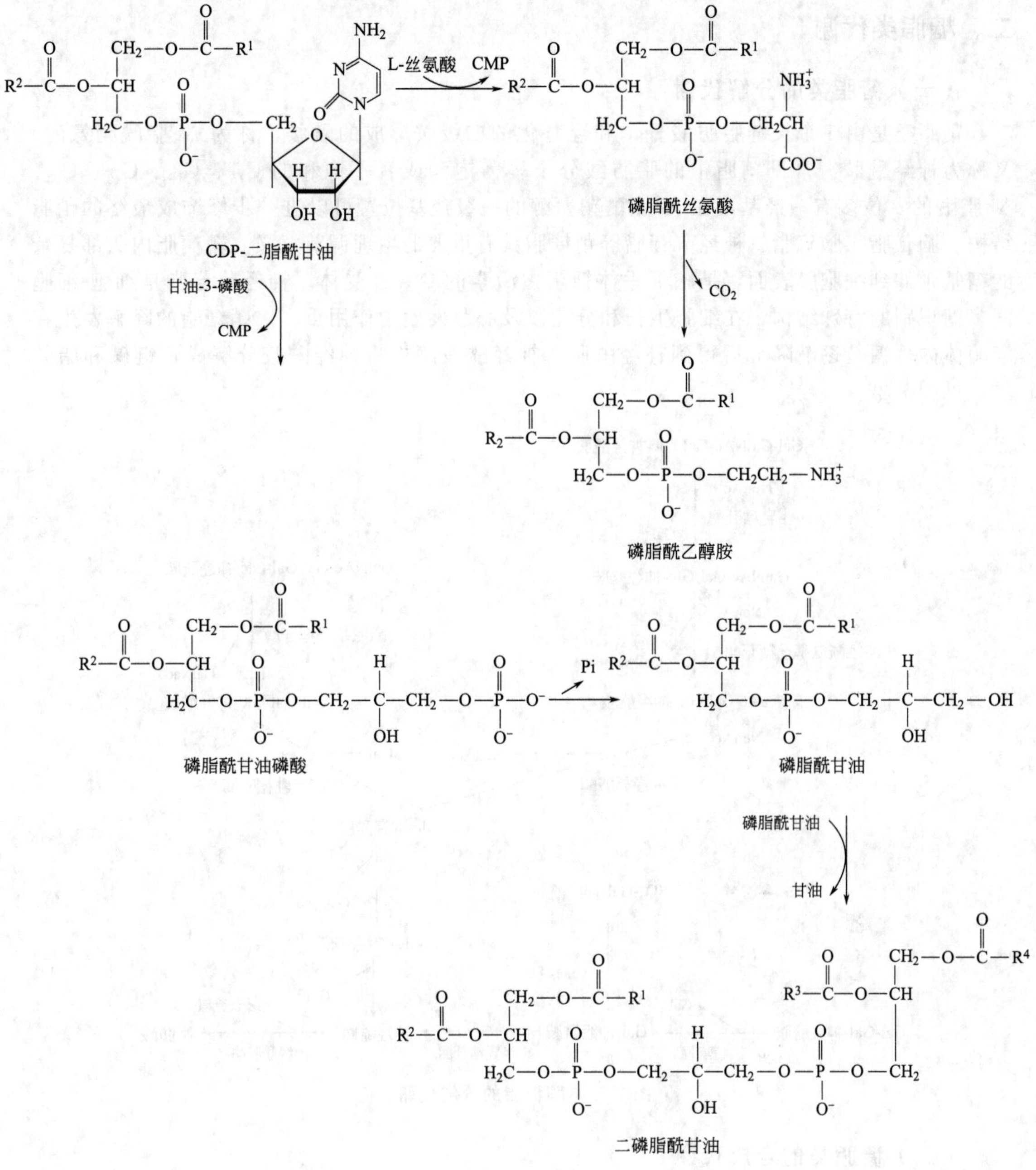

图 7-20　CDP-二脂酰甘油合成其他磷脂类物质

醇的氨基部分与一分子脂酰-CoA 反应生成 *N*-脂酰-二氢鞘氨醇，再经 FAD 脱氢形成神经酰胺。鞘磷脂是由位于高尔基体膜腔的磷酸胆碱转移酶将磷脂酰胆碱的磷酸胆碱转移给神经酰胺而形成的。

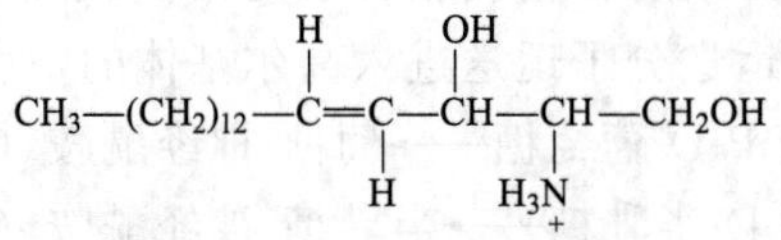

图 7-21　鞘氨醇的分子结构

二、糖脂类代谢

（一）糖脂类的分解代谢

鞘脂类是由1个长链脂肪酸分子和羟基化的二级胺形成的酰胺，称为*N*-脂酰鞘氨醇，又称为神经酰胺。常见鞘脂中的脂肪酸分子多为饱和或者不饱和的C_{16}、C_{18}、C_{20}、C_{24}。*N*-脂酰的α位多有一羟基，在*N*-脂酰鞘氨醇的一级羟基位置可以进一步修饰成最终的鞘脂结构。脑苷脂、脑硫脂、神经节苷脂等鞘糖脂具有重要的生理调节意义。鞘糖脂内头部复杂的糖基延伸到细胞膜表面，是脑下垂体糖蛋白激素的专一性受体。神经节苷脂是细胞-细胞间多糖识别的特殊结构，在细胞生长和分化以及心脏发生中作用重大。鞘糖脂的降解发生在溶酶体内，糖基逐渐降解后得到神经酰胺，神经酰胺酶再将神经酰胺分解成长链碱和脂肪酸，见图7-22。

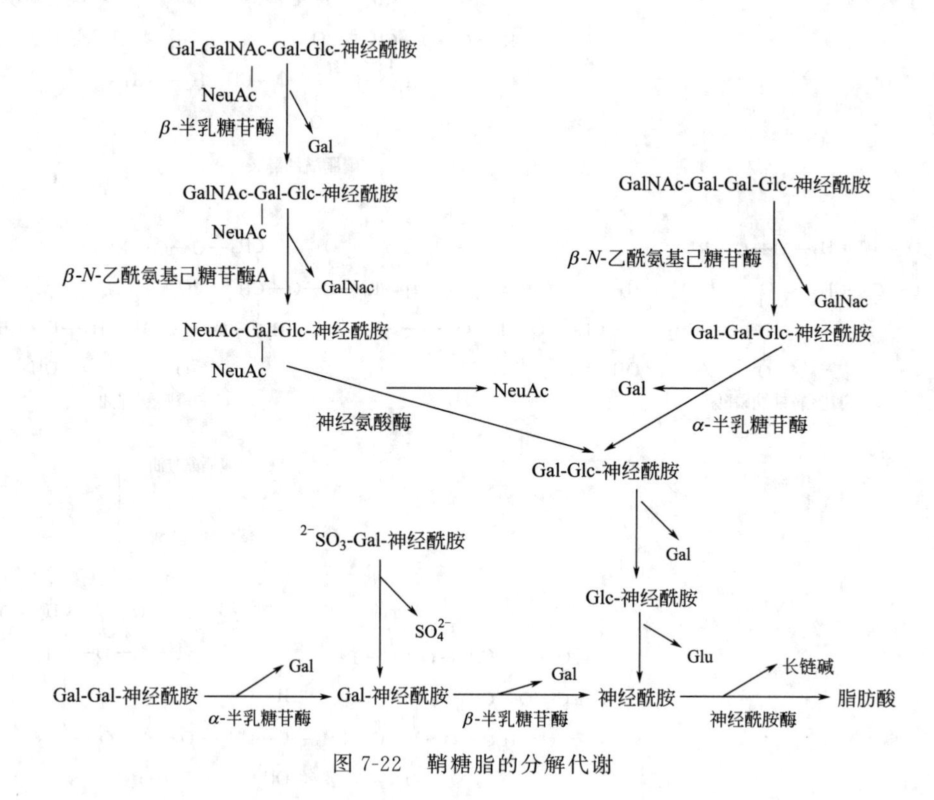

图7-22 鞘糖脂的分解代谢

（二）糖脂类的合成代谢

鞘糖脂（glycosphingolipid）含有鞘氨醇和糖（单糖、低聚糖、糖衍生物），其生物合成也开始于神经酰胺。鞘糖脂合成以糖基二磷酸尿苷为起始物，与神经酰胺反应形成葡糖-神经酰胺（葡糖脑苷脂）（图7-23）。半乳糖-神经酰胺（半乳糖脑苷脂）也是通过类似的途径合成的。糖基转移酶催化糖分子以糖核苷酸的形式转移到受体的脂质分子神经酰胺上，该酶主要存在于高尔基体的空腔侧。最后，鞘糖脂合成的糖核苷酸（UDP-葡萄糖等，UDP即尿苷二磷酸）被高尔基体膜上的运送分子运送进入高尔基体的空腔内。

神经酰胺＋UDP-D-葡萄糖⟶葡糖-神经酰胺（葡糖脑苷脂）

神经酰胺＋UDP-D-半乳糖⟶半乳糖-神经酰胺（半乳糖脑苷脂）

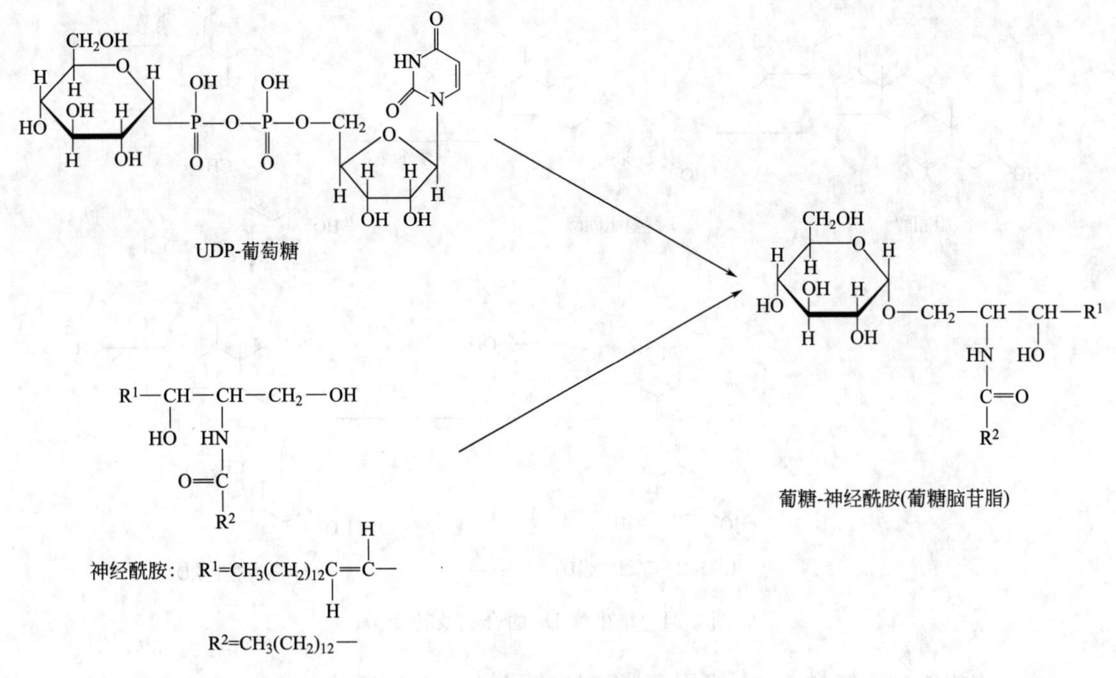

图 7-23　葡糖-神经酰胺的生物合成

三、胆固醇代谢

胆固醇是细胞膜和血浆脂蛋白的主要组分。与脂肪分解代谢功能不同，胆固醇通过氧化可生成胆汁酸、类固醇激素（肾上腺皮质激素、雄性激素、雌性激素）、维生素 D_3 等活性物质。

在肝脏中，胆固醇的主要代谢途径是转化为胆汁酸。它在 7α-羟化酶作用下转变为 7α-羟胆固醇，然后在 12α-羟化酶作用下 C-12 位加上羟基，经过多步反应，生成胆汁酸。大部分胆汁酸转变为胆汁酸盐（胆盐），并进入肠道，催化动物体对膳食脂质的消化和吸收。进入肠道剩余的胆汁酸（胆固醇）被细菌的相关酶催化，在其 C-5 和 C-6 间的双键被还原成饱和单键，得到粪固醇（coprosterol）并直接排出体外。机体每日随粪便排泄出去的胆固醇大约有 0.4g。

在肾上腺、性腺等组织的线粒体中，胆固醇只经过两步代谢反应，即可转化为孕酮参与机体的代谢调节。在 7-脱氢酶的作用下，胆固醇先形成 7-脱氢胆固醇，皮肤经紫外线照射后，7-脱氢胆固醇进一步转化成无活性的维生素 D_3。在肝中，维生素 D_3 可羟基化为活性的 25-羟基维生素 D_3。25-羟基维生素 D_3 若进入肾脏，则可以再转化为 1,25-二羟基维生素 D_3（图 7-24）。血浆中的高胆固醇与心脏病、脑出血等心血管疾病有关联。

知识链接

真菌代谢物洛伐他汀的临床应用

真菌中分离出的代谢物洛伐他汀（lovastatin），对 HMG－CoA 还原酶有竞争性抑制作用。在小狗体内小剂量［8mg/kg(体重)］可以至少降低血浆 30%的胆固醇含量，该化合物现已批准用于治疗高胆固醇血症。

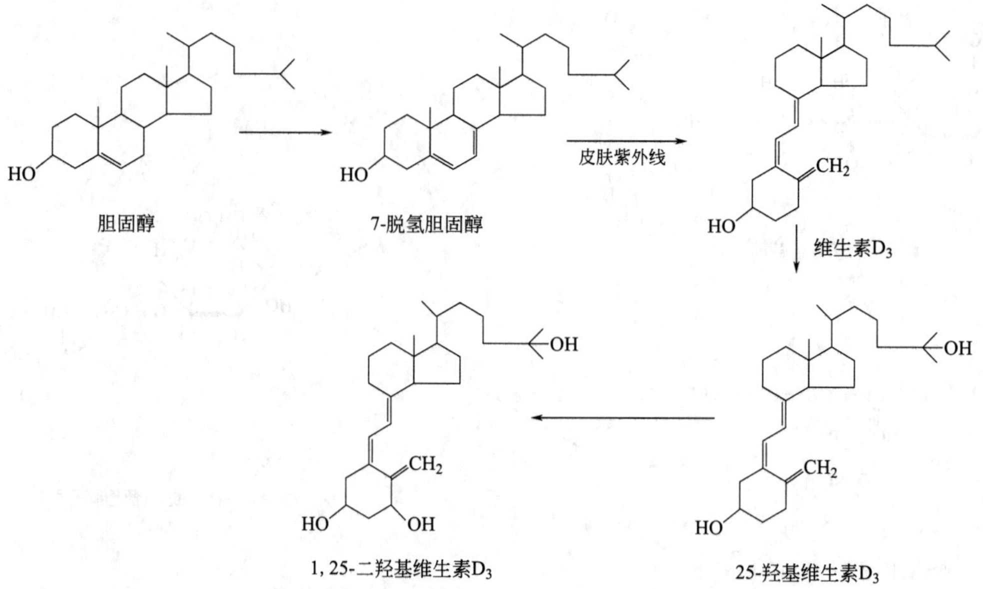

胆固醇 → 7-脱氢胆固醇 →（皮肤紫外线）→ 维生素D_3 → 25-羟基维生素D_3 → 1,25-二羟基维生素D_3

图 7-24 维生素 D_3 的合成及转变

在众多组织中，脂酰-CoA：胆固醇脂酰转移酶（acyl-CoA：cholesterol acyl transferase，ACAT）可以将脂酰-CoA 的脂酰基转移到游离胆固醇上，与胆固醇的 C-3 位羟基结合从而形成胆固醇酯。在血浆中，卵磷脂提供的脂酰-CoA 与胆固醇结合形成胆固醇酯，其是低密度脂蛋白（LDL）和高密度脂蛋白（HDL）内核的主要成分。在卵磷脂：胆固醇脂酰转移酶的作用下，胆固醇和卵磷脂的脂肪酸烃链结合成胆固醇酯，卵磷脂则转化成溶血卵磷脂。

胆固醇的所有碳原子都来自乙酰-CoA，甲基和羧基碳全部在类固醇的核中，胆固醇的生物合成分为五个阶段。

① 第一步是 3 分子乙酰-CoA 合成 C_6 的甲羟戊酸。反应开始是乙酰-CoA 经硫解酶催化生成乙酰乙酰-CoA，3-羟基-3-甲基戊二酸单酰-CoA（HMG-CoA）合酶催化乙酰乙酰-CoA 和乙酰-CoA 生成 HMG-CoA，最后一步是 HMG-CoA 还原酶将 HMG-CoA 加氢还原成甲羟戊酸。HMG-CoA 还原酶有共价修饰和别构调节两个方面的作用，此步反应是胆固醇生物合成中关键的调控步骤。HMG-CoA 还原酶的半衰期为 2～4h，在细胞内降解得很快。胆固醇过量时，细胞通过减少 HMG-CoA 还原酶 mRNA 的表达量而减少酶含量；胆固醇缺乏时，细胞通过增强还原酶 mRNA 的合成增加酶量。胆固醇含量丰富时酶降解的速度比胆固醇不足时快 2 倍，胆固醇对酶降解的效应是由酶的膜结构域介导的。HMG-CoA 还原酶激酶的激酶（HMG-CoA reductase kinase kinase）可以使 HMG-CoA 还原酶激酶磷酸化而激活，然后将 HMG-CoA 还原酶磷酸化而失活，所有的激酶都不依赖环磷酸腺苷（cAMP）。蛋白磷酸酶可以通过去磷酸活化 HMG-CoA 还原酶。药物特异性失活或者钝化 HMG-CoA，可以有效调控血浆胆固醇的水平。

② 第二步是从甲羟戊酸的磷酸化和脱羧基开始，生成异戊烯焦磷酸（IPP），再异构化形成二甲烯丙基焦磷酸（图 7-25）。此步骤共有 4 种酶参加：甲羟戊酸激酶（mevalonate kinase）可使底物磷酸化，磷酸甲羟戊酸激酶（phosphomevalonate kinase）催化第二个磷酸化反应形成 5-焦磷酸甲酰戊酸，5-焦磷酸甲酰戊酸脱羧酶（5-pyrophosphomevalonate decarboxylase）催化脱羧基反应并把 3 位的羟基消除，异戊烯焦磷酸异构酶（isopentenyl pyrophosphate isomerase）催化生成 3,3-二甲烯丙基焦磷酸（DPP）。

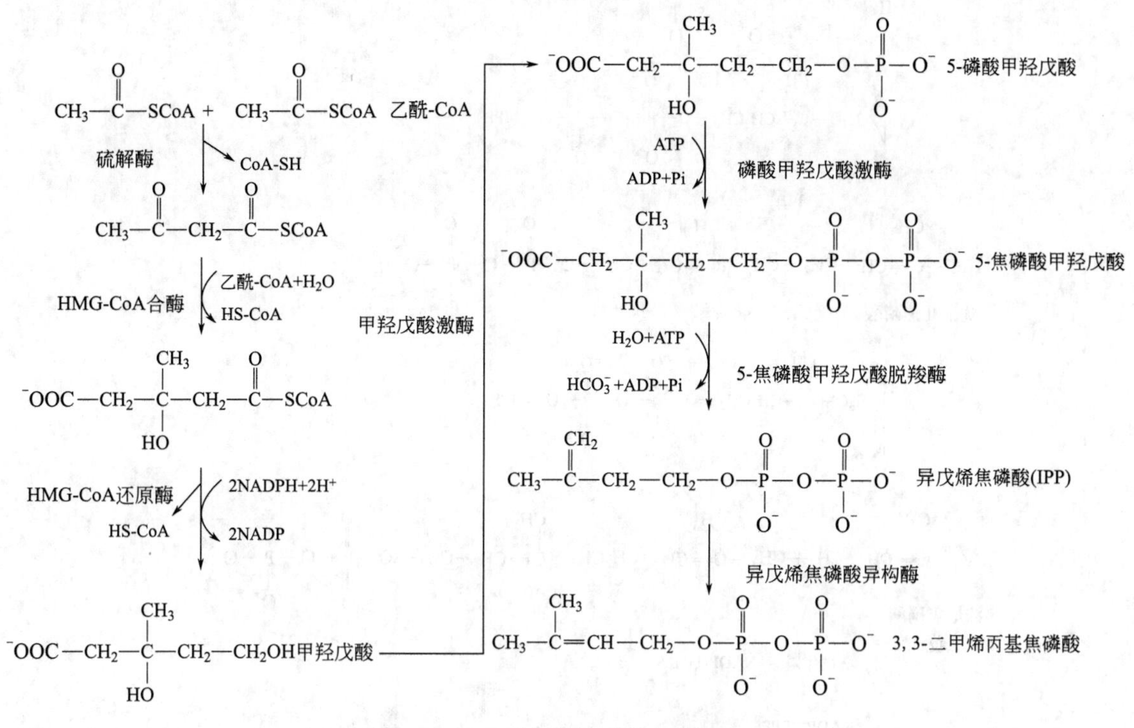

图 7-25　3,3-二甲烯丙基焦磷酸的生成

③ 第三步是 6 个异戊二烯焦磷酸衍生物参与的一系列缩合反应（图 7-26）。最初是 3,3-二甲烯丙基焦磷酸与异戊烯焦磷酸按照 1′-4 的方式首尾缩合，生成 10 个碳原子的牻牛儿焦磷酸，再与异戊烯焦磷酸首尾缩合产生 15 个碳原子的法尼焦磷酸。在 $NADPH+H^+$ 存在的情况下，聚合形式的法尼基转移酶催化 2 分子法尼焦磷酸头与头（1′-1）缩合，形成 30 个碳的开链不饱和烃，即（角）鲨烯，焦磷酸酶对 4 个焦磷酸基团水解放能促进了该步骤。只有法尼基转移酶结合在内质网上，其他酶都存在于细胞溶胶内。

④ 第四步是 30 个碳的（角）鲨烯二步环化形成羊毛固醇（C_{27}），在此类固醇的 4 个环骨架搭成。首先是在（角）鲨烯单加氧酶（squalene monooxygenase）催化下，分子氧、NADPH、（角）鲨烯形成环氧化物；然后是在 2,3-氧化（角）鲨烯：羊毛固醇环化酶（2,3-oxidosqualene：lanosterol cyclase）的作用下，进行闭环得到羊毛固醇，此步骤的闭环需要 4 个双键的电子和两个甲基的位移协同进行。

⑤ 第五步是羊毛固醇转化成胆固醇，反应步骤大多需要 NADH/NADPH 及分子氧，需要消耗 ATP 提供能量，部分是焦磷酸水解提供的。此步骤所用的酶全部嵌在内质网上，还有细胞溶胶蛋白质对膜-联合反应起催化作用，催化机制还有待进一步研究。

成人体内每天约有 0.5g 胆固醇转化为胆汁酸，是由内质网的 7α-羟化酶催化的，也是胆固醇降解的主要机制。胆固醇的羟基化需要 NADPH：细胞色素 P450 还原酶的作用。7-羟基胆固醇转化为胆酸涉及 3β-羟基的氧化、双键的异构化、12α-羟基化、双键的还原、3-酮基还原为 3α-羟基、侧链的羟基化和氧化。胆酸的绝大部分转化为相应的胆盐，部分游离胆酸可与甘氨酸或者牛磺酸结合成胆盐，促进小肠对于脂类的溶解。

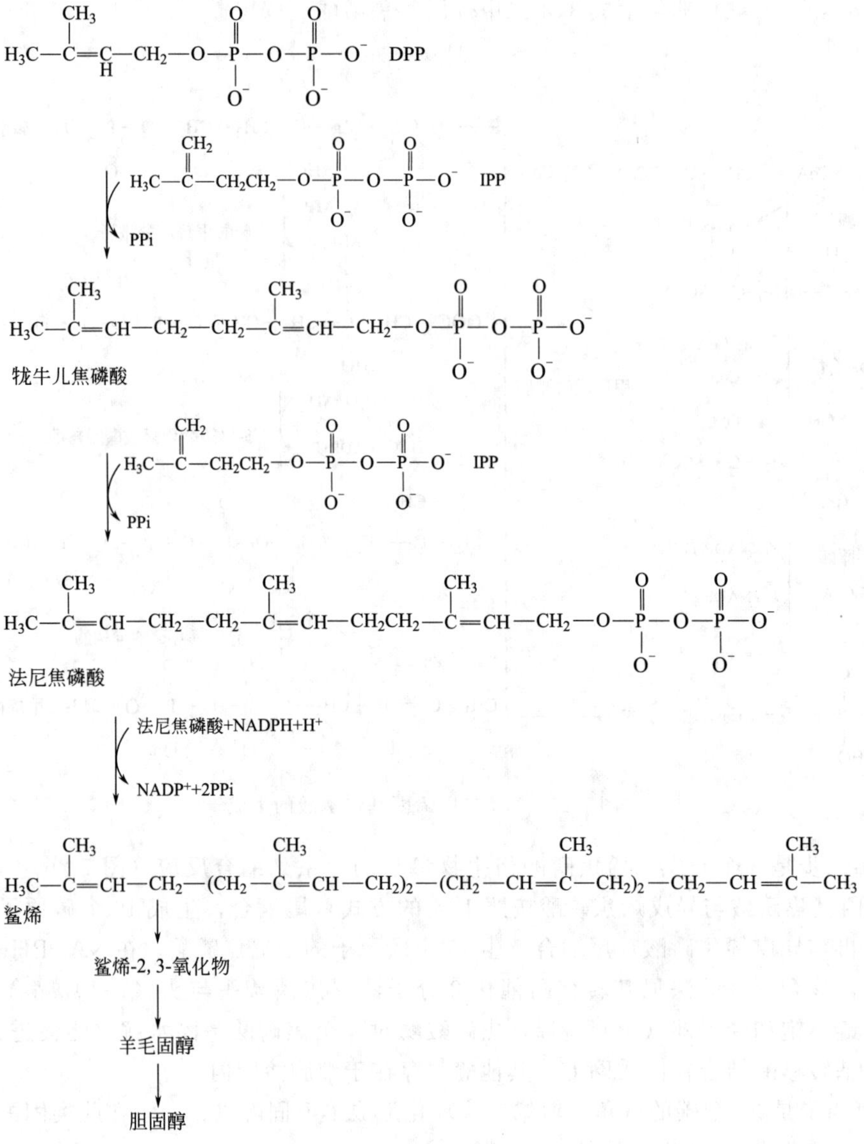

$H_3C-C(CH_3)=CH-CH_2-O-P(=O)(O^-)-O-P(=O)(O^-)-O^-$ DPP

$H_3C-C(=CH_2)-CH_2CH_2-O-P(=O)(O^-)-O-P(=O)(O^-)-O^-$ IPP

↓ PPi

$H_3C-C(CH_3)=CH-CH_2-CH_2-C(CH_3)=CH-CH_2-O-P(=O)(O^-)-O-P(=O)(O^-)-O^-$

牻牛儿焦磷酸

$H_3C-C(=CH_2)-CH_2CH_2-O-P(=O)(O^-)-O-P(=O)(O^-)-O^-$ IPP

↓ PPi

$H_3C-C(CH_3)=CH-CH_2-CH_2-C(CH_3)=CH-CH_2CH_2-C(CH_3)=CH-CH_2-O-P(=O)(O^-)-O-P(=O)(O^-)-O^-$

法尼焦磷酸

↓ 法尼焦磷酸+NADPH+H^+ → $NADP^+$+2PPi

$H_3C-C(CH_3)=CH-CH_2-(CH_2-C(CH_3)=CH-CH_2)_2-(CH_2-CH=C(CH_3)-CH_2)_2-CH_2-CH=C(CH_3)-CH_3$

鲨烯

↓

鲨烯-2, 3-氧化物

↓

羊毛固醇

↓

胆固醇

图 7-26 胆固醇的合成

第五节 血浆脂蛋白

要点

脂蛋白 含有一个由三酰甘油或胆固醇酯构成的球心，球心外层蛋白质、磷脂类、胆固醇定向排列。

血浆脂蛋白的分类 ①乳糜颗粒；②极低密度脂蛋白；③中间密度脂蛋白；④低密度脂蛋白；⑤高密度脂蛋白。

脂蛋白（lipoprotein）是脂质通过非共价键（范德华力、静电吸引、疏水相互作用）与蛋白质结合而成的复合物，是直径小到5～12nm、大到1200nm的球状颗粒，蛋白质部分称为脱辅基脂蛋白或者载脂蛋白（apolipoprotein），现已知有十多种。广泛存在于血浆中的脂蛋白称为血浆脂蛋白（plasma lipoprotein），细胞膜系统中脂质与蛋白质融合的复合物被称为细胞脂蛋白。脂蛋白的结构均有一个由三酰甘油或者胆固醇酯等中性脂类构成的球心，球心的外层是定向排列的蛋白质、磷脂类、胆固醇。例如，磷脂类的极性头部朝向脂蛋白的表面。人类血浆中脂类的含量和类型与膳食习惯和个体的代谢状况有关。

脂质在血液中转运主要是通过脂蛋白复合体的形式进行的，未酯化的脂肪酸与血清蛋白及其他蛋白质简单结合而被转运，磷脂、三酰甘油、胆固醇、胆固醇酯均以复杂的脂蛋白颗粒形式被转运。血浆脂蛋白中脂质和蛋白质的含量相对固定。多数蛋白质的密度为1.3～1.4g/cm^3，脂质聚集体的密度约0.8～0.9g/cm^3，故脂蛋白复合体中蛋白质越多，则密度越高。按照密度逐渐增加的顺序，脂蛋白分为5类（表7-3），依次是乳糜颗粒（chylomicron）、极低密度脂蛋白（very low density lipoprotein，VLDL）、中间密度脂蛋白（intermediate density lipoprotein，IDL）、低密度脂蛋白（low density lipoprotein，LDL）、高密度脂蛋白（high density lipoprotein，HDL），可以用密度梯度超速离心的方法进行分离。乳糜微粒的主要功能是从小肠转运三酰甘油、胆固醇及其他脂质到血浆和其他组织。VLDL在肝细胞的内质网上合成，功能是从肝脏运载内源性三酰甘油和胆固醇到靶组织。IDL一部分被肝脏直接吸收，另一部分转变为LDL。LDL是血液中胆固醇的主要载体，主要功能是转运胆固醇到外围组织，并调节这些部位的胆固醇从头合成。HDL是以前体形式在肝和小肠内合成的，主要功能是将胆固醇从肝外组织转运到肝脏进行代谢，此过程称为胆固醇的逆向转运。机体通过这种机制，可将外周组织衰老细胞膜中的胆固醇转运至肝脏进行代谢并排出体外。血浆中LDL水平高、HDL水平低的人易患心血管疾病，脂蛋白代谢不正常会造成动脉粥样硬化。

表7-3 人体内血浆脂蛋白的组成和性质

脂蛋白类别	密度/(g/cm^3)	颗粒直径/nm	主要载脂蛋白(apo)	组成成分(干重)/%				
				蛋白质	三酰甘油	胆固醇	胆固醇酯	磷脂类
乳糜微粒	0.92～0.96	100～500	B-48、A、C、E	1～2	84～85	2	4	8
VLDL	0.95～1.006	30～80	B-100、C、E	10	50	8	14	18
IDL	1.006～1.019	25～50	B-100、E	18	30	8	22	22
LDL	1.019～1.063	18～28	B-100	25	5	9	40	21
HDL	1.063～1.21	5～15	A-1、A-2、C、E	50	3	3	17	27

血浆脂蛋白主要在肝脏和小肠中生成。乳糜颗粒中，载脂蛋白A和载脂蛋白B-48、磷脂类、胆固醇、胆固醇酯、三酰甘油都是在小肠细胞中合成的。乳糜微粒分泌后经大锁骨下静脉进入毛细淋巴管内。肝脏是VLDL和HDL的主要源头，包括载体蛋白、apoA-Ⅰ、apoA-Ⅱ、apoB-100、apoC-Ⅰ、apoC-Ⅱ、apoC-Ⅲ、apoE，以及脂蛋白的脂质组分。

第六节　脂类代谢的调节及异常

要点

脂肪酸代谢调节	分解代谢：①脂肪酸进入线粒体的调控；②激素对脂肪酸分解的调节；③脂肪酸分解代谢的其他方式。合成代谢：①激素调控；②共价修饰调控。
代谢疾病	肥胖症；脂肪肝；法布里病。

一、脂类代谢调节

在多数组织中，脂质分解代谢与脂质生物合成、糖代谢相互影响。三酰甘油、磷脂酰胆碱、磷脂酰乙醇胺、磷脂酰丝氨酸、磷脂酰甘油、二磷脂酰甘油、肌醇磷酸等的代谢调控，与细胞的质膜、内质网膜、高尔基体等的形成、维持、功能密切相关。在肝脏中，膜必需的磷脂酰胆碱、磷脂酰乙醇胺的合成，早在三酰甘油合成之前就已经完成，充分保障细胞膜对脂类的需求。

（一）脂肪酸分解代谢的调节

1. 脂肪酸进入线粒体的调控

不同种类的细胞对脂肪酸的需求量差别较大，因此在细胞内对脂肪酸的代谢进行调控十分必要。血液中脂肪酸的供给情况是脂肪酸 β-氧化的调控关键，线粒体通过控制脂肪酸进入线粒体内的速率，进而调控脂肪酸的分解代谢。至少有三种肉碱酰基转移酶催化脂酰肉碱从细胞质转运到线粒体内，其中一种是针对短链脂肪酸的，另外两种（转移酶Ⅰ和转移酶Ⅱ）是针对长链脂肪酸的。线粒体内膜上有一种蛋白质专门负责运送肉碱，乙酰肉碱、短链脂酰肉碱衍生物、长链脂酰肉碱衍生物也是通过此载体穿越线粒体的内膜的。脂酰肉碱进入线粒体后，在肉碱酰基转移酶Ⅱ的作用下，脂酰基和肉碱相连的键被打断，肉碱得以游离，并产生脂酰-CoA。转移酶Ⅰ在线粒体外膜上，受丙二酰-CoA 的抑制，因此高水平的丙二酰-CoA 妨碍脂肪酸的分解代谢，促进脂肪酸合成代谢。脂肪酸的合成代谢激活后，丙二酰-CoA 强烈抑制线粒体内膜上肉碱酰基转移酶Ⅰ的活性，因此新合成的脂肪酸被保留在细胞质内，不能进入线粒体从而远离 β-氧化途径。

2. 激素对脂肪酸分解代谢的调节

在脂肪酸分解代谢的调节中，胰高血糖素（glucagon）和肾上腺素（epinephrine）在脂肪酸的贮存部位调节，促进脂肪酸的分解作用。脂肪组织中的三酰甘油在三酰甘油脂肪酶的催化下分解成游离脂肪酸，该酶是激素敏感性的。激素通过 cAMP 调节三酰甘油脂肪酶的磷酸化和去磷酸化，使得酶在活性和非活性之间转变。肾上腺素、胰高血糖素均可以使脂肪组织内 cAMP 含量升高，cAMP 通过变构激活 cAMP-依赖性蛋白激酶从而增加三酰甘油脂肪酶的磷酸化水平，加速脂肪组织内的脂解作用（lipolysis），显著提高了血液中脂肪酸的含量，最终启动肝脏和肌肉等组织中脂肪酸的分解代谢。肝脏中，脂肪酸分解代谢的乙酰-CoA 生成酮体，酮体进入血流后代替葡萄糖功能。cAMP 依赖性蛋白激酶可以抑制脂肪酸合成途径的限速酶乙酰-CoA 羧化酶（acetyl CoA carboxylase），从而抑制脂肪酸的合成，促进脂肪酸的分解代谢。

胰岛素可以刺激三酰甘油和糖原的形成，降低细胞内 cAMP 的水平，通过去磷酸化抑制脂肪酸分解代谢的关键酶，降低脂肪酸的 β-氧化。此外，胰岛素同样能激活一些不依赖 cAMP 的蛋白激酶，将乙酰-CoA 羧化酶磷酸化。因此，胰高血糖素和胰岛素的比例决定了脂肪酸代谢的速度，同时也决定了脂肪酸代谢的方向。

3. 脂肪酸分解代谢的其他调节方式

与其他组织器官不同，心脏中脂质合成很少发生，脂肪酸氧化是心脏的主要能量来源。若心脏用能减少，则柠檬酸循环和氧化磷酸化的活动也随之减弱，导致乙酰-CoA 和 NADH 的积聚，线粒体内高水平的乙酰-CoA 会抑制硫解酶的活性，从而抑制脂肪酸的 β-氧化过程。NADH 的增加导致 NAD^+ 的缺少，继而影响了 3-羟脂酰-CoA 脱氢酶的活性，降低其氧化反应。脂肪酸的代谢调控是根据机体代谢需要进行调节的。细胞溶胶中软脂酰-CoA 过量，则机体通过抑制脂肪酸合成酶活性，从而关闭脂肪酸的合成途径，并抑制 NADH 的产生。在脂肪酸生物合成中，乙酰-CoA 羧化酶催化丙二酰-CoA 的生成，该步骤是关键的限速步骤，柠檬酸是乙酰-CoA 羧化酶的专一性活化剂，因此柠檬酸充足将促进脂肪酸的合成及能量的贮存。

长期的膳食状况也会影响脂肪酸代谢相关酶的表达水平，主要是控制酶的合成速度，而不是促进其降解。例如，禁食后的大鼠肝中，脂肪酸合酶及乙酰-CoA 羧化酶的浓度都降低了 4～5 倍。长期食用无脂肪饲料的大鼠，其体内脂肪酸合酶比正常饲料喂养的大鼠高 14 倍以上。

（二）脂肪酸合成代谢的调节

细胞或有机体的代谢燃料超过需要量时，会促进脂肪酸的合成，并转化为脂肪贮存。乙酰-CoA 羧化酶催化的反应是脂肪酸合成过程中的限速步骤，也是脂肪酸合成调控的关键。在脊椎动物中，脂肪酸合成产物软脂酰-CoA 是乙酰-CoA 羧化酶的反馈抑制剂。当线粒体内乙酰-CoA 的浓度增高，ATP 含量增加时，柠檬酸自线粒体释放到细胞溶胶，转化为细胞溶胶的乙酰-CoA 并作为激活剂活化乙酰-CoA 羧化酶，启动脂肪酸的合成（图 7-27）。乙酰-CoA 羧化酶还受共价交替（covalent alternation）的调节。乙酰-CoA 羧化酶的活化形式是去磷酸化的聚合物，磷酸化后聚合物解离成为无活性的单体（图 7-28）。胰高血糖素、肾上腺素等激素能引发磷酸化，使乙酰-CoA 羧化酶解离成无活性单体，减缓脂肪酸的合成。乙酰-CoA 羧化酶的活性取决于平衡调控：柠檬酸把平衡引向聚合一侧而促进脂肪酸合成；软脂酰-CoA 把平衡引向单体一侧而抑制脂肪酸合成。

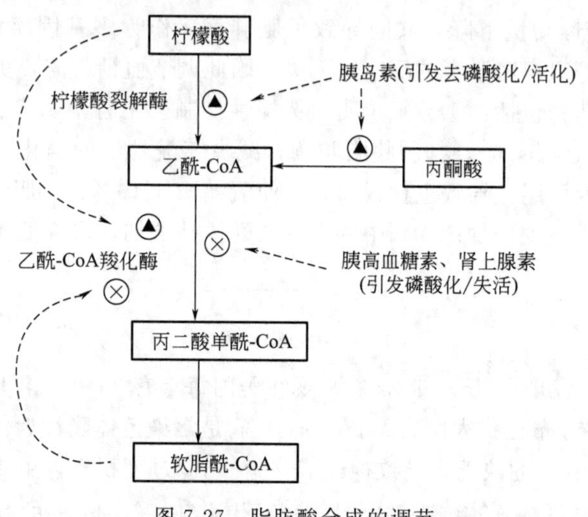

图 7-27　脂肪酸合成的调节

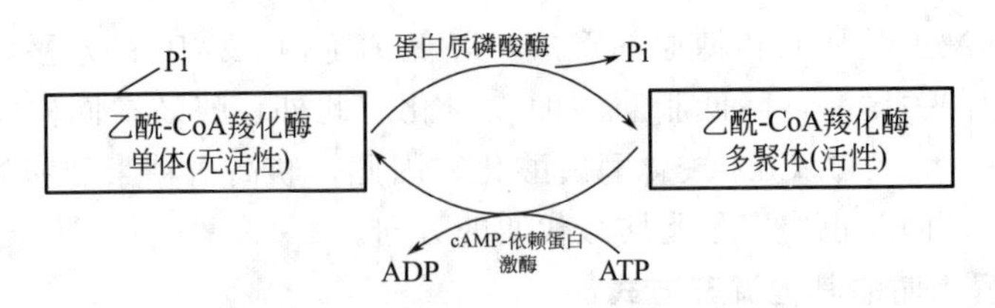

图 7-28 乙酰-CoA 羧化酶无活性单体和有活性的多聚体之间的平衡

植物和细菌中，乙酰-CoA 羧化酶不受柠檬酸或磷酸化/去磷酸化循环的调节。植物被照射时，基质（stroma）的 pH 和 Mg^{2+} 的浓度增高，乙酰-CoA 羧化酶酶活性也升高。细菌中，三酰甘油不是能量贮存物质。大肠杆菌内脂肪酸的合成仅仅是为膜脂质提供前体，而其调节机制较复杂，如鸟嘌呤核苷也参与调控。

脂肪酸合成途径中的其他酶也受调节。血糖浓度过高或过低会引起胰岛素和胰高血糖素的释放。胰岛素通过蛋白质去磷酸化的级联作用激活丙酮酸脱氢酶复合体和柠檬酸裂解酶的活性。脂肪酸合成的前体物质丙二酸单酰-CoA 可以抑制肉碱脂酰转移酶Ⅰ，通过抑制脂酰-CoA 进入线粒体从而抑制并关闭脂肪酸的 β-氧化。因此，细胞内脂肪酸合成及 β-氧化不会同时发生，是协同受调控的，不会呈现耗能性的无效循环，避免了能量的浪费。

二、脂类代谢异常

动物体内脂肪酸和三酰甘油的代谢非常重要，代谢失衡或者代谢不足均会引起严重的疾病，如肥胖症、糖尿病、糖尿病酮症酸中毒、Refsum 病（又称植烷酸贮积症）、肉碱缺乏症和脂肪酸氧化缺陷症等。

（一）三酰甘油代谢异常

1. 肥胖症

体内三酰甘油过分积累引起的肥胖症比较普遍，在美国、中国、印度等国家引起了极大的关注。脂肪的沉积部位可以较好地预示肥胖症的发病率和死亡率，并且中心分布的腹部脂肪组织比外周分布的皮下脂肪组织风险更高。代谢综合征表现出肥胖、高血压、高三酰甘油、血中高密度脂蛋白水平低、胰岛素抵抗等症状，代谢综合征患者患糖尿病、心血管疾病的风险比较高。因此，控制肥胖症是主要的公共健康目标。遗传因素（调控进食激素的基因）与环境因素（高脂高糖饮食选择、运动量下降）共同导致了肥胖症。作为多基因疾病，肥胖症很难治愈。胰岛素抵抗期，肌肉等组织对激素的反应性下降，因此调节血糖就需要更高浓度的胰岛素。目前用于治疗肥胖症的药物包括：①芬氟拉明，选择性抑制去甲肾上腺素、5-羟色胺和多巴胺的再吸收；②奥利司他（Orlistat），抑制胰脂肪酶，减少三酰甘油的消化，阻断脂肪吸收；③产热药，麻黄碱与咖啡因联用，导致进食减少，并使氧耗增加 10%；④胆囊收缩素、胰高血糖素样肽等胃肠肽，可有效减少进食；⑤脑中的大麻素受体拮抗剂，可降低食欲，减少进食。

知识链接

Tay-Sachs 病

1881 年 W. Tay 发现了 Tay-Sachs 病，现在美国每年有 30～50 名儿童病例，患者只能活到 3～5 岁，主要分布在犹太民族。Tay-Sachs 病是常染色体隐性遗传病，由于氨基己糖苷酶（hexosaminidase）的缺乏，导致神经节苷脂 GM_2 过度积累，主要积累在脑中。父母双方具有单一的氨基己糖苷酶突变基因时，则后代患 Tay-Sachs 病的概率为 25%。

2. 脂肪肝

过度的脂肪动员可能导致脂肪肝（fatty liver），即肝脏被脂肪细胞浸透，成了无功能的脂肪组织。糖尿病患者体内因胰岛素缺乏而不能正常动员葡萄糖，此时需要其他营养物质供应能量，脂类分解代谢加剧，包括脂肪酸动员和肝脏中过度的脂肪酸降解，因此也可能产生脂肪肝。四氯化碳、吡啶等化学药品也可能破坏肝脏细胞，导致脂肪组织取代肝细胞，从而也会引发脂肪肝。膳食中缺乏胆碱、甲硫氨酸等抗脂肪肝剂时，也可能导致脂肪肝的出现，同时也会导致磷脂酰胆碱合成的减少及脂蛋白的合成减慢。脂蛋白的脂类是由肝脏提供的，脂蛋白合成速率的减弱会导致肝脏中脂类物质的积累，产生脂肪肝。

（二）鞘脂类代谢异常

在鞘糖脂分解代谢构成中，酶的突变缺失常导致中间体的积聚。神经节苷脂分解代谢的紊乱与遗传性神经鞘脂的积聚有关。例如，J. Fabry 和 W. Anderson 在 1898 年发现的法布里病，主要症状是皮疹、骨端疼痛、肾损坏、高血压，患者最多活至 40 岁左右，就会因发生肾脏衰竭而死，发病率比较低，全球报道的仅百例。1963 年发现法布里病患者的肾中大量积聚“半乳糖-半乳糖-葡萄糖-神经酰胺”（Gal-Gal-Glc-ceramide）；1967 年证明是由于缺乏降解三己糖神经酰胺的 α-半乳糖苷酶 A（α-galactosidase A）。目前，通过检测 α-半乳糖苷酶 A 作为临床上法布里病的诊断方法。然而，由于肌内注射的 α-半乳糖苷酶在体内存活期比较短，因此法布里病没有较好的治疗方法。

本章小结

脂类不溶解于水，可用乙醚、氯仿等有机溶剂提取。按照化学组成，脂类可以分为单纯脂质、复合脂质、衍生脂质；按照供能分为贮存脂质、结构脂质和活性脂质。脂肪主要是三酰甘油，由脂肪酸和甘油组成。天然脂肪酸通常是偶数碳原子，12～22 碳，不同脂肪酸的区别是碳链长度、饱和键数目、饱和键的位置差异。人体必须从膳食中摄取必需脂肪酸。磷脂包括甘油磷脂和鞘磷脂，甘油磷脂是由 *sn*-甘油-3-磷酸衍生而来的。糖脂主要是脑苷脂和神经节苷脂。

脂肪酸分解代谢，发生在原核生物的细胞溶胶和真核生物的线粒体基质内，先与辅酶 A 以硫酯键连接成脂酰-CoA 而活化，再经肉碱/脂酰肉碱转移酶催化成肉碱衍生物，进入线粒体后发生 β-氧化（脱氢、加水、脱氢、硫解）。脂肪酸 β-氧化的产物 $FADH_2$、NADH 直接进入氧化磷酸化，乙酰-CoA 进入柠檬酸循环和氧化磷酸化彻底氧化分解成 CO_2 和 H_2O，并释放出能量。

不饱和脂肪酸的分解代谢需要更多的酶参与，如烯酰-CoA 异构酶。奇数碳原子的脂肪酸每次 β-氧化生成乙酰-CoA，最后生成丙酰-CoA。脂肪酸 β-氧化生成的乙酰-CoA 过量，则可转化成乙酰乙酸、β-羟丁酸、丙酮，统称为酮体。脂肪酸分解代谢与合成代谢是受调控的，肾上腺素、胰高血糖素、胰岛素等激素都参与脂肪酸代谢的调控。

哺乳动物体内，催化脂肪酸生物合成的酶是一个多酶复合体，合成步骤包括启动（乙酰转化为乙酰合酶）、装载（丙二酸单酰-CoA 转化为丙二酸单酰-ACP）、缩合（乙酰合酶与丙二酸单酰-ACP 形成乙酰乙酰-ACP）、还原（乙酰乙酰-ACP 被还原成 β-羟丁酰-ACP）、脱水（β-羟丁酰-ACP 形成 α,β-反式-丁烯酰-ACP）、还原（α,β-反式-丁烯酰-ACP 被还原成丁酰-

ACP)、释放形成软脂酸。

磷脂类的生物合成几乎都在膜结构表面进行。胆固醇的生物合成速度受到HMG-CoA还原酶活性调控。胆固醇和磷脂类靠脂蛋白运送到血浆中。脂蛋白是由小肠和肝脏合成并分泌的，脂蛋白包括乳糜微粒、VLDL、LDL、IDL、HDL 5种。各代谢途径中的酶受共价修饰和别构调节。代谢途径中任何酶的缺欠都会导致严重的遗传疾病。

思考题

1. 请描述天然脂肪酸在结构上的共同特征。
2. 为何多不饱和脂肪酸容易发生脂质过氧化？
3. 比较脂肪酸β-氧化和脂肪酸合成的差异。
4. 以磷酸二羟丙酮为原料，如何实现血小板活化因子PAF的合成？
5. 描述脂蛋白的组成、体内合成、运送、生物功能。
6. 分析硬脂酸在真核生物体内的分解供能途径，计算1分子硬脂酸彻底氧化分解产生的能量。
7. 阐述人体内脂肪酸分解代谢和合成代谢是如何被调控的。

第八章 蛋白质降解与氨基酸代谢

【知识目标】 掌握氨基酸的一般代谢、氨基酸分解产物氨和酮酸的代谢、一碳单位的代谢；熟悉个别氨基酸代谢、氨基酸的生物合成、物质代谢之间的联系；了解蛋白质营养的重要性、消化、吸收和需要量以及氨基酸代谢有关疾病。

【能力目标】 应用氨基酸代谢的理论知识，解释氨基酸与生命活动的密切关系，理解某些疾病的发病机制，具备对相关疾病进行诊断和预后判断的能力。

【素质目标】 认识蛋白质对人体生命活动的重要性，能初步研判蛋白质与氨基酸的代谢及调控活动的风险，养成健康饮食的良好生活习惯。

蛋白质是生命活动的物质基础，在生命活动中起着非常重要的作用，如维持细胞和组织的生长、更新、修补；催化调节、转运储存作用，能量供给等。蛋白质虽种类繁多、功能各异，但它们的基本单位都是氨基酸。蛋白质分解代谢时，首先分解成氨基酸，才能进一步代谢，所以氨基酸代谢是蛋白质分解代谢的重要内容。氨基酸的代谢包括分解代谢和合成代谢。为适应体内蛋白质和生理活性物质合成的需要，机体通过体外摄入、体内合成以及氨基酸在体内相互转变，保证氨基酸代谢库的动态平衡。

第一节 蛋白质的降解

要点

细胞外途径	外源蛋白质进入人体后，水解变成小分子的氨基酸。蛋白质的消化从胃开始，主要在小肠进行。
细胞内途径	①溶酶体内含50多种水解酶，可控制多种内源性和外源性大分子物质的溶解；②泛素介导的蛋白酶降解分两步进行，蛋白质的泛素化和蛋白酶体降解。

1940年，Henry Borsook和Rudolf Schoenheimer证明了活细胞的组成成分在不断地转换更新。细胞总在不断地利用氨基酸合成蛋白质，又把蛋白质降解成氨基酸。食物中的蛋白

质经过蛋白质降解酶的作用，降解为多肽和氨基酸被人体吸收的过程叫作蛋白质降解。

一、细胞外途径

当外源蛋白质进入人体后，先经过水解作用变成小分子的氨基酸，然后才被吸收。高等动物摄入的蛋白质在消化管内消化后形成游离的氨基酸，然后被吸收入血液，供给细胞合成自身蛋白质。同位素示踪法表明，一个体重70kg的人，在一般膳食条件下，每天可有400g蛋白质发生变化。其中约有四分之一进行氧化降解或转化为葡萄糖，并由外源蛋白质补充；其余的在体内进行再循环。机体每天随尿液排出的氨基氮约为6～20g，在未进食蛋白质时也是如此，相当于每天丢失约30g内源蛋白质。

（一）胃中的消化

食物进入胃后，胃分泌胃泌素，刺激胃壁细胞分泌盐酸，主细胞分泌胃蛋白酶原。胃液的酸性可促使球状蛋白质变性和松散。胃蛋白酶原经自身催化作用，脱下自N端的42个氨基酸肽段变为活性胃蛋白酶，它催化具有苯丙氨酸、酪氨酸、色氨酸以及亮氨酸、谷氨酸、谷氨酰胺等肽键的断裂，使大分子的蛋白质变为较小分子的多肽。

（二）小肠中的消化

蛋白质在胃中消化后连同胃液进入小肠。在胃液的酸性刺激下，小肠分泌肠促胰液肽进入血液，刺激胰腺分泌碳酸氢盐进入小肠中。氨基酸刺激十二指肠分泌胰蛋白酶、糜蛋白酶、氨肽酶、羧肽酶等。这些酶以酶原形式分泌，随后被激活而发挥作用。胰蛋白酶被肠激酶激活，其也有自身催化作用。胰蛋白酶原自N端脱掉一段6肽肽段，转变为有活性的酶。胰蛋白酶可水解由赖氨酸、精氨酸的羧基形成的肽键。糜蛋白酶分子中含有4个二硫键，由胰蛋白酶水解断开其酶原中的两个二硫键，并脱掉分子中的两个肽而被激活，形成的活性糜蛋白酶分子，是由二硫键连接的三段肽链构成的。该酶的作用是水解含有苯丙氨酸、酪氨酸、色氨酸等的残基形成的肽键。

二、细胞内途径

细胞内蛋白质周转是非常迅速的，蛋白质的半寿期可从几分钟到几个星期不等。许多半寿期极短的蛋白质能使细胞迅速地改变代谢条件。许多代谢的关键酶和受严格调节的酶都能迅速地进行周转。例如，RNA聚合酶决定核糖体RNA的合成速度，受激素和营养条件控制的丝氨酸脱氢酶、色氨酸氧化酶、酪氨酸氨基转移酶以及在糖异生中催化关键反应的磷酸烯醇式丙酮酸羧化酶等，这些酶都是属于周转迅速的蛋白质。蛋白质的周转代谢使种种代谢途径的调节得以容易实现。

真核细胞对于蛋白质降解有两种途径，一种是溶酶体的蛋白质降解途径，另一种是泛素介导的蛋白质降解途径。

（一）溶酶体的蛋白质降解途径

溶酶体是具有单层膜的细胞器，含有约50种水解酶，包括不同种的蛋白酶，称为组织蛋白酶。溶酶体其内部pH在5.0左右，而它含有的酶最适pH为酸性。蛋白质在溶酶体的酸性环境中被相应的酶降解，然后通过溶酶体膜的载体蛋白运送至细胞液，补充胞液代谢库。胞液中有些蛋白质的N端含有一些肽段，与含该肽段的肽链降解有关，这类肽段可以视为肽链降解的信号肽。例如，细胞质中某些常含有KFERQ/RIDKQ序列的蛋白质易进入溶酶体，然后在溶酶体中被降解。又如，细胞质内快速被降解的蛋白质通常含有PEST四肽序列。胞外蛋白通过胞吞作用或胞饮作用进入细胞，然后在溶酶体中降解。

（二）泛素介导的蛋白质降解途径

溶酶体降解从细胞外吸收进来的蛋白质，在作用的过程中不消耗能量。然而，早在 20 世纪 50 年代就有实验显示，细胞内蛋白质的降解需要能量。这一现象一直困惑着研究者，为何细胞内的蛋白质降解需要能量，而细胞外蛋白质的降解却不需要能量。2004 年诺贝尔化学奖授予了以色列科学家阿夫拉姆·赫什科（Avram Hershko）、阿龙·切哈诺沃（Aaron Ciechanover）和美国加利福尼亚大学的教授欧文·罗斯（Irwin Rose），以表彰他们发现了泛素调节的蛋白质降解。

1. 标记工具——泛素

泛素是一种多肽，由 76 个氨基酸构成，分子质量约为 8500kDa，1975 年从小牛的胰脏中分离出来，随后在除了细菌以外的许多不同组织和有机体中被发现，因而被冠以“泛”字，其分子结构示意图如图 8-1 所示。它能与蛋白质形成牢固的共价键，蛋白质一旦被它标记，就会被送到细胞内的“垃圾处理厂”进行降解。

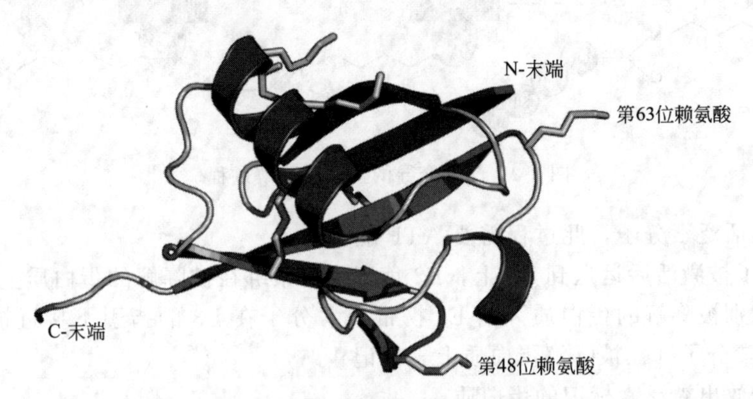

图 8-1　泛素分子结构示意图

2. 与泛素有关的 3 种重要的酶

在细胞内存在 3 种重要的酶，即泛素活化酶（ubiquitin -activating enzyme，简称 E1）、泛素缀合酶（ubiquitin-conjugating enzyme，简称 E2）、泛素-蛋白质连接酶（ubiquitin-protein ligase，简称 E3）。3 种酶在蛋白质降解过程中分工不同，E1 负责激活泛素分子，E2 负责把激活的泛素分子绑在需要被降解的蛋白质上，E3 具有辨认被降解蛋白质的功能。当 E2 携带泛素分子在 E3 的指引下接近被降解的蛋白质时，E2 就将泛素分子绑在被降解的蛋白质上。如此循环往复，被降解蛋白质上被绑了一批泛素分子。当泛素分子达到一定数量后（一般认为至少 5 个），被降解蛋白质就会被运送到细胞内的一种被称为蛋白酶体的结构中进行降解。

3. 蛋白酶体——细胞的废物处理机器

蛋白酶体被称为“垃圾处理厂”，1979 年由 Goldberg 等首先分离出来，一个人体细胞内大约含有 30000 个蛋白酶体。蛋白酶体包括两种形式：20S 复合物和 26S 复合物，而 26S 复合物又由 20S 复合物和 19S 复合物组成，主要负责依赖泛素的蛋白质降解途径。26S 复合物是一种筒状结构，活性部位（20S 复合物）在筒内，能将所有蛋白质降解成含 7～9 个氨基酸的多肽。蛋白质要到达活性部位，一定要经过一种被称为“锁”（lock）的帽状结构（19S 复合物），而这个帽状结构能识别被泛素标记的蛋白质。被降解蛋白质到达活性部位后，泛素分子在去泛素酶的作用下离去，能量（ATP）被释放出来用于蛋白质的降解。降解后的多肽从蛋白酶体筒状结构另一端被释放出来。事实上，蛋白酶体本身不具备选择蛋白质的能力，只有被泛素分子标记而且被E3识别的蛋白质才能在蛋白酶体中进行降解。

4. 泛素介导的蛋白质降解

泛素介导的蛋白质降解过程如图8-2所示。

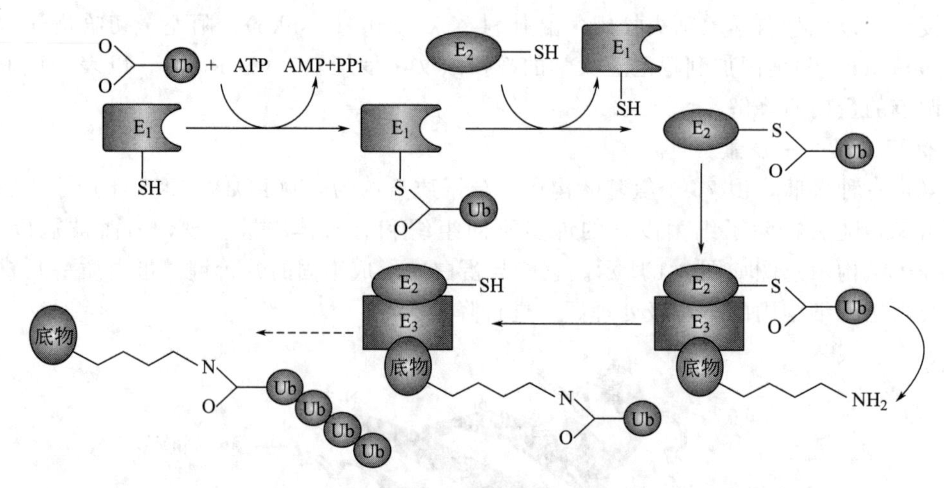

图8-2 泛素介导的蛋白质降解过程

① E1酶激活泛素分子，此过程需要ATP能量。

② 泛素分子被激活后运送到E2上，E2负责将泛素绑在被降解的蛋白质上。

③ E3能识别被降解的蛋白质。当E2携带泛素分子在E3的指引下接近被降解蛋白质时，E2就把泛素分子绑在被降解蛋白质上（标记）。

④ E3酶释放出被泛素标记的蛋白质。

⑤ 不断重复上述过程，直到蛋白质上绑有一定数量的泛素分子后就会被送到蛋白酶体。

⑥ 蛋白酶体接收被泛素分子标记的蛋白质，并将其切成由7～9个氨基酸组成的短肽链，从而完成了蛋白质的降解过程。

知识链接

蛋白质的“死亡之吻”

2004年诺贝尔化学奖评委会用“死亡之吻”来描述人类细胞如何控制某种蛋白质的过程——人类细胞对无用蛋白质的“废物处理”过程。作为人体免疫系统的正常反应，一些无用或致病的蛋白质必须被“消灭”。为达到“目的”，细胞会“派”特定分子去“亲吻”那些目标蛋白，留下“亲吻”标记。最终，带“标记”的蛋白将被摧毁。3位科学家揭示了人体蛋白质的死亡形式，能帮助人们解释人体免疫系统的化学工作原理，为某些癌症的根治提供了可能。

5. 泛素介导的蛋白质降解的意义

对于生物体而言，蛋白质的生老病死至关重要。然而，科学家们关于蛋白质如何“诞生”的研究成果很多，迄今为止，至少获5次诺贝尔奖，但关于蛋白质如何“死亡”的研究却相对较少，泛素调节的蛋白质降解就是对蛋白质“死亡”的研究。因此，这个开创性研究具有特殊意义，对泛素调节的蛋白质降解机理的认知将有助于攻克多种人类疾病。在世界各地的很多实验室中，科学家不断发现和研究与这一降解过程相关的细胞新功能，这些研究对进一步揭示生物的奥秘，以及探索一些疾病的发生机理和治疗手段具有重要意义。

（1）阻止植物的自授粉　多数植物都是双性、雌雄同株的。如果雌雄同株的植物中出现自授粉现象其基因多样性就会逐渐减弱。如果这种情况持续出现，就会导致该物种的灭绝。植物避免这种情况出现的措施就是利用泛素引导的蛋白质降解来排斥自身产生的花粉。虽然这一过程的具体机理尚未被阐明，但已知的是此过程中有E3酶的参与，并且当引入蛋白酶体抑制剂时，植物对自身花粉的排斥会受到影响。

（2）调控细胞生长周期　细胞的复制过程涉及很多化学反应。在人体细胞的复制过程中，集中于23对染色体中的60亿个碱基对会被复制。普通细胞的有丝分裂、性细胞的形成和减数分裂都与泛素有着密切的关系。泛素中一种由多个亚单位组成的E3酶，在细胞分裂过程中作为一个蛋白复合物——后期促进复合物（anaphase-promoting comples，APC），使细胞脱离减数分裂期。在细胞有丝分裂和减数分裂中的染色体分离期，泛素也发挥重要作用。

第二节　氨基酸分解一般代谢

要点

脱氨基作用　①氧化脱氨基作用；②转氨基作用；③联合脱氨基作用；④非氧化脱氨基作用。

氨的代谢　①氨的来源和去路之间保持动态平衡；②各组织产生的氨以谷氨酰胺和丙氨酸两种形式进行运输；③氨的主要去路是在肝中合成尿素，随尿液排出体外，其他去路包括合成非必需氨基酸，再被机体利用，用于合成某些含氮化合物；④氨通过鸟氨酸循环生成尿素，排出体外。

α-酮酸的代谢　①氨基酸转化为酮酸后，经三羧酸循环进行氧化供能；②部分酮酸可经糖异生途径转化成糖，部分酮酸可转化为乙酰辅酶A，再转化为酮体利用；③合成新的氨基酸。

生物体内的各种蛋白质经常处于动态更新之中，蛋白质的更新包括蛋白质的分解代谢和蛋白质的合成代谢。本节主要介绍的是蛋白质分解为氨基酸及氨基酸继续分解为含氮的代谢产物、二氧化碳和水并释放出能量的过程。体液中的氨基酸主要来自蛋白质消化吸收、体内组织蛋白质的分解以及体内的合成。不同来源的氨基酸混合在一起，通过血液循环在各组织参与代谢，称为氨基酸代谢库。氨基酸在体内的代谢概况归纳如图8-3所示。

一、氨基酸的脱氨基作用

氨基酸的脱氨基作用在体内大多数组织中均可进行。氨基酸可以通过多种方式脱去氨基，例如，氧化脱氨基、转氨基、联合脱氨基及非氧化脱氨基等，其中以联合脱氨基为最重要。

（一）氧化脱氨基作用

氨基酸在酶的催化下，脱氢的同时伴有脱氨基的反应过程称为氧化脱氨基作用。L-谷氨

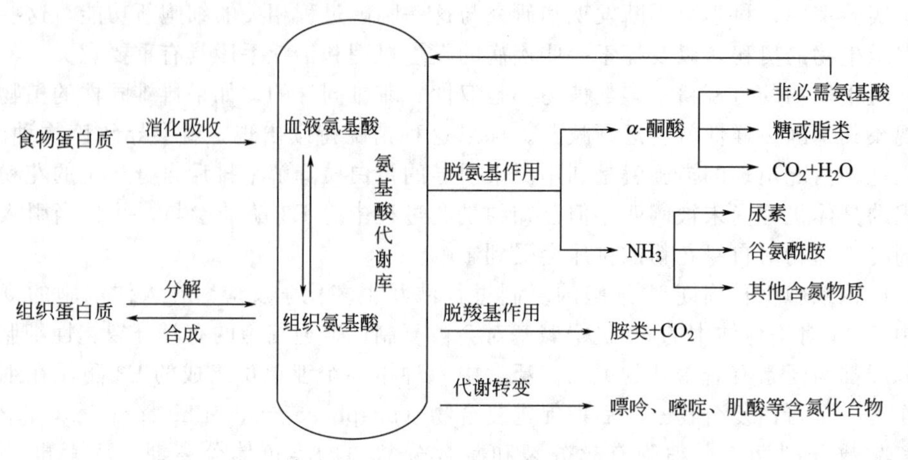

图 8-3　氨基酸的代谢概况

酸脱氢酶和氨基酸氧化酶类催化的反应都属于氧化脱氨基作用，其中以 L-谷氨酸脱氢酶（L-glutamate dehydrogenase）催化的反应最为重要。肝、肾、脑等组织中广泛存在着 L-谷氨酸脱氢酶，此酶活性较强，可以催化 L-谷氨酸氧化脱氨生成 α-酮戊二酸，且反应可逆。L-谷氨酸脱氢酶属于不需氧脱氢酶，辅酶是 NAD^+ 或 $NADP^+$，特异性强，分布广泛，肝脏中含量最为丰富，其次是肾、脑、心、肺等，骨骼肌中最少。L-谷氨酸脱氢酶是别构酶，由六个相同的亚基组成，分子量为 330000。已知 GTP 和 ATP 是此酶的变构抑制剂，而 GDP 和 ADP 是变构激活剂。因此当体内 GTP 和 ATP 不足时，谷氨酸加速氧化脱氨，这对于氨基酸氧化供能起着重要的调节作用。

$$\underset{\text{L-谷氨酸}}{\mathrm{HOOC(CH_2)_2CH(NH_2)COOH}} \xrightleftharpoons[\text{L-谷氨酸脱氢酶}]{NAD^+\ \ NADH+H^+} \underset{\alpha\text{-亚氨基戊二酸}}{\mathrm{HOOC(CH_2)_2C(=NH)COOH}} \xrightleftharpoons[-H_2O]{+H_2O} \underset{\alpha\text{-酮戊二酸}}{\mathrm{HOOC(CH_2)_2C(=O)COOH}} + NH_3$$

（二）转氨基作用

转氨基作用是在转氨酶的催化下，α-氨基酸的氨基转移到 α-酮酸的酮基上，生成相应的氨基酸，原来的氨基酸则转变为 α-酮酸。体内各组织中都有氨基转移酶（aminotransferase）或称转氨酶（transaminase）。

$$\mathrm{R^1{-}CH(NH_2){-}COOH} + \mathrm{R^2{-}C(=O){-}COOH} \xrightleftharpoons[\text{磷酸吡哆醛}]{\text{转氨酶}} \mathrm{R^1{-}C(=O){-}COOH} + \mathrm{R^2{-}CH(NH_2){-}COOH}$$

转氨酶分布广泛，除赖氨酸、苏氨酸、脯氨酸、羟脯氨酸外（例如，由于和赖氨酸相对应的 α-酮酸不稳定，所以赖氨酸不能通过转氨基作用生成），体内大多数氨基酸都可以经转氨基作用生成。转氨基作用的平衡常数接近 1.0，为可逆反应，因此也是体内合成非必需氨基酸的重要途径。

体内存在着多种转氨酶。不同氨基酸与 α-酮酸之间的转氨基作用只能由专一的转氨酶催化。在各种转氨酶中，以 L-谷氨酸与 α-酮酸的转氨酶最为重要。例如，谷丙转氨酶（glutamic-pyruvic transaminase，GPT，又称 ALT）和谷草转氨酶（glutamic-oxaloacetic transaminase，GOT，又称 AST)，它们在体内广泛存在，但各组织中含量不等（表 8-1)。

表 8-1　正常成人各组织中 GPT 及 GOT 的活性 单位：单位/克（湿组织）

组织	GPT	GOT	组织	GPT	GOT
心脏	7 100	156 000	胰腺	2 000	28 000
肝脏	44 000	142 000	脾脏	1 200	14 000
骨骼肌	4 800	99 000	肺	700	10 000
肾	19 000	91 000	血清	16	20

知识链接

GPT 和 GOT 的临床表现

急性肝炎患者血清中 GPT 活性升高；心肌梗死患者血清中 GOT 升高，这可作为临床诊断和预后预测的参考指标。正常时，转氨酶主要存在于细胞内。当某些原因使细胞破坏或细胞膜通透性增高时，转氨酶可大量释放入血，造成血清中转氨酶活性明显升高。

转氨酶的辅酶都是维生素 B_6 的磷酸酯，即磷酸吡哆醛，它结合于转氨酶活性中心赖氨酸的ε-氨基上。在转氨基过程中，磷酸吡哆醛先从氨基酸接受氨基转变成磷酸吡哆胺，同时氨基酸则转变成 α-酮酸。磷酸吡哆胺进一步将氨基转移给另一种 α-酮酸而生成相应的氨基酸，同时磷酸吡哆胺又变回磷酸吡哆醛。在转氨酶的催化下，磷酸吡哆醛与磷酸吡哆胺的这种相互转变，起着传递氨基的作用，如图 8-4 所示。

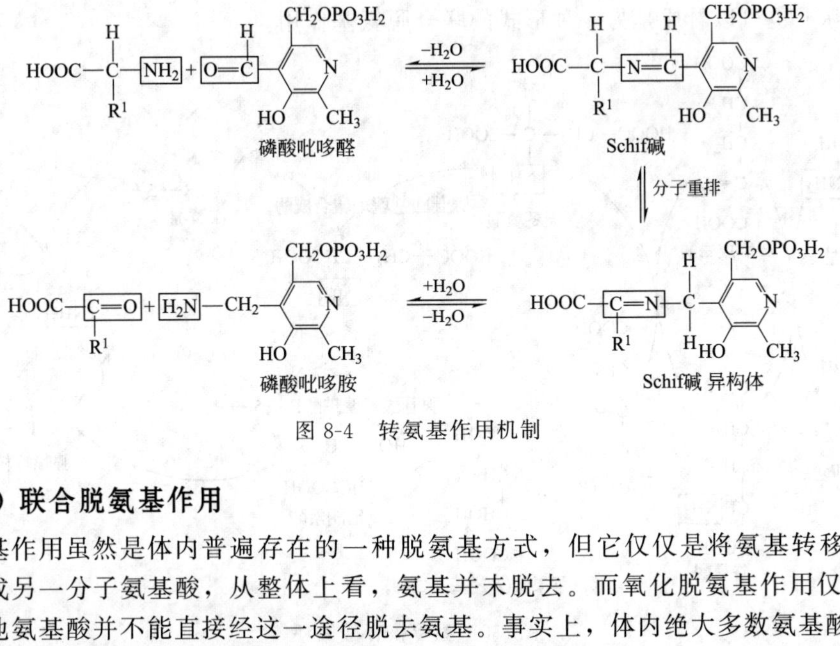

图 8-4　转氨基作用机制

（三）联合脱氨基作用

转氨基作用虽然是体内普遍存在的一种脱氨基方式，但它仅仅是将氨基转移到 α-酮酸分子上生成另一分子氨基酸，从整体上看，氨基并未脱去。而氧化脱氨基作用仅限于 L-谷氨酸，其他氨基酸并不能直接经这一途径脱去氨基。事实上，体内绝大多数氨基酸的脱氨基作用，是上述两种方式联合的结果，即氨基酸的脱氨基既经转氨基作用，又通过 L-谷氨酸氧化脱氨基作用，是转氨基作用和谷氨酸氧化脱氨基作用偶联的过程，这种方式称为联合脱氨基作用。这是体内主要的脱氨基方式，反应可逆。

1. 转氨酶与谷氨酸脱氢酶的联合脱氨基作用

联合脱氨基的过程是：氨基酸首先与 α-酮戊二酸在转氨酶作用下生成 α-酮酸和谷氨酸，然后谷氨酸再经谷氨酸脱氢酶作用，脱去氨基而生成 α-酮戊二酸，后者再继续参加转氨基作用（图 8-5）。联合脱氨基作用的全过程是可逆的，因此这一过程也是体内合成非必需氨基酸的主要途径。

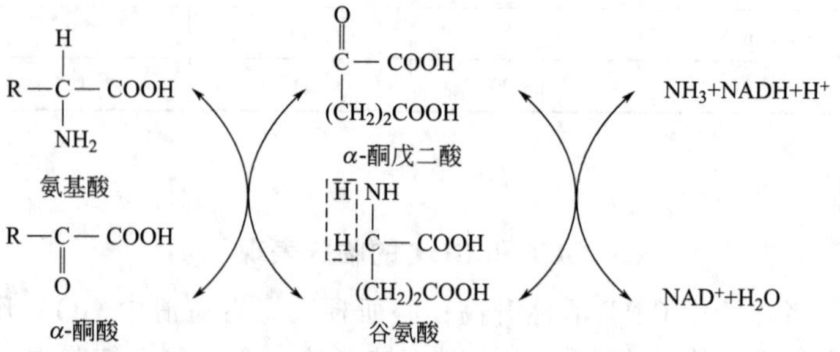

氨基酸

α-酮酸

α-酮戊二酸

谷氨酸

$NH_3+NADH+H^+$

NAD^++H_2O

图 8-5　转氨酶与谷氨酸脱氢酶的联合脱氨基作用

2. 转氨酶与腺苷酸脱氨酶的联合脱氨基作用

以谷氨酸脱氢酶为中心的联合脱氨基作用主要在肝、肾等组织中进行，而骨骼肌和心肌中 L-谷氨酸脱氢酶的活性弱，难以进行以上方式的联合脱氨基过程。肌肉中存在着另一种氨基酸脱氨基反应，即通过嘌呤核苷酸循环（purine nucleotide cycle）脱去氨基。在此过程中，氨基酸首先通过连续的转氨基作用将氨基转移给草酰乙酸，生成天冬氨酸；天冬氨酸与次黄嘌呤核苷酸（IMP）反应生成腺苷酸基琥珀酸，后者经过裂解，释放出延胡索酸并生成腺嘌呤核苷酸（AMP）。AMP 在腺苷酸脱氨酶（此酶在肌组织中活性较强）催化下脱去氨基，最终完成氨基酸的脱氨基作用。IMP 可以再参加循环（图 8-6）。由此可见，嘌呤核苷酸循环实际上也可以看成是另一种形式的联合脱氨基作用。

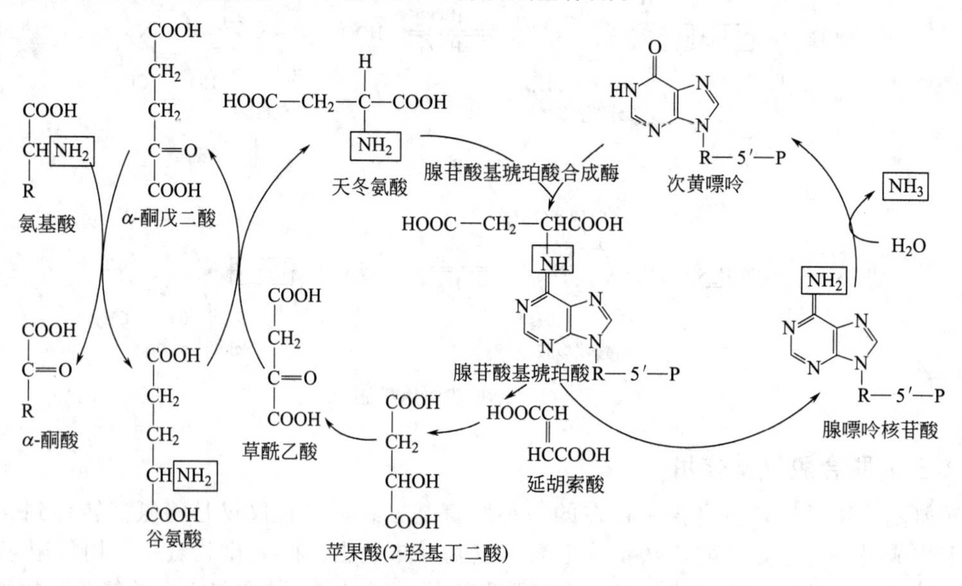

图 8-6　嘌呤核苷酸循环

（四）非氧化脱氨基作用

非氧化脱氨基作用主要在微生物中进行，在动物、高等植物组织中并不普遍。非氧化脱氨基作用主要有水解脱氨基作用、还原脱氨基作用、脱水脱氨基作用、脱硫化氢脱氨基作用、直接脱氨基作用等几种方式。

二、氨的代谢

氨对所有生物都是有毒的，正常人血氨浓度一般不超过 60μmol/L，植物一般以酰胺形式贮存，动物则排出体外。

（一）氨的来源

1. 体内氨基酸脱氨基作用和胺类的分解

氨基酸脱氨基产生的氨是体内氨的主要来源。胺类分解也可产生氨。

2. 肾小管上皮细胞分泌的氨主要来自谷氨酰胺

谷氨酰胺在谷氨酰胺酶的作用下分解产生的 NH_3，其中绝大多数分泌入肾小管腔，与 H^+ 结合生成 NH_4^+，以铵盐的形式随尿排出；也有少量进入血液，这对机体的酸碱平衡起着重要的作用。酸性尿有利于肾小管细胞中的氨扩散入尿，但碱性尿则妨碍肾小管细胞中 NH_3 的分泌，氨被吸收入血成为血氨的另一个来源。

> **知识链接**
>
> **氨代谢的临床应用**
>
> 临床上对肝硬化腹水的病人不能用碱性利尿药，以免血氨升高。对高血氨病人采用弱酸性透析液灌肠，减少氨的吸收，促进氨的排泄；禁用碱性肥皂水灌肠。

3. 肠道细菌作用腐败产生氨

肠道产氨较多，每日大约有 4g 氨吸收入血，进入体内。肠道氨的吸收与肠道 pH 值有关，NH_3 比 NH_4^+ 容易吸收。碱性肠液，NH_4^+ 转变为 NH_3，有利于氨的吸收。

（二）氨的转运

氨是有毒物质，机体对氨最主要的处理措施是在肝脏中将其转变成无毒的尿素再经肾脏排出体外。但各组织产生的氨是不能以游离氨的形式经血液运输至肝脏的，而是以谷氨酰胺和丙氨酸两种形式运输的。

1. 谷氨酰胺将氨从脑和肌肉运到肝或肾

谷氨酰胺是一种转运氨的形式，主要从脑、肌肉等组织向肝或肾转运氨。氨与谷氨酸在谷氨酰胺合成酶（glutamine synthetase）的催化下生成谷氨酰胺，并由血液输送到肝或肾，再经谷氨酰胺酶（glutaminase）水解成谷氨酸及氨。谷氨酰胺的合成与分解是由不同酶催化的不可逆反应，其合成需要 ATP 参与，并消耗能量。

> **知识链接**
>
> **天冬氨酸（Asp）转变为天冬酰胺（Asn）的临床应用**
>
> 谷氨酰胺可提供酰胺基使天冬氨酸转变成天冬酰胺。机体细胞能够合成足量的天冬酰胺以供蛋白质合成的需要，但急性白血病等肿瘤细胞却不能或很少能合成天冬酰胺，必须依靠血液从其他器官运输而来。由此，临床上应用天冬酰胺酶以减少血中天冬酰胺，使其蛋白质合成受阻，增值受限制，从而达到治疗白血病等肿瘤的目的。

谷氨酰胺既是氨的解毒产物，也是氨的储存及运输形式。谷氨酰胺在脑中固定和转运氨的过程中起着重要作用。临床上对氨中毒病人可服用或输入谷氨酸盐，以降低氨的浓度。

$$\underset{\text{谷氨酸}}{H_2N-\underset{(CH_2)_2COOH}{\overset{COOH}{C}}-H} \underset{\text{谷氨酰胺酶};\ H_2O \rightarrow NH_3}{\overset{NH_3\cdot ATP \rightarrow ADP+Pi;\ \text{谷氨酰胺合成酶}}{\rightleftharpoons}} \underset{\text{谷氨酰胺}}{H_2N-\underset{(CH_2)_2CO-NH_2}{\overset{COOH}{C}}-H}$$

2. 丙氨酸-葡萄糖循环将氨从肌肉运输到肝脏

肌肉中的氨基酸经转氨基作用将氨基转给丙酮酸生成丙氨酸；丙氨酸经血液运到肝。在肝中，丙氨酸通过联合脱氨基作用，释放出氨，用于合成尿素。转氨基后生成的丙酮酸可经糖异生途径生成葡萄糖。葡萄糖由血液输送到肌肉组织，沿糖分解途径转变成丙酮酸，后者再接受氨基而生成丙氨酸。丙氨酸和葡萄糖反复在肌肉和肝之间进行氨的转运，故将这一途径称为丙氨酸-葡萄糖循环（alanine-glucose cycle）（图 8-7）。通过这个循环，既使肌肉中的氨以无毒的丙氨酸形式运输到肝，同时，肝又为肌肉提供了生成丙酮酸的葡萄糖，所以丙氨酸亦是氨的一种暂时储存和运输的形式。

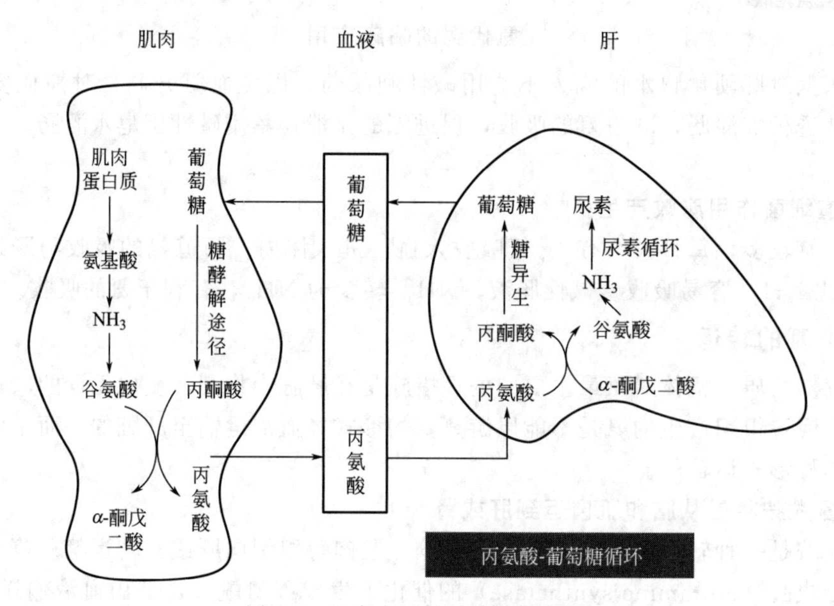

图 8-7 肌肉中丙氨酸的运氨作用

丙氨酸是糖异生中的关键性氨基酸。在肝脏中，从丙氨酸合成葡萄糖的速率远远超过其他氨基酸，直到丙氨酸浓度达到生理水平的 20～30 倍时，肝脏将丙氨酸异生成葡萄糖的能力才达到饱和。

（三）氨的去路

氨对生物体是有毒物质，特别是高等动物的脑对氨极为敏感，必须及时将氨转变为无毒或毒性小的物质排出体外。主要去路是在肝中合成尿素，经肾随尿液排出体外。氨在体内的其他去路包括合成非必需氨基酸，再被机体利用；用于合成某些含氮化合物，例如，体内嘌呤核苷酸、嘧啶核苷酸的合成等，如图 8-8 所示。

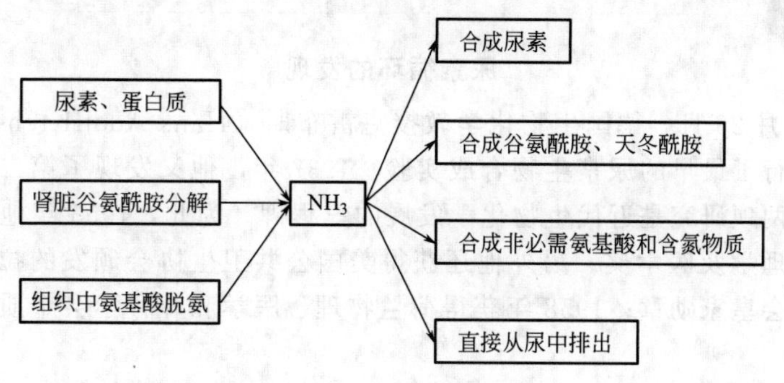

图 8-8　氨的来源与去路

知识链接

氨代谢异常的临床表现

正常生理情况下，血氨处于较低水平，正常人血氨浓度不超过 60μmoL/L。当肝功能严重损伤时，尿素循环发生障碍，血氨浓度升高，称为高氨血症。氨中毒机制尚不清楚。一般认为，氨进入脑组织，可与 α-酮戊二酸结合成谷氨酸，谷氨酸又与氨进一步结合生成谷氨酰胺，从而使 α-酮戊二酸和谷氨酸减少，三羧酸循环减弱，从而使脑组织中 ATP 生成减少。谷氨酸本身为神经递质，且是另一种神经递质 γ-氨基丁酸（γ-aminobutyrate，GABA）的前体，其减少亦会影响大脑的正常生理功能，严重时可出现昏迷，称为肝性脑病，俗称肝昏迷。

动物的食物中含氮量较大，不可能完全被利用，多余的氨必须排出。尤其是哺乳动物，机体内代谢产生的氨，以及消化道吸收来的氨进入血液，形成血氨。氨具有毒性，脑组织对氨的作用尤为敏感。体内的氨主要通过在肝合成尿素而解毒，因此，除门静脉血液外，体内血液中氨的浓度很低。严重肝病患者尿素合成功能降低，血氨增高，会引起脑功能紊乱，常与肝性脑病的发病有关。

人类及陆生哺乳动物以排出尿素为主，兼有少量尿酸和微量 NH_3；陆生爬虫类和鸟类以排尿酸为主；水生动物及原生动物可通过体表直接排 NH_3，如鱼类分泌胺到体表，使鱼有腥味，腥味就是来自氧化三甲胺。

植物（包括菌类）是不排氨的，它们在体内被利用形成大量的酰胺，如以生成天冬酰胺和谷氨酰胺形式用来贮存 NH_3。植物属于无限生长，需不断吸收 N 营养来维持生长，氮元素对植物是宝贵的，是不可以排泄损失的，即使在落叶前，氮元素也要运走，以供再利用。

（四）尿素的生成

肝可以把氨基酸分解产生的氨及其他组织运输来的氨合成尿素，尿素随血液循环运输到肾，随尿排出体外。实验证明，肝是尿素合成的器官，肾是尿素排泄的器官。实验中将狗的肝切除后，血液和尿中尿素含量逐渐降低，而血氨浓度会逐渐升高；如果保肝切肾，血中尿素含量升高，血氨不升高。临床上急性肝坏死病人，血中不含尿素，而氨含量多。

知识链接

尿素循环的发现

1931 年 7 月 26 日，德国生物化学教授克雷布斯（Hans AdolfKrebs，1900～1981 年）成功地进行了最早的尿素生物合成实验。1937 年，他又发现了第二个循环，即柠檬酸循环。这两项研究是近代生物化学发展的里程碑。为此，1953 年他和李普曼共同获得诺贝尔生理学及医学奖。另外他还获得美国公共卫生协会颁发的拉斯克奖；1954 年获得皇家学会皇家勋章；1958 年获得荷兰物理、医学和外科学会金质奖章，同年被授以爵士称号。

肝是如何合成尿素的呢？早在 1932 年，德国学者 Hans Krebs 和 Kurt Henseleit 根据一系列实验就提出了尿素合成的鸟氨酸循环学说，又称尿素循环。他们将大鼠肝的切片在有氧的条件下加铵盐保温，数小时后，铵盐含量减少，同时尿素含量增多；若在此切片中加入鸟氨酸、瓜氨酸或精氨酸，则会大大加速尿素的合成。实验证明尿素合成的过程如下所述。

1. 氨甲酰磷酸的合成

在肝细胞的线粒体中，NH_3、CO_2、ATP 在氨甲酰磷酸合成酶Ⅰ（CPS-Ⅰ）作用下生成氨甲酰磷酸。CPS-Ⅰ是尿素合成的限速酶，催化不可逆反应。这个调节酶只有在变构激活剂 *N*-乙酰谷氨酸存在时才能被激活。人体内有两种氨甲酰磷酸合成酶，CPS-Ⅰ参与尿素合成，CPS-Ⅱ在胞质中催化嘧啶合成。

$$\boxed{NH_3} + CO_2 + 2ATP + H_2O \xrightarrow[\text{氨甲酰合成酶 I}]{Mg^{2+}\text{、}N\text{-乙酰谷氨酸}} \underset{\text{氨甲酰磷酸}}{H_2N-\overset{\overset{\displaystyle O}{\|}}{C}-O\sim PO_3H_2} + 2ADP + Pi$$

2. 瓜氨酸的合成

氨基甲酰磷酸在线粒体中进一步与鸟氨酸反应生成瓜氨酸（citrulline），催化该反应的酶是鸟氨酸氨甲酰基转移酶（ornithine carbamoyltransferase，OCT），反应不可逆，生成的瓜氨酸要被转运出线粒体，进入胞液。

$$H_2N-\overset{\overset{\displaystyle O}{\|}}{C}-O\sim PO_3H_2 + \underset{\text{鸟氨酸}}{H_2N-(CH_2)_3-\overset{\overset{\displaystyle NH_2}{|}}{CH}-COOH} \xrightarrow{\text{鸟氨酸氨甲酰基转移酶}} \underset{\text{瓜氨酸}}{\overset{\overset{\displaystyle CONH_2}{|}}{NH}-(NH_2)_3-\overset{\overset{\displaystyle NH_2}{|}}{CH}-COOH} + Pi$$

3. 精氨酸的合成

在线粒体生成的瓜氨酸被转运到胞液中，瓜氨酸与天冬氨酸在精氨酸代琥珀酸合成酶（argininosuccinate synthetase，ASAS）的催化下，消耗 ATP 生成精氨酸代琥珀酸，精氨酸代琥珀酸合成酶是鸟氨酸循环的关键酶。精氨酸代琥珀酸在精氨酸代琥珀酸裂解酶（argininosuccinate lyase，ASAL）的催化下，生成精氨酸和延胡索酸。延胡索酸可通过代谢转变为草酰乙酸与三羧酸循环连接起来，草酰乙酸通过转氨基反应又可接受氨基，生成天冬氨酸，进入下一次尿素合成的鸟氨酸循环。

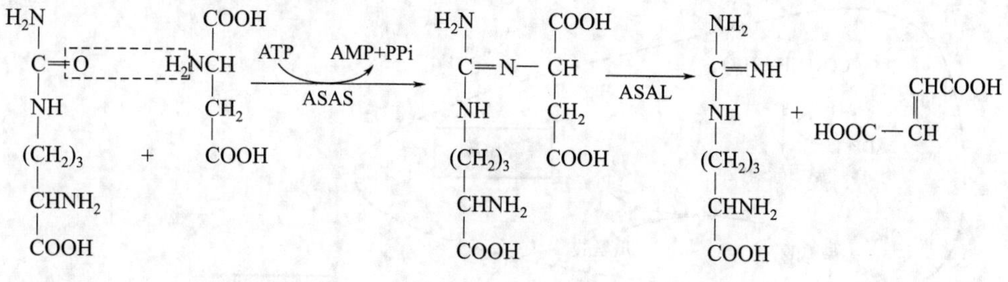

瓜氨酸 + 天冬氨酸 —(ATP → AMP+PPi, ASAS)→ 精氨酸代琥珀酸 —(ASAL)→ 精氨酸 + 延胡索酸

4. 尿素的合成

在胞质中形成的精氨酸受精氨酸酶（arginase）的催化生成尿素和鸟氨酸，鸟氨酸再进入线粒体参与瓜氨酸的合成，通过鸟氨酸循环，如此周而复始地促进尿素的合成。精氨酸酶的专一性很高，只对 L-精氨酸有作用，存在于排尿素动物的肝脏中。

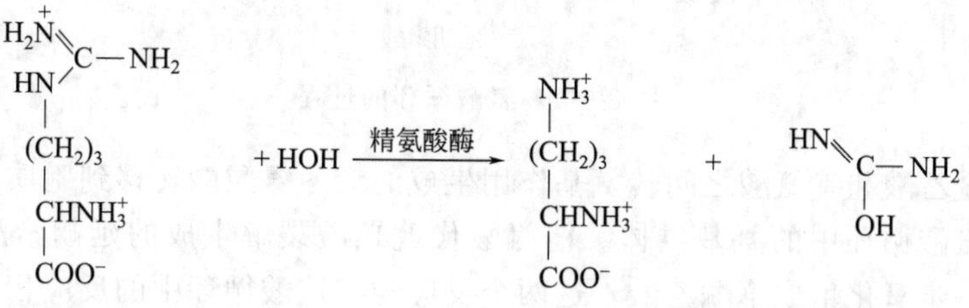

精氨酸 + HOH —(精氨酸酶)→ 鸟氨酸 + 尿素(烯醇式)

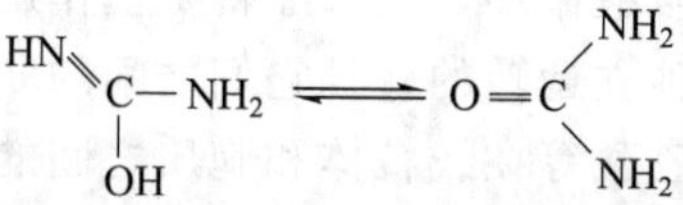

尿素(烯醇式) ⇌ 尿素(酮式)

综上所述，尿素分子中的 2 个氮原子，1 个来自氨，另 1 个则来自天冬氨酸，而天冬氨酸又可由其他氨基酸通过转氨基作用而生成。由此可知，尿素分子中 2 个氮原子的来源虽然不同，但都直接或间接来自各种氨基酸。另外，还可看到，尿素合成是一个耗能的过程，合成 1 分子尿素需要消耗 4 个高能磷酸键。其总反应为：

$$2NH_3+CO_2+3ATP+3H_2O \longrightarrow H_2N-\overset{O}{\overset{\|}{C}}-NH_2+2ADP+AMP+4Pi$$

尿素合成的中间步骤、亚细胞定位及与其他代谢的联系总结见图 8-9。

从以上鸟氨酸循环可以看出，形成一分子尿素可清除两分子氨和一分子 CO_2。尿素属于中性无毒物质，所以尿素的合成不仅可消除氨的毒性，还可减少 CO_2 溶于血液所产生的酸性。

机体将有毒的氨转换成尿素的过程是消耗能量的，合成氨甲酰磷酸时消耗了两分子 ATP，而在合成精氨酸代琥珀酸时表面上虽然消耗了一分子 ATP，但由于生成了 AMP 和焦磷酸，所以这一过程实际上水解了两个高能磷酸键，相当于消耗了两分子 ATP，因此生成一分子尿素实际上共消耗四分子 ATP。

在鸟氨酸循环中形成的延胡索酸使鸟氨酸循环和三羧酸循环紧密联系在一起，如在线粒

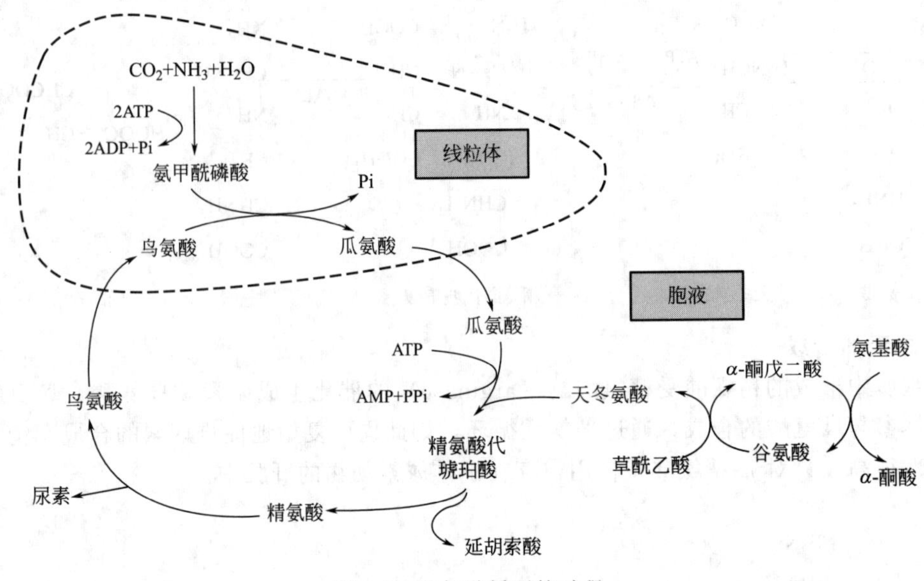

图 8-9　鸟氨酸循环的过程

体中，通过草酰乙酸和谷氨酸之间转氨基作用生成的天冬氨酸能转移到胞质，在胞质中，天冬氨酸作为鸟氨酸循环中的氨基供体。精氨酸代琥珀酸裂解生成的延胡索酸可转变为苹果酸，苹果酸进一步氧化生成草酰乙酸，这两个反应与三羧酸循环中的反应相似，但前者是由胞质中的延胡索酸酶和苹果酸脱氢酶催化的。理论上，鸟氨酸循环是和三羧酸循环互相连接，这里的草酰乙酸既可进入三羧酸循环，也可经转氨基作用再次形成天冬氨酸进入鸟氨酸循环。然而，因每一个循环都是独立运转的并且它们之间的联系程度取决于关键性的中间产物，如延胡索酸、苹果酸、草酰乙酸等在线粒体和胞质之间的转运情况，即：这些中间产物既可在胞质中被进一步代谢，也可转移到线粒体中参与三羧酸循环。

三、α-酮酸的代谢

（一）氧化供能

脊椎动物体内的 20 种氨基酸，由 20 种不同的多酶体系进行氧化分解。虽然氨基酸的氧化分解途径各异，但它们集中形成几种酮酸产物（表 8-2）进入三羧酸循环，最终生成 CO_2 和 H_2O 并释放能量。人体所需的能量一部分来自氨基酸分解生成的 α-酮酸。

表 8-2　氨基酸降解中产生的 α-酮酸

氨基酸	α-酮酸
丙氨酸、丝氨酸、半胱氨酸、胱氨酸、甘氨酸、苏氨酸	丙酮酸
蛋氨酸、异亮氨酸、缬氨酸	琥珀酰-CoA
苯丙氨酸、酪氨酸	延胡索酸
精氨酸、脯氨酸、组氨酸、谷氨酰胺、谷氨酸	α-酮戊二酸
天冬酰胺、天冬氨酸	草酰乙酸
亮氨酸、色氨酸、苏氨酸、异亮氨酸	乙酰-CoA
苯丙氨酸、酪氨酸、亮氨酸、色氨酸	乙酰乙酸（或乙酰乙酰-CoA）

（二）转变成糖或脂肪

实验证明，用各种不同的氨基酸饲养人工造成糖尿病的犬时，大多数氨基酸可使犬尿中排出葡萄糖增加，少数可使犬尿中排出葡萄糖及酮体同时增加，只有亮氨酸和赖氨酸使酮体排出增加。

体内不同的氨基酸经脱氨基作用生成的 α-酮酸结构互不相同，其代谢途径也不相同，但代谢生成的中间产物不外乎有乙酰辅酶 A、丙酮酸、α-酮戊二酸、琥珀酰辅酶 A、延胡索酸、草酰乙酸等。代谢生成丙酮酸及三羧酸循环中的有机酸的氨基酸可异生为糖，是生糖氨基酸；代谢生成乙酰辅酶 A、乙酰乙酰辅酶 A 的氨基酸是生酮氨基酸；有的氨基酸既能生酮又能生糖，是生糖兼生酮氨基酸。生糖氨基酸和生酮氨基酸都可用于脂肪的合成。各种氨基酸在体内转变为糖、酮体的性质见表 8-3。

表 8-3　氨基酸生糖及生酮性质分类

类别	氨基酸
生糖氨基酸	甘氨酸、丝氨酸、缬氨酸、组氨酸、精氨酸、半胱氨酸、脯氨酸、羟脯氨酸、丙氨酸、谷氨酸、谷氨酰胺、天冬氨酸、天冬酰胺、蛋氨酸
生酮氨基酸	亮氨酸、赖氨酸
生糖兼生酮氨基酸	异亮氨酸、苯丙氨酸、酪氨酸、苏氨酸、色氨酸

（三）合成新氨基酸

氨基酸脱氨基生成的 α-酮酸，根据机体需要，可沿联合脱氨基作用的逆反应，合成新的氨基酸，用于蛋白质的生物合成。

第三节　其他重要氨基酸的代谢

要点

脱羧基作用　氨基酸脱去羧基产生相应的胺类，如 γ-氨基丁酸、5-羟色胺、多胺类、组胺、牛磺酸等，都具有重要的生理作用。

一碳单位　人体内有甘氨酸、丝氨酸、组氨酸和色氨酸可以产生一碳单位，一碳单位以四氢叶酸为载体，是嘌呤、嘧啶合成的重要原料，并用于体内转甲基化反应。

含硫氨基酸的代谢　①蛋氨酸最主要的代谢途径是转甲基作用，转甲基作用与蛋氨酸循环有关；②半胱氨酸和胱氨酸可以互变。

苯丙氨酸和酪氨酸的代谢　①苯丙氨酸主要代谢途径是在苯丙氨酸羟化酶的作用下，生成酪氨酸；②酪氨酸可转变为儿茶酚胺、黑色素、延胡索酸、乙酰乙酸。

一、脱羧基作用

氨基酸除脱去氨基的分解代谢途径外，也可以脱去羧基产生相应的胺类，催化此反应的酶是氨基酸脱羧酶类（amino acid decarboxylases），其辅酶为磷酸吡哆醛（PLP）。氨基酸的脱羧基作用不占主要地位，但其产物胺类一般都具有重要生理作用，例如，谷氨酸的脱羧基产物 γ-氨基丁酸，色氨酸经羟化及脱羧基后的产物 5-羟色胺等。

（一）γ-氨基丁酸

谷氨酸脱羧基生成 γ-氨基丁酸（γ-aminobutyric acid，GABA），催化此反应的酶是谷氨酸脱羧酶，此酶在脑、肾组织中活性很高，所以脑中 GABA 的含量较多。GABA 是抑制性神经递质，对中枢神经有抑制作用。

$$\underset{\text{L-谷氨酸}}{HOOC-(CH_2)_2-CH(NH_2)-COOH} \xrightarrow[\searrow CO_2]{\text{L-谷氨酸脱羧酶}} \underset{\gamma\text{-氨基丁酸}}{HOOC-(CH_2)_2-CH_2NH_2}$$

（二） 5-羟色胺

5-羟色胺也是一种神经递质，在大脑皮质及神经突触内含量很高。在外周组织中，5-羟色胺是一种强血管收缩剂和平滑肌收缩刺激剂。色氨酸首先通过色氨酸羟化酶的作用生成 5-羟色氨酸，再经脱羧酶作用生成 5-羟色胺（5-hydroxytryptamine，5-HT）。

5-羟色胺广泛分布于体内各组织中，除神经组织外，还存在于胃肠、血小板及乳腺细胞中。脑内的 5-羟色胺作为神经递质，具有抑制作用；在外周组织中，5-羟色胺有收缩血管的作用。

$$\underset{\text{色氨酸}}{\text{Indolyl}-CH_2-CH(NH_2)-COOH} \xrightarrow{\text{色氨酸羟化酶}} \underset{\text{5-羟色氨酸}}{HO-\text{Indolyl}-CH_2-CH(NH_2)-COOH}$$

$$\xrightarrow{\text{5-羟色氨酸脱羧酶}} \underset{\text{5-羟色胺}}{HO-\text{Indolyl}-CH_2-CH_2NH_2}$$

（三）多胺类

多胺类（polyamines）是指一类具有 3 个或 3 个以上氨基的化合物，主要有精脒（spermidine）和精胺（spermine），均为鸟氨酸的代谢产物。

知识链接

多胺代谢异常的表现

精脒与精胺是调节细胞生长的重要物质。凡生长旺盛的组织，如胚胎、再生肝、生长激素作用的细胞及癌瘤组织等，作为多胺合成限速酶的鸟氨酸脱羧酶（ornithine decarboxylase）活性均较强，多胺的合成也较多。多胺促进细胞增殖的机制与其稳定细胞结构、核酸分子结合，并增强核酸，与蛋白质合成有关。目前临床上通过测定癌瘤病人血、尿中多胺作为观察病情的指标之一。

某些氨基酸的脱羧基作用可以产生多胺类物质。例如，鸟氨酸脱羧基生成腐胺，然后再转变成精脒和精胺。反应如下：

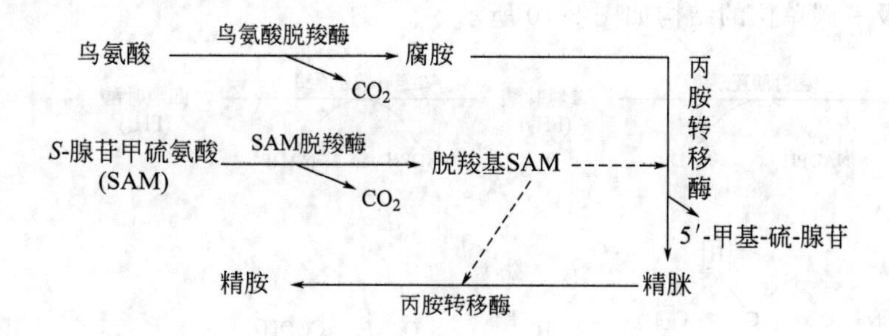

（四）组胺

组氨酸通过组氨酸脱羧酶催化，生成组胺（histamine）。组胺在体内分布广泛，乳腺、肺、肝、肌肉及胃黏膜中组胺含量较高，主要存在于肥大细胞中。

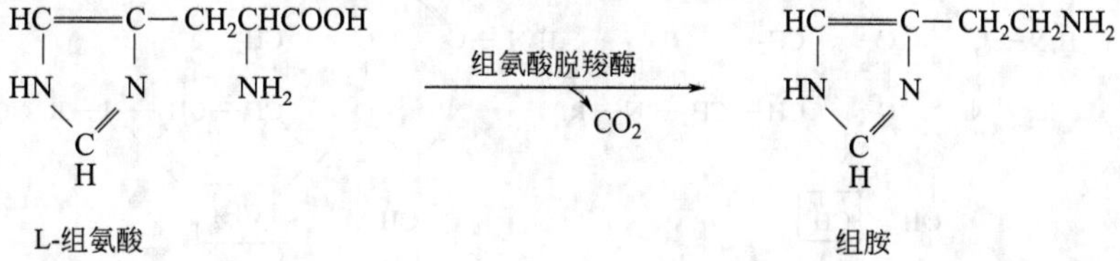

$$\underset{\text{L-组氨酸}}{\text{咪唑环}-CH_2CH(NH_2)COOH} \xrightarrow[-CO_2]{\text{组氨酸脱羧酶}} \underset{\text{组胺}}{\text{咪唑环}-CH_2CH_2NH_2}$$

组胺是一种强烈的血管舒张剂，能增加毛细血管的通透性。创伤性休克或炎症病变部位会有组胺的释放。组胺还可以刺激胃蛋白酶及胃酸的分泌，常被用作研究胃活动的物质。

（五）牛磺酸

体内牛磺酸（taurine）由半胱氨酸代谢转变而来。半胱氨酸首先氧化成磺酸丙氨酸，再脱去羧基生成牛磺酸。牛磺酸是结合胆汁酸的组成成分。现已发现脑组织中含有较多的牛磺酸，由此说明它可能具有更为重要的生理功能。

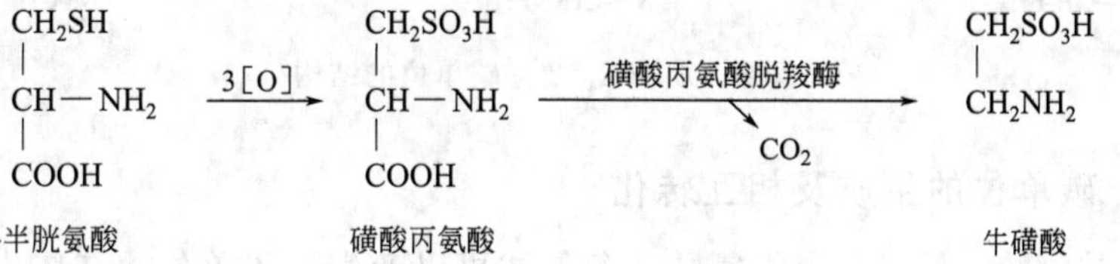

$$\underset{\text{L-半胱氨酸}}{CH_2SH-CH(NH_2)-COOH} \xrightarrow{3[O]} \underset{\text{磺酸丙氨酸}}{CH_2SO_3H-CH(NH_2)-COOH} \xrightarrow[-CO_2]{\text{磺酸丙氨酸脱羧酶}} \underset{\text{牛磺酸}}{CH_2SO_3H-CH_2NH_2}$$

二、一碳单位的代谢

一碳单位是指某些氨基酸在分解代谢过程中产生的含一个碳原子的基团。包括甲基（$-CH_3$）、亚甲基（$-CH_2-$）、次甲基（$=CH-$）、亚氨甲基（$-CH=NH$）、甲酰基（$-CHO$）等。CO_2、CO不是一碳单位。

（一）一碳单位与四氢叶酸

一碳单位不能游离存在，由四氢叶酸运载参与代谢。四氢叶酸是一碳单位的载体，也是一碳单位代谢的辅酶。四氢叶酸由叶酸经二氢叶酸还原酶催化还原而生成。氨基酸分解代谢产生的一碳单位与四氢叶酸（FH_4）结合可生成N^5-甲基四氢叶酸（N^5-CH_3-FH_4）、N^{10}-

甲酰四氢叶酸（N^{10}-CHO-FH_4）、N^5-亚氨甲基四氢叶酸（N^5-CH＝NH-FH_4）、N^5，N^{10}-次甲基四氢叶酸（N^5，N^{10}-＝CH-FH_4）和 N^5，N^{10}-亚甲基四氢叶酸（N^5，N^{10}-CH_2-FH_4）。FH_4 及一碳单位的结构如图 8-10 所示。

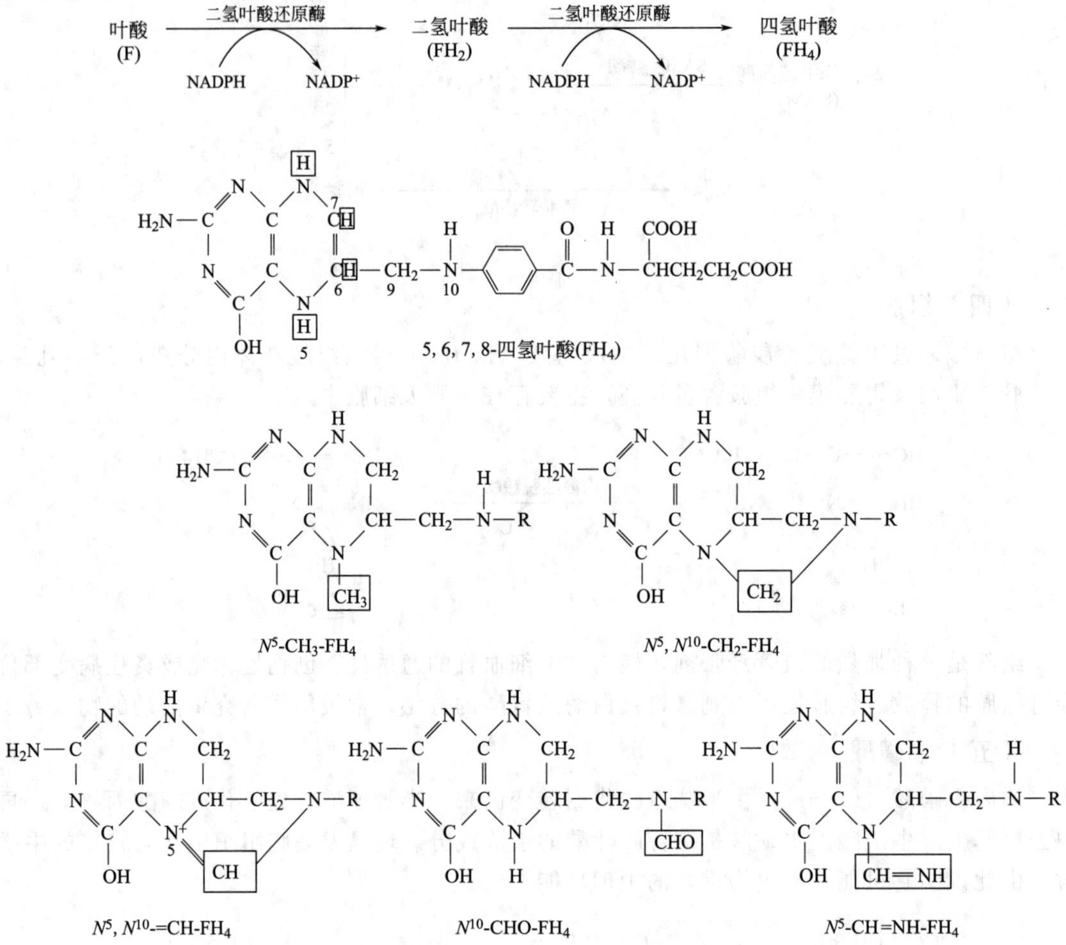

$$\text{叶酸 (F)} \xrightarrow[\text{NADPH} \rightarrow \text{NADP}^+]{\text{二氢叶酸还原酶}} \text{二氢叶酸 }(FH_2) \xrightarrow[\text{NADPH} \rightarrow \text{NADP}^+]{\text{二氢叶酸还原酶}} \text{四氢叶酸 }(FH_4)$$

5, 6, 7, 8-四氢叶酸(FH_4)

N^5-CH_3-FH_4　　N^5, N^{10}-CH_2-FH_4

N^5, N^{10}-=CH-FH_4　　N^{10}-CHO-FH_4　　N^5-CH=NH-FH_4

图 8-10　FH_4 及一碳单位的结构

（二）一碳单位的生成及相互转化

人体内有甘氨酸、丝氨酸、组氨酸和色氨酸可以产生一碳单位。在体内 N^{10}-甲酰四氢叶酸、N^5-亚氨甲基四氢叶酸、N^5，N^{10}-次甲基四氢叶酸、N^5，N^{10}-亚甲基四氢叶酸这些一碳单位可互相转化（图 8-11）。N^5，N^{10}-亚甲基四氢叶酸还原生成 N^5-甲基四氢叶酸，此反应不可逆，生成的 N^5-甲基四氢叶酸，在以维生素 B_{12} 为辅酶的转甲基酶作用下生成蛋氨酸，蛋氨酸进入蛋氨酸循环，参与体内物质的甲基化反应。

（三）一碳单位的生理作用

① 是嘌呤和嘧啶的合成原料。一碳单位是嘌呤、嘧啶的合成原料，在核酸的生物合成中起到重要作用。

② 用于体内甲基化反应。N^5-甲基四氢叶酸进入蛋氨酸循环，用于体内物质甲基化反应。

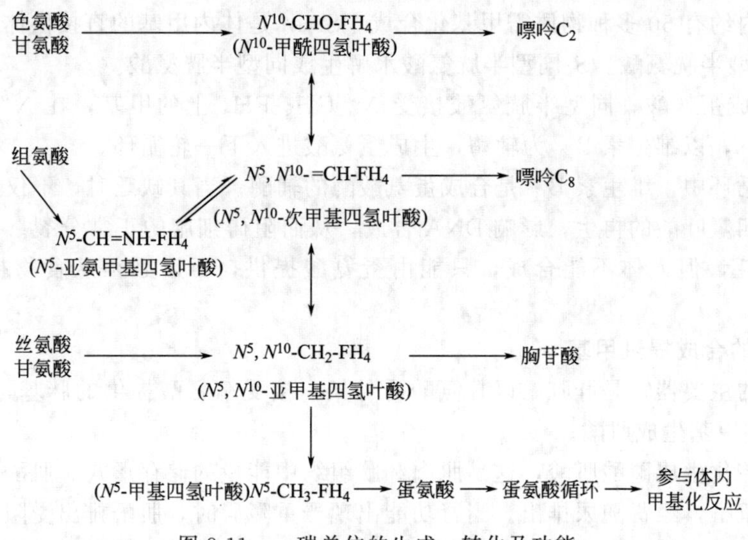

图 8-11　一碳单位的生成、转化及功能

知识链接

一碳单位代谢异常的表现

一碳单位代谢与组织细胞的分裂增殖及机体的生长发育密切相关，一碳单位代谢发生障碍，就会引起疾病。如叶酸、维生素 B_{12} 缺乏引起巨幼红细胞贫血。维生素 B_{12} 缺乏→FH_4 不能再生→一碳单位转运障碍→核酸合成障碍→细胞分裂障碍→巨幼红细胞贫血。基于此，临床上利用磺胺类药物干扰细菌 FH_4 的合成从而抑菌；应用叶酸类似物甲氨蝶呤（TMX）等抑制 FH_4 的生成，从而抑制核酸生成达到抗癌目的。

三、含硫氨基酸的代谢

含硫氨基酸有蛋氨酸、半胱氨酸和胱氨酸。蛋氨酸可转变为半胱氨酸和胱氨酸，半胱氨酸和胱氨酸可以互变，但二者不能转变为蛋氨酸，所以蛋氨酸是必需氨基酸。

（一）蛋氨酸代谢

1. 蛋氨酸循环与转甲基作用

蛋氨酸除参与蛋白质的合成外，最主要的代谢途径是转甲基作用，提供甲基参与甲基化反应。蛋氨酸分子中与硫原子相连的甲基可参与多种物质的甲基化反应，合成许多重要的含甲基化合物，如肾上腺素、肌酸、肉毒碱等，而转甲基作用与蛋氨酸循环有关。其循环过程如下所述（图 8-12）。

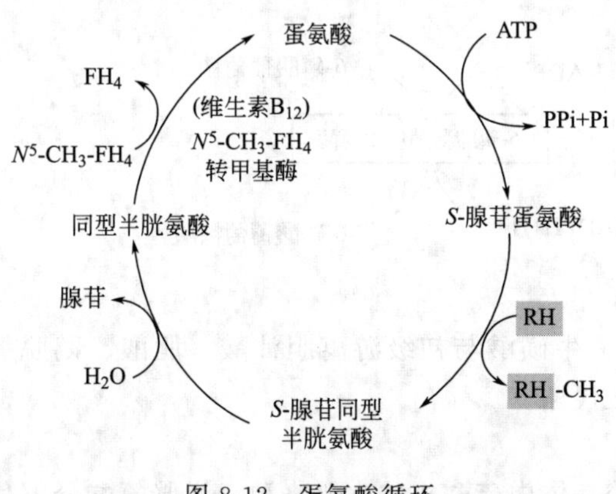

图 8-12　蛋氨酸循环

① 合成 S-腺苷酸。蛋氨酸首先在腺苷转移酶的催化下与 ATP 反应，生成 S-腺苷蛋氨酸（S-adenosyl methionine，SAM，亦称活性蛋氨酸），SAM 中的甲基称为活性甲基。

② 进行甲基转移生成 S-腺苷同型半胱氨酸。在甲基转移酶的作用下提供甲基合成甲

基化合物。体内约有50多种物质需甲基化合成。SAM是体内甲基的直接供体。

③ 生成同型半胱氨酸。*S*-同型半胱氨酸水解生成同型半胱氨酸。

④ 重新生成蛋氨酸。同型半胱氨酸接受 N^5-CH_3-FH_4 上的甲基，在 N^5-CH_3-FH_4 转甲基酶的作用下，以维生素 B_{12} 为辅酶，生成蛋氨酸进入下一轮循环。

在蛋氨酸循环中，维生素 B_{12} 是合成蛋氨酸酶的辅酶。当其缺乏时，不仅影响蛋氨酸的合成，也妨碍四氢叶酸的再生，影响DNA合成，从而阻碍细胞的正常分裂。同型半胱氨酸在循环中不消耗，但人体不能合成，只能由蛋氨酸提供，所以必须从食物摄入足够的蛋氨酸。

2. 为肌酸的合成提供甲基

合成肌酸的主要器官是肝脏。以甘氨酸为骨架，接受精氨酸提供的脒基，生成胍乙酸，再由SAM提供甲基生成肌酸。

肌酸被磷酸化生成磷酸肌酸，这是肌肉和脑组织中能量的储存形式。肌酸和磷酸肌酸代谢的终产物是肌酐，经肾随尿排出。当肾功能出现严重障碍时，肌酐排出受阻，血中肌酐浓度增加。故测定血中肌酐的含量有助于肾功能障碍的诊断。

（二）半胱氨酸

1. 半胱氨酸与胱氨酸的相互转变

半胱氨酸含有巯基。在蛋白质分子中两个半胱氨酸之间可以形成二硫键，在维持蛋白质空间结构中起重要作用。有些酶发挥其催化作用依赖半胱氨酸巯基的存在，故有巯基酶之称。如果巯基缺失，则酶活性也丧失。半胱氨酸与胱氨酸之间可相互转变，其反应式如下：

$$2\begin{array}{l}CH_2SH\\ |\\ CHNH_2\\ |\\ COOH\end{array} \underset{+2H}{\overset{-2H}{\rightleftharpoons}} \begin{array}{lcl}CH_2—S—S—CH_2\\ |\qquad\qquad\quad |\\ CHNH_2\qquad CHNH_2\\ |\qquad\qquad\quad |\\ COOH\qquad\; COOH\end{array}$$

半胱氨酸　　　　　　　　胱氨酸

2. 半胱氨酸参与合成谷胱甘肽

谷胱甘肽是由谷氨酸、半胱氨酸和甘氨酸组成的三肽，是一种非常重要的物质。还原型谷胱甘肽具有保护巯基蛋白、巯基酶和细胞膜上的磷脂不被氧化的作用。

$$GSH + GSH \underset{+2H}{\overset{-2H}{\rightleftharpoons}} GS\text{-}SG$$

还原型谷胱甘肽　　　　氧化型谷胱甘肽

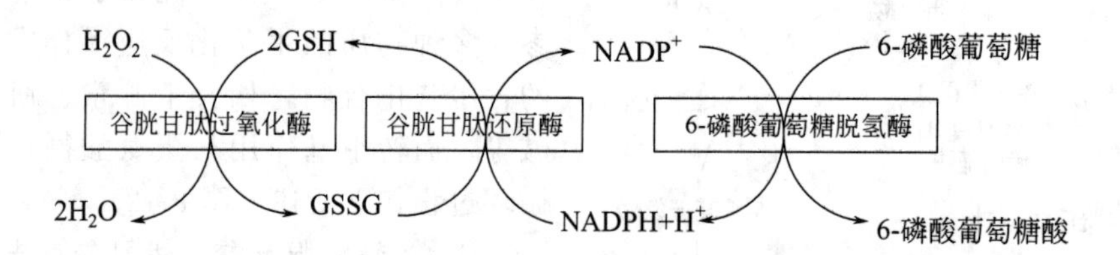

3. 牛磺酸的生成

半胱氨酸氧化脱羧可生成牛磺酸（如前述），牛磺酸与初级游离胆汁酸（胆酸、鹅脱氧胆酸）结合，生成初级结合胆汁酸，参与胆汁酸代谢。

4. 半胱氨酸生成活性硫酸根

含硫氨基酸分解均会产生硫酸根，半胱氨酸是体内硫酸根的主要来源。半胱氨酸分解代谢产生丙酮酸、NH_3、H_2S，H_2S 迅速氧化生成硫酸根。体内的硫酸根一部分可随尿液排出，一部分在体内转变为有活性的 3′-磷酸腺苷-5′-磷酰硫酸（3′-phosphoadenosine-5′-phosphosulfate，PAPS）。PAPS是硫酸根的活性形式，可参与生物转化和某些含硫酸基团化合物的合成。其反应过程如下：

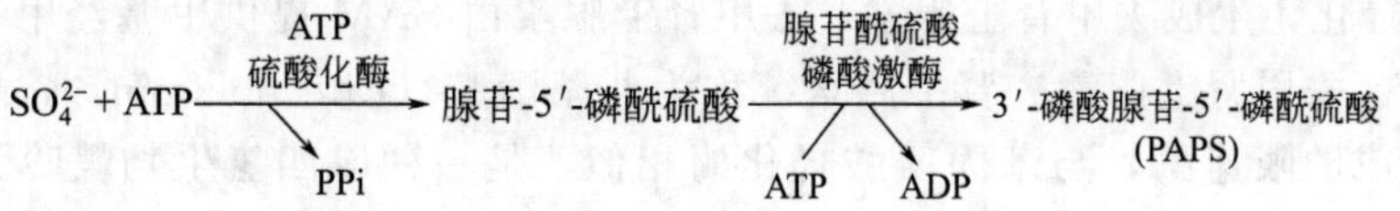

$$SO_4^{2-}+ATP \xrightarrow[\searrow PPi]{ATP\ \text{硫酸化酶}} \text{腺苷-5}'\text{-磷酰硫酸} \xrightarrow[ATP\ \nearrow\ \searrow\ ADP]{\text{腺苷酰硫酸磷酸激酶}} 3'\text{-磷酸腺苷-5}'\text{-磷酰硫酸 (PAPS)}$$

四、苯丙氨酸和酪氨酸的代谢

（一）苯丙氨酸经羟化反应生成酪氨酸

正常情况下，苯丙氨酸主要代谢途径是在苯丙氨酸羟化酶的作用下，生成酪氨酸（苯丙氨酸羟化酶的辅酶是四氢生物蝶呤，该酶是一种加单氧酶，催化的反应不可逆），次要途径是脱氨基转变为苯丙酮酸。若苯丙氨酸羟化酶先天性缺乏，苯丙氨酸经转氨基作用生成苯丙酮酸，苯丙酮酸进一步转变为苯乙酸等产物（图 8-13），此时尿液中出现大量苯丙酮酸及其代谢产物，称为苯丙酮尿症（phenylketonuria，PKU）。

知识链接

苯丙酮尿症

苯丙酮尿症（PKU）是一种遗传代谢病。患儿出生时大多表现正常，新生儿期无明显特殊的临床症状。未经治疗的患儿 3～4 个月后逐渐表现出智力、运动发育落后，头发由黑变黄，皮肤白，全身和尿液有特殊鼠臭味，常有湿疹。随着年龄增长，患儿智力低下越来越明显，年长儿约 60%有严重的智能障碍。2/3 患儿有轻微的神经系统体征，例如，肌张力增高、腱反射亢进、小头畸形等，严重者可有脑性瘫痪。约 1/4 患儿有癫痫发作，常在 18 个月以前出现，可表现为婴儿痉挛性发作、点头样发作或其他形式。从饮食上限制苯丙氨酸摄入是目前治疗 PKU 的唯一方法。

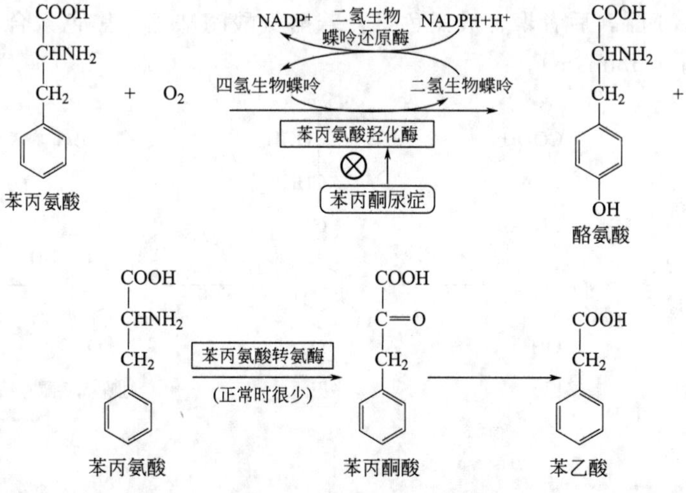

图 8-13　苯丙氨酸代谢途径

（二）酪氨酸转变为儿茶酚胺

酪氨酸在酪氨酸羟化酶的催化作用下，生成3,4-二羟苯丙氨酸（3,4-dihydroxyphenylalanine，DOPA，多巴），经多巴脱羧酶催化转变生成多巴胺，多巴胺是脑组织中的一种神经递质，帕金森病与脑组织中多巴胺的生成减少有关。在肾上腺的髓质中多巴胺侧链上的β-碳原子再被羟化，生成去甲肾上腺素，去甲肾上腺素由SAM提供甲基经甲基化合成肾上腺素。多巴胺、去甲肾上腺素、肾上腺素统称为儿茶酚胺（catecholamine）。酪氨酸羟化酶是儿茶酚胺合成的限速酶，与苯丙氨酸羟化酶相似，是一种以四氢生物蝶呤为辅酶的加单氧酶。

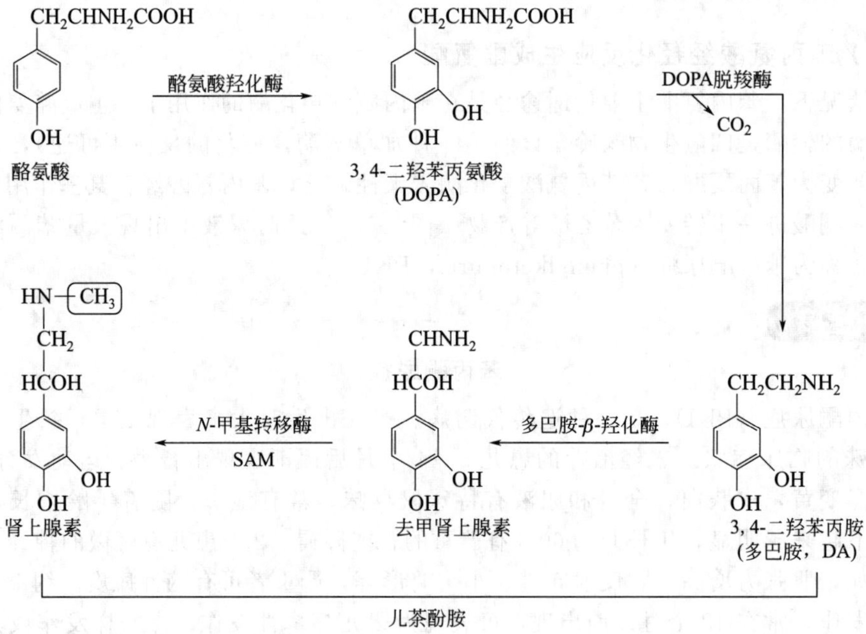

CH_2CHNH_2COOH — OH
酪氨酸
酪氨酸羟化酶
CH_2CHNH_2COOH — OH, OH
3, 4-二羟苯丙氨酸
(DOPA)
DOPA脱羧酶
CO_2
$CH_2CH_2NH_2$ — OH, OH
3, 4-二羟苯丙胺
(多巴胺，DA)
多巴胺-β-羟化酶
$CHNH_2$ / HCOH — OH, OH
去甲肾上腺素
N-甲基转移酶
SAM
HN—CH_3 / CH_2 / HCOH — OH, OH
肾上腺素
儿茶酚胺

（三）酪氨酸转变为黑色素

在黑色素细胞内，酪氨酸在酪氨酸酶的作用下，生成多巴，多巴进一步转变为多巴醌，多巴醌可生成吲哚-5,6-醌，后者聚合成黑色素。若酪氨酸酶缺乏，黑色素合成障碍，毛发呈白色，称为白化病（albinism）。

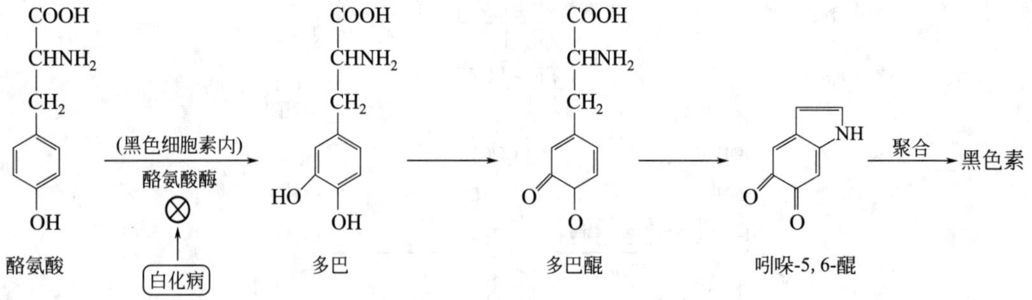

COOH / $CHNH_2$ / CH_2 — OH
酪氨酸
(黑色细胞素内)
酪氨酸酶
白化病
COOH / $CHNH_2$ / CH_2 — HO, OH
多巴
COOH / $CHNH_2$ / CH_2 — O, O
多巴醌
NH — O, O
吲哚-5, 6-醌
聚合
黑色素

知识链接

白化病

白化病属于家族遗传性疾病，为常染色体隐性遗传，常发生于近亲结婚的人群中。临床上分为泛发型白化病、部分白化病和眼白化病三种类型。这类病人通常是全身皮肤、毛发、眼睛缺乏黑色素，因此表现为眼睛视网膜无色素，虹膜和瞳孔呈现淡粉色或淡灰色，怕光、视物模糊、喜眯眼、眼球震颤，皮肤、眉毛、头发及其他体毛都呈白色或白里带黄，易患皮肤癌。这类病人俗称为“羊白头”。目前仅能通过物理方法，如遮光等以减轻患者不适症状，还可以通过使用光敏性药物、激素等治疗，使白斑减弱甚至消失。

（四）酪氨酸转变为延胡索酸、乙酰乙酸

苯丙氨酸和酪氨酸经一般代谢脱氨基后生成对-羟苯丙酮酸，后者再生成尿黑酸，又经尿黑酸氧化酶作用变为延胡索酸和乙酰乙酸（所以苯丙氨酸和酪氨酸是生糖兼生酮氨基酸）。若缺乏尿黑酸氧化酶，大量尿黑酸随尿排出，称为尿黑酸尿症（alcaptonuria）。

知识链接

尿黑酸尿症

尿黑酸尿症是先天性代谢缺陷病。由于代谢的补偿作用，该病不会造成对神经系统的伤害。新生儿和儿童期，尿黑酸尿是唯一的特点；成人期除了尿黑酸尿以外，随着尿黑酸增多，并在结缔组织中沉着，会导致褐黄病。若累及关节则进展为褐黄病性关节炎。目前尚无特效疗法，骨关节症状可对症处理。低酪氨酸、低苯丙氨酸饮食对该病有一定帮助。

第四节　氨基酸的生物合成

要点

脂肪族氨基酸的合成	①以 α-酮戊二酸为基本碳架合成谷氨酸、谷氨酰胺、脯氨酸与精氨酸 4 种；②以草酰乙酸为基本碳架合成天冬氨酸、天冬酰胺、苏氨酸、甲硫氨酸（蛋氨酸）、赖氨酸 5 种；③以丙酮酸为碳架合成及衍生的氨基酸包括丙氨酸、缬氨酸、亮氨酸、异亮氨酸；④以 3-磷酸甘油为碳架可以合成丝氨酸，再衍生出甘氨酸和半胱氨酸。
芳香族氨基酸的合成	芳香族族氨基酸合成时从活化的糖分子开始，先合成分支酸，再由分支酸进一步合成苯丙氨酸、酪氨酸、色氨酸。
组氨酸的合成	组氨酸的合成途径是独立的，起始物为 ATP 和 5-磷酸核糖焦磷酸（PRPP）

同一种氨基酸在不同生物体内合成途径可能不同，酶和原料也可能不同。不同生物合成氨基酸的能力不同，有的能利用二氧化碳，有的能利用有机酸，有的能利用单糖。讨论氨基酸的生物合成，首先要说明的是：它的碳骨架是怎样形成的？氮源有哪些？在生物合成中，各种氨基酸碳骨架的形成，源于代谢的几条“主要干线”（柠檬酸循环、糖酵解以及磷酸戊糖途径等）中的关键中间体，例如，各种酮酸以及乙酰-CoA。氮元素，如 N_2、NH_3 等无机氮，通过生物固氮作用转化为有机氮。生物利用三种反应途径把氨转化为有机化合物，这些有机物即可用于氨基酸的生物合成。

第一种反应途径是在氨甲酰磷酸合成酶的催化下，氨、CO_2 及 ATP 合成氨甲酰磷酸。氨甲酰磷酸是一种重要的代谢物，它不仅能起到固氮作用，而且与其酸肝的混合物还承担着高能化合物的作用。氨甲酰磷酸的生物合成需要消耗两个 ATP 分子。氨甲酰磷酸参与尿素循环中的精氨酸合成及嘧啶生物合成。在真核细胞中，用于尿素循环的氨甲酰磷酸的合成是在线粒体酶（氨甲酰磷酸合成酶Ⅰ）的催化下实现的，它的氮源于氨。氨甲酰磷酸参与嘧啶生物合成则是在另外细胞溶胶内的氨甲酰磷酸合成酶Ⅱ的催化下发生的，该酶使用谷氨酰胺作为氮源。原核细胞仅有一种氨甲酰磷酸合成酶，它对精氨酸及嘧啶合成都有催化作用，而且这两种生物合成全都是利用谷氨酸作为氮源。

第二种反应途径是在谷氨酸脱氢酶的催化下将 α-酮戊二酸还原，氨基化为谷氨酸。谷氨酸脱氢酶广泛地存在于动物、植物及微生物的细胞中。

第三种反应途径是在谷氨酰胺合成酶的作用下，将谷氨酸转化为谷氨酰胺。

一、脂肪族氨基酸的生物合成

（一）α-酮戊二酸衍生型（谷氨酸型）

以 α-酮戊二酸为基本碳架，衍生类型有 4 种氨基酸，即谷氨酸、谷氨酰胺、脯氨酸与精氨酸。

1. 谷氨酸、谷氨酰胺的生物合成

（1）α-酮戊二酸直接氨基化合成谷氨酸　谷氨酸脱氢酶催化，实际上就是谷氨酸脱氢氧化的逆反应，此酶可利用两种辅酶 NADPH/NADH。一般来说，利用 NADH 辅酶多为脱氨基的反应，α-酮戊二酸的氨基化则利用 NADPH 为辅酶（供氢体）。

$$\alpha\text{-酮戊二酸} + NH_4^+ + NADPH \xrightarrow{\text{谷氨酸脱氢酶}} \text{谷氨酸} + H_2O + NADP^+$$

（2）转氨基合成谷氨酸　α-酮戊二酸与谷氨酰胺在转氨酶作用下产生 2 分子谷氨酸。

$$^{-}OOC-CH_2-CH_2-C(=O)-COO^{-} + H_2N-C(=O)-CH_2-CH_2-CH(NH_3^+)-COO^{-} \xrightarrow{\text{转氨酶}} {}^{-}OOC-CH_2-CH_2-CH(NH_3^+)-COO^{-} + {}^{-}OOC-CH_2-CH_2-CH(NH_3^+)-COO^{-}$$

（3）谷氨酰胺合成　谷氨酸可进一步利用 NH_4^+ 氨基化为谷氨酰胺，由谷酰胺合成酶催化，ATP 供能。

$$\text{Glu}^- + ATP \xrightarrow[\text{ADP}]{\text{谷酰胺合成酶}} \gamma\text{-谷氨酰磷酸} \xrightarrow[\text{HO-PO}_2(OH)^-]{NH_4^+,\ \text{谷酰胺合成酶}} \text{谷氨酰胺}$$

催化反应分两步进行：第一步是谷氨酸磷酸化为 δ-磷酰谷氨酸；第二步是脱去磷酸基，氨基化为谷氨酰胺。

谷氨酰胺的合成是与谷氨酸的合成是联系在一起的，利用谷氨酰胺合成再通过转氨基合成谷氨酸，比直接氨基化合成谷氨酸多消耗一个 ATP，但反应更容易进行。这种分两步合成谷氨酸的方式是谷氨酸合成的主要途径。

由于谷氨酰胺具有氨基供体的特殊作用，因此，谷氨酰胺的合成对氨基酸、蛋白质、核苷酸及其他含氮化合物的合成都有重要作用，也可以说它是氨基的贮存库。在植物体内天冬酰胺具有氨基贮存库的作用，它的合成与谷氨酰胺的合成具有同样重要的意义。

在生物体内的氮代谢中，能够利用无机氮即氨态氮合成氨基酸的只有谷氨酰胺和谷氨酸，其他氨基酸合成都是通过转氨基方式。但通过 α-酮戊二酸直接氨基化合成谷氨酸比较困难，谷氨酸接受氨基形成谷氨酰胺比较容易，并且容易通过转氨基作用释放氨基，所以在生物细胞内谷氨酰胺合成非常活跃。谷氨酰胺的合成控制着谷氨酸的合成，控制着生物体内其他所有氨基酸合成的强度，所以说谷氨酰胺的合成（包括谷氨酸合成）是所有其他氨基酸合成的入口，也是一个氮代谢的控制入口，对氮代谢具有特殊的意义。谷氨酰胺和谷氨酸的合成水平直接控制着整个氮代谢水平，也是氨基酸代谢的重要枢纽。

谷酰胺合成酶是调节酶，受多个效应物的别构调节，也可以说谷酰胺合成酶是氨基酸代谢的关键酶，控制着整个代谢的平衡。

2. 脯氨酸和精氨酸的合成

脯氨酸、精氨酸都是谷氨酸的衍生物。谷氨酸的 γ-羧基经 ATP 磷酸化后还原为醛基，称为谷氨酸 γ-半醛，与 α-氨基缩合形成 Δ'-吡咯-5-羧酸，进一步还原形成脯氨酸。

$$^-OOC-CH_2-CH_2-CH(\overset{+}{N}H_3)-COO^- \xrightarrow[\text{谷氨酸激酶}]{ATP \to ADP} \text{Ⓟ}-O-CO-CH_2-CH_2-CH(\overset{+}{N}H_3)-COO^- \xrightarrow[\text{谷氨酸脱氢酶}]{NADPH \to NADP^+,\ Pi} OHC-CH_2-CH_2-CH(\overset{+}{N}H_3)-COO^-$$

$$OHC-CH_2-CH_2-CH(NH_2)-COO^- \xrightarrow{\text{自发}} \Delta'\text{-吡咯-5-羧酸} \xrightarrow[\text{吡咯羧酸还原酶}]{NADPH \to ADP} \text{脯氨酸}$$

Δ′-吡咯-5-羧酸

精氨酸的合成也以谷氨酸为底物，先乙酰化保护氨基形成 N-乙酰谷氨酸，然后转化为 N-乙酰鸟氨酸，再经过瓜氨酸转为精氨酸。

$$^{-}OOC-CH_2-CH_2-CH(NH-CO-CH_3)-COO^- \xrightarrow[N\text{-乙酰谷氨酸激酶}]{ATP \to ADP} (P)-O-CO-CH_2-CH_2-CH(NH-CO-CH_3)-COO^-$$

$$\xrightarrow[N\text{-乙酰谷氨酸脱氢酶}]{NAD(P)H \to NAD(P)^+,\ Pi} OHC-CH_2-CH_2-CH(NH-CO-CH_3)-COO^-\ (N\text{-乙酰谷氨酸-}\gamma\text{-半醛})$$

$$\xrightarrow[\text{转氨酸}]{\alpha\text{-酮戊二酸}\ \text{谷氨酸}} \overset{+}{N}H_3-CH_2-CH_2-CH_2-CH(NH-CO-CH_3)-COO^-\ (N\text{-乙酰鸟氨酸})$$

$$\xrightarrow[N\text{-乙酰鸟氨酸酶}]{H_2O \to CH_3COO^-} \overset{+}{N}H_3-CH_2-CH_2-CH_2-CH(\overset{+}{N}H_3)-COO^-\ (\text{鸟氨酸}) \dashrightarrow \text{精氨酸}$$

精氨酸合成也可以通过尿素循环合成，即通过鸟氨酸循环路线。由精氨酸也可以合成脯氨酸。

$$H_3\overset{+}{N}-CH(COO^-)-CH_2-CH_2-CH_2-\overset{+}{N}H_3 \underset{\text{鸟氨酸-}\delta\text{-氨基转移酶}}{\overset{\alpha\text{-酮戊二酸}\ \to\ \text{谷氨酸}}{\rightleftharpoons}} H_3\overset{+}{N}-CH(COO^-)-CH_2-CH_2-CHO\ (\text{谷氨酸-}\gamma\text{-半醛}) \rightleftharpoons \Delta'\text{-酸吡咯-5-羧酸}$$

（二）草酰乙酸衍生型（天冬氨酸型）

以草酰乙酸为基本碳架合成的氨基酸有 5 种，包括天冬氨酸、天冬酰胺、苏氨酸、甲硫氨酸（蛋氨酸）、赖氨酸。

1. 天冬氨酸、天冬酰胺的合成

草酰乙酸由谷氨酸转氨基合成天冬氨酸，谷草转氨酶比较活跃，合成途径是氨基酸代谢的枢纽之一。

动物利用天冬氨酸转氨基化合成天冬酰胺，首先形成一个中间产物腺苷天冬氨酸，在此活化状态下由谷氨酸转氨基，才能合成天冬酰胺。

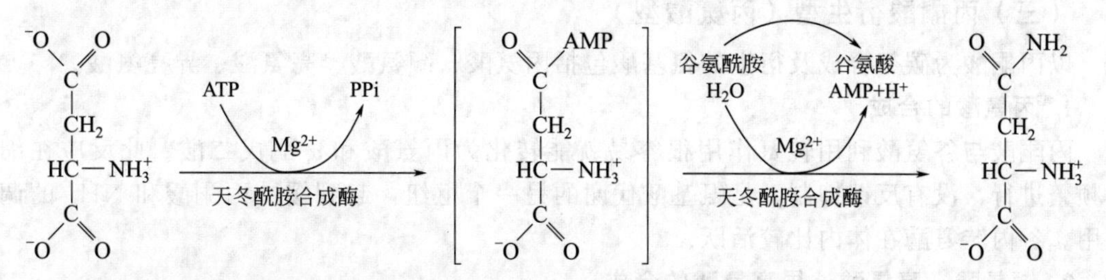

植物细胞合成天冬酰胺可利用游离的 NH_4^+，植物的天冬酰胺合成酶对 NH_4^+ 有很高亲和力。天冬酰胺合成是植物利用无机氮的关键途径。

2. 天冬氨酸型其他氨基酸的合成

苏氨酸的合成是由天冬氨酸转为天冬氨酸-*β*-半醛，再经高丝氨酸和 *O*-磷酰高丝氨酸转化为苏氨酸。

$^-OOC-CH_2-CH(NH_3^+)-COO^-$ —(ATP→ADP，天冬氨酸激酶)→ Ⓟ$-O-CO-CH_2-CH(NH_3^+)-COO^-$ —(NADPH→$NADP^+$、H^+，Pi；天冬氨酸-*β*-半醛脱氢酶)→

$OHC-CH_2-CH(NH_3^+)-COO^-$ —(NADPH→$NADP^+$，天冬氨酸-*β*-半醛脱氢酶)→ $CH_2(OH)-CH_2-CH(NH_3^+)-COO^-$ —(ATP→ADP，高丝氨酸激酶)→

Ⓟ$-O-CH_2-CH_2-CH(NH_3^+)-COO^-$ —(H_2O→Pi，PLP，苏氨酸合酶)→ $CH_3-CH(OH)-CH(NH_3^+)-COO^-$

甲硫氨酸的合成路线中，从天冬氨酸到高丝氨酸部分与苏氨酸合成相同。全部合成路线为：天冬氨酸→天冬氨酸磷酸→天冬氨酸半醛→高丝氨酸→*O*-琥珀酰高丝氨酸→胱硫醚→高半胱氨酸→甲硫氨酸。

天冬氨酸*β*-半醛 $OHC-CH_2-CH(NH_3^+)-COO^-$ —($NADPH$→$NADP^+$，天冬氨酸-*β*-半醛脱氢酶)→ 高丝氨酸 $CH_2(OH)-CH_2-CH(NH_3^+)-COO^-$ —(琥珀酰-CoA→CoA，高丝氨酸酰基转移酶)→ $CH_2(O-琥珀酸)-CH_2-CH(NH_3^+)-COO^-$ —(半胱氨酸→琥珀酸，PLP，*β*-胱硫醚合酶)→ 胱硫醚 $H_2C(-S-CH_2-CH_2-CH(NH_3^+)-COO^-)-C(H)(NH_3^+)-COO^-$ —(PLP，胱硫醚裂解酶，→丙酮酸$+NH_3$)→ 高半胱氨酸 $HS-CH_2-CH_2-CH(NH_3^+)-COO^-$ —(N^5-甲基四氢叶酸→四氢叶酸，甲硫氨酸酶)→ 甲硫氨酸 $CH_3-S-CH_2-CH_2-CH(NH_3^+)-COO^-$

苏氨酸、甲硫氨酸和赖氨酸在人体内都不能合成。

（三）丙酮酸衍生型（丙氨酸型）

以丙酮酸为碳架合成及衍生的氨基酸包括丙氨酸、缬氨酸、亮氨酸、异亮氨酸。

1. 丙氨酸的合成

丙酮酸与谷氨酸利用转氨作用很容易就能转化为丙氨酸和 α-酮戊二酸。此反应在细胞内频繁进行，没有反馈抑制，是氨基酸代谢的另一个枢纽，起到缓冲丙酮酸和 NH_3 的调节作用。谷丙转氨酶在体内比较活跃。

2. 缬氨酸、亮氨酸、异亮氨酸的合成

缬氨酸、亮氨酸、异亮氨酸合成的起始反应是相同的，都由丙酮酸脱羧生成活性乙醛（CH_3CO-TPP），焦磷酸硫胺素作辅酶，但不形成乙酰-CoA，而是乙酰基与焦磷酸硫胺素（TPP）结合。

缬氨酸合成是活性乙醛与另一分子丙酮酸反应生成 α-乙酰乳酸，经还原酶作用还原为 α,β-二羟异戊酸，再脱水形成 α-酮异戊酸，最后由谷氨酸提供氨基，经转氨酶作用形成缬氨酸。

$$CH_3-\underset{\underset{O}{\|}}{C}-COO^- \xrightarrow[\text{丙酮酸脱羧酶}]{TPP\quad CO_2} \left[CH_3-\underset{\underset{OH}{|}}{C}-TPP\right] \xrightarrow[\text{乙酰乳酸合酶}]{\text{丙酮酸}\quad TPP} CH_3-\underset{\underset{O}{\|}}{C}-\overset{\overset{CH_3}{|}}{\underset{\underset{OH}{|}}{C}}-COO^- \xrightarrow[\text{乙酰乳酸异构还原酶}]{NAD(P)H\quad NAD(P)^+} CH_3-\overset{\overset{CH_3}{|}}{\underset{\underset{OH}{|}}{C}}-\overset{\overset{H}{|}}{\underset{\underset{OH}{|}}{C}}-COO^-$$

$$CH_3-\overset{\overset{CH_3}{|}}{\underset{\underset{OH}{|}}{C}}-\overset{\overset{H}{|}}{\underset{\underset{OH}{|}}{C}}-COO^- \xrightarrow[\text{二羟异戊酸脱水酶}]{H_2O} CH_3-\overset{\overset{CH_3}{|}}{\underset{\underset{H}{|}}{C}}-\underset{\underset{O}{\|}}{C}-COO^- \xrightarrow[\text{转氨酶}]{\text{谷氨酸}\quad \alpha\text{-酮戊二酸}\quad PLP} CH_3-\overset{\overset{CH_3}{|}}{CH}-\overset{\overset{\overset{+}{N}H_3}{|}}{CH}-COO^-$$

亮氨酸的合成是从缬氨酸合成中的 α-酮异戊酸分道，经 α-异丙基苹果酸合成酶催化，与乙酰-CoA 的乙酰基缩合为 α-异丙基苹果酸，然后经异构酶作用产生 β-异丙基苹果酸，再经脱氢酶催化脱氢脱羧形成 α-酮异己酸，最后经转氨基作用形成亮氨酸。

异亮氨酸的合成可以从苏氨酸起始，经苏氨酸脱水酶作用生成 α-酮丁酸，与活性乙醛缩合为 α-乙酰-α-羟丁酸，然后也经历还原、脱水、转氨基形成异亮氨酸。

缬氨酸、亮氨酸、异亮氨酸的合成途径相对都较长；在反应途径中都从丙酮酸衍生物活性乙醛开始，但异亮氨酸的合成需要以苏氨酸脱水形成的 α-酮丁酸为起始物，所以异亮氨酸也可以认为是天冬氨酸型。

（四） 3-磷酸甘油酸衍生型（丝氨酸型）

以 3-磷酸甘油为碳架可以合成丝氨酸，再衍生出甘氨酸和半胱氨酸。

1. 丝氨酸和甘氨酸的合成

从 3-磷酸甘油酸开始，经 3-磷酸羟基丙酮酸合成 3-磷酸丝氨酸，再脱去磷酸基合成丝氨酸。

$$\begin{array}{c}COO^-\\|\\H-C-OH\\|\\H-C-O-Ⓟ\\|\\H\end{array} \xrightarrow[\text{磷酸甘油酸脱氢酶}]{NAD^+\quad NADH} \begin{array}{c}COO^-\\|\\C=O\\|\\CH_2-O-Ⓟ\end{array} \xrightarrow[\text{转氨酶}]{\text{谷氨酸}\quad \alpha\text{-酮戊二酸}} \begin{array}{c}COO^-\\|\\H_3\overset{+}{N}-C-H\\|\\CH_2-O-Ⓟ\end{array} \xrightarrow[\text{磷酸丝氨酸磷酸酶}]{H_2O\quad Pi} \begin{array}{c}COO^-\\|\\H_3\overset{+}{N}-C-H\\|\\CH_2OH\end{array}$$

丝氨酸在丝氨酸羟甲基转移酶的作用下，脱去羟甲基生成甘氨酸，另外，甘氨酸氧化酶的逆反应也可用于合成甘氨酸。

$$H_3\overset{+}{N}-CH(COO^-)-CH_2OH \xrightarrow[\text{丝氨酸羟甲基转移酶}]{\text{四氢叶酸}\ \to\ N^5,N^{10}\text{-亚甲基四氢叶酸},\ PLP,\ H_2O} H_3\overset{+}{N}-CH(COO^-)-H$$

2. 半胱氨酸的合成

半胱氨酸的合成途径不止一条，可能不同生物还有不同的合成途径。动物细胞合成半胱氨酸是从丝氨酸开始的，与高半胱氨酸缩合为胱硫醚，再裂解为 α-酮丁酸和半胱氨酸。

$$\underset{\text{高半胱氨酸}}{^-OOC-CH(\overset{+}{N}H_3)-CH_2-CH_2-SH} + \underset{\text{丝氨酸}}{HOCH_2-CH(\overset{+}{N}H_3)-COO^-} \xrightarrow[\beta\text{-胱硫醚合酶}]{PLP} H_2O + \underset{\text{胱硫醚}}{^-OOC-CH(\overset{+}{N}H_3)-CH_2-CH_2-S-CH_2-CH(\overset{+}{N}H_3)-COO^-}$$

$$\text{胱硫醚} + H_2O \xrightarrow[\text{胱硫醚}\gamma\text{-裂解酶}]{PLP} NH_4^+ + \underset{\alpha\text{-酮丁酸}}{^-OOC-C(=O)-CH_2-CH_3} + \underset{\text{半胱氨酸}}{HS-CH_2-CH(\overset{+}{N}H_3)-COO^-}$$

胱硫醚、高半胱氨酸都可来自甲硫氨酸的合成途径，利用甲硫氨酸的途径是：从甲硫氨酸起始，与 ATP 作用产生腺苷硫氨酸，水解产生高半胱氨酸，再与丝氨酸结合为胱硫醚，交换硫氨基，生成半胱氨酸的 α-酮丁酸。高半胱氨酸引入甲基则生成甲硫氨酸。

植物和微生物合成半胱氨酸也是以丝氨酸为起始物，经丝氨酸乙酰转移酶作用，与乙酰-CoA 的乙酰基缩合为 O-乙酰丝氨酸，然后接受 S^{2-} 和 H^+，释放乙酸，生成半胱氨酸。

$$H_3\overset{+}{N}-CH(COO^-)-CH_2-OH \xrightarrow[\text{丝氨酸乙酰转移酶}]{H_3C-C(=O)-S\text{-CoA}\ \to\ \text{CoA-SH}} H_3\overset{+}{N}-CH(COO^-)-CH_2-O-C(=O)-CH_3 \xrightarrow[O\text{-乙酰丝氨酸(硫)裂解酶}]{S^{2-}+H^+\ \to\ CH_3COO^-} H_3\overset{+}{N}-CH(COO^-)-CH_2-SH$$

二、芳香族氨基酸的生物合成

（一）分支酸的合成

芳香族氨基酸合成的起始物是磷酸烯醇式丙酮酸（PEP）和 4-磷酸赤藓糖。4-磷酸赤藓糖和磷酸烯醇式丙酮酸经酶催化缩合为 2-酮-3-脱氧-D-阿拉伯庚酮糖酸-7-磷酸，然后由脱氢奎尼酸合酶催化闭合成环，形成 3-脱氢奎尼酸，此酶催化需要 NAD^+ 作辅酶，但 NAD^+ 并不转化为还原形式。接下来通过脱水和还原形成莽草酸，经莽草酸激酶作用磷酸化，再与另一分子 PEP 缩合，脱去磷酸基后形成分支酸，见图 8-14。

（二）苯丙氨酸、酪氨酸的合成

苯丙氨酸是必需氨基酸，人体不能合成。分支酸由变位酶催化合成预苯酸，氧化脱羧同

图 8-14　分支酸的合成

时脱水转化为苯丙酮酸，经转氨基生成苯丙氨酸。预苯酸脱羧并同时脱氢，转化为对羟苯丙酮酸，经转氨基生成酪氨酸，如图 8-15 所示。氨基来自谷氨酸。

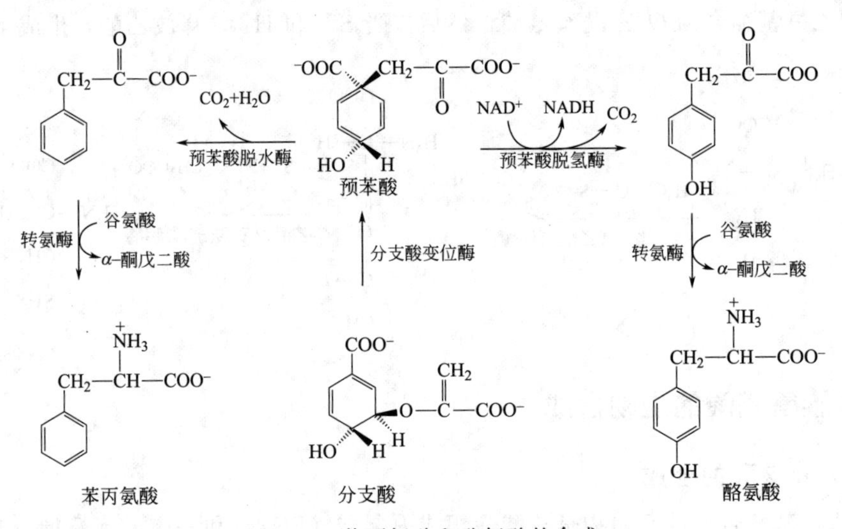

图 8-15　苯丙氨酸和酪氨酸的合成

（三）色氨酸的合成

谷氨酰胺的氨基转移给分支酸形成邻氨基苯甲酸，经邻氨基苯甲酸磷酸核糖转移酶作用与 5-磷酸核糖焦磷酸（PRPP）缩合为 *N*-(5′-磷酸核糖）邻氨基苯甲酸，然后闭合形成吲哚-3-磷酸甘油，最后一步由色氨酸合酶催化将侧链与丝氨酸交换形成色氨酸，如图 8-16 所示。

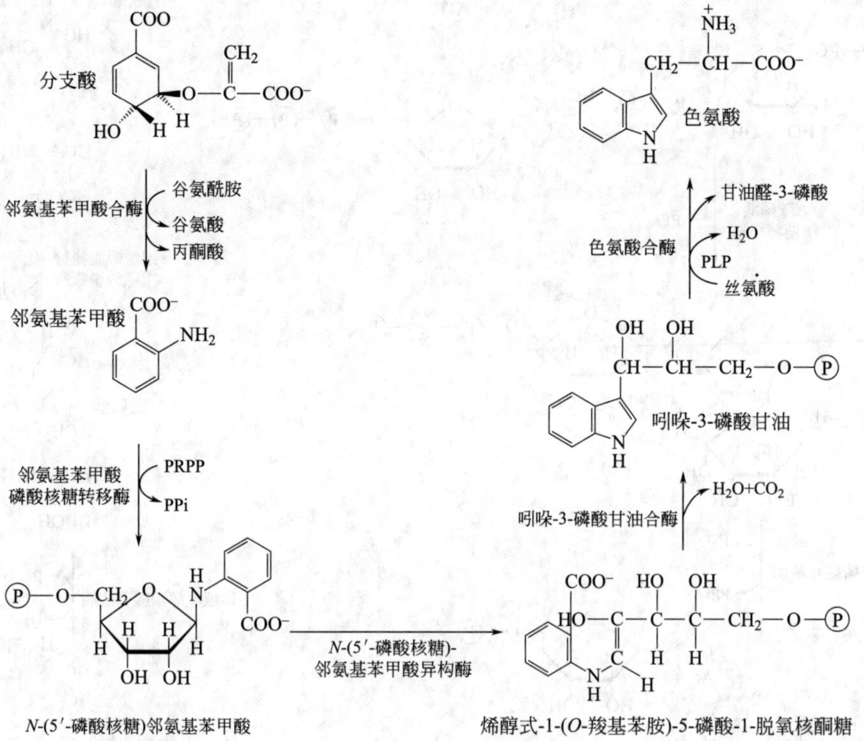

图 8-16 色氨酸的合成

三、组氨酸的生物合成

组氨酸的合成途径是独立的，起始物为 ATP 和 5-磷酸核糖焦磷酸（PRPP）。α-D-核酸-5-磷酸在磷酸核糖焦磷酸激酶（也称 PRPP 合成酶）催化接受 ATP 的焦磷酸，形成 PRPP。PRPP 和 ATP 在 ATP 磷酸核糖转移酶作用下生成 N^1（核糖 5′-磷酸）ATP；由焦磷酸水解酶作用脱去 ATP 的焦磷酸，转化为磷酸核糖-AMP；由磷酸核糖-AMP 环化水解酶将嘌呤环打开，生成 N^1-5′-磷酸核糖亚氨甲基-5-氨基咪唑-4-酰胺核苷酸；由 N^1-5′-磷酸核糖亚氨甲基-5-氨基咪唑-4-酰胺核苷酸异构酶催化核糖呋喃环打开；接下来在谷氨酰胺氨基转移酶作用下转氨基并裂解为 5-氨基咪唑-4-甲酰胺核苷酸（AICAR），进一步生成咪唑-3-甘油磷酸；之后经咪唑-3-甘油磷酸脱氢酶作用，再经 L-组氨醇磷酸氨基转移酶作用生成 L-组氨醇磷酸；由 L-组氨醇磷酸磷酸酶催化脱去磷酸基生成组氨醇；再经组氨醇脱氢酶催化转为组氨醛；最后由组氨醛脱氢酶催化产生组氨酸，如图 8-17 所示。

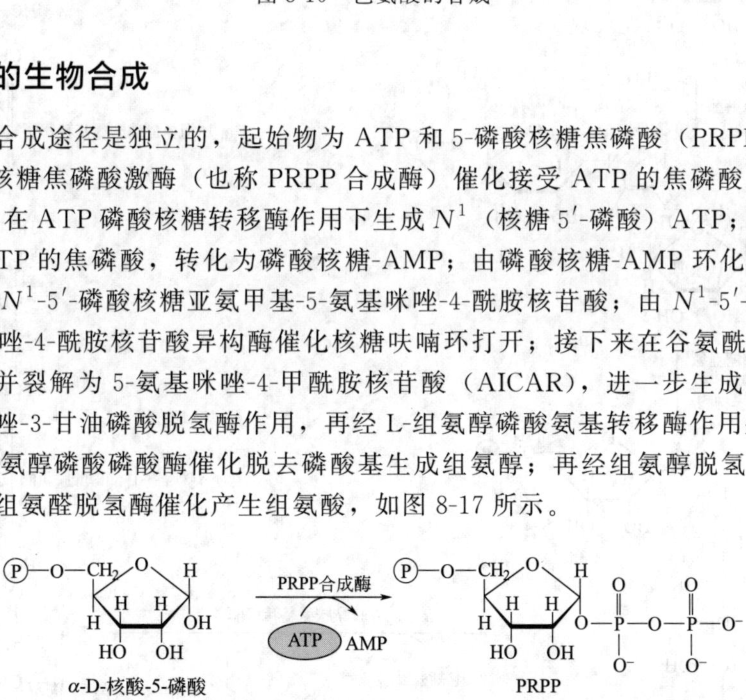

图 8-17

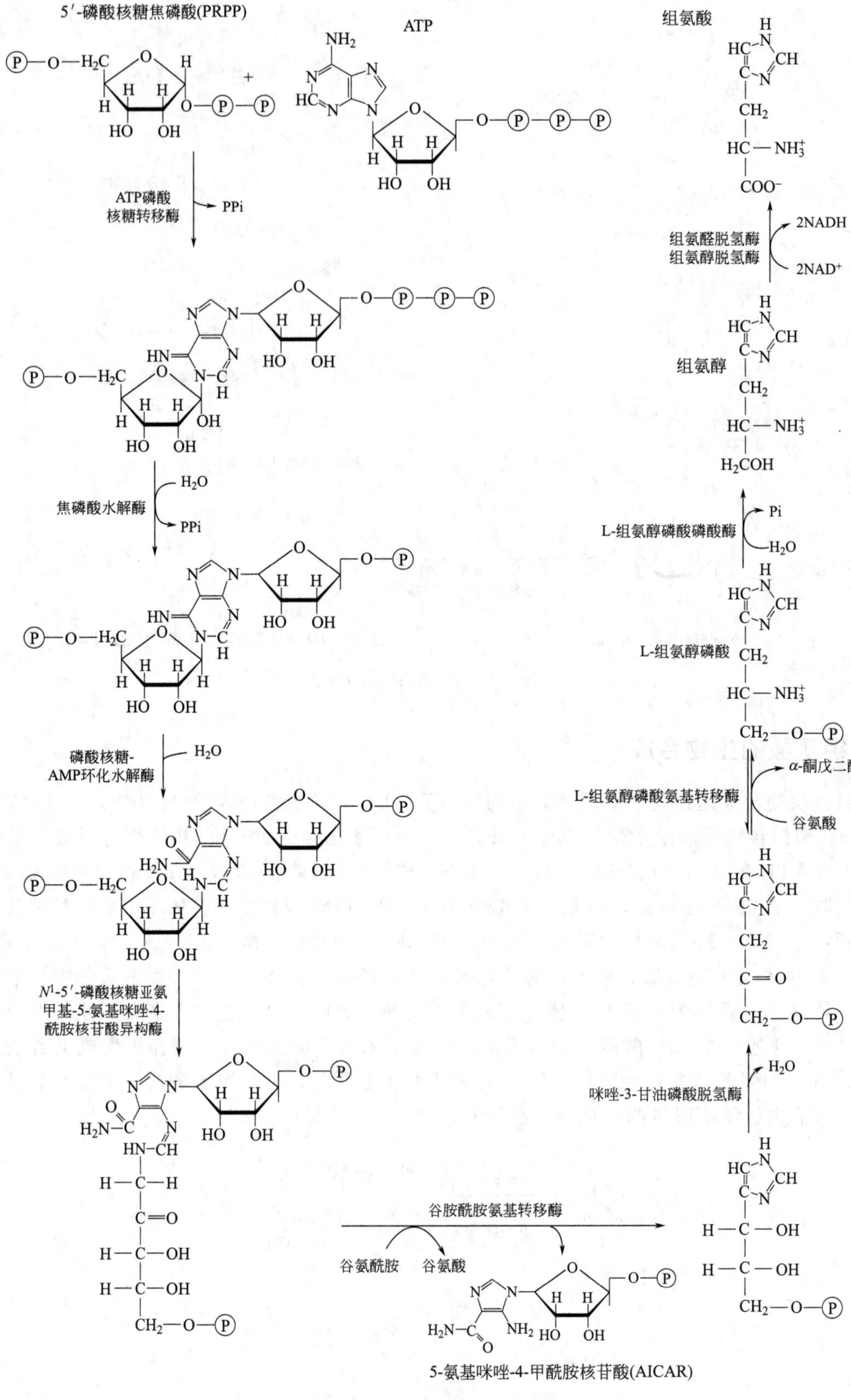

5′-磷酸核糖焦磷酸(PRPP)

ATP

ATP磷酸核糖转移酶

PPi

焦磷酸水解酶

H_2O

PPi

磷酸核糖-AMP环化水解酶

H_2O

N^1-5′-磷酸核糖亚氨甲基-5-氨基咪唑-4-酰胺核苷酸异构酶

谷胺酰胺氨基转移酶

谷氨酰胺　谷氨酸

5-氨基咪唑-4-甲酰胺核苷酸(AICAR)

咪唑-3-甘油磷酸脱氢酶

H_2O

L-组氨醇磷酸氨基转移酶

α-酮戊二酸

谷氨酸

L-组氨醇磷酸

L-组氨醇磷酸磷酸酶

Pi

H_2O

组氨醇

组氨醛脱氢酶
组氨醇脱氢酶

2NADH

$2NAD^+$

组氨酸

图 8-17　组氨酸合成图

本章小结

蛋白质是生命活动的物质基础，氨基酸是构成蛋白质的基本单位。蛋白质可降解为氨基酸，氨基酸在细胞内进行着分解代谢和合成代谢，使氨基酸代谢库保持着动态平衡。

蛋白质的降解不仅能保持氨基酸代谢库的动态平衡，还具有清除细胞内非正常蛋白质，维持细胞代谢秩序的生理作用。机体对蛋白质的降解包括外源蛋白质的酶促降解和细胞内蛋白质的降解两个方面。真核细胞对蛋白质的降解有两条途径：一是溶酶体降解，是细胞内蛋白质降解的主要途径，对蛋白质的降解没有选择性；二是泛素介导的蛋白质降解，需要消耗ATP，有选择性地降解经泛素化标记的靶蛋白。

脱氨基作用是氨基酸分解代谢的主要途径。不同的生物存在不完全相同的脱氨基方式，氧化脱氨基作用普遍存在于动植物中，非氧化脱氨基作用主要见于微生物。转氨基作用是氨基酸脱氨基的一种重要方式，与转氨基作用偶联的联合脱氨基作用是生物体内脱氨基的主要途径。催化转氨基作用的酶叫作转氨酶，以磷酸吡哆醛作为辅基。氨基酸脱下的氨主要去路是生成尿素排出体外，尿素通过鸟氨酸循环形成。氨的运输形式是谷氨酰胺。氨基酸碳骨架的代谢有三条途径：一是进入三羧酸循环，分解成二氧化碳和水，氧化供能；二是转变成糖或脂肪；三是重新合成氨基酸。

氨基酸分解代谢除脱氨基作用外，还可以进行脱羧基。有的氨基酸直接脱羧基，有的羟化后再脱羧基，脱羧基后的氨基酸次生物质如γ-氨基丁酸、5-羟色胺、组胺、儿茶酚胺等具有重要的生理作用。氨基酸是“一碳单位”的直接提供者，人体内有甘氨酸、丝氨酸、组氨酸和色氨酸可以产生一碳单位，一碳单位以四氢叶酸为载体，是嘌呤、嘧啶合成的重要原料，并用于体内转甲基化反应。

不同生物氨基酸的合成途径各不相同。合成氨基酸所需要的氨，所有生物可以直接利用代谢中产生的氨；另外，有些植物可通过硝酸还原作用从土壤中获得NH_4^+；有些微生物也可以通过生物固氮作用直接利用空气中的氮合成NH_3，这些无机氮必须转化为有机氮才能被应用。氨基酸合成的羧基除组氨酸外，几乎全部来自酮酸；氨基酸合成的碳骨架，大多数生物通过糖代谢的某些中间产物，如3-磷酸甘油酸、磷酸烯醇式丙酮酸、丙酮酸、草酰乙酸等转变而获得。

思考题

1. 当人长期禁食或糖类供应不足时，体内会发生什么变化？
2. 请说明一碳单位的来源、种类、结构及其重要的生理功能。
3. 谷氨酸在体内的物质代谢中有什么重要功能？请举例说明。
4. 计算谷氨酸彻底氧化生成CO_2和H_2O的过程中能产生多少ATP？
5. 简要说明生物体内联合脱氨基存在的方式和意义。
6. 名词解释：转氨基作用、联合脱氨基作用、鸟氨酸循环、一碳单位。

第九章

核酸降解与核苷酸代谢

【知识目标】 了解核苷酸的重要生理功能，熟悉核酸的消化吸收和核苷酸的分解代谢；掌握嘌呤核苷酸、嘧啶核苷酸从头合成途径；了解补救合成途径；了解核苷酸抗代谢物的作用机理。

【能力目标】 应用核苷酸代谢相关理论知识，解释痛风症、Lesch-Nyhan 综合征等代谢疾病的病因和治疗原理；解释抗肿瘤临床药物的作用机制。

【素质目标】 通过对痛风症等疾病生化机制的掌握，理解核酸代谢对于维持人体健康的重要意义，激发对生物化学的学习兴趣，提高自主学习能力。

第一节　核酸的降解

要点

核苷酸的重要生物学功能	①核苷酸是核酸生物合成的前体；②ATP 是生物通用的能量载体；③作为调节细胞活动的重要信号分子（如 cAMP、cGMP）；④核苷酸衍生物是许多生物合成反应的中间物和多种辅酶的组成成分。
核酸的降解	①核酸在核酸酶的作用下水解产生寡聚核苷酸和单核苷酸；②核苷酸在核苷酸酶作用下水解成核苷和磷酸；③核苷被核苷酶分解成嘌呤碱/嘧啶碱和戊糖。

一、核酸概述

核酸（nucleic acid）是重要的生物信息大分子，为生命的最基本物质之一。它是由核苷酸（nucleotide，NT）通过磷酸二酯键组成的多聚物。核苷酸由含氮碱基（嘌呤或嘧啶）、戊糖（核糖或脱氧核糖）和磷酸组成。天然存在的核酸可以分为脱氧核糖核酸（deoxyribonucleic acid，DNA）和核糖核酸（ribonucleic acid，RNA）两大类。DNA 的基本组成单位是脱氧核糖核苷酸，RNA 的基本组成单位是核糖核苷酸。细胞内遗传信息的复制、转录、重组、加工等过程均需要通过核酸代谢才能实现，核酸代谢与核苷酸代谢紧密关联。核苷酸在体内分布广泛，几乎参与细胞内新陈代谢的所有过程。一般说来，细胞中核糖核苷酸的浓度远远超过脱氧核糖核苷酸，前者浓度在 mmol 水平，而后者在 μmol 水平。细胞中，DNA 的含量相对比较稳定，RNA 的含量变化较大，尤其是转录活跃的细胞内，RNA 的含量急剧增加。但在细胞分裂周期中，细胞内脱氧核糖核苷酸含量波动较大，而核糖核苷酸浓度则相对稳定。不同类型细胞中各种核苷酸含量差异很大，而在同一种细胞中，各种核苷酸含量虽也有差异，但是核苷酸总含量相差不大。细胞内的 DNA 和 RNA 含量不是恒定不变的，它们在细胞内核酸酶的催化下进入核酸代谢途径。

细胞内存在许多游离的核苷酸，它们几乎参与细胞内所有的代谢过程，具有多种生物学功能，归纳起来主要为：①核苷酸最主要的功能是作为核酸生物合成的前体；②ATP 是生物新陈代谢通用的能量载体，GTP 也可以提供能量；③作为信号分子，参与代谢和基因表达调控，例如，cAMP（环腺苷酸）和 cGMP（环鸟苷酸）是细胞信号转导的第二信使；④核苷酸衍生物可以作为活化中间物，参与多个新陈代谢的活性调节，如 UDP-葡萄糖是合成糖原、糖蛋白的活性原料，CDP-二脂酰甘油是合成磷脂的活性原料；⑤组成辅酶，如腺苷酸和腺苷是多种重要辅酶（NAD、FAD 和 CoA 等）的组成成分。此外，ATP 还可以作为蛋白激酶反应中磷酸基团的供体。

二、核酸的降解过程

食物中的核酸多与蛋白质结合，以核蛋白的形式存在于细胞内。动物和异养型微生物可分泌相关酶类，用于分解食物和体外的核蛋白及其他核酸类物质，从而获得生命体需要的核苷酸。核苷酸脱去磷酸可以水解成核苷，核苷可以再度分解生成戊糖和碱基（嘌呤碱基、嘧啶碱基）。核苷酸以及水解终产物均可以被细胞吸收，并用于细胞内的合成代谢。在人等哺乳动物体内，核蛋白受胃酸作用分解成核酸和蛋白质，核酸进入小肠后，受胰液和肠液中各种核酸酶的作用，分解为核苷酸。少部分核苷酸可被细胞吸收，通过补救合成途径重新得到利用。绝大部分核苷酸在肠黏膜细胞中彻底分解成戊糖、碱基、磷酸基团，并被小肠黏膜吸收。戊糖可参与戊糖代谢；嘌呤碱基和嘧啶碱基进一步分解后随尿排出体外。因此，食物来源的嘌呤碱基和嘧啶碱基很少被机体利用。虽然动物和异养型微生物可以通过分泌蛋白酶来分解食物和体外的核蛋白，获取一定量的核苷酸，但是核苷酸主要是通过机体自身合成的，因此，核酸不属于营养必需物质。一般情况下，植物不能消化体外核酸等有机物质，所以也是通过自身合成核苷酸满足生理需要。

所有的生物细胞内都有催化核酸代谢的酶，因此可以分解细胞内的各种核酸，也能分解外界入侵的核酸。体内核酸的降解类似于食物中核酸的消化过程。核酸是核苷酸以 3′-5′磷酸二酯键连接成的多聚物，核酸分解的第一步就是水解连接核苷酸之间的磷酸二酯键，生成寡核苷酸，甚至是单核苷酸。水解磷酸二酯键的酶称为核酸酶（nuclease），只能水解 RNA 的核酸酶称为核糖核酸酶（RNase），只能水解 DNA 的核酸酶称为脱氧核糖核酸酶（DNase）。在细胞内，脱氧核糖核酸酶含量很高，专家推测其主要用于消除细胞内异常的、无用的，以及外来入侵的 DNA，从而维持细胞的遗传稳定性，也可能用于细胞自溶和凋亡。少数特异性很低的核酸酶，既可以作用于核糖核酸链，又可作用于脱氧核糖核酸链。根据核酸酶作用位置的不同，核酸酶又可分为核酸外切酶（exonuclease）和核酸内切酶（endonuclease）。核酸外切酶能从 DNA 或 RNA 链的一端逐个水解下单核苷酸，而核酸内切酶催化水解多核苷酸链内部的磷酸二酯键。某些内切核酸酶具有较高的特异性，在生物体内能识别并切割特异的双链 DNA 序列的内切核酸酶称为限制性内切酶。

细胞内既可进行核苷酸的分解代谢，又可进行核苷酸的合成代谢，二者处于动态平衡，受到生物体严格的调控。

第二节　核苷酸分解代谢

要点

嘌呤核苷酸的分解　①嘌呤在人体内分解代谢的终产物是尿酸；②黄嘌呤氧化酶是这个代谢过程的重要酶；③痛风症主要是由嘌呤代谢异常、尿酸生成过多引起的；④次黄嘌呤类似物别嘌呤醇可以治疗痛风。

嘧啶核苷酸的分解　①胞嘧啶脱氨后生成尿嘧啶；②嘧啶分解后产生的β-氨基酸可随尿液排出或进一步代谢为 CO_2 和 H_2O；③核苷酸分解代谢产生的碱基、核苷可以参与补救合成途径。

一、核苷酸的分解

核酸降解产生的核苷酸还能进一步水解。生物体内广泛存在的磷酸单酯酶或核苷酸酶能将核苷酸水解为核苷和磷酸，核苷进一步经核苷酶作用分解为碱基和戊糖。非特异性的磷酸单酯酶可以催化2′-核苷酸、3′-核苷酸或5′-核苷酸等所有的核苷酸，只水解3′-核苷酸或者5′-核苷酸的磷酸单酯酶，分别称为3′-核苷酸酶或5′-核苷酸酶。分解核苷的酶有两类，一类是核苷磷酸化酶（nucleoside phosphorylase），其在生物体内广泛存在，能够分解核苷生成自由的碱基及磷酸戊糖，该反应是可逆的；另一类为核苷水解酶（nucleoside Hydrolase），该酶主要存在于植物和微生物中，只能催化核糖核苷，使其分解为含氮碱基和戊糖，该反应为不可逆反应。

$$\text{核苷+磷酸} \xrightleftharpoons{\text{核苷磷酸化酶}} \text{嘌呤碱/嘧啶碱+戊糖-1-磷酸}$$

$$\text{核糖核苷}+H_2O \xrightarrow{\text{核苷水解酶}} \text{嘌呤碱/嘧啶碱+戊糖}$$

经由上述两种酶催化生成的戊糖可以参与磷酸戊糖途径而被重新利用，嘌呤碱和嘧啶碱既可以参与核苷酸的补救合成，也可以进一步水解。

二、嘌呤碱的分解代谢

组成核酸的嘌呤有两种：腺嘌呤（A）和鸟嘌呤（G）。嘌呤在人体内的最终代谢产物是尿酸（uric acid），最终随尿液排出体外。尿酸仍具有嘌呤环，只是取代基发生了氧化。在脱氨酶的作用下，嘌呤碱水解脱去氨基，从而开始了分解代谢。脱氨反应除了在碱基水平上发生，还可以发生在核苷或核苷酸水平上。

知识链接

黄嘌呤氧化酶

黄嘌呤氧化酶（xanthine oxidase，XOD，EC 1.17.3.2）是一种包含［2Fe-2S］簇、钼蝶呤和黄素腺嘌呤二核苷酸（FAD）中心（中间域）的复杂氧化还原酶类。XOD

催化嘌呤碱基生成尿酸，是生物体内嘌呤代谢的关键节点。XOD 在生物体内发挥了一系列重要的生理和病理作用。在人等灵长类哺乳动物中，XOD 功能异常造成的高尿酸血症是痛风的主要原因。此外，XOD 作为一个主要的氧化酶能产生超氧自由基和过氧化氢分子，它们的升高会造成氧化应激损伤、代谢综合征和诸如高血压等心血管疾病和缺血再灌注损伤。因此，XOD 常被用来作为自由基分子损伤机理发生、先天免疫诱发炎症及杀菌作用的模型酶和痛风治疗的靶点酶。

人体内腺嘌呤脱氨酶（adenine deaminase）含量很低，而腺嘌呤核苷脱氨酶（adenosine deaminase）和腺嘌呤核苷酸脱氨酶（adenylate deaminase）活性很高。因此，腺嘌呤的脱氨反应主要发生在核苷或者核苷酸水平上，即腺嘌呤核苷（酸）脱氨基生成次黄嘌呤核苷（酸），然后再水解成次黄嘌呤。次黄嘌呤在黄嘌呤氧化酶的作用下生成黄嘌呤。鸟嘌呤脱氨酶（guanine deaminase）在人体内活性很强，并且分布广泛。因此，鸟嘌呤的脱氨反应主要发生在碱基水平上，鸟嘌呤脱氨基生成黄嘌呤。黄嘌呤在黄嘌呤氧化酶的作用下氧化生成尿酸，从而排出体外（图 9-1）。

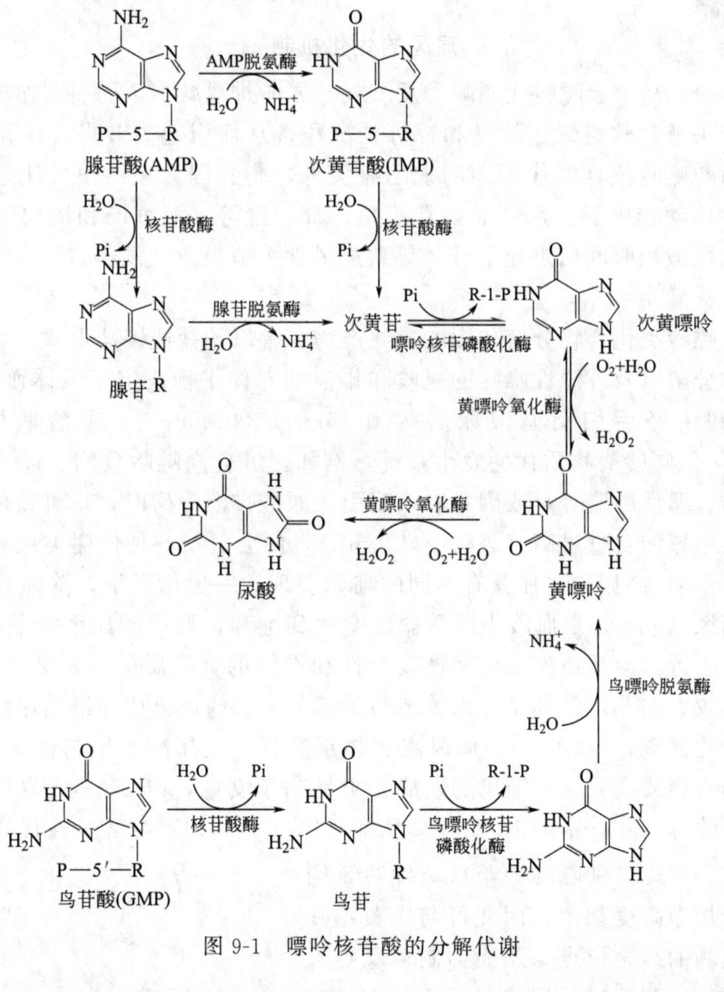

图 9-1　嘌呤核苷酸的分解代谢

黄嘌呤氧化酶是尿酸形成的关键酶，可催化次黄嘌呤转化为黄嘌呤，再进一步催化黄嘌呤氧化产生尿酸。体内嘌呤核苷酸的降解主要发生在肝、小肠及肾脏等器官中，黄嘌呤氧化酶在这些组织中的活性很强。不同生物，分解嘌呤的代谢终产物不同，灵长类、鸟类、某些爬行类和昆虫不能进一步分解尿酸；其他哺乳类动物、腹足类动物和龟体内，尿酸氧化酶将尿酸氧化成为尿囊素排出体外；硬骨鱼类进一步在尿囊素酶作用下，将尿囊素氧化成尿囊酸排泄至体外；鱼类、两栖类和淡水瓣鳃类中以尿素形式排出；在甲壳类和咸水瓣鳃类中尿素继续分解，以氨气和二氧化碳形式排出（图 9-2）。植物和微生物体内嘌呤碱的代谢途径与动物的大体一致。在植物体内，尿囊素酶、尿囊酸酶、脲酶广泛存在。此外，在植物体内也发现了尿囊素、尿囊酸等嘌呤碱基的中间代谢产物。微生物体内，嘌呤碱基常被分解成氨、二氧化碳、有机酸（甲酸、乙酸、乳酸等）。

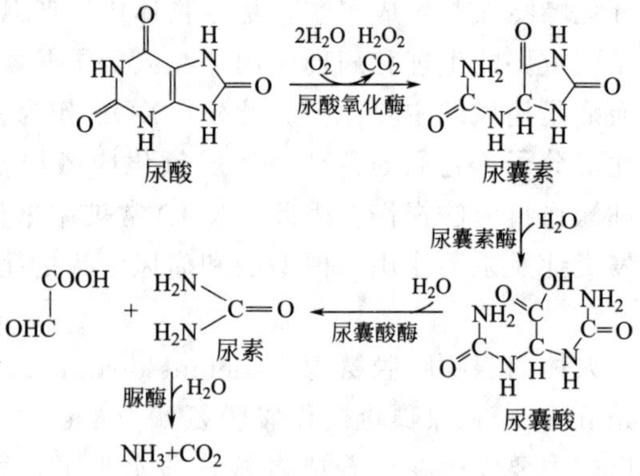

图 9-2　尿酸的分解

知识链接

痛风的生化机制

痛风（gout）是由于嘌呤代谢障碍及（或）尿酸排泄减少，而引起血尿酸升高，使尿酸盐晶体在关节、软组织、软骨和肾等处沉积，从而引起关节炎、尿路结石及肾脏疾病。痛风除与嘌呤核苷酸代谢酶的缺陷有关外，膳食因素也占很大比重，高嘌呤饮食（如经常食用动物内脏、水产品如沙丁鱼、虾、蟹等，海鲜汤和浓肉汁）及大量饮酒，均能使血尿酸短时间内迅速上升，导致痛风性关节炎急性发作。

尿酸是人体嘌呤类化合物分解代谢的最终产物，常以钠盐或钾盐形式由肾脏排泄。内源性嘌呤的合成和分解以及外源性嘌呤的吸收和排泄的总体平衡决定了人体血尿酸的总含量。正常含量男性和绝经后妇女血液尿酸为 0.15～0.38mmol/L；育龄期妇女为 0.10～0.30mmol/L。一旦嘌呤类物质代谢发生紊乱，例如，进食高嘌呤食物、体内核酸大量氧化分解（如白血病、恶性肿瘤等）或因肾脏疾病引发尿酸排泄障碍时，均可致使血液中尿酸水平升高。当血液中尿酸含量过高（>8mg/100mL），便会引发一种代谢类疾病——高尿酸血症（hyperuricemia），高尿酸血症具有不同的临床表现，一般情况下，除血尿酸浓度增高外无明显症状。痛风（gout）是血液中尿酸盐浓度达到饱和，形成的尿酸盐晶体沉积于关节、肌腱、滑囊及其附近，激活免疫系统而诱发急性和慢性的炎症反应。多见于第一跖趾关节，也可发生于其他较大关节，尤其是踝部关节与足部关节。痛风已成为继糖尿病之后中国第二大代谢疾病。研究发现，1/2 以上的痛风患者体重超标，血尿酸水平与体重呈正相关；3/4 的痛风患者有高血脂或高血压。痛风的发病率男性高于女性，以 25～45 岁男性最常见。临床上通常用别嘌呤醇（allopurinol）治疗痛风症（图 9-3）。别嘌呤醇可在代谢途径中两个位点抑制尿酸生成。首先，别嘌呤醇与次黄嘌呤是同分异构体且原子排布高度相似，因此可与次黄嘌呤竞争黄嘌呤氧化酶的结合位点，从而抑制黄嘌呤氧化酶的活性并最终控制尿酸的形成。其次，在碱基代谢中，别嘌呤醇被黄嘌呤氧化酶氧化后生成别黄

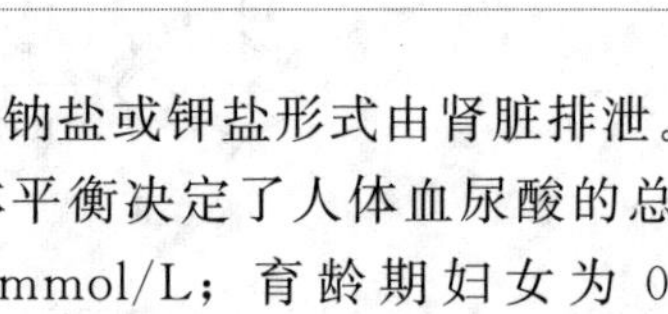

图 9-3　次黄嘌呤和别嘌呤醇的结构式

嘌呤，该物质结构又与黄嘌呤相似，可与黄嘌呤竞争结合黄嘌呤氧化酶的活性中心，从而在代谢途径下游再次抑制该酶的活性，控制次黄嘌呤转变为尿酸。

三、嘧啶碱的分解代谢

嘧啶核苷酸首先通过核苷酸酶和核苷磷酸化酶的作用，脱去磷酸和戊糖，产生嘧啶碱。嘧啶碱可以被进一步分解，不同生物对嘧啶碱的分解过程不尽相同。

具有氨基的嘧啶需要先水解脱去氨基。在人和部分动物体内，脱氨基过程可以发生在核苷水平和核苷酸水平。胞嘧啶脱氨基转变为尿嘧啶，尿嘧啶可还原为二氢尿嘧啶，再水解开环，最终生成小分子可溶性物质，如 NH_3、CO_2 及 β-丙氨酸，β-丙氨酸经转氨基作用脱去氨基，参与有机酸代谢。

胸腺嘧啶在二氢尿嘧啶脱氢酶的作用下还原为二氢胸腺嘧啶，再被二氢嘧啶酶水解生成 β-氨基异丁酸（β-aminoisobutyric acid），β-氨基异丁酸可随尿液排出体外，或进一步反应转变为琥珀酰-CoA，最后进入 TAC 被彻底分解为 CO_2 和水。摄入含 DNA 丰富的食物，肿瘤患者在放射治疗或化学治疗后，尿中的 β-氨基异丁酸排出量增多。哺乳类动物嘧啶碱的分解主要在肝中进行，嘧啶碱的降解产物均具有良好的溶解性。相关代谢过程如图 9-4 所示。

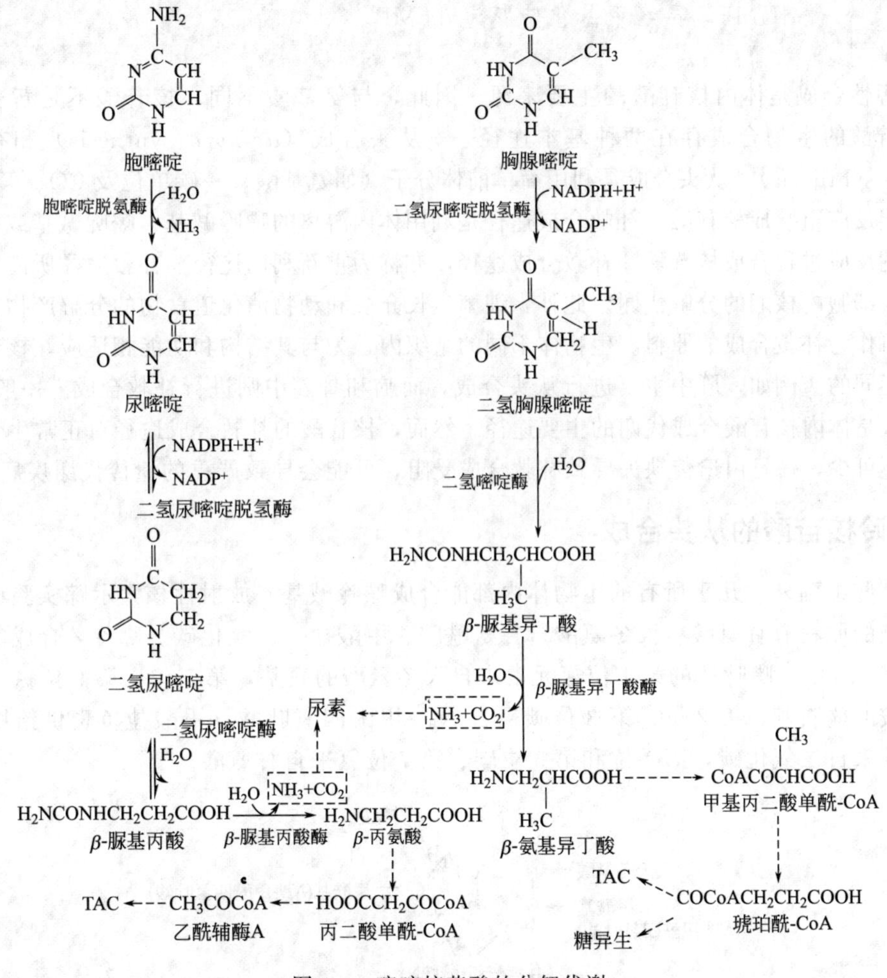

图 9-4　嘧啶核苷酸的分解代谢

第三节　核苷酸合成代谢

要点

嘌呤核苷酸的合成　①嘌呤核苷酸的合成有从头合成和补救合成两种；②嘌呤核苷酸从头合成是在 PRPP 的基础上经一系列反应先形成 IMP，再转变为 AMP 和 GMP；③补救合成是现成嘌呤或嘌呤核苷的重新利用，具有重要生理意义；④先天性缺乏 HGPRT 会造成 Lesch-Nyhan 综合征。

嘧啶核苷酸的合成　①嘧啶核苷酸的从头合成是先形成嘧啶环，再与核糖和磷酸结合成乳清苷酸，后转变为 UMP；②UTP 经氨基化作用成为 CTP；③核苷酸生物合成中存在反馈抑制调节。

脱氧核苷酸的合成　①体内的脱氧核苷是由各自的核苷酸在二磷酸水平上还原而形成，由核苷酸还原酶催化此反应；②dTMP 的形成首先由 UMP 还原成 dUMP，再经甲基化转变为 dTMP。

内源性合成是体内核苷酸的主要来源。因此，与氨基酸不同，核苷酸不是营养必需物质。核苷酸的生物合成存在两种基本途径——从头合成（*de novo* synthesis）和补救合成（salvage synthesis）。从头合成是利用简单前体分子（如氨基酸、一碳单位及 CO_2 等）经过一系列酶促反应组装成核苷酸。补救合成途径是利用体内游离的嘌呤碱基、嘧啶碱基或核苷，经过简单的反应过程合成核苷酸。补救合成途径，亦称为重新利用途径，补救途径所需的碱基或核苷来自细胞内核酸的分解代谢。此外，细菌生长介质和动物消化道食物的分解产物在进入细胞后也可作为补救合成的原料。生物体不同的组织内，为与其结构和功能相适应，核苷酸合成途径是不同的。例如，肝中主要进行从头合成，而脑和骨髓中则进行补救合成。一般情况下，从头合成是体内核苷酸合成代谢的主要途径。然而，核苷酸的补救合成途径对正常生命活动的维持必不可少，一旦由遗传缺失导致补救合成受阻，可能会导致严重的遗传代谢疾病。

一、嘌呤核苷酸的从头合成

除某些细菌外，几乎所有的生物体内都能合成嘌呤碱基。放射性核素示踪实验证明，合成嘌呤碱的原料有甘氨酸、天冬氨酸、谷氨酰胺、甲酸盐、二氧化碳。嘌呤环合成的元素来源如图 9-5 所示。嘌呤环的第 1 位氮元素来自天冬氨酸的氨基，第 3 位、第 9 位氮元素来自谷氨酰胺的酰胺基，第 2 位、第 8 位碳来自 N^{10}-甲酰四氢叶酸（甲酸盐负责供给甲酰基），第 6 位碳来自二氧化碳，第 4 位和第 5 位碳、第 7 位氮来自甘氨酸。

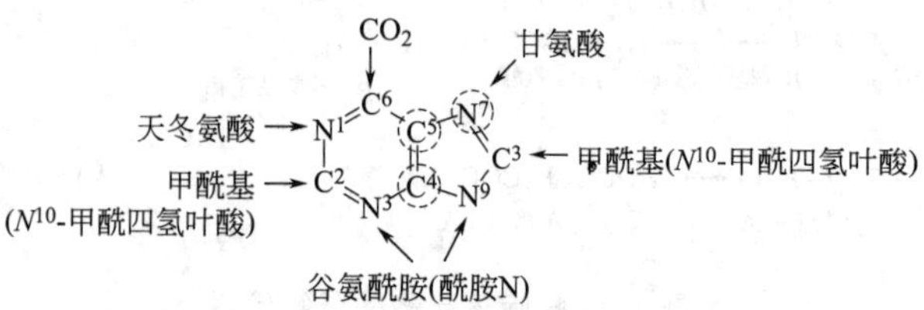

图 9-5　嘌呤碱基合成的元素来源

在体内，嘌呤核苷酸并非在嘌呤环形成之后再与磷酸核糖化合而成，而是在合成起始物5-磷酸核糖焦磷酸（5-phosphoribosyl pyrophosphate，PRPP）分子上逐步添加原子形成嘌呤环，所有反应均在胞质中进行。人体内从头合成嘌呤核苷酸的主要器官是肝，其次是小肠黏膜和胸腺，并非所有的细胞都具有从头合成嘌呤核苷酸的能力。嘌呤核苷酸从头合成途径分为两个阶段，首先合成嘌呤核苷酸的共同前体次黄嘌呤核苷酸（又称肌苷-磷酸，肌苷酸，简称 IMP）；然后转化得到腺嘌呤核苷酸（AMP，又称腺苷酸）和鸟嘌呤核苷酸（GMP，又称鸟苷酸）。

（一）IMP 的合成

IMP 合成很复杂，包括 11 步反应，其酶系统主要是在鸽肝中阐述清楚的，随后在其他动植物和微生物体内找到了类似的酶和中间产物（图 9-6）。合成过程的第一阶段是生成 PRPP，为反应①；第二阶段是 IMP 的生成，为反应②～⑪。

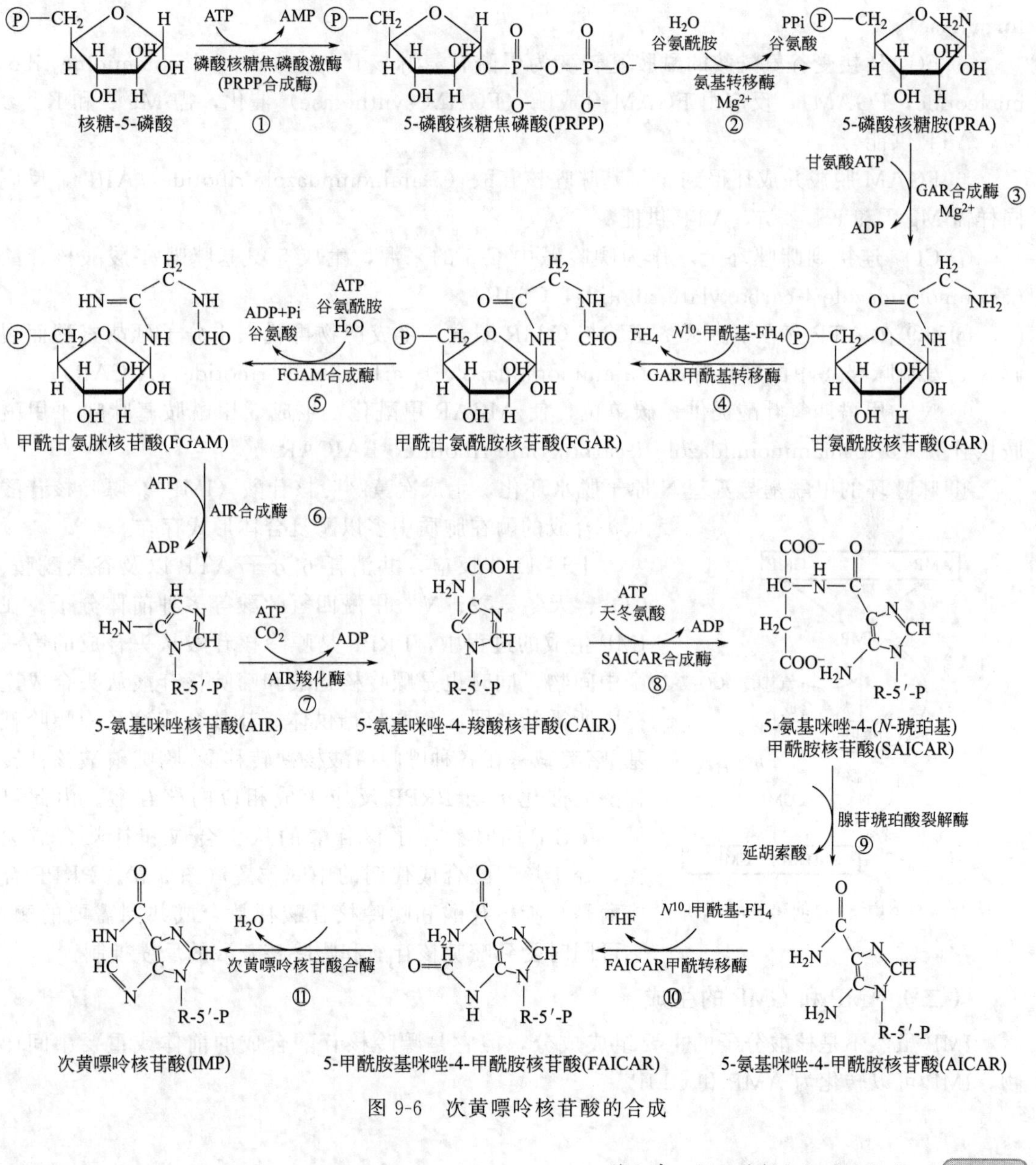

图 9-6　次黄嘌呤核苷酸的合成

① 嘌呤核苷酸合成起始物5-磷酸核糖焦磷酸（PRPP）的生成。它是由ATP和核糖-5-磷酸（磷酸戊糖途径产生）在磷酸核糖焦磷酸合成酶（PRPP synthetase）催化下生成的。在该反应中，ATP的焦磷酸基团转移到核糖-5-磷酸第一位碳原子的羟基上。

② 在谷氨酰胺-PRPP氨基转移酶（glutamine-PRPP amino-transferase，GPAT）催化下，谷氨酰胺侧链和PRPP反应生成5-磷酸核糖胺（5-phosphoribosyl-β-amide，PRA），以及谷氨酸和无机焦磷酸，该反应为嘌呤核苷酸从头合成的关键步骤。在此反应过程中，α-构型的5-磷酸核糖焦磷酸转化为β-构型的5-磷酸核糖胺。

③ 5-磷酸核糖胺在ATP参与下与甘氨酸合成甘氨酰胺核苷酸（glycinamide ribonucleotide，GAR），同时，ATP分解成ADP和正磷酸盐，反应由甘氨酰胺核苷酸合成酶（GAR synthetase）催化，为可逆反应。

④ N^{10}-甲酰四氢叶酸的甲酰基转移给GAR，形成甲酰甘氨酰胺核苷酸（formylglycinamide ribonucleotide，FGAR），催化这一反应的酶是GAR甲酰基转移酶（GAR transformylase）。

⑤ FGAR接受谷氨酰胺的酰胺基转变为甲酰甘氨脒核苷酸（formylglycinamidine ribonucleotide，FGAM），反应由FGAM合成酶（FGAM synthetase）催化，需Mg^{2+}和K^{+}参与，ATP供能。

⑥ FGAM脱羧并成环得到5-氨基咪唑核苷酸（5-aminoimidazole ribotide，AIR），反应同样需Mg^{2+}和K^{+}参与，ATP供能。

⑦ CO_2连接到咪唑环上，作为嘌呤碱中C-6的来源，生成5-氨基咪唑-4-羧酸核苷酸（5-aminoimidazole-4-carboxylate ribotide，CAIR）。

⑧和⑨在ATP存在下，天冬氨酸与CAIR缩合，生成产物再脱去1分子延胡索酸而裂解为5-氨基咪唑-4-甲酰胺核苷酸（5-aminoimidazole-4-carboxamide ribotide，AICAR）。

⑩ N^{10}-甲酰四氢叶酸提供一碳单位，使AICAR甲酰化，生成5-甲酰胺基咪唑-4-甲酰胺核苷酸（5-formaminoimidazole-4-carboxylate ribotide，FAICAR）。

⑪ 咪唑环的甲酰基与氨基N原子脱水环化，生成次黄嘌呤核苷酸（IMP）。嘌呤核苷酸从头合成的酶在胞质中多以酶复合体形式存在。

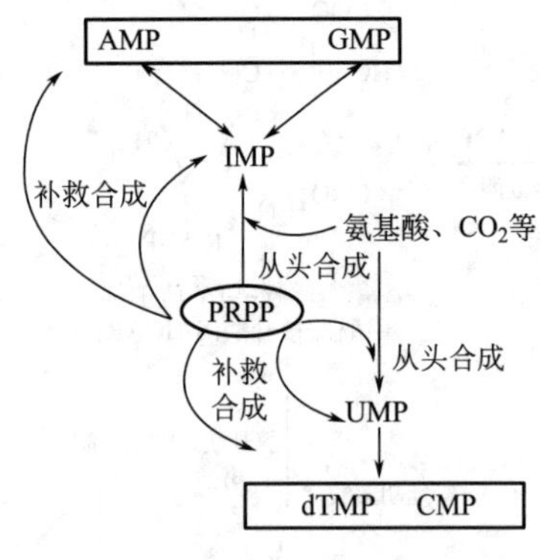

图9-7　PRPP参与的核苷酸代谢

上述11步反应，共消耗6分子ATP以及谷氨酰胺、CO_2、天冬氨酸、N^{10}-甲酰四氢叶酸等多种前体分子。在IMP生成的过程中，PRPP是嘌呤核苷酸从头合成的第一个中间物，同时也是嘌呤核苷酸和嘧啶核苷酸从头合成途径中所需的共同5-磷酸核糖供体。补救合成途径中嘌呤碱基/嘧啶碱基在各种嘌呤磷酸核糖转移酶/嘧啶磷酸核糖转移酶的催化下与PRPP反应生成相应的核苷酸。由此可见，PRPP同时参与了核苷酸的从头合成和补救合成途径，处于核苷酸合成代谢的中间位置（图9-7）。PRPP合成酶是嘧啶核苷酸和嘌呤核苷酸补救合成共同需要的酶，它可同时受到嘧啶核苷酸和嘌呤核苷酸的反馈抑制。

（二）AMP和GMP的生成

IMP虽然不是核酸分子的主要组成成分，但它是嘌呤核苷酸合成的前体或重要中间产物，IMP可以转化为AMP和GMP。

IMP 在 GTP 供能的条件下与天冬氨酸合成腺苷酸代琥珀酸（adenylosuccinic acid），GTP 分解成 GDP 和正磷酸盐，催化该反应的酶是腺苷酸代琥珀酸合成酶（adenylosuccinate synthetase）。随即在腺苷酸代琥珀酸裂解酶的作用下分解为 AMP 和延胡索酸，此反应与上述 IMP 的生物合成中的⑧和⑨十分相似，不同的是反应⑧和⑨由 ATP 供能，而此反应由 GTP 供给能量。腺苷酸合成由 GTP 提供能量，因此保障了细胞内腺苷酸与鸟苷酸的动态平衡。鸟苷酸含量高时能够促进腺苷酸的大量合成，但是鸟苷酸含量低时则抑制腺苷酸的合成代谢。

IMP 在 IMP 脱氢酶作用下氧化生成黄嘌呤核苷酸（XMP），催化该步反应的酶是次黄嘌呤核苷酸脱氢酶，同时需要 NAD^+ 和钾离子作为辅酶。XMP 再由鸟嘌呤核苷酸合成酶经氨基化生成鸟嘌呤核苷酸（GMP）。细菌可以直接将氨作为氨基供体，动物细胞以谷氨酰胺的酰胺基团作为氨基供体。GMP 的合成需要 ATP 供能，消耗两个高能磷酸键促使反应的发生（图 9-8）。

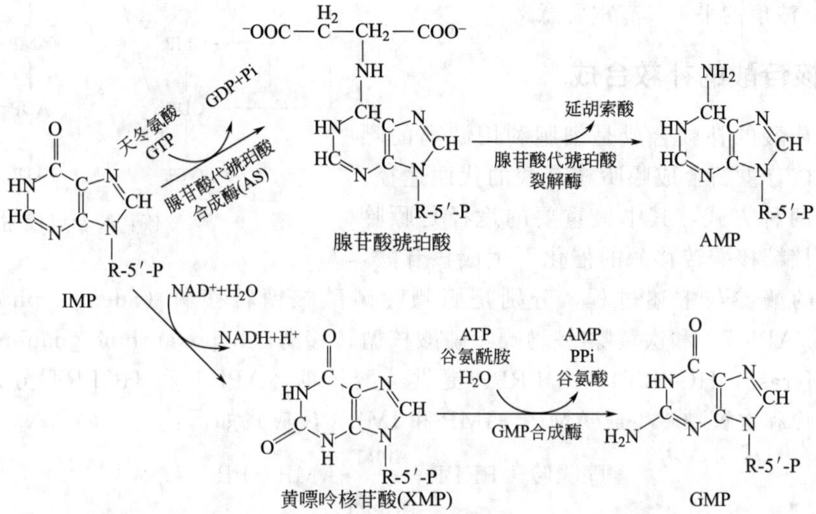

图 9-8　IMP 向 AMP 和 GMP 的转化

由上述反应可知，嘌呤核苷酸的合成是在磷酸核糖分子上逐步合成嘌呤环的，而不是先单独合成嘌呤碱基再与磷酸核糖结合，这是其与嘧啶核苷酸合成过程的明显差别，也是嘌呤核苷酸从头合成的一个重要特点。

体内嘌呤核苷酸可以相互转变，从而保持平衡。前已述及 IMP 可以转变为 AMP 和 GMP，此外，AMP、GMP 也可以转变为 IMP，AMP 和 GMP 也可以互相转变。

（三）嘌呤核苷酸从头合成的调节

从头合成是嘌呤核苷酸的主要来源。这个过程消耗氨基酸等原料及大量的 ATP，精准的调控体系十分必要，如此既能满足合成核酸对嘌呤核苷酸的需求，又实现了营养和能源的节约。嘌呤核苷酸从头合成的调节以反馈调节方式为主，主要发生在下列几个部位。

在嘌呤核苷酸合成的起始阶段，PRPP 合成酶和谷氨酰胺-PRPP 氨基转移酶（GPAT）均可被合成产物 IMP、AMP、GMP 反馈抑制。反之，底物 PRPP 的增加可以促进 GPAT 的酶活性，从而加速催化 5-磷酸核糖胺（PRA）的生成。GPAT 是嘌呤核苷酸从头合成途径的限速酶，此酶为别构酶，其活化结构为单体形式，形成二聚体会导致失活。IMP、AMP、GMP 均能促使 GPAT 由活化的单体转化为无活性的二聚体，从而抑制 GPAT 的活性。实际上，嘌呤核苷酸生物合成的第一个酶 PRPP 合成酶，催化生成的 PRPP 既可参与从头合成，又可参与补救合成，因此，在嘌呤核苷酸合成调节中，PRPP 合成酶可能比 GPAT 起着更大的作用。

此外，在形成 AMP 和 GMP 的过程中，过量的 AMP 会抑制 AMP 的生成，而不影响 GMP 的生成。同样，过量的 GMP 会抑制 GMP 的生成，而不影响 AMP 的生成。从图 9-9 还可看出，IMP 生成 AMP 需要 GTP 提供能量和磷酸基团，而 IMP 经 XMP 转变为 GMP 时需要 ATP 提供能量和磷酸基团。因此，GTP 可以促进 AMP 的生成，ATP 可以促进 GMP 的生成，细胞内这种复杂的交互调节对于维持 ATP 和 GTP 浓度的平衡具有重要意义。

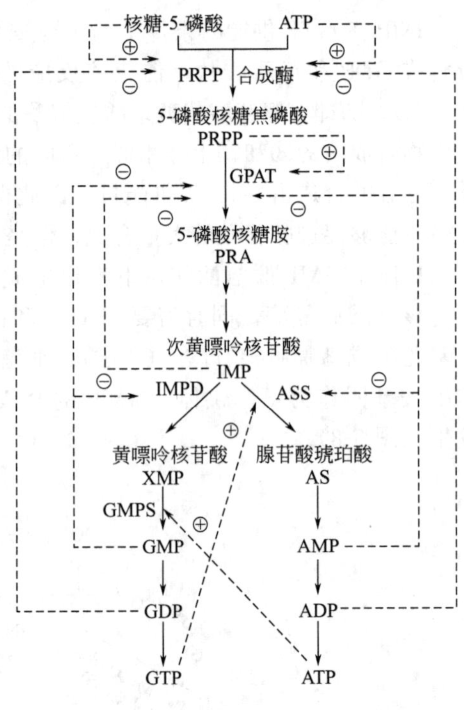

图 9-9 嘌呤核苷酸合成代谢的调控

二、嘌呤核苷酸的补救合成

嘌呤核苷酸的补救合成是细胞利用游离的嘌呤碱或嘌呤核苷重新合成嘌呤核苷酸的代谢途径。补救合成有两种方式，其中最重要的途径是嘌呤与 PRPP 在核糖核酸转移酶的催化下生成核苷酸，有两个重要的酶参与上述过程，分别是腺嘌呤磷酸核糖转移酶（adenine phosphoribosyl transferase，APRT）和次黄嘌呤-鸟嘌呤磷酸核糖转移酶（hypoxanthine-guanine phosphoribosyl transferase，HGPRT）。由 PRPP 提供磷酸核糖，APRT 和 HGPRT 分别催化腺嘌呤、鸟黄嘌呤和次黄嘌呤生成 AMP、GMP 和 IMP。反应式如下：

$$\text{腺嘌呤} + \text{PRPP} \xrightarrow{\text{APRT}} \text{AMP} + \text{PPi}$$

$$\text{鸟嘌呤} + \text{PRPP} \xrightarrow{\text{HGPRT}} \text{GMP} + \text{PPi}$$

$$\text{次黄嘌呤} + \text{PRPP} \xrightarrow{\text{HGPRT}} \text{IMP} + \text{PPi}$$

其中，APRT 受 AMP 的反馈抑制，HGPRT 受 IMP 和 GMP 的反馈抑制。

另一种途径是通过腺苷酸激酶（adenylate kinase）催化的磷酸化反应。腺嘌呤与核糖-1-磷酸反应生成腺苷，腺苷酸激酶则将腺苷磷酸化为腺苷酸。在生物体内，仅有腺苷酸激酶，缺乏其他嘌呤核苷酸激酶，所以此种途径不是主要的补救合成途径。

知识链接

Lesch-Nyhan 综合征

该病是一种由 X 染色体上的 HGPRT 基因功能缺失导致的遗传代谢病。HGPRT 基因产物是嘌呤核苷酸补救合成途径的关键酶，因此该酶代谢障碍会导致脑合成嘌呤核苷酸能力低下，造成中枢神经系统发育不良。此外，鸟嘌呤和次黄嘌呤回收途径也会发生障碍，导致体内尿酸的积累，患者常表现出严重痛风症状和神经系统的功能障碍，重症患者常表现出举止异常、痉挛、智力发育迟缓和自咬嘴唇或手指等自残行为，因此又称为“自毁容貌症”，患者寿命一般不超过 20 岁。

嘌呤核苷酸的补救合成具有重要的生理意义。补救合成可以节省能量和一些前体分子。此外，生物体内脑、骨髓等缺乏从头合成酶体系的组织器官，只能利用红细胞运来的嘌呤碱和核苷，进行嘌呤核苷酸的补救合成，故补救合成途径对于这些组织器官来说具有更重要的生理意义。

三、嘧啶核苷酸的从头合成

体内嘧啶核苷酸的合成同样有从头合成和补救合成两种途径。

与嘌呤核苷酸相比，嘧啶核苷酸的从头合成途径比较简单。核素示踪实验证明，嘧啶环是由氨基酸磷酸和天冬氨酸合成的，其C、N原子最初分别来自谷氨酰胺、CO_2和天冬氨酸，如图9-10所示。嘧啶核苷酸从头合成途径首先合成含有嘧啶环的乳清酸（orotate，OA），再与PRPP结合形成乳清酸核苷酸（orotidine-5-monophosphate，OMP），最后生成尿嘧啶核苷酸（UMP），胞嘧啶核苷酸（CMP）和胸腺嘧啶核苷酸（TMP）可由UMP转变而来。肝是合成嘧啶核苷酸的主要器官，反应过程发生在细胞溶胶和线粒体中。

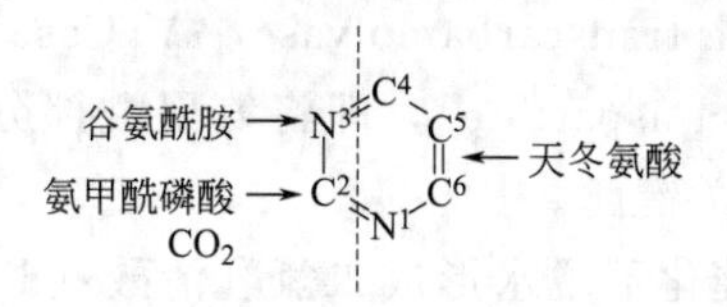

图9-10　嘧啶环的元素来源

（一）UMP的从头合成

UMP的从头合成包括6步反应，如图9-11所示。

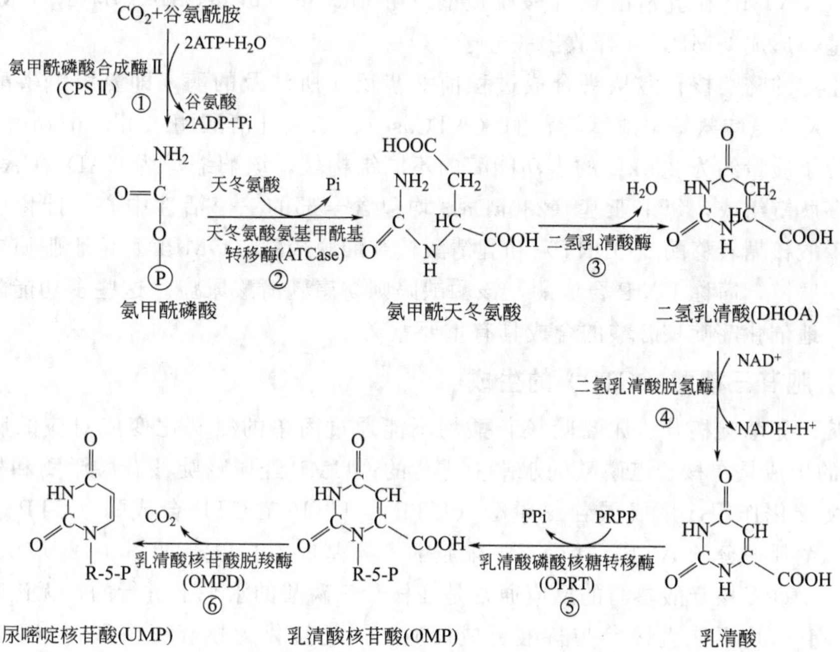

图9-11　尿嘧啶核苷酸的合成途径

① 嘧啶环的合成起始于氨甲酰磷酸（carbamoyl phosphate，CP）的产生。在胞液中，以谷氨酰胺、CO_2和ATP为原料，由ATP供能，经氨甲酰磷酸合成酶Ⅱ（carbamoyl phosphate synthetase，CPSⅡ）催化生成氨甲酰磷酸。氨基酸代谢中，氨甲酰磷酸也是尿素合成的原料，但尿素合成中所需的氨甲酰磷酸是由肝线粒体中的氨甲酰磷酸合成酶Ⅰ催化而来，这两种合成酶的性质不同（表9-1）。

表 9-1 两种氨甲酰磷酸合成酶的区别

酶	CPSⅠ	CPSⅡ
分布	肝细胞线粒体	胞液（所有细胞）
氮源	氨	谷氨酰胺
变构激活剂	*N*-乙酰谷氨酸	无
功能	尿素合成	嘧啶合成

② 氨甲酰磷酸在天冬氨酸氨基甲酰基转移酶（aspartate transcarbamolyase，ATCase）的催化下，与天冬氨酸结合生成氨甲酰天冬氨酸（carbamoyl aspartate），即将氨甲酰部分转移到天冬氨酸的 α-氨基上。该酶是细菌嘧啶核苷酸合成的关键酶。

③ 氨甲酰天冬氨酸在二氢乳清酸酶（dihydroorotase）催化下脱水形成二氢乳清酸（dihydroorotate，DHOA），此过程是可逆的环化脱水作用。

④ 二氢乳清酸脱氢酶（dihydroorotate dehydrogenase）催化二氢乳清酸脱氢氧化生成乳清酸（OA），乳清酸是合成 UMP 的重要中间产物，具有与嘧啶环类似的结构。

⑤ 乳清酸并不是合成核苷酸的嘧啶碱，它在乳清酸磷酸核糖转移酶（orotate phosphoribosyl transferase，OPRT）催化下与 PRPP 结合，生成乳清酸核苷酸（OMP）。

⑥ 最后，OMP 在乳清酸核苷酸脱羧酶（orotidylic acid decarboxylase，OMPD）作用下脱去羧基，形成 UMP，并释放出一分子 CO_2。

真核生物的嘧啶核苷酸从头合成过程前 3 步反应所涉及的酶，即氨甲酰磷酸合成酶Ⅱ（CPSⅡ）、天冬氨酸氨基甲酰基转移酶（ATCase）、二氢乳清酸酶（dihydroorotase），是位于胞质内分子质量约为 250kD 的多功能酶的不同结构域，该酶缩写为 CAD。CAD 酶是由 3 个相同的多肽链组成，每个亚基（230kDa）均包含全部的三个活性中心。催化后两步反应的乳清酸磷酸核糖转移酶（OPRT）和乳清酸核苷酸脱羧酶（OMPD）位于胞质内另一多功能酶的同一肽链，简称 UMP 合成酶，该酶缺陷则易患乳清酸尿症。这些多功能酶复合体对高效、均一地催化嘧啶核苷酸的合成具有重要意义。

（二）胞苷三磷酸（CTP）的生成

尿嘧啶、尿嘧啶核苷、尿嘧啶核苷酸均不能通过简单的氨基化变成对应的胞嘧啶化合物。CTP 的生成是在核苷三磷酸的水平上进行的；UMP 经尿嘧啶核苷酸激酶和核苷二磷酸激酶的连续催化作用，生成尿苷三磷酸（UTP），UTP 在 CTP 合成酶（CTP synthetase）的催化下，消耗一分子 ATP，接受谷氨酰胺的 δ-氨基成为 CTP，如图 9-12 所示。

实际上，许多核苷酸参与的反应通常是在核苷三磷酸的水平上进行的，无论嘌呤核苷酸还是嘧啶核苷酸均不能直接参与核酸合成反应，需先转化为核苷三磷酸再组装为 RNA 或 DNA。从核苷酸转化为核苷二磷酸的反应由核苷一磷酸激酶（nucleoside monophosphate kinase）催化，在 ATP 提供磷酸基团的情况下，转变成核苷（脱氧核苷）二磷酸，该酶对碱基特异性强而对戊糖类型无特异性。腺苷酸激酶可以催化 AMP 磷酸化为 ADP。ADP 再通过糖酵解或者光合磷酸化转变为 ATP。目前从动物和细菌内均提取出了 AMP 激酶、GMP 激酶、UMP 激酶、CMP 激活、dTMP 激酶。

核苷二磷酸激酶（nucleoside diphosphate kinase）催化核苷二磷酸与核苷三磷酸的相互转变。核苷二磷酸激酶的特异性比较低，可作用于所有核苷二磷酸（或脱氧核苷二磷酸）。

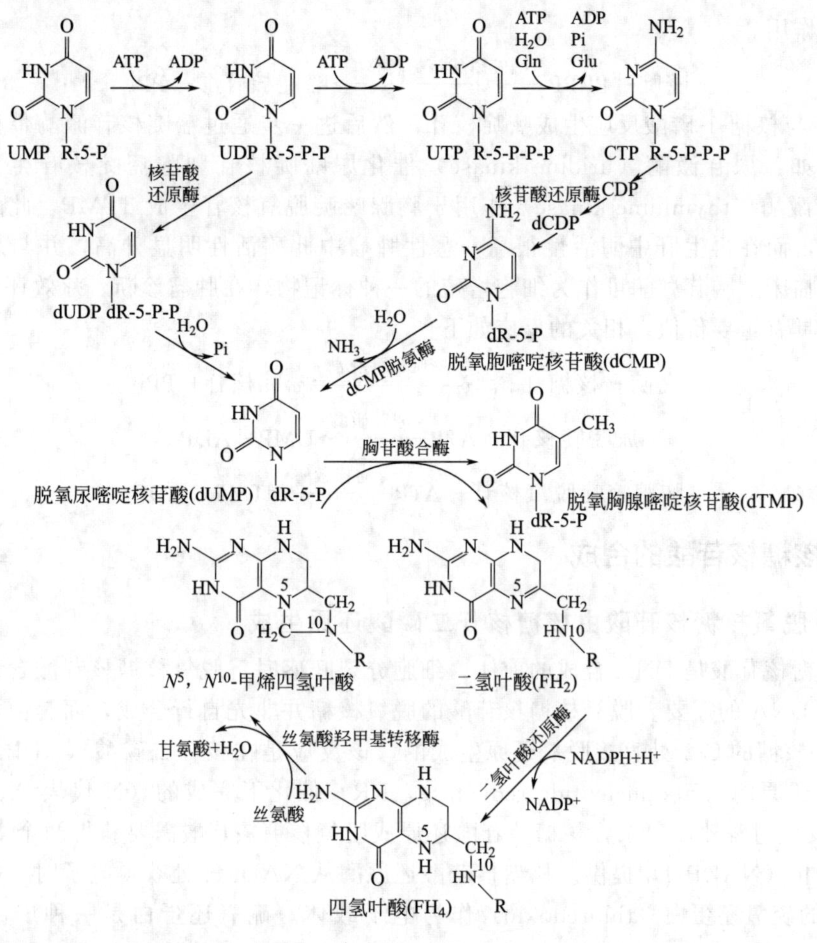

图 9-12　CTP 和 dTMP 的生成

（三）嘧啶核苷酸从头合成的调节

不同生物其嘧啶核苷酸合成的调节机制不同（图 9-13），天冬氨酸氨基甲酰基转移酶（ATCase）是细菌中调节嘧啶核苷酸从头合成途径的主要调节酶，大肠杆菌对 ATCase 调节的正效应物是 ATP，负效应物是 CTP，以此来维持嘌呤核苷酸和嘧啶核苷酸之间的平衡。在哺乳动物中，ATCase 不是调节酶，氨甲酰磷酸合成酶Ⅱ（CPSⅡ）则是主要的调节酶，它受 UMP 抑制。ATCase 是由六个催化亚基和六个调节亚基组成的调节酶。

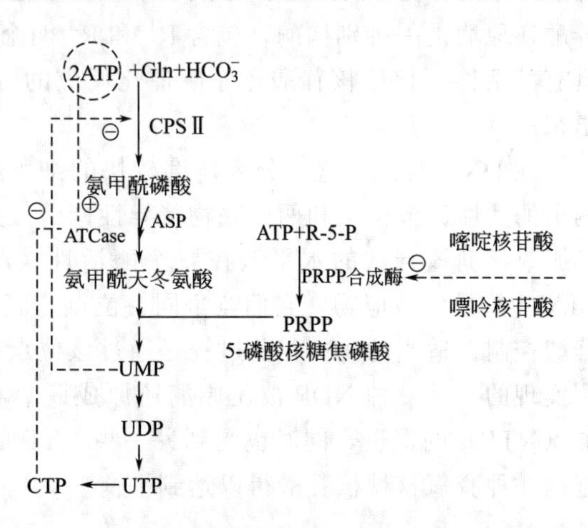

图 9-13　嘧啶核苷酸合成的调控

四、嘧啶核苷酸的补救合成

嘧啶核苷酸的补救（回收）合成与嘌呤核苷酸很相似。

① 部分嘧啶碱与 PRPP 经过磷酸核糖转移酶催化成嘧啶核苷酸。磷酸核糖转移酶能

够利用尿嘧啶、胸腺嘧啶及乳清酸作为底物，与 PRPP 生成相应的嘧啶核苷酸，但该酶对胞嘧啶不起作用。

$$\text{嘧啶} + \text{PRPP} \xrightarrow{\text{嘧啶磷酸核糖转移酶}} \text{嘧啶核苷酸} + \text{PPi}$$

② 嘧啶与核糖-1-磷酸反应生成嘧啶核苷，然后进一步通过嘧啶核苷激酶催化生成嘧啶核苷酸。例如：尿苷激酶（uridine kinase）催化尿嘧啶核苷和胞嘧啶核苷生成 UMP 和 CMP；胸苷激酶（thymidine kinase）作用于胸腺嘧啶脱氧核苷生成 dTMP，此酶在正常肝中活性很低，而在再生肝中酶活性很高，恶性肿瘤中此酶活性明显升高，并与恶性程度有关。因此，临床上胸苷激酶可作为细胞增殖的一种标记物，在肿瘤诊断、疗效评价、病情监控及随访中具有重要价值。相关的反应如下：

$$\text{嘧啶} + \text{核糖-1-磷酸} \xrightleftharpoons{\text{嘧啶磷酸化酶}} \text{嘧啶核苷} + \text{PPi}$$

$$\text{尿嘧啶核苷} + \text{ATP} \xrightarrow{\text{尿苷激酶}} \text{UMP} + \text{ADP}$$

$$\text{胸腺嘧啶脱氧核苷} + \text{ATP} \xrightarrow{\text{胸苷激酶}} \text{dTMP} + \text{ADP}$$

五、脱氧核糖核苷酸的合成

（一）脱氧核糖核苷酸由核糖核苷二磷酸还原生成

脱氧核糖核苷酸是 DNA 合成的前体。细胞分裂旺盛时，脱氧核糖核苷酸含量明显增加以适应合成 DNA 的需要。脱氧核糖核苷酸的脱氧核糖并非先自行合成，而是由相应的核糖核苷酸在 D-核糖的 C-2′处直接脱氧还原生成的，该反应是在核苷二磷酸（NDP）水平上由核糖核苷酸还原酶（ribonucleotide reductase，RR）催化下完成的（N 代表 A、G、U、C 碱基）。该反应过程比较复杂，核糖核苷酸还原成脱氧核糖核苷酸需要获得两个 H 原子，由还原型辅酶Ⅱ（NADPH）提供。核糖核苷酸还原酶从 NADPH 处获得电子时，需要分子质量为 12kD 的硫氧还蛋白（thioredoxin）作为电子载体。硫氧还蛋白是一种广泛参与氧化还原反应的小分子蛋白质，其所含的巯基在核苷酸还原酶的作用下氧化为二硫键，再经硫氧还蛋白还原酶（thioredoxin reductase）的催化，重新生成还原型的含 FAD 硫氧化还原蛋白。

在核糖核苷酸还原反应过程中，核糖核苷酸还原酶受到精准的调控。目前发现的核糖核苷酸还原酶分为四种类型，区别在于提供活性位点自由基的基团和辅助因子的差异。核糖核苷酸还原酶是一种别构酶，包含 R^1 和 R^2 两个亚基，只有两个亚基结合并有 Mg^{2+} 存在时才具有酶活性。核糖核苷酸还原酶催化反应的自由基机制最初是由 J. A. Stubbe 在 1990 年提出来的。

在 DNA 合成旺盛、分裂速度较快的细胞中，核糖核苷酸还原酶活性较强。R^1 亚基有两个酶活性调节位点和两个底物特异性调节位点。酶活性调节位点可根据细胞内核糖核苷酸和脱氧核糖核苷酸的水平调控整个酶活性，ATP 是酶活性的正效应物，脱氧三磷酸腺苷（dATP）是负效应物，它们竞争同一位点。底物特异性调节位点使合成 DNA 的 4 种脱氧核苷酸控制在适当的比例，此过程是通过该位点与不同三磷酸核苷酸的结合对还原酶的别构作用实现的。某一种 NDP 被还原酶还原成脱氧核苷二磷酸（dNDP）时，需要特定核苷三磷酸（NTP）的促进，同时也受到另一些 NTP 的抑制（表 9-2），这种错综复杂的关系使得细胞内 4 种脱氧核糖核苷酸得以达到平衡。

表 9-2　核苷酸还原酶的别构调节

作用物	主要促进剂	主要抑制剂
CDP	ATP	dATP、dGTP、dTTP
UDP	ATP	dATP、dGTP
ADP	dGTP	dATP、ATP
GDP	dTTP	dATP

（二）脱氧胸腺嘧啶核苷酸的合成

脱氧胸腺嘧啶核苷酸（dTMP）是脱氧核糖核苷酸的组成成分，dTMP 是由脱氧尿嘧啶核苷酸（dUMP）甲基化生成的，反应由胸腺苷合酶（thymidylate synthase）催化。在此催化反应中，N^5,N^{10}-甲烯四氢叶酸作为甲基供体，提供甲基后自身变成二氢叶酸。二氢叶酸在二氢叶酸还原酶的作用下，由还原型烟酰胺腺嘌呤二核苷酸作为氢供体，重新生成四氢叶酸。四氢叶酸再接受亚甲基供体转变为 N^5,N^{10}-甲烯四氢叶酸。dUMP 可以来自两种途径：脱氧尿苷二磷酸（dUDP）的水解脱磷酸或脱氧胞嘧啶核苷酸（dCMP）的脱氨基，后者是主要的方式。胸腺嘧啶核苷酸合成与二氢叶酸还原酶常被用于肿瘤化疗的靶点。

六、常见核苷酸抗代谢物的作用机制

核苷酸的抗代谢物（antimetabolite）是一些人工合成的碱基（嘧啶、嘌呤）及其核苷或核苷酸的结构类似物，或参与核苷酸合成途径的某些氨基酸、叶酸等的结构类似物。核苷酸的抗代谢物主要以竞争性抑制或“以假乱真”等方式干扰或阻断核苷酸的合成，从而进一步阻止核酸以及蛋白质的生物合成。在肿瘤细胞和病毒内，核酸合成十分旺盛，故核苷酸抗代谢物常作为抗肿瘤、抗病毒药物应用于临床，常见的抗代谢物结构式见图 9-14。

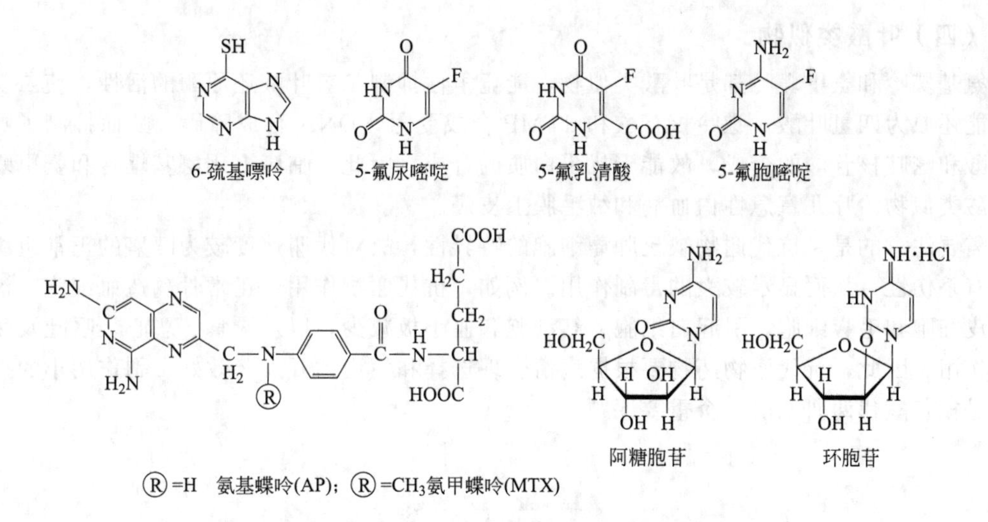

图 9-14　抗代谢物的结构式

（一）嘌呤类似物

6-巯基嘌呤（6-mercaptopurine，6-MP）是次黄嘌呤（IMP）的结构类似物，唯一不同的是分子中 C-6 位羟基被巯基取代，6-巯基嘌呤可反馈抑制 PRPP 氨基转移酶的活性从而干扰磷酸核糖胺的形成，以此阻断嘌呤核苷酸的从头合成。6-巯基嘌呤在体内经磷酸化转变为

6-巯基嘌呤核苷酸，后者结构与IMP类似，不但可干扰IMP向AMP和GMP的转化，还可以竞争性抑制次黄嘌呤-鸟嘌呤磷酸核糖转移酶（HGPRT）的活性，阻断嘌呤核苷酸的补救合成途径。6-巯基嘌呤主要用于急性白血病的维持治疗，对慢性粒细胞白血病也有效，还可用于治疗绒毛膜上皮癌和恶性葡萄胎，对恶性淋巴瘤、多发性骨髓瘤也有一定疗效。

（二）嘧啶类似物

5-氟尿嘧啶（5-fluorouracil，5-FU）是应用较广的嘧啶类似物，是尿嘧啶的氟化物，于1957年首次合成，是对处于不同增殖期的细胞均有很强杀伤力的抗代谢药。5-氟尿嘧啶本身并无生物活性，在体内乳清酸磷酸核糖转移酶（OPRT）作用下可以转变为活性代谢产物氟脱氧尿嘧啶核苷一磷酸（FdUMP）和氟尿嘧啶核苷三磷酸（FUTP）。FdUMP作为胸腺嘧啶核苷酸合成酶抑制剂，可以通过阻断dTMP的合成并干扰DNA复制，从而发挥抗肿瘤作用。FUTP在分子水平上伪装成尿嘧啶核苷酸，欺骗性地掺入RNA中，影响核酸的功能，进而干扰蛋白质合成。该类药物在临床上对消化系统肿瘤（食管癌、胃癌、肠癌、胰腺癌、肝癌）、乳腺癌有较好疗效。

（三）核苷酸类似物

阿糖胞苷（cytosine arabinoside，Ara-C）为细胞周期特异性抗代谢药物，是由胞嘧啶与阿拉伯糖结合成的核苷。最早在1959年由加州大学伯克利分校合成，主要作用于S期的周期特异性药。在细胞内，阿糖胞苷由磷酸激酶活化，形成三磷酸阿糖胞苷（Ara-CTP）。三磷酸阿糖胞苷可以通过抑制DNA聚合酶而影响DNA的生物合成，也可掺入DNA干扰其复制从而使细胞死亡，但对RNA和蛋白质的合成无显著作用。三磷酸阿糖胞苷与其他药物结合可用于急性白血病的治疗：对急性粒细胞白血病疗效最好，对急性单核细胞白血病及急性淋巴细胞白血病也有疗效。临床结果表明，三磷酸阿糖胞苷对恶性淋巴瘤、肺癌、消化道癌、头颈部癌也有一定疗效。

（四）叶酸类似物

氨基蝶呤和氨甲蝶呤都是叶酸类似物，能竞争性抑制二氢叶酸还原酶的活性，使二氢叶酸不能还原为四氢叶酸，嘌呤核苷酸和dTMP合成受阻，DNA合成障碍，从而抑制了嘌呤核苷酸和嘧啶核苷酸的合成，故能干扰蛋白质的合成。因此，临床上用氨基蝶呤和氨甲蝶呤等叶酸类似物治疗儿童急性白血病和绒毛膜上皮癌。

需要注意的是，抗代谢物缺乏肿瘤细胞的特异性，故对代谢速度较为旺盛的正常组织细胞亦有杀伤性，从而显示较大的毒副作用。例如，抗代谢物作用于正常骨髓造血细胞、消化道上皮细胞和毛囊细胞，引起白细胞、红细胞和血小板减少，以及厌食、恶心、呕吐及脱发等副作用。因此，抗代谢物药物要根据病情合理选择和使用。开发药效好、副作用小的抗代谢物是核苷酸代谢研究的一个重要课题。

本章小结

核苷酸具有多种重要的生理功能。核苷酸及其衍生物是核酸合成的基本原料和多种辅酶的组成成分，还参与机体能量代谢、细胞信号转导、生理功能的调节以及各种生物合成过程。

细胞内可以同时进行核苷酸的分解代谢和合成代谢，二者处于动态平衡。核酸可被核酸酶水解为寡聚核苷酸和单核苷酸，在核苷酸酶作用下继续水解成核苷和磷酸。人体内，核苷又可被核苷磷酸化酶水解为嘌呤碱或嘧啶碱以及磷酸戊糖。嘌呤碱或嘧啶碱还可以进一步分解。人体内过量积累尿酸会引起痛风，可用次黄嘌呤类似物别嘌呤醇治疗。嘧啶碱的分解产物均易溶于水，产生的β-氨基酸可随尿排出或进一步代谢。

核苷酸的合成代谢途径主要有从头合成和补救合成。其中，从头合成是主要途径，嘌呤核苷酸从头合成是从 PRPP 开始，经过 10 步反应，生成 IMP，再由 IMP 生成 AMP 和 GMP。嘧啶核苷酸先形成含有嘧啶环的乳清酸，再与磷酸核糖结合成为乳清苷酸，随后脱羧生成 UMP，CTP 由 UTP 从氨或谷氨酰胺接受氨基转变而成。核苷酸的补救合成主要是通过碱基和 PRPP 在磷酸核糖转移酶的催化下直接生成。嘧啶碱除上述途径外，还可与核糖-1-磷酸反应生成核苷，然后在核苷激酶磷酸化作用下生成核苷酸。补救合成途径实际上现成碱基或核苷的重新利用，虽然合成量极少，但具有重要意义。

体内的脱氧核糖核苷酸是在各自相应的核苷二磷酸水平上还原而成，核苷酸还原酶催化此反应，四氢叶酸携带的一碳单位是合成胸腺嘧啶核苷酸过程中甲基的必要来源。

核苷酸代谢紊乱会导致严重遗传代谢病。在对嘌呤核苷酸和嘧啶核苷酸合成过程深入认识的基础上，可以设计嘌呤类似物、嘧啶类似物、叶酸类似物、氨基酸类似物等核苷酸抗代谢物。

思考题

1. 举例说明体内核苷酸的基本功能。

2. 降解核酸的酶有哪几类？举例说明它们的作用方式和特异性。

3. 什么是限制性内切酶？有何特点？它的发现有何特殊意义？

4. 解释为什么放射性标记的 UMP 可标记 DNA 分子中所有的嘧啶碱基，而使用次黄嘌呤核苷酸可标记 DNA 分子中所有的嘌呤碱基。

5. 简述别嘌呤醇治疗痛风的作用机理。

6. 试从合成原料、合成过程、反馈调节等方面比较嘌呤核苷酸和嘧啶核苷酸从头合成过程的异同。

7. 试述 PRPP（5-磷酸核糖焦磷酸）在核苷酸代谢中的重要性。

8. 试述核苷酸抗代谢物阿糖胞苷和 5-氟尿嘧啶的作用原理和临床应用。

第十章

遗传信息的传递与表达

【知识目标】 掌握复制、转录和翻译的基本概念，熟悉中心法则所体现的遗传信息传递规律，了解由基因突变引起遗传信息的错误传递和性状改变。

【能力目标】 应用基因突变引起遗传信息的错误传递和性状改变，解释遗传疾病的发生及基因治疗的原理和方法，形成生命世界结构与功能相统一的观点。

【素质目标】 通过对遗传信息传递规律的学习，能正确理解生命的本质，培养科学的世界观，养成尊重生命、欣赏生命、热爱生命的价值观，以及独立思考的科学素养。

遗传的实质是遗传信息的传递。脱氧核糖核酸（deoxyribonucleic acid，DNA）是生物遗传的主要物质基础。生物体的遗传特征以特定的核苷酸顺序排列在DNA分子上，在细胞分裂前通过DNA的复制（replication）将遗传信息由亲代传递给子代，在子代的个体发育过程中，遗传信息经转录（transcription）传递给RNA，并指导蛋白质合成，以执行各种生命功能，使子代表现出与亲代相似的遗传性状。这种遗传信息的传递方向可以是从DNA到DNA，也可以是从DNA到RNA再到蛋白质，即完成DNA的复制和遗传信息的转录和翻译过程，如图10-1所示，这是具有细胞结构的生物所遵循的中心法则。此外，在某些病毒中存在RNA自我复制和RNA通过反转录的方式将遗传信息传递给DNA的过程，这是对中心法则的补充。中心法则阐明了生物体内遗传信息传递的规律，对分子生物学的研究起到了指导作用。

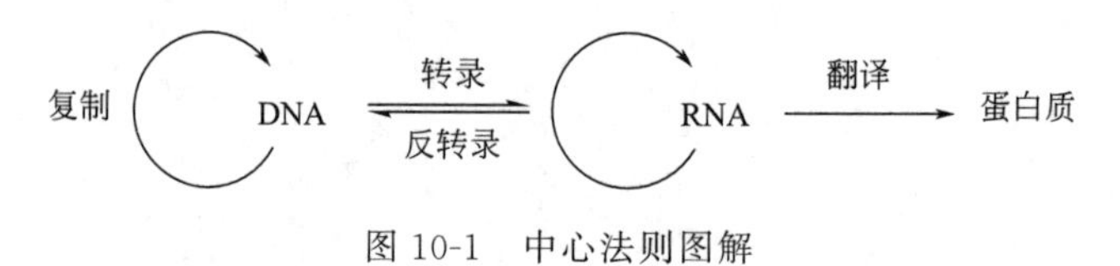

图10-1　中心法则图解

第一节 DNA的生物合成

要点

DNA的生物合成	DNA复制、DNA修复是以DNA为模板，而反转录以RNA为模板。
DNA的半保留复制	DNA的复制模式是半保留复制。亲代DNA双链分离后的两条单链均可作为新链合成的模板，复制完成后的子代DNA分子的核苷酸序列均与亲代DNA分子相同，但子代DNA分子的双链一条来自亲代，另一条为新合成的链。
DNA的反转录合成	反转录是以RNA为模板，通过反转录酶合成DNA的过程。
DNA的损伤与修复	DNA损伤是复制过程中发生的DNA核苷酸序列永久性改变，并导致遗传特征改变的现象。DNA修复是在多种酶的作用下，生物细胞内的DNA分子受到损伤以后恢复结构的现象。

DNA是遗传信息的主要载体，当然也有一些病毒（如HIV病毒）是以RNA为遗传信息的载体。在生物体中DNA的生物合成方式有两种：一种是依靠DNA的自我复制完成，另一种是通过RNA反转录完成。

一、DNA的复制

DNA作为遗传物质的基本特点就是在细胞分裂前进行准确的自我复制，实现遗传信息的传递。DNA复制（DNA replication）是一种在所有具有细胞结构的生物体内都会发生的生物学过程，是生物遗传的基础。DNA复制是指DNA双链在细胞分裂间期进行的，以一个亲代DNA分子为模板产生两个相同DNA分子的生物学过程。

（一）DNA复制的特点

1. DNA的半保留复制

现代生物学研究充分证明，DNA是由两条脱氧核苷酸链通过互补的碱基对以氢键的方式连接在一起。DNA复制是通过半保留复制（semiconservative replication）机制来完成的。在复制过程中，DNA双链间的氢键断裂，亲代DNA双链分离后的两条单链均可作为新链合成的模板合成互补链，复制完成后的子代DNA分子的核苷酸序列与亲代DNA分子相同，保留了亲代DNA的全部信息，但子代DNA分子的双链一条来自亲代，另一条为新合成的链，这种复制方式称为半保留复制。

DNA的半保留复制假说最早由苏联生物学家尼古拉·科尔佐夫（Nikolai Koltsov）于1927年提出。1953年沃森（J. D. Watson）和克里克（F. H. C. Crick）提出DNA双螺旋结构模型，为此假说提供了结构上的依据。1958年美国科学家马修·梅塞森（Matthew Meselson）和富兰克林斯·塔尔（Franklin Stahl）通过DNA同位素标记实验在大肠杆菌中首次证实了半保留复制机制。他们将大肠杆菌放在含有^{15}N标记的$^{15}NH_4Cl$培养基中繁殖，使所有的大肠杆菌 DNA 被同位素^{15}N所标记，得到被^{15}N标记的 DNA。然后将细菌转移到含有普通同位素（^{14}N）的 NH_4Cl 培养基中进行培养，再培养不同代数。由于^{15}N-DNA 的密度比普通 DNA（^{14}N-DNA）的密度大，在氯化铯密度梯度离心（density gradient centrifugation）时，两种密度不同的 DNA 分布在不同的区带。随着在^{14}N培养基中培养代数的增加，低密度带增强，而中密度带逐渐减弱，如图 10-2 所示。将杂交的 DNA 分子（^{14}N-DNA 和^{15}N-DNA）加热变性后进行密度梯度离心，结果显示变性前的杂交分子为一条中密度带，变性后则分为两条区带，即重密度带（^{15}N-DNA）及低密度带（^{14}N-DNA），该实验证明了半保留复制机制理论的合理性和准确性。

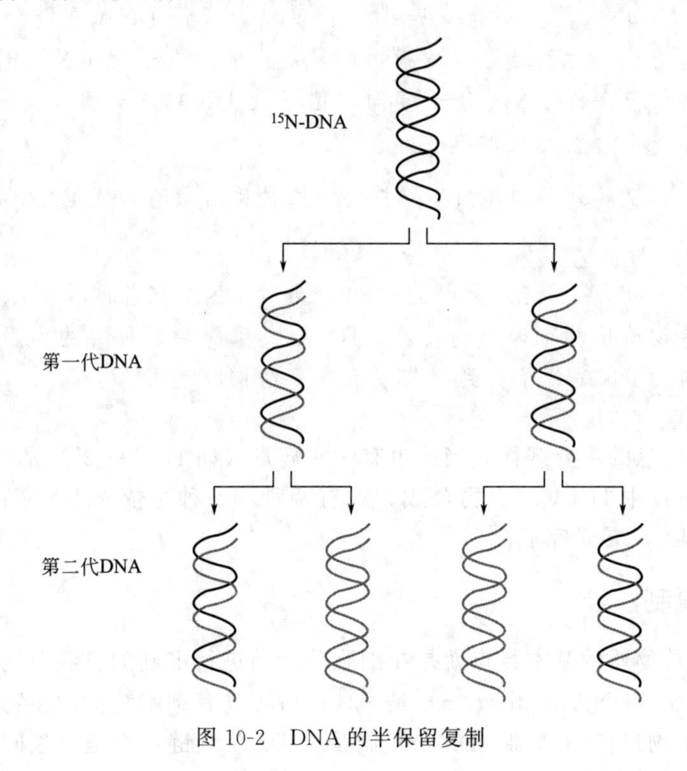

图 10-2　DNA 的半保留复制

2. 半不连续复制

双链 DNA 分子中两条链反向互补，一条链是 5′→3′方向，另一条链则是 3′→5′方向。但生物体内的 DNA 聚合酶只能催化 5′→3′方向延伸合成子代 DNA 链，因此两条亲代 DNA 链作为模板聚合子代 DNA 链时的方式是不同的。以 3′→5′方向的亲代 DNA 链作模板的子代链在聚合时基本上是连续进行的，这一条链被称为前导链（leading strand）。而以 5′→3′方向的亲代 DNA 链为模板的子代链在聚合时则是不连续的，这条链被称为后随链（lagging strand）。DNA 在复制过程中，由后随链所形成的一系列子代 DNA 短链称为冈崎片段（Okazaki fragment）。最后，由 DNA 聚合酶和 DNA 连接酶负责将冈崎片段连成完整的 DNA 链。冈崎片段在原核生物中约为 1000～2000 个核苷酸，而在真核生物中约为 100 个核苷酸。这种在生物细胞中普遍存在的前导链的连续复制和后随链的不连续复制被称为 DNA 的半不连续复制。DNA 复制过程中形成的前导链和后随链如图 10-3 所示。

3. 双向复制

DNA 在复制时，需在特定的位点起始，这是一些具有特定核苷酸排列顺序的片段，即复制起始点（replion，复制子）。在原核生物中，复制起始点通常为一个，而在真核生物中

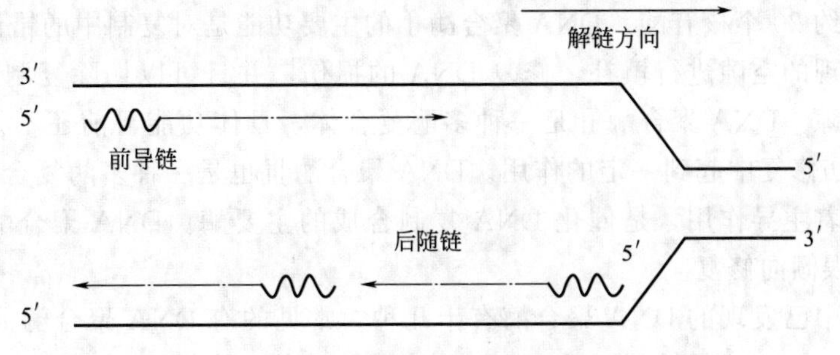

图 10-3　DNA 复制过程中形成的前导链和后随链

则为多个。DNA 复制时，以复制起始点为中心，向两个方向进行复制。但在低等生物中，也可进行单向复制。

（二）参与复制的酶类和蛋白因子

DNA 双螺旋结构是由两条方向相反的双螺旋链构成，DNA 复制的第一步是在解旋酶（helicase）的作用下将双螺旋结构拆成两条单链。然后，在引物酶（primase）的作用下，每条单链获得了开始复制所需的引物（primer）。接着，在 DNA 聚合酶（DNA polymerase）的作用下，以母链为模板、四种脱氧核苷酸（dNTPs）为原料，合成与母链互补的子链，最终形成新的双螺旋 DNA。DNA 复制是在一系列酶的参与下完成的，在 DNA 复制的整个过程中需要 30 多种酶及蛋白质分子参与，参与复制的主要酶和蛋白质因子介绍如下。

1. DNA 聚合酶

DNA 聚合酶又称 DNA 依赖的 DNA 聚合酶（DNA-dependent DNA polymerase，DNA pol），它是以亲代 DNA 为模板，催化底物 dNTPs 分子聚合形成子代 DNA 的一类酶。此酶最早是美国科学家 Arthur Kornberg 于 1957 年在大肠杆菌中发现的，被称为 DNA 聚合酶Ⅰ（DNA polymeraseⅠ，简称 polⅠ）。随后陆续在其他原核生物及真核生物中发现了多种 DNA 聚合酶。这些 DNA 聚合酶的共同特征为：①具有 5′→3′聚合酶活性，这决定了 DNA 分子只能沿着 5′→3′方向合成；②需要引物，即 DNA 聚合酶不能催化 DNA 新链从头合成，只能催化 dNTPs 加入核苷酸链的 3′-OH 末端。因而复制之初需要一段 RNA 引物，以引物的 3′-OH 端为起点沿 5′→3′方向合成新链。

目前在原核生物已确定 5 种类型的 DNA 聚合酶，分别为 DNA 聚合酶Ⅰ、DNA 聚合酶Ⅱ、DNA 聚合酶Ⅲ、DNA 聚合酶Ⅳ和 DNA 聚合酶Ⅴ，都与 DNA 链的延长有关。其中 DNA 聚合酶Ⅰ、DNA 聚合酶Ⅱ、DNA 聚合酶Ⅲ都是多功能酶，见表 10-1，既有 5′→3′聚合酶活性，又有 3′→5′外切酶活性，DNA 聚合酶Ⅰ还有 5′→3′外切酶活性。

表 10-1　原核生物中 DNA 聚合酶种类及其功能

DNA 聚合酶	DNA 聚合酶Ⅰ	DNA 聚合酶Ⅱ	DNA 聚合酶Ⅲ
3′→5′外切酶活性	+	+	+
5′→3′外切酶活性	+	−	−
5′→3′聚合酶活性	+	+	+
5′→3′聚合速度(nt/s)	16～20	40	250～1000
功能	切除引物，DNA 修复	DNA 修复	DNA 复制

DNA 聚合酶Ⅰ是单链多肽，可催化单链 DNA 或双链 DNA 的延长，但是 DNA 聚合酶Ⅰ只能催化延长约 20 个核苷酸。DNA 聚合酶Ⅰ的主要功能是对复制中的错误进行校对，对复制和修复中出现的空隙进行填补，修复 DNA 的损伤，并且可以切除复制中的 RNA 引物并填补留下的空隙。DNA 聚合酶Ⅱ是一种多酶复合体，具体功能目前还不是十分清楚，可能在 DNA 的损伤修复中起到一定的作用。DNA 聚合酶Ⅲ也是一种多酶复合体，在 DNA 复制链的延长上起着主导作用，是催化 DNA 复制合成的主要酶。DNA 聚合酶Ⅳ和Ⅴ的功能涉及 DNA 的错误倾向修复。

在真核生物中已发现的 DNA 聚合酶有十几种，常见的有 DNA 聚合酶 α、DNA 聚合酶 β、DNA 聚合酶 γ、DNA 聚合酶 δ 和 DNA 聚合酶 ε 五种，均具有 5′→3′聚合酶活性和外切酶活性。其中 DNA 聚合酶 α 和 DNA 聚合酶 δ 具有合成新链的能力，DNA 聚合酶 β 和 DNA 聚合酶 ε 参与 DNA 的损伤修复，DNA 聚合酶 γ 负责线粒体 DNA 的复制。DNA 聚合酶 α 定位于胞核，仅负责合成引物，参与复制引发。DNA 聚合酶 β 定位于核内，参与修复过程。DNA 聚合酶 γ 定位于线粒体中，参与线粒体 DNA 的复制。DNA 聚合酶 δ 定位于核，参与复制。DNA 聚合酶 ε 定位于核内，其作用相当于细菌的 DNA 聚合酶Ⅲ，参与 DNA 的损伤修复，也是参与基因组 DNA 复制的主要酶。

2. 引物合成酶和引发体

引物合成酶又称引发酶，其催化 RNA 引物的合成，用来引导 DNA 聚合酶起始 DNA 链的合成。引发酶需与另外的蛋白质结合形成引发体才具有催化活性。引发体（primosome）是 DNA 复制过程中一种负责专一性引发的多酶复合物，位于复制叉的前端，能够生成后随链冈崎片段合成必需的 RNA 引物，主要成分为引物酶（如 DnaG）以及 DNA 解旋酶（如 DnaB）等。

引发体是由引发前体（预引发蛋白）和引物酶组成的复合体，引发前体包含 6 种蛋白，通过相互配合，使 DNA 双链解旋并与之结合；引物酶（DnaG 蛋白）连续地和引发前体结合与分离，并依赖 DNA 模板合成长度在 60nt 以内的小段 RNA 引物，引物 3′末端可以接下去合成 DNA 片段。引发体能够在后随链模板上移动，移动过程中需 ATP 供能，移动方向与后随链合成方向相反（沿着后随链模板 5′→3′方向移动），且与复制叉的移动保持同步。

3. DNA 连接酶

DNA 连接酶（DNA ligase）催化双链 DNA 链一个碱基 3′-OH 末端和它相邻碱基的 5′-PO_4 末端形成磷酸二酯键，从而把两个相邻的碱基连接起来。DNA 连接酶是生物体内重要的酶，其所催化的反应在 DNA 的复制和修复过程中起着重要的作用。DNA 连接酶是一种封闭 DNA 链上缺口酶，需借助 ATP 或 NAD^+ 水解提供的能量。因此，DNA 连接酶分为依赖 ATP 的 DNA 连接酶和依赖 NAD^+ 的 DNA 连接酶两大类。

4. DNA 解旋酶

在生物体内，DNA 分子的两条链以双螺旋结构结合在一起，而 DNA 复制是通过半保留复制的机制来完成的，因此在 DNA 分子复制前需要解开扭成螺旋的两条长链，使 DNA 分子成为单链。解旋酶（helicase）是一类解开 DNA 双螺旋链氢键的酶。作为一种常见的马达蛋白，它以核酸单链为轨道沿着核酸链定向移动，并利用 ATP 水解提供的能量打开互补的核酸双链以获得单链。解旋酶依赖于单链的存在，并能识别复制叉的单链结构，一般在 DNA 或 RNA 复制过程中起到催化双链 DNA 或双链 RNA 解旋的作用，其在 DNA 的复制、修复、重组以及转录等代谢过程都发挥着重要作用。

5. 单链 DNA 结合蛋白

单链 DNA 结合蛋白（single strand DNA-binding protein，SSB）又称单链结合蛋白，是专门负责与 DNA 单链区域结合的一种蛋白质。单链结合蛋白结合于解螺旋酶沿复制叉向前推进而产生的单链区，是 DNA 复制、重组和修复所必需的成分。单链结合蛋白选择性地与单链 DNA 结合，起到稳定单链 DNA、阻止单链 DNA 退火重新形成双螺旋以及保护单链 DNA 不被核酸酶降解的作用。单链结合蛋白可以重复使用，当新生的 DNA 链合成到某一位置时，该处的单链结合蛋白便会脱落，并被重复利用。

6. 拓扑异构酶

DNA 的拓扑结构也称超螺旋结构，是指在 DNA 双螺旋的基础上进一步扭曲所形成的特定空间结构，超螺旋结构是拓扑结构的主要形式，可以分为正超螺旋和负超螺旋两类。当 DNA 扭转方向与双股螺旋的旋转方向相同时，称为正超螺旋，此时碱基将更加紧密地结合。反之若 DNA 扭转方向与双股螺旋旋转方向相反，则称为负超螺旋，碱基之间的结合度会降低。在特定的条件下，它们可以相互转变。

拓扑异构酶（topoisomerase）可引起 DNA 单链或双链瞬间断裂而改变其形状或拓扑结构，由解旋酶引入的超螺旋可通过拓扑异构酶来消除。原核生物有两种拓扑异构酶，一种是Ⅰ型拓扑异构酶，负责切断 DNA 双链中的一条链，使 DNA 解链旋转时不至于打结，适当时候再将切口封闭，不需要 ATP 的参与，在这个过程中消除 DNA 的负超螺旋，改变 DNA 的超螺旋数。另一种是Ⅱ型拓扑异构酶，又称促旋酶（gyrase），负责切断处于正超螺旋状态的 DNA 双链，松弛超螺旋，然后消耗少量 ATP 催化连接切口，即引入负超螺旋，消除复制叉前进带来的扭曲张力。参与 DNA 复制的酶类和蛋白因子的作用和功能见表 10-2。

表 10-2　参与 DNA 复制的酶类和蛋白因子的作用和功能

酶类/蛋白因子	作用和功能
拓扑异构酶	帮助解开复制叉前后的超螺旋结构
DNA 解旋酶	解开双螺旋
Rep 蛋白	帮助解开双螺旋结构
引物合成酶	催化 RNA 引物合成并与 DNA 链互补的反应
单链结合蛋白	稳定单链区
DNA 聚合酶Ⅰ	消除引物，并填补空隙
DNA 聚合酶Ⅲ	合成 DNA
DNA 连接酶	连接 DNA 末端
RNA 聚合酶	沿 DNA 模板转录一短的 RNA 分子

（三）DNA 的复制过程

1. DNA 的复制概述

DNA 的复制是一个边解旋边复制的过程。复制开始时，DNA 分子首先利用细胞提供的 ATP 作为能量，在 DNA 解旋酶的作用下，DNA 链的某个区域通过断裂氢键解开双螺旋并维持暂时解旋状态，形成一个复制叉（replication fork，从打开的起点向一个方向形成新的 DNA 链）或一个复制泡（replication bubble，从打开的起点向两个方向形成新的 DNA 链），解开的核苷酸暴露出来后，有利于游离的核苷酸结合上去。然后，以解开的 DNA 两条单链作为复制的模板（template），游离的四种脱氧核苷酸为原料，按照碱基互补配对原则，在

DNA 聚合酶的作用下，把相邻两个核苷酸通过五碳糖和磷酸基团结合在一起，各自合成与母链互补的一段子链。同时，DNA 聚合酶还有校对功能，能够修正复制过程中发生的错配。随着解旋过程的进行，新合成的子链也不断地延伸，每条子链与其对应的母链盘绕成双螺旋结构，从而各形成一个新的 DNA 分子。这样复制结束后，一个 DNA 分子就形成了两个完全相同的 DNA 分子。新复制出的两个子代 DNA 分子，通过细胞分裂分配到子细胞中去。

2. DNA 复制的一般过程

DNA 复制的全部过程主要包括引发、延伸、终止三个阶段。第一个阶段为 DNA 复制的起始阶段，这个阶段包括起始点、复制方向以及引发体的形成。第二阶段为 DNA 链的延长，包括前导链、后随链的形成和切除 RNA 引物后填补空缺及连接冈崎片段。第三阶段为 DNA 复制的终止阶段。

（1）引发　DNA 复制始于基因组中的特定位置，复制基因中开始复制的序列被称为复制起点（origin of replication，*ori*），大肠杆菌的复制起点 *oriC* 由 422 个核苷酸组成，是由一系列对称排列的反向重复序列组成的回文结构（palindrome），其中有 9～13 个核苷酸组成的保守序列，这些部位是大肠杆菌中 DnaA 蛋白特异性识别位点。

基因组中能独立进行复制的区域称为复制子（replicon）。原核生物是单复制子，即整个基因组作为一个复制单位。真核生物的 DNA 分子不同于原核生物的环状分子，通常有多个复制起点，以加快复制速度。所以真核生物基因组虽然比原核生物大很多，但二者最终的复制时间仍在同一数量级。

DNA 在复制前处于超螺旋状态，一旦复制起点被识别，启动蛋白就会募集其他蛋白质一起形成前复制复合物，从而解开双链 DNA，形成复制叉。复制叉的形成是多种蛋白质及酶参与的较复杂的过程，这些酶包括单链 DNA 结合蛋白和 DNA 解旋酶。单链结合蛋白以四聚体的形式存在于复制叉处，保证解旋酶解开的单链在复制完成前能维持单链结构，复制完成单链结合蛋白脱落下来，再次进入新的循环。由引物酶（DnaG）和 DNA 解旋酶（DnaB）形成的引发体催化 RNA 引物的合成，用来引导 DNA 聚合酶起始 DNA 链的合成。引物酶依赖 DNA 模板合成小段 RNA 引物，引物 3′末端可以接下去合成 DNA 片段。引发体在 ATP 的驱动下在模板上移动。无论前导链还是后随链，都是从复制起始点开始按 5′→3′方向持续地合成下去，所不同的是，前导链不形成冈崎片段，而后随链则随着复制叉的出现，不断合成长约 2～3kb 的冈崎片段。

（2）延伸　DNA 的复制实际上就是以 DNA 为模板，在 DNA 聚合酶作用下，将游离的四种脱氧单核苷酸聚合成 DNA 的过程。DNA 复制的延伸是在多种 DNA 聚合酶的参与下完成的。在复制叉附近，DNA 聚合酶全酶分子、引发体和螺旋构成的 DNA 形成了复制体（replisome）。复制体分别在 DNA 前导链模板和后随链模板上移动时，便合成了连续的 DNA 前导链和由许多冈崎片段组成的后随链。

在大肠杆菌中，DNA 合成延伸过程中主要是 DNA 聚合酶Ⅲ起作用，它在复制分支上组装成复制复合体，具有极高的持续性，在整个复制周期中保持完整。当冈崎片段形成后，DNA 聚合酶Ⅰ通过其 5′→3′外切酶活性切除冈崎片段上的 RNA 引物，同时，利用后一个冈崎片段作为引物由 5′→3′合成 DNA。最后冈崎片段通过 DNA 连接酶将其接起来，形成连续的 DNA 链。

在真核生物中，复制叉的形成需要 Polα 和 Polδ 两种 DNA 聚合酶的参与，Polα 和引物酶紧密结合形成复合物，在 DNA 模板上先合成 RNA 引物，再由 Polα 延长 DNA 链，这种活性还需要复制因子参与，Polϵ 和 Polδ 则结合到生长链 3′末端参与前导链的合成。而后随链的合成依赖 Polα 与引物酶形成的复合物，在复制因子的帮助下合成冈崎片段。此外，Polδ 不但有 5′→3′聚合酶活性，而且还具有 3′→5′外切酶活性，负责切除冈崎片段上的 RNA 引物。

知识链接

聚合酶链反应（polymerase chain reaction）

聚合酶链反应简称 PCR，是以 DNA 半保留复制机制为基础，发展出的体外酶促合成、扩增特定核酸片段的一种方法。

PCR 技术的原理类似于 DNA 的天然复制过程，以拟扩增序列的 DNA 分子为模板，加入与拟扩增序列两端互补的特异寡核苷酸片段为引物，在耐热 DNA 聚合酶的作用下以四种 dNTPs 为原料，按照半保留复制机制沿模板链延伸合成新的 DNA，按照变性-退火-延伸反应周期循环进行，使目标 DNA 片段得以扩增。具体过程为：①变性。模板 DNA 经加热至 95℃左右，一定时间后会变成单链，以便与引物结合。②退火。模板 DNA 经加热变性成单链后，温度降至 50～60℃，引物与模板 DNA 单链的互补序列配对结合。③延伸。DNA 模板-引物结合物在 DNA 聚合酶最适反应温度（72℃左右），以四种 dNTPs 为反应原料，靶序列为模板，合成一条新的与模板 DNA 链互补链。PCR 可用于基因克隆、体外基因突变、DNA 和 RNA 的微量分析、DNA 序列测定等。

（3）终止　DNA 复制的终止发生在特定的基因位点，即复制终止位点。复制终止位点序列可被与该序列结合的阻止 DNA 复制的蛋白质识别并结合，阻止了复制叉的前进并终止复制进程。细菌的 DNA 复制末端位点结合蛋白又称 Ter 蛋白。因为细菌具有环状染色体，所以当两个复制叉在亲本染色体的另一端彼此相遇时复制终止发生。研究表明大肠杆菌通过终止序列来调节复制终止过程，当该序列被特异性 Tus 蛋白结合后，能够阻止解旋酶的解链活性从而终止复制。真核生物在染色体在多个点开始 DNA 复制，因此复制叉在染色体的许多位点处相遇并终止。

由于真核生物染色体是线型 DNA 分子，所有生物 DNA 聚合酶都只能催化 DNA 从 5′→3′的方向合成，因此当复制叉到达线型染色体末端时，前导链可以连续合成到头，而后随链是以一种不连续的形式合成冈崎片段，所以 DNA 分子复制无法到达染色体的最末端。因此，真核生物在细胞分裂时末端的 DNA 在每个复制周期中都将产生 5′末端损失，导致 DNA 分子缩短。在真核生物体内存在的端粒酶能够在特定细胞中发挥作用，有助于防止基因丢失。

（四）复制后的 DNA 加工

DNA 复制完成后，拓扑异构酶在 DNA 分子中引入超螺旋，使 DNA 缠绕、折叠、压缩以形成染色质。原核生物的基因组一般是裸露的 DNA 分子，复制结束后可进入分裂期。真核细胞中 DNA 需要和组蛋白、非组蛋白及少量 RNA 组成染色质来行使 DNA 分子遗传信息的组织、复制和阅读的功能。无论真核生物 DNA 还是原核生物 DNA，在复制完成后均需要进行修饰才能发挥相应的功能。DNA 复制完成后常见的加工过程包括 DNA 甲基化、组蛋白修饰等。

1. DNA 甲基化

在原核生物体内存在由限制内切酶和甲基化酶组成的限制修饰系统（restriction modification system，R-M system），系统中通常包含 DNA 甲基化酶。细菌以 *S*-腺苷甲硫氨酸

(*S*-adenosyl methionine，SAM）作为甲基供体，通过两类 DNA 甲基转移酶实现 DNA 序列中的 6-甲基腺嘌呤（m6A）、5-甲基胞嘧啶（m5C）等甲基化修饰，同时保护细胞自身的 DNA 不被限制性内切酶破坏。

2. 组蛋白修饰

组蛋白修饰（histone modification）是指组蛋白在相关酶的作用下发生甲基化、乙酰化、磷酸化、腺苷酸化、泛素化及 ADP 核糖基化等修饰的过程。组蛋白修饰可通过影响组蛋白与 DNA 双链的亲和性，从而改变核小体结构以及染色质的疏松或凝集状态，或通过影响其他转录因子与结构基因启动子的亲和性来发挥基因表达调控作用。

二、DNA 的反转录合成

1970 年 Temin 等在致癌 RNA 病毒中发现了一种特殊的 DNA 聚合酶，该酶以 RNA 为模板，根据碱基配对原则，按照 RNA 的核苷酸顺序合成 DNA。这一过程与一般遗传信息转录的方向相反，故称为反转录（reverse transcription），催化此过程的 DNA 聚合酶叫作反转录酶（reverse transcriptase）。反转录酶存在于一些 RNA 病毒中，如人类免疫缺陷病毒（HIV），可能与病毒的恶性转化有关。此外，在小鼠及人的正常细胞和胚胎细胞中也有反转录酶，推测可能与细胞分化和胚胎发育有关。大多数反转录酶都具有多种酶活性，如反转录活性、复制活性与 RNA 酶 H 活性。

（一）DNA 聚合酶活性

与复制类似，反转录也是按照 $5'\rightarrow3'$ 方向合成 DNA，反转录酶能够以 RNA 为模板，催化 dNTPs 聚合成 DNA。此酶以 tRNA 为引物，在引物 tRNA 的 3′-OH 末端添加脱氧核糖核苷酸分子，按照 $5'\rightarrow3'$ 方向合成链状的 DNA 分子。但反转录酶一般不具有 $3'\rightarrow5'$ 外切酶活性，因此该酶缺乏校正功能，复制出错后无法进行修复，所以由反转录酶催化合成的 DNA 保真性较低，较易出现突变。

知识链接

人获得性免疫缺陷病毒（HIV）

获得性免疫缺陷综合征（acquired immune deficiency syndrome，AIDS），是由人获得性免疫缺陷病毒即 HIV 造成人类免疫系统缺陷的一种疾病。

HIV 是一种典型的 RNA 反转录病毒，在体内通过反转录形成 cDNA，由于反转录酶无校正功能，反转录过程容易出现随机变异，这使得艾滋病病毒成为一种变异性很强的病毒。由于病毒在宿主体内复制频率高，病毒 DNA 与宿主 DNA 间又存在基因重组，因而导致病毒出现耐药性。

目前开发艾滋病病毒疫苗仍然面临很多挑战，在研究 HIV 疫苗的过程中，研究者发现艾滋病病毒在世界范围内存在广泛的多样性，随着病毒的种类越来越多，单一疫苗的作用也会越来越弱，如何开发一种能够应对多种病毒变异、保持效用的疫苗，是亟待解决的问题。

（二）RNA 酶 H 活性

RNA 在反转录酶的作用下合成一条与 RNA 模板互补的 DNA 单链，这条 DNA 单链叫作互补 DNA（complementary DNA，cDNA），它与 RNA 模板形成 RNA-DNA 杂交分子。

RNA 酶 H（RNase H）特异性地降解 DNA-RNA 杂交链上的 RNA。反转录酶具有 RNase H 活性，即其具备降解 RNA 的能力，反转录酶能从杂合双链 5′端水解 RNA-DNA 杂交分子中的 RNA 链，得到与 RNA 互补的 DNA 单链（cDNA）。

（三）DNA 指导的 DNA 聚合酶活性

反转录酶能够以反转录合成的第一条 cDNA 单链为模板，以 dNTPs 为底物，再合成第二条 DNA 分子链。除此之外，有些反转录酶还有 DNA 内切酶活性，这可能与病毒基因整合到宿主细胞染色体 DNA 中有关。

（四）人体内的反转录酶

人类的基因主要位于染色体中，染色体是由 DNA 和蛋白质共同组成的超长线型结构。而每条染色体的末端，分布着一段高度重复的、保守的碱基对序列（TTAGGG）和特殊蛋白质形成的环状结构，这一部分结构被称为端粒（telomere）。

端粒酶（telomerase）以 RNA 为模板，在后随链模板 DNA 的 3′-OH 末端延长 DNA，再以这种延长的 DNA 为模板，继续合成后随链。端粒位于染色体的末端，能够保证 DNA 复制的稳定性，防止基因丢失，保持染色体的完整性和控制细胞分裂周期。如果能找到调控端粒和端粒酶的基因，也许就能够找到抑制癌细胞增殖，同时又能延长正常细胞寿命的“钥匙”。

知识链接

“生命时钟”——端粒

生物体内的细胞需要生长和更新换代，DNA 也要随之进行复制。但负责 DNA 复制的酶存在局限性（仅有 5′→3′聚合酶活性），导致染色体后随链末端（3′末端）无法被完整复制，于是细胞每分裂一次，端粒就会缩短一些。一方面，严重缩短的端粒能激活细胞程序性凋亡机制，以防止其他细胞损伤和癌变。另一方面，端粒变短是引起人体衰老和诱发老年疾病的重要原因，这是因为当端粒减少到一定程度后，细胞便不再增殖，人体的组织器官也会随着越来越多的细胞衰亡而发生功能退化。正常人的端粒长度大约在 8000～10000bp，体细胞每分裂一次丢失约 50～100bp，平均分裂 50 次左右，分裂周期约 2.4 年。根据 DNA 复制机制以及端粒的长度估算人类的最大寿命为 120 岁。因此，端粒的长度和细胞寿命呈正相关，故端粒被科学家称作“生命时钟”。

反转录的发现对分子生物学的中心法则进行了修正和补充，修正后的中心法则表示为：遗传信息从 DNA 传递给 RNA，再从 RNA 传递给蛋白质，即完成遗传信息的转录和翻译过程，也可以从 DNA 传递给 DNA，即完成 DNA 的复制过程。这是所有有细胞结构的生物所遵循的法则。反转录酶的发现表明不能把生物的遗传信息传递方向理解为自 DNA→mRNA→蛋白质这一绝对化单一流向，遗传信息也可以从 RNA 传递到 DNA。研究表明，反转录经常与细胞恶性转化有关，艾滋病、丙肝等很多疾病也有反转录过程。反转录相关研究促进了分子生物学、生物化学和病毒学的研究，反转录酶已成为研究这些学科的有力工具，也为很多疾病的研究和防治提供帮助。

三、DNA 的损伤与修复

DNA 分子中存储着生物体赖以生存和繁衍的遗传信息，因此维持 DNA 分子的保真性和完整性对细胞生存至关重要。但外界环境和生物体内部因素都能引发 DNA 分子的损伤或遗传编码信息的改变，如果DNA的损伤或遗传信息的改变不能被及时修正，可能会影响到细胞的功能。若是生殖细胞的基因发生突变，新的突变会遗传给后代。在长期的进化过程中，生物细胞具备了修复DNA损伤的能力。生物体这种修复能力与自身遗传信息突变及遗传保持着对立和动态平衡：一方面DNA分子的修复机制能够修复由环境和自身因素造成的遗传信息改变；另一方面突变和遗传信息的改变会产生新性状的变异，这是生物的进化的基础，对维持生物多样性至关重要。

（一）DNA的损伤

DNA损伤的原因很多，大致可分为环境因素（外源性损伤）与自发损伤（内源性损伤）两大类。其中，环境因素可分为物理因素、化学因素和生物因素三种。DNA的自发损伤包括复制时产生的错误、碱基互变异构、碱基脱氨及丢失等。

1. DNA复制中的错误

半保留复制是一个严谨的过程，在自然条件下，复制过程中碱基错误配对频率约为$10^{-1}\sim10^{-2}$；在DNA复制相关酶类的参与下，碱基错误配对频率降到约$10^{-5}\sim10^{-6}$。当复制过程中存在碱基错配的情况，DNA聚合酶会暂停DNA链的延伸，发挥DNA聚合酶$3'\rightarrow5'$外切酶的功能，切除错配的碱基，从而维持DNA分子遗传的稳定性。DNA聚合酶的这种校正活性广泛存在于原核和真核生物体内，通过DNA聚合酶的这种校正作用，可以将错配率降至10^{-10}左右，但仍存在发生突变的可能。

2. DNA碱基的变化

DNA中的4种碱基（A、G、C、T）存在自发的酮与烯醇式结构的互变异构，各自的异构体间都可以自发地相互变化，这种变化会使碱基配对间的氢键改变，如果这些配对发生在DNA复制时，就会造成子代DNA序列与亲代DNA序列不同的序列错误性损伤。如果DNA碱基的替换保持环数不变，则称为转换（transitions），如A→G、T→C；如果环数发生变化，则称为颠换（transversions），如A→C、T→G。在进化过程中，转换发生的频率远比颠换高。

3. 物理因素引起的DNA损伤

（1）紫外线引起的DNA损伤　紫外线主要作用是使同一条DNA链上相邻的嘧啶以共价键连成二聚体，阻碍DNA的复制和转录，最典型的紫外线损伤是形成胸腺嘧啶二聚体（图10-4）。人的皮肤会因受紫外线照射而形成二聚体，因而紫外线辐射被认为是诱发人类皮肤癌的主要原因。微生物一般是单细胞生物，受紫外线照射形成二聚体会导致生长受阻，进而影响其生存。紫外线照射还能引起DNA链断裂等损伤，因而常用紫外线进行表面消毒。

（2）电离辐射引起的DNA损伤　电离辐射（IR）如α射线、β射线、γ射线和X射线等可导致DNA分子的多种变化，射线的直接和间接作用都可能使脱氧核糖破坏或磷酸二酯键断开进而导致DNA链断裂。DNA链断裂是电离辐射引起的严重损伤，断链数随照射剂量增加而增加。虽然单链断裂发生频率为双链断裂的10～20倍，但前者更易修复。双链断裂会造成基因组的不稳定并导致细胞死亡，对于单倍体细胞生物（如细菌），一次双链断裂就是致死事件。

4. 化学因素引起的DNA损伤

烷化剂如硫酸二甲酯、甲磺酸甲酯、芥子气等亲电化合物，易与生物体中大分子的亲核位点发生反应形成共价键。烷化剂的活泼烷基易将烷基加到DNA链中嘌呤或嘧啶的N或O上而导致错配发生，例如鸟嘌呤N-7被烷化后就不再与胞嘧啶配对，而改与胸腺嘧啶配对，

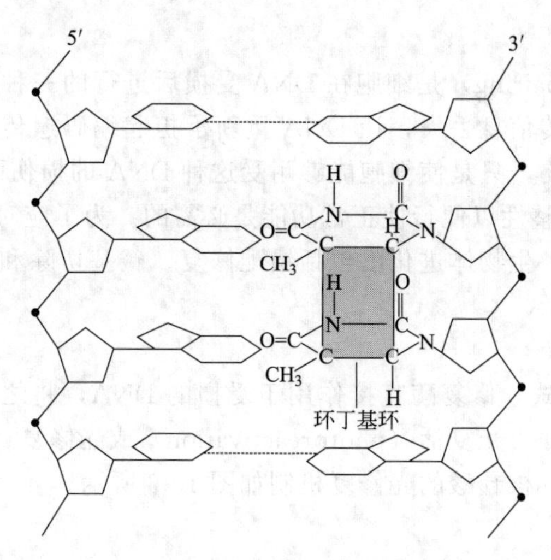

图 10-4　胸腺嘧啶二聚体

结果会使 DNA 中发生由 G-C 到 A-T 的颠换（图 10-5）。烷化鸟嘌呤核苷酸的糖苷键因不稳定而易脱落，导致 DNA 链上的核苷酸缺失，复制时可造成 DNA 序列的改变。

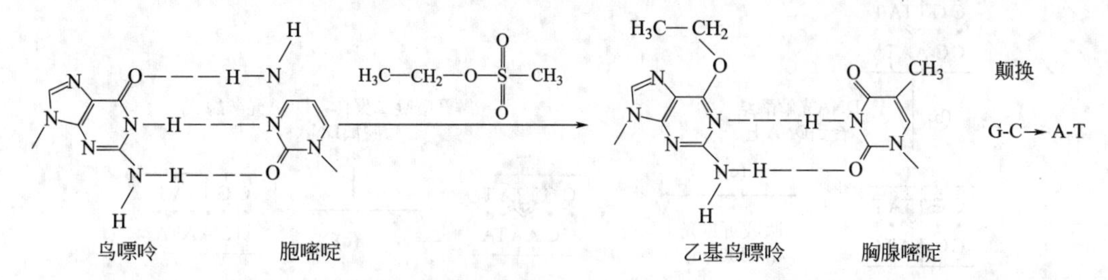

图 10-5　烷化剂乙基甲烷磺酸（EMS）引发的颠换

知识链接

DNA 损伤的应用

诱变育种是在人为条件下，利用物理、化学因素诱导生物体产生突变，使得遗传特性发生变异，再从变异群体中选择符合人们某种要求的单株或个体，进而培育成新的品种或种质的育种方法。物理诱变常用的方法有辐射诱变，如射线辐射、紫外辐射以及微波辐射等。化学诱变常用的有烷化剂和核酸碱基类似物。

太空育种也称空间诱变育种，是将作物种子或其他待诱变材料利用返回式卫星或高空气球送到太空，利用太空特殊的环境诱变作用，使诱变对象产生变异，再返回地面培育作物新品种的育种新技术。太空育种主要是通过强辐射、微重力和高真空等太空综合环境因素诱发作物种子的基因变异。

辐照灭菌是利用电离辐射产生的电磁波杀死大多数物质上的微生物的一种有效方法。辐照灭菌技术既可用于对食品进行杀虫、消毒、杀菌、防霉等处理，也可用于延迟新鲜作物发芽和成熟（如大蒜和土豆）生理过程，达到延长保藏时间、稳定提高食品质量的目的。

（二）DNA 修复

DNA 修复（DNA repairing）是细胞在 DNA 受损后进行的一种反应，这种反应可以修复由 DNA 损伤引起的遗传信息丢失，让 DNA 重新承担起编码遗传信息的功能，但有时并不能完全消除 DNA 的损伤，只是使细胞能够耐受这种 DNA 的损伤而继续生存，DNA 修复对生物体维持基因组的完整性以便行使正常功能是必需的。为了应对细胞内可能发生的不同程度和类型的 DNA 损伤，生物体进化出包括错配修复、碱基切除和核苷酸切除等多种修复机制。

1. 直接修复

这是较简单的修复方式，修复酶直接作用于受损的 DNA，将之恢复为原来的结构，一般都能将 DNA 修复到原样。光复活（photoreactivation）或光修复（light repair）是最早发现的 DNA 损伤修复途径。核苷酸的光修复机制如图 10-6 所示。

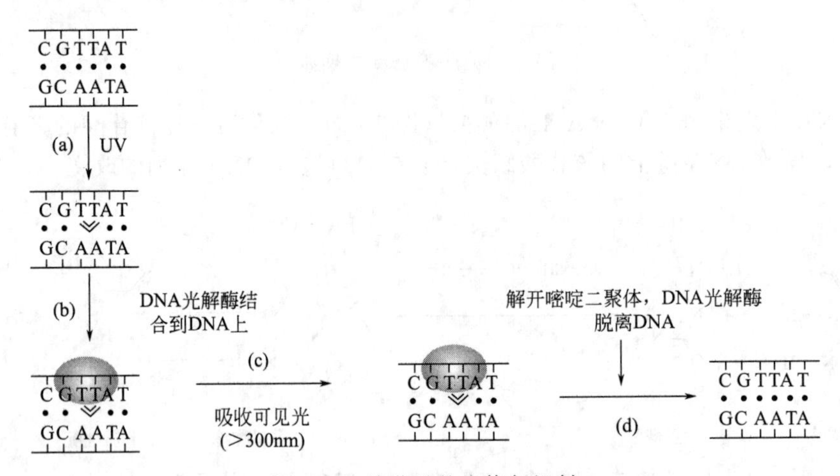

图 10-6　核苷酸的光修复机制

2. 切除修复（excision repair）

将损伤 DNA 切除并用新合成的 DNA 替换，这种修复方式普遍存在于各种生物细胞中，是人体细胞主要的 DNA 修复机制。切除修复机制对多种 DNA 损伤包括碱基脱落形成的无碱基位点、嘧啶二聚体、碱基烷基化、单链断裂等都能起修复作用，可分为碱基切除修复和核苷酸切除修复两种方式。核苷酸的切除修复原理及过程如图 10-7 所示。

3. 错配修复（mismatch repair，MMR）

错配修复是指 DNA 分子在复制的过程中，纠正 DNA 聚合酶校正活性未检测到的错误，为保证基因组的稳定而采用的一种修复方式，这种修复方式依赖细胞中的错配修复酶进行。

4. 重组修复（recombination repair）

重组修复又称为复制后修复，是在 DNA 复制完成之后再进行修复的一种方式。重组修复不能完全去除损伤，损伤的 DNA 片段仍然保留在亲代 DNA 链上，只是重组修复后合成的 DNA 分子是不带有损伤的。

5. SOS 修复

SOS 修复又称为错误倾向修复（error-prone repair），是 DNA 受到严重损伤、细胞处于危急状态时所诱导的一种 DNA 修复方式。损伤的 DNA 链在内切酶、外切酶的作用下会造成损伤处的 DNA 链空缺，由损伤诱导产生的 SOS 修复酶类催化核苷酸随机添加到空缺部位

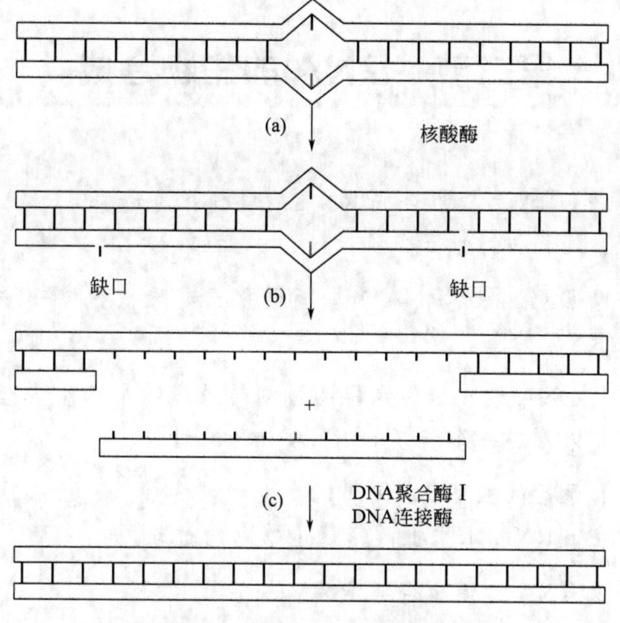

图 10-7　核苷酸的切除修复

DNA 中，修复结果维持 DNA 双链的完整性，使细胞得以生存，但留下较多复制错误，使细胞有较高的突变率。它还可能会诱发突变产生新的基因，所以在生物进化中有重要意义。

（三）双链断裂修复

DNA 双链断裂是损伤中最为严重的一种，会导致基因组序列丢失和重排。对于双链断裂损伤可以通过非同源末端连接和同源重组两种修复机制进行修复。这两种修复机制被逐渐应用于基因编辑技术，用来定向改造基因。研究者采用核酸酶技术使 DNA 双链有目的地产生断裂，利用这一机制调控目的基因表达或引入选择性标记。没有模板存在的情况下，利用非同源性末端结合（NHEJ）修复，随机插入或缺失碱基造成基因失活；有模板存在的情况下，可通过同源重组的方式在剪切位点引入目的修饰基因，实现包括基因的定点敲除、敲入和变换等基因编辑功能。

知识链接

CRISPR/Cas9 基因编辑技术

CRISPR，即 clustered regularly interspaced short palindromic repeats，翻译过来就是规律间隔成簇短回文重复序列。而 Cas 就是 CRISPR 相关（associated）蛋白；Cas9 就是 CRISPR 相关蛋白 9。Cas9 是一种核酸酶，能够切割核酸。向导 RNA（guide RNA，gRNA）是和 DNA 上特定序列互补的一段单链 RNA 序列。

Cas9 与 gRNA 结合形成复合体，gRNA 引导 Cas9 来到特定的 DNA 上以后，Cas9 切割 DNA 造成双链断裂，随后，细胞通过内部的修复方式，将断裂的 DNA 重新连接起来。在不提供模板时，细胞通过 NHEJ 方式进行修复。当提供同源片段后可通过同源重组方式修复，以此片段为模板，在断裂处合成与同源序列互补的基因序列，这样就实现了基因敲除、敲入和变换等目的。

第二节　RNA的生物合成

要点

RNA转录　以DNA为模板合成RNA的过程称为转录。RNA合成分为识别与起始、延长和终止三个阶段。

RNA聚合酶　以DNA链或RNA为模板催化三磷酸核糖核苷形成磷酸二酯键而合成RNA的酶。

RNA剪接　从DNA模板链转录出的最初转录产物中除去内含子，并将外显子连接起来形成一个连续的RNA分子的过程。

RNA编辑　转录后的RNA在编码区发生碱基的加入、丢失或转换等现象，是一种在mRNA水平上改变遗传信息的过程。

RNA复制　以RNA为模板合成RNA的过程。

RNA的生物合成有两种方式：一种是转录，即以DNA为模板的RNA合成；另一种是以RNA为模板的RNA合成，即RNA的复制。

一、RNA的转录

DNA分子中储存着决定生物特征的遗传信息，蛋白质分子是执行生物学功能、表现生命特征的主要物质，但是直接决定蛋白质中氨基酸排列顺序及蛋白质功能特征的不是DNA而是信使RNA（message RNA，mRNA）。以一段DNA链为模板合成RNA，从而将DNA所携带的遗传信息传递给RNA的过程称为转录（transcription）。转录是生物界RNA合成的主要方式，是遗传信息从DNA流向RNA的传递过程，也是基因表达的开始。经转录生成的RNA有多种，如核糖体RNA（rRNA）、转运RNA（tRNA）、信使RNA（mRNA）等。

（一）RNA转录合成的特点

RNA的转录合成和DNA的生物合成类似，两者都是在3′-OH末端与新加入的核苷酸形成磷酸二酯键，按照5′→3′的方向延伸成多核苷酸链。但是DNA分子和RNA分子的组成和执行的功能不同，RNA转录合成的特点如下所述。

1. 转录的不对称性

在DNA的两条多核苷酸链中只有一条链作为模板进行转录，从而将遗传信息由DNA传递给RNA，这条链叫模板链（template strand），又叫无意义链。而与之互补的另一条不作模板的DNA链叫编码链（coding strand），又叫有意义链。编码链的碱基序列与转录本RNA的序列相同，只是在编码链上的T在转录本RNA链为U。对于不同的基因来说，其转录信息可以存在于两条不同的DNA链上。复制过程中，DNA两条链通过半保留复制方式进行遗传信息的传递，而RNA的转录合成是以DNA的一条链为模板进行的，所以这种转录方式被称为不对称转录。

2. 转录的连续性

DNA 复制需要引物的参与，且在合成过程中会形成不连续的冈崎片段。在 RNA 转录合成时，RNA 聚合酶在单链 DNA 模板以及四种核糖核苷酸存在的条件下可以连续合成一段 RNA 链，且各条 RNA 链之间无需再进行连接。转录产生的初级转录物为 RNA 前体(RNA precursor)，它们必须经过加工过程变为成熟的 RNA，才能发挥其生物活性和功能。

3. 转录的单向性

RNA 转录合成时，只能向一个方向进行聚合，RNA 链的合成方向为 5′→3′。

4. 有特定的起始位点和终止位点

DNA 分子进行复制时，整个基因组都要进行复制，而基因的转录是受到严格调控的，整个基因组中仅有一部分基因发生转录。RNA 转录合成时，只能以 DNA 分子中的某一段作为模板，故存在特定的起始位点和终止位点。

（二）参与转录合成的酶类及蛋白因子

mRNA 转录是在一系列酶的参与下完成的，参与转录的主要酶和蛋白质因子介绍如下。

1. RNA 聚合酶

转录是一种酶促的核苷酸聚合过程，是在 RNA 聚合酶（RNA polymerase，RNAP）参与下完成的。RNA 聚合酶以单链 DNA 为模板、三磷酸核糖核苷为底物，遵循 DNA 与 RNA 之间的碱基配对原则（A＝U，T＝A，C＝G），按照 5′→3′方向通过磷酸二酯键聚合合成与模板 DNA 序列互补的 RNA。RNA 聚合酶缺乏 3′→5′的外切酶活性，所以没有校正功能。此外，RNA 聚合酶的合成速度要比 DNA 聚合酶慢得多，约为 50～100bp/s，而 DNA 聚合酶约为 1000bp/s。

原核生物的 RNA 聚合酶是由五种亚基组成的六聚体（$\alpha_2\beta\beta'\omega\sigma$）结构，分子量约 500000。其中 $\alpha_2\beta\beta'\omega$ 称为核心酶（core enzyme），σ 因子与核心酶结合后称为全酶（holoenzyme）。其中，σ 因子称为起始因子，主要作用是识别 DNA 模板上的启动子，σ 因子本身不能与 DNA 模板结合，其与核心酶结合成全酶后，引导 RNA 聚合酶稳定地结合到启动子上。σ 亚基在不同菌种间变动较大，而核心酶比较恒定。细菌可以表达多种不同形式的 σ 因子，它们能够响应各种信号和环境条件来识别并结合不同的启动子序列上。核心酶中的 α 亚基主要负责 RNAP 的组装，β 亚基和 β′亚基占核心酶总质量的 80%，负责结合模板并催化形成磷酸二酯键，利福平和利福霉素能结合到 β 亚基上而对此酶产生强烈的抑制作用，从而抑制 RNA 的合成。ω 亚基的功能尚不明确，据推测可能是用于 RNAP 折叠的分子伴侣。核心酶只有一种，参与整个转录过程，催化所有 RNA 的转录合成。在大肠杆菌中 RNA 聚合酶各种亚基的功能及编码基因名称如表 10-3 所列。

表 10-3 大肠杆菌中 RNA 聚合酶各种亚基的功能及编码基因

亚基	亚基数量	功能	编码基因
α 亚基	2	RNAP 的组装	*rpoA*
β 亚基	1	核苷三磷酸的结合位点	*rpoB*
β′亚基	1	DNA 模板的结合	*rpoC*
ω 亚基	1	分子伴侣	*rpoZ*
σ 亚基	1	识别转录起始位点	—

真核生物中具有三种不同细胞核 RNA 聚合酶，分别为 RNA 聚合酶Ⅰ、RNA 聚合酶Ⅱ

和 RNA 聚合酶Ⅲ。这三种 RNA 聚合酶对真核生物 RNA 聚合酶特异性抑制剂（α-鹅膏蕈碱）的敏感性不同，由此可加以区分（表 10-4）。对于不同种类的 RNA，真核生物采用不同的 RNA 聚合酶来合成。RNA 聚合酶Ⅰ位于核仁中，负责转录编码 rRNA 的基因。RNA 聚合酶Ⅱ位于核质中，负责多数长链非编码 RNA（long non-coding RNA，lncRNA）及核内不均一 RNA（heterogeneous nuclear RNA，hnRNA）的合成。而 hnRNA 是 mRNA 的前体，但在转录过程中需要多种转录因子才能与启动子结合。RNA 聚合酶Ⅲ负责分子量较小 RNA 的合成，如转运 RNA（tRNA）、5S rRNA、小核 RNA（small nuclear RNA，snRNA）。此外，真核细胞还具有线粒体 RNA 聚合酶和叶绿体 RNA 聚合酶，分别负责线粒体 RNA 和叶绿体 RNA 的合成。

古生菌只有一种 RNA 聚合酶负责所有 RNA 的合成。但古生菌 RNA 聚合酶在结构和催化机理上都与细菌、真核生物的聚合酶类似，尤其类似于真核生物的 RNA 聚合酶Ⅱ。

表 10-4 真核生物的 RNA 聚合酶

种类	分布	合成 RNA 的种类	对 α-鹅膏蕈碱的敏感性
RNA 聚合酶Ⅰ	核仁	rRNA	不敏感
RNA 聚合酶Ⅱ	核质	lncRNA，hnRNA	低浓度敏感
RNA 聚合酶Ⅲ	核质	tRNA、5S rRNA	高浓度敏感
RNA 聚合酶 Mt	线粒体	线粒体 RNAs	不敏感

2. 转录因子

真核生物转录起始过程十分复杂，往往需要多种蛋白因子的协助，除 RNA 聚合酶外还需一类叫作转录因子的蛋白质分子参与转录的全过程。转录因子（transcription factor，TF）是一类具有特殊结构、行使调控基因表达功能的蛋白质分子，其能与基因 5′端上游特定序列专一性结合，从而保证目的基因以特定的强度在特定的时间与空间表达。转录因子与 RNA 聚合酶形成转录起始复合体，直接参与转录起始的过程，负责对基因组信息进行阐释，是执行 DNA 解码序列的第一步。许多转录因子发挥调节和识别基因的作用，能决定细胞的类型、发育模式和控制代谢途径，例如，转录因子可以促进细胞分化、去分化和转分化。

转录因子根据作用特点可分为两类，第一类为普遍转录因子，它们与 RNA 聚合酶Ⅱ共同组成转录起始复合体时，转录才能在正确的位置开始。通用的一般性基本转录因子有 TFⅡD、TFⅡA、TFⅡB、TFⅡF、TFⅡE 和 TFⅡH 等，它们在转录起始复合体组装的不同阶段起作用。第二类转录因子为组织细胞特异性转录因子，这些 TF 是在特异的组织细胞中或受到一些类固醇激素或者生长因子刺激后，开始表达某些特异蛋白质分子时才需要的一类转录因子。这类转录因子通过响应刺激来控制目标基因的转录开始与停止，可以构建推进细胞分化和功能决定的必要状态，适当改变细胞的形态和活性，参与多细胞生物的发育进程。例如，人类 Y 染色体上性别决定区（sex-determining region Y，SRY）基因编码的遗传因子，其在哺乳动物的性别决定中发挥主要的作用。

3. 抗终止因子

抗终止因子（antitermination factor）是一种可以在特定位点上，阻止 DNA 转录终止的蛋白质。这些蛋白质可以同 RNA 聚合酶结合，使得 RNA 聚合酶绕过茎环结构的终止子而继续转录目标 RNA。这种表达调控机制多在噬菌体和少数细菌中出现。

（三）RNA 生物合成过程

整体而言，转录的过程分为起始（initiation）、延长（elongation）和终止（termination）三个阶段。起始阶段包括对双链 DNA 特定部位的识别、局部解链以及形成初始的一段 RNA。随后 RNA 聚合酶的构象发生改变，RNAP 沿模板移动继续合成 RNA，进入延伸阶段。当聚合酶到达转录终点时，在终止因子的帮助下停止转录。

1. 转录的起始

转录是从 DNA 分子的特定部位开始的。基因从 5′端起始转录时，与新生 RNA 链第一个核苷酸相对应 DNA 链上的碱基称为转录起点（transcription start site，TSS）。为了方便表述，人们将在 DNA 上开始转录的第一个碱基定为＋1，与转录方向相同的下游核苷酸序列均用正值“＋”表示，与转录方向相反的上游的核苷酸序列均用负值“－”表示。

（1）启动子　启动子（promoter）是 RNA 聚合酶识别、结合和开始转录的一段 DNA 序列，它含有 RNA 聚合酶特异性结合和转录起始所需的保守序列。启动子一般位于转录起始位点的上游，启动子本身并无编译功能，自身不被转录。启动子作为重要的转录起始调控元件，可以和转录因子相互作用，指挥 RNA 聚合酶的合成，控制基因转录的起始时间和表达的程度，调节细胞内的产物。

（2）原核生物的转录启动　原核生物的启动子通常包含两段保守序列，分别位于转录起点上游－10 及－35 区域。位于－10 的保守序列通常包含 6 个核苷酸 TATAAT，称为 Pribnow box 或－10 序列。位于－35 区有一段保守的 TTGACA 序列，称为－35 序列或 Sextama box，提供 RNA 聚合酶识别的信号。－10 位的 TATAAT 区和－35 位的 TTGACA 区是 RNA 聚合酶与启动子的结合位点，这两段序列和转录起点都是转录必不可少的，称为核心启动子（core promoter）。

原核生物主要通过 σ 因子来识别启动子，其协助 RNA 聚合酶与模板链上的启动子专一性地识别并结合，提高聚合酶对 DNA 启动子区的结合力。σ 因子有多种类型，通过在 DNA 上移动寻找启动子，原核生物会通过不同的 σ 因子来结合与环境条件相适应基因的启动子区，通过增加这些基因的转录以适应不同的环境条件。例如，在大肠杆菌已经发现 7 种 σ 因子，其中 σ^{70} 负责转录管家基因，识别启动子共有序列，是通用型的转录因子，σ^{32} 识别热休克基因，σ^{60} 在氮饥饿时起作用。

虽然启动子中的－10 区和－35 区是 RNA 聚合酶识别和结合所必需的，但其附近其他 DNA 顺序也能影响启动子的功能。原核生物中－10 区同－35 区之间核苷酸数目的变动会影响基因转录活性的高低，强启动子一般为 17bp±1bp，当间距小于 15bp 或大于 20bp 时都会降低启动子的活性。更上游的－40～－60 区域称为上游控制元件，可与核心酶 α 亚基羧基端结构域（αCTD）作用，诱导上游 DNA 在 RNAP 上弯曲，进而影响转录的起始。原核生物的启动子和 RNAP 的结构见图 10-8。

转录开始于 RNA 聚合酶与通用转录因子共同结合到模板 DNA 的启动子序列上。RNA 聚合酶在通用转录因子的协助下，将启动子 DNA 部分解开为单链形成“转录泡”。随后 RNA 聚合酶选择转录泡中的转录起始位点，结合起始 NTP 和与转录起始位点序列互补的延伸 NTP，催化磷酸二酯键的形成，产生起始 RNA 产物。前两个 NTP 缩合成 3′-5′磷酸二酯键后，RNA 聚合酶脱离启动子，启动阶段结束，进入延伸阶段。

（3）真核生物的转录启动　真核生物细胞核内有三种 RNA 聚合酶，每一种都有自己的启动子类型，启动子因分化程度较高而难表征。很多真核生物基因的转录起点上游－25 区有一段保守的 TATAATAAT 序列，称为 TATA box（TATA 框），又称为 Hogness box 或 Goldberg-Hogness box。转录因子和 RNA 聚合酶形成转录复合物后识别 TATA box，以精确定位转录起点坐标。真核细胞中有少数基因没有 TATA 框，位于转录起始点上游 70～

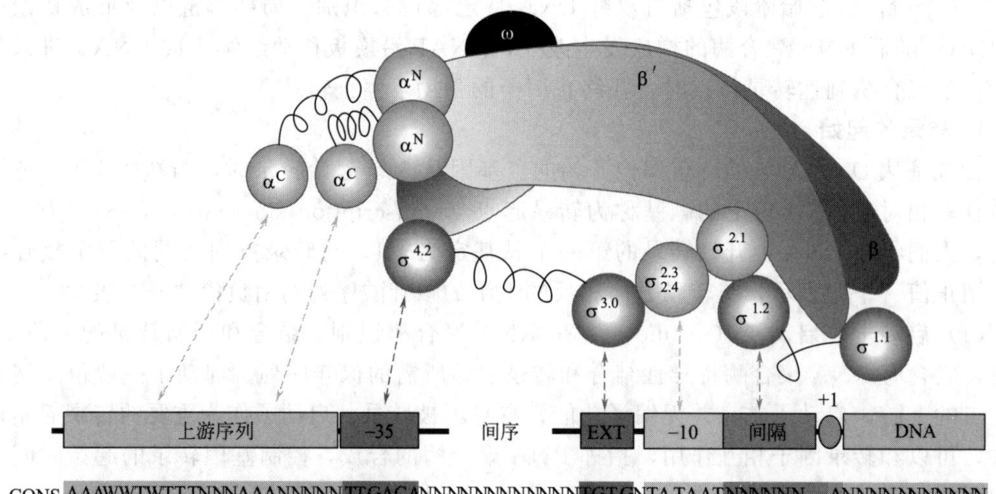

图 10-8　细菌启动子与 RNAP 的相互作用

80bp 处有一段保守的 GGCTCAATCT 序列，称为 CAAT box，此序列可被 RNA 聚合酶Ⅱ识别并控制转录起始的频率。

顺式作用元件（*cis*-acting element）是指与结构基因串联的特定 DNA 序列，是转录因子的结合位点，它们通过与转录因子结合而调控基因转录的精确起始和转录效率。顺式作用元件包括启动子、增强子（enhancer）和沉默子（silencer）等，它们的作用是参与基因表达的调控。能直接或间接地识别或结合在各类顺式作用元件核心序列上，参与靶基因转录效率调控的蛋白质或 RNA 被称为反式作用因子（*trans*-acting factor），如转录因子。无论是原核生物还是真核生物，基因表达调控总是通过反式作用因子与顺式作用元件之间的作用来完成的。

真核生物的转录起始上游区段比原核生物多样化，其起始过程比原核生物复杂。转录起始时需要多种蛋白因子的协助，RNA 聚合酶与转录因子形成转录起始复合物，共同参与转录起始的过程。例如，真核生物转录 mRNA 的前起始复合体，包括负责转录的 RNA 聚合酶Ⅱ、6 种通用转录因子（TFⅡA、TFⅡB、TFⅡD、TFⅡE、TFⅡF、TFⅡH）与其他辅助蛋白，组成过程中 TFⅡD 的 TATA 结合蛋白次单元首先在 TFⅡA 的帮助下与 DNA 启动子的 TATA box（或 CAAT box、增强子等元件）结合，接着 TFⅡB 也会与启动子结合。TFⅡA、TFⅡB 和 TFⅡD 三者与启动子结合组成的复合体，可召集 TFⅡF 和 RNA 聚合酶Ⅱ，随后 TFⅡE、TFⅡH 再先后与复合体结合。每种转录因子在转录起始复合物组装的不同阶段起作用，如 TFⅡH 可结合 DNA 中的模板股，通过其解旋酶活性，介导启动子区域的 DNA 双股螺旋解开以形成转录泡，使 RNA 聚合酶得以发挥作用。总之，真核细胞中基因转录的起始是基因表达调控的关键，需要多种蛋白质分子的参与来形成控制基因转录开始的复杂体系。

2. 转录的延伸

在原核生物中，当 RNA 聚合酶的 σ 亚基（又称 σ 因子）发现其识别位点时，全酶就与启动子的 −35 区和 −10 区的序列结合。当 RNA 聚合酶 β 亚基在催化下形成 RNA 的第一个磷酸二酸键后，σ因子从全酶解离下来，之后依靠核心酶在DNA链上向下游滑动来实现DNA链的延伸，而脱落的σ因子与另一个核心酶结合成全酶反复利用。真核生物则依赖RNA聚合酶和转录因子共同作用。

转录启动后，DNA双螺旋链解开形成转录泡，其中一条链作为模板链。随着转录的进行，RNA聚合酶在DNA模板链上移动，根据碱基互补配对原则合成RNA单链。由于DNA链与合成的RNA链具有反向平行关系，所以RNA聚合酶是沿着DNA模板链3′→5′方向移动，合成的RNA延伸方向是5′→3′。RNA链的延长靠核心酶的催化，整个转录过程是由同一个RNA聚合酶来完成的一个连续不断的反应。

3. 转录的终止

当RNA链延伸到转录终止位点时，RNA聚合酶不再形成新的磷酸二酯键，转录复合物解体并将新生RNA释放出来，这一过程称为转录的终止（termination）。转录终止于DNA非编码序列末端附近的终止子（terminator）处。终止子是一段位于基因或操纵子末端的DNA片段，可中断转录作用。

原核生物的基因组中没有共有的终止序列，而是由转录产物序列指导终止过程，转录终止信号存在于RNA产物3′端，而不是在DNA模板上。原核生物的转录终止有两种形式，一种是依赖ρ因子的终止，ρ因子是一种与转录终止相关的蛋白质。在该种机制下，终止信号序列转录生成的RNA可形成发夹结构，这种结构可改变RNA聚合酶空间结构，阻碍了RNA聚合酶进一步发挥作用，使新合成的RNA从模板链上脱落下来，转录终止。另一种是不依赖ρ因子的终止，也称为内源性终止。在内源性终止中，DNA模板上靠近终止子附近的特殊序列使新转录的RNA有两段富含GC的反向重复序列，能形成具有茎环的发夹结构，发夹结构可影响RNA与模板链的结合，阻止核心酶前进，从而使RNA聚合酶脱落，转录产物被释放，转录终止。总之，两类终止信号在转录终止之前都有一段回文序列，回文序列是一段方向相反，碱基互补的序列。在该序列的协助下，实现转录的终止。

真核生物的RNAP有3种，转录终止方式取决于其所使用的聚合酶。RNA聚合酶Ⅰ的终止机制与原核生物的ρ因子依赖性终止机制类似，需要转录终止因子TTF-1与rRNA基因下游的终止子结合来终止反应。RNA聚合酶Ⅱ用加尾信号作为转录终止信号。当mRNA中转录出寡聚腺苷酸化信号5′-AAUAAA-3′后，会募集一系列蛋白因子，切割mRNA并添加多聚A（poly A）尾，然后才释放RNAP，转录终止。此过程中RNAP仍可在非编码序列继续转录数百甚至数千个核苷酸。而RNA聚合酶Ⅲ的终止与原核生物的内源性终止极为相似。模板链中有一段寡聚腺嘌呤的终止信号，引起RNA聚合酶Ⅲ的失活，使延伸终止，进而促进聚合酶暂停和转录本释放等。

（四）RNA转录后的加工修饰

转录生成的产物称为转录本（transcript）。未经加工的初始转录本往往活性或稳定性不足，需要进行加工修饰之后才能正常发挥作用。转录后修饰是真核细胞中将初级转录RNA转化为成熟RNA的加工过程，而很多加工是伴随转录过程进行的。真核生物成熟mRNA的结构如图10-9所示。

对于多数原核生物而言，其转录和翻译是同时进行的，即在以DNA作为模板合成mRNA的过程当中，核糖体就附着在mRNA上，并以它为模板进行蛋白质的合成。由于原核细胞执行边转录边合成的模式，因此原核生物的mRNA一般无特殊的转录后加工过程。真

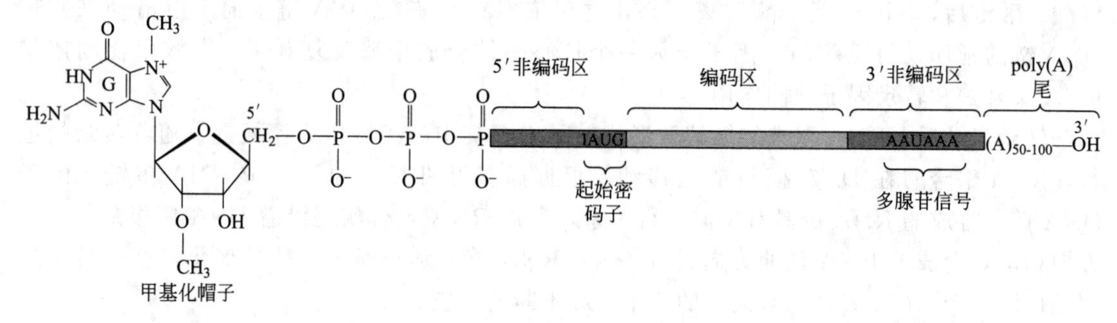

图 10-9　真核生物 mRNA 结构

核生物的转录和翻译场所是分开的，其 mRNA 一般都有相应的前体，前体必须经过后加工才能用于翻译蛋白质。例如，在细胞核内先转录形成 RNA 前体分子（hnRNA）分子，经过剪接、加尾和化学修饰等过程转变成成熟的 mRNA，然后再转移到细胞质中进行蛋白质的合成。mRNA 前体分子需要通过包括 5′端加帽、3′端多聚腺苷酸化和 RNA 剪接等修饰加工过程才能转化为成熟的 mRNA。

1. 化学修饰

化学修饰是调节生物大分子功能的高度特异性和有效性方法，生物体内的多种生物大分子在合成后均需要进行共价修饰。RNA 分子中的 4 种碱基以及核糖都可以成为修饰的靶标，对 RNA 分子的修饰可以使 RNA 更稳定、高效，赋予 RNA 更多功能，对基因表达产生直接的影响。但是 RNA 修饰的异常也会导致细胞功能的异常，其与多种疾病的发生相关。

（1）5′端加帽　真核生物成熟 mRNA 的 5′端有一个 7-甲基鸟苷三磷酸（m7GpppN）结构被称为甲基鸟苷的帽子，鸟苷通过 5′-5′焦磷酸键与 mRNA 的初级转录物的 5′端相连。通过对碱基和核糖的修饰，还可形成更复杂的帽子结构。如鸟苷上第 7 位碳原子被甲基化形成 m7GpppN；如果除 m7GpppNmN 外，这个核糖的第“2”号碳也被甲基化，就形成 m7GpppNm；如果 5′末端 N-1 和 N-2 中的两个核糖均被甲基化，就成为 m7GpppNmPNm2。真核生物帽子结构越复杂，生物进化程度就越高。真核生物 mRNA 的帽子结构如图 10-10 所示。

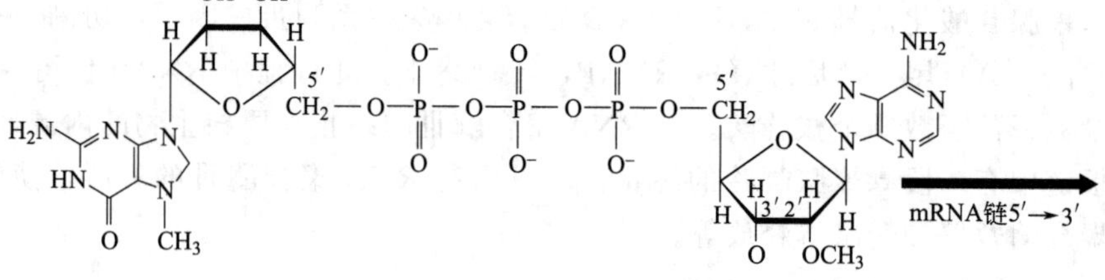

图 10-10　mRNA 的帽子结构

真核生物 mRNA 的 5′端帽子结构对稳定 mRNA 及其翻译具有重要意义。帽子结构将 mRNA 的 5′端封闭起来，增加了 mRNA 的稳定性，保护 mRNA 免遭 5′核酸外切酶的水解。它还是蛋白质合成系统的辨认信号，能促使 mRNA 与核糖体小亚基结合，进而启动翻译过程。

真核生物 mRNA 的加帽（capping）过程发生在转录早期，RNA 聚合酶和转录因子形成转录复合物，启动子被识别后进入转录起始阶段，启动后需要进行校验才能开始进行

RNA 的合成，而加帽过程就是完成校验的程序。只有完成加帽程序，转录才能进入延伸阶段。加帽过程需要多种酶参与，Pol Ⅱ形成转录复合物募集加帽酶（capping enzyme，CE），该酶具有 RNA 5′-三磷酸酶（TPase）活性和鸟嘌呤基转移酶（GTase）活性。在该酶的作用下先切去转录本 5′-末端磷酸，再添加鸟苷单磷酸，形成基本帽 GpppN 结构，接下来的一系列甲基化反应催化鸟嘌呤的 N-7 甲基化，完成加帽程序。

（2）3′端加尾　真核生物成熟 mRNA 的 3′端有多聚腺苷酸的尾巴［Poly（A）］。Poly（A）尾巴不是由 DNA 编码的，而是转录后在核内加上去的。在大多数真核基因的 3′端，有一个 AATAA 序列作为 mRNA 加尾信号，被核酸酶识别后，在此信号下游 10～15bp 外切断磷酸二酯键，Poly A 聚合酶能识别 mRNA 的游离 3′-OH 端并加上约 200 个 A 残基。Poly A 与成熟 mRNA 的稳定性、翻译起始以及将成熟的 mRNA 通过核孔转运到胞质有关。

2. 剪接

原核生物的结构基因是连续的编码序列，而真核生物中结构基因的编码序列是断开的，其中既具有有表达活性的外显子（extron），也含有无表达活性的内含子（intron）。在转录过程中，外显子及内含子均被转录到 RNA 前体分子（hnRNA）中，剪接（splicing）就是将 RNA 上属于非编码区的内含子从 RNA 前体分子上切除，并将外显子连接起来的加工过程。

3. 编辑

RNA 编辑（RNA editing）是指在 RNA 水平上，改变遗传信息的加工过程，其导致成熟的 mRNA 编码序列和它的转录模板 DNA 的编码序列不一致。在真核生物的 tRNA、rRNA 和 mRNA 中，都发现了 RNA 编辑这种现象。RNA 编辑包括碱基的增加、删除和替代等现象。这种改变增加了遗传信息的多样性，产生了不同的氨基酸以及新的开放读码框，丰富了基因表达调控方式。

4. rRNA 转录后加工

无论真核生物还是原核生物的 rRNA，都是以更为复杂的初级转录本形式被合成的，通过再加工后成为成熟的 rRNA 分子。

原核生物 rRNA 转录后加工，包括以下几方面：①由于原核生物 rRNA 成簇排布，转录以多顺反子形式形成 rRNA 前体，其在核糖核酸酶 RNaseⅢ、RNaseE 等作用下被剪切成一定链长的 rRNA 分子；②rRNA 在修饰酶催化下进行碱基修饰后，再与蛋白质结合形成核糖体的大、小亚基，进而形成具备生物学功能的核糖体。

真核生物 rRNA 前体比原核生物大，且其有内含子序列，需要经过剪接处理 rRNA 前体才能形成成熟的 rRNA。在对四膜虫的研究中发现，其 rRNA 前体无需酶的催化即可完成自动拼接过程，获得成熟的 rRNA。此外，rRNA 前体被切除部分，经环化后被证明具有催化活性，这对于了解生命进行过程有重要意义。

5. tRNA 转录后的加工修饰

原核生物和真核生物刚转录生成的 tRNA 前体一般无生物活性，需要进行加工，才具有转运氨基酸的能力，其具体的加工过程如下所述。

（1）剪切和拼接　tRNA 前体在 tRNA 剪切酶的作用下，被切成一定大小的 tRNA 分子。大肠杆菌 RNase P 可特异剪切 tRNA 前体的 5′端序列，因此，该酶被称为 tRNA 5′成熟酶。除了 RNase P 外，tRNA 前体的剪切尚需要一个 3′-核酸内切酶，可将 tRNA 前体 3′端的一段核苷酸序列切下来。此外，RNase D 是 tRNA 3′端的成熟酶。有研究表明大肠杆菌 RNase P 是一种非常特殊的酶分子，它是由 RNA 和蛋白质组成。最近发现 RNase P 分子中的 RNA 部分在某些条件下，可以单独地催化 tRNA 前体的加工成熟，这个发现和四膜虫

tRNA 能自我拼接被认为是近些年来生化领域内最令人鼓舞的发现之一。由此说明 RNA 分子确实具有酶的催化活性。经过剪切后的 tRNA 分子还要在拼接酶作用下，将成熟 tRNA 分子所需的片段拼接起来。

（2）碱基修饰　成熟的 tRNA 分子中有许多稀有碱基，因此 tRNA 在甲基转移酶催化下，某些嘌呤可生成甲基嘌呤，如 A→mA、G→mA；有些尿嘧啶可被还原为双氢尿嘧啶；尿嘧啶核苷转变为不加尿嘧啶的核苷；某些腺苷酸经脱氨基反应成为次黄嘌呤核苷酸。

（3）3′-OH 连接-ACC 结构　tRNA 的 3′-OH 端是氨基酸臂，-ACC 结构负责和氨基酸结合。在核苷酸转移酶作用下，tRNA 的 3′末端除去个别碱基后，换上 tRNA 分子统一具有的 CCA-OH 末端，完成 tRNA 分子中氨基酸臂结构的构建。

二、RNA 的复制

RNA 复制（RNA replication）是以 RNA 为模板合成 RNA 的过程。RNA 病毒的遗传信息贮存在 RNA 分子中，RNA 复制发生在除逆转录病毒之外的其他 RNA 病毒中。RNA 复制是在 RNA 复制酶即 RNA 依赖的 RNA 聚合酶（RNA dependent RNA polymerase，RdRP）的催化下完成的。RNA 复制酶以 RNA 为模板，按 5′→3′方向合成互补的 RNA 分子。与 RNA 聚合酶类似，RNA 复制酶不具备外切酶活性，因此缺乏校对功能从而导致复制的出错率较高。此外，RNA 复制酶只是特异地对病毒的 RNA 起作用，不会作用于宿主细胞的 RNA 分子。

RNA 病毒的遗传物质为 RNA，按照病毒体内的 RNA 种类可分单链 RNA 病毒和双链 RNA 病毒。单链 RNA 病毒根据其翻译过程特征，可分为反义 RNA 病毒和正义 RNA 病毒。

正义 RNA 病毒如噬菌体 Q、脊髓灰质炎病毒、鼻病毒和烟草花叶病毒（TMV）等，其遗传物质为正链 RNA。正链 RNA 进入宿主细胞后，可以行使 mRNA 的功能翻译出所编码的蛋白质，其中包括衣壳蛋白和病毒的 RNA 复制酶。然后在病毒 RdRp 的作用下，以正链 RNA 为模板合成双链 RNA，双链解链后再以负链 RNA 作为模板，合成正链 RNA，由此完成 RNA 的复制过程。

知识链接

新型冠状病毒

新型冠状病毒 COVID-19 属于冠状病毒，基因组为线型单股正链的 RNA 病毒。COVID-19 进入宿主细胞后，直接以病毒基因组 RNA 为翻译模板，表达出病毒 RNA 聚合酶。再利用该酶完成负链亚基因组 RNA 的转录合成、各种结构蛋白 mRNA 的合成，以及病毒基因组 RNA 的复制。

由于 RNA 复制酶的保真性不强，所以 COVID-19 具有较强的突变能力，使其能够迅速适应新的环境（如更换宿主、逃避宿主免疫系统、产生抗药性等），并快速扩散。正是由于这种机制，COVID-19 出现了多种变种，这对疫情防控和疫苗的有效性提出了新的挑战。

反义 RNA 病毒如埃博拉病毒、狂犬病毒、甲型流感病毒等，其遗传物质为负链 RNA。病毒进入宿主细胞后，利用本身所携带的 RNA 复制酶，以亲代负链 RNA 为模板，合成互补正链RNA而形成双链形式的复制型中间体。此双链解链后，该正链RNA既可作为翻译模板，制备出衣壳蛋白及其他酶，又可作为复制模板，在RdRP作用下，生成大量新的子代负链RNA，达到复制的目的。

双链RNA病毒如轮状病毒等，其核酸为互补的双链RNA。病毒进入宿主细胞后，其双链RNA在自身携带的RNA复制酶作用下，以负链RNA为模板复制出正链RNA，而正链RNA发挥类似mRNA的功能，翻译出早期蛋白质或晚期蛋白质。双链RNA在复制时，必须先以其原负链为模板复制出正链RNA，再由正链RNA复制出新的负链，构成子代RNA。

此外，还有一类特殊的RNA病毒，即反转录病毒，如人类免疫缺陷病毒、白血病病毒、肉瘤病毒等，它们携带的反转录酶和整合酶，能使RNA反向转录成DNA。与其他RNA病毒相比，逆转录病毒的RNA不进行自我复制。病毒进入宿主细胞后，以RNA为模板合成互补DNA（cDNA），再以cDNA为模板合成双链DNA，然后双链DNA被随机整合酶整合至宿主细胞染色体DNA上形成前病毒，建立终生感染并可随宿主细胞分裂传递给子代细胞。

第三节　蛋白质的生物合成

要点

翻译　基因的遗传信息在转录过程中从DNA转移到mRNA，再由mRNA将这种遗传信息表达为蛋白质中氨基酸顺序的过程叫作翻译。

核糖体　是细胞内一种核糖核蛋白颗粒，主要由RNA（rRNA）和蛋白质构成，其功能是按照mRNA的指令将遗传密码转换成氨基酸序列。

蛋白质的生物合成　蛋白质生物合成分为五个阶段，氨基酸的活化、多肽链合成的起始、肽链的延长、肽链的终止和释放、蛋白质合成后的加工修饰。

蛋白质分子是由许多氨基酸组成的，在不同的蛋白质分子中，氨基酸有着特定的排列顺序，这种特定的排列顺序不是随机的，而是严格按照蛋白质编码基因中的碱基排列顺序形成的。基因的遗传信息在转录过程中从DNA转移到mRNA，再由mRNA将这种遗传信息表达为蛋白质中氨基酸顺序的过程叫作翻译。翻译的过程也是蛋白质分子生物合成的过程，在此过程中需要多种生物大分子参与，其中包括核糖体、mRNA、tRNA及多种蛋白质因子。蛋白质生物合成可分为五个阶段，氨基酸的活化、多肽链合成的起始、肽链的延长、肽链的终止和释放、蛋白质合成后的加工修饰。

一、RNA在蛋白质生物合成中的作用

（一）mRNA

mRNA是合成蛋白质的直接模板。mRNA的遗传信息是来自DNA，经由核糖体被各种tRNA所识别。tRNA可以识别mRNA上以三个核苷酸为代码的密码子，与它们配对的tRNA上的三个核苷酸被称为反密码子，带有特定反密码子的tRNA携带特定的氨基酸。因

此通过翻译机制，mRNA 上的密码子就可以被“翻译”为对应的氨基酸。

mRNA 的 5′端和 3′端各有一段非编码区（untranslated region，UTR），分别被称作 5′ UTR 与 3′ UTR（图 10-11），这些区域是至关重要的。这些区域可以和不同的 RNA 结合蛋白（RNA-binding protein）结合，进而改变在细胞中的位置、决定 mRNA 的稳定性，以及对细胞受到刺激时的而发生的翻译进行调控，与细胞调控本身的活性密切相关。

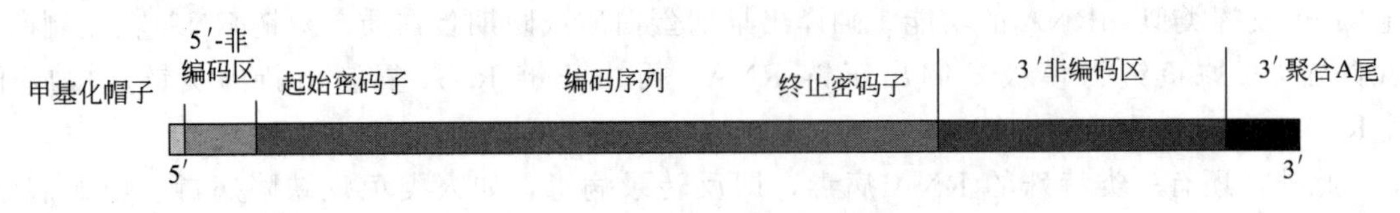

图 10-11　真核生物 mRNA 的典型结构

原核生物的 mRNA 两端也包含 UTR，中间是蛋白质的编码区，通常以多顺反子的形式存在，即一个 mRNA 分子编码多个多肽链。原核生物 mRNA 分子中一般没有修饰核苷酸，在原核生物 mRNA 起始密码子（AUG）附近（5′方向上游）的一小段长短不等的序列，含有较多的嘌呤核苷酸，被称为 S-D 序列。它能和核糖体小亚基上 16S rRNA 的 3′端富含嘧啶核苷酸的区域配对结合，有助于带有甲酰甲硫氨酸的起始 tRNA 识别 mRNA 上的起始密码（AUG），使肽链合成从此开始。

真核生物基因经转录生成的 mRNA 为单顺反子，即一个 mRNA 分子只为一种蛋白质分子编码，一般由 5′端帽子结构、5′端非编码区、编码区、3′端非编码区和 3′端聚腺苷酸尾巴构成。原核生物 mRNA 的转录与翻译一般是偶联的，真核生物转录的 mRNA 前体则需经转录后加工，成为成熟的 mRNA，与蛋白质结合生成信息体后才进行翻译。

1. 遗传密码

在 mRNA 编码区内，每相邻 3 个核苷酸组成 1 个三联体的遗传密码（genetic codon），编码一种氨基酸。mRNA 分子由 A、G、C、U 四种核苷酸组成，而每个密码子含有 3 个核苷酸，所以四种核苷酸可组合成 64 个三联体的遗传密码（表 10-5）。其中，UAA、UAG、UGA 这 3 组密码不编码任何氨基酸，只作为肽链合成的终止信号，为终止密码（termination codon），其余 61 组密码编码蛋白质的 20 种氨基酸，称为有意义密码（sense codon）。其中，AUG 既编码甲硫氨酸，又可作为肽链合成的起始信号，称为起始密码（initiation codon）。从 mRNA 5′端的起始密码子 AUG 到 3′端终止密码子之间的核苷酸序列称为开放阅读框。

2. 遗传密码的基本特征

（1）连续性　mRNA 中的密码子间无任何符号将其间隔，翻译时从起始密码子开始，一个密码子接着另一个密码子连续阅读直至遇到终止密码子，若在其中随意插入或删除非 3 整数倍的碱基，就会造成移码突变（frame shift mutation）。这说明密码子是连续的。

（2）简并性　编码氨基酸的遗传密码子有 61 种，而合成蛋白质常用的氨基酸有 20 种，所以有许多氨基酸可由多个密码子编码。除了甲硫氨酸和色氨酸只有一个密码子外，其他氨基酸均有一个以上的密码子。这种一个氨基酸有两个或两个以上密码子的现象称为密码子的简并性，编码同一个氨基酸的密码子称为同义密码子。简并的位点一般在密码子的第三位碱基，简并的意义在于将碱基突变带来的影响降到最小。

（3）摆动性　翻译过程中氨基酸的正确加入，需要靠 tRNA 反密码子来阅读 mRNA 上的遗传密码。阅读时两个 RNA 是反向平行配对的，即反密码子的第一个碱基（从 5′到 3′方向阅读）与密码子的第三个碱基配对。

表 10-5 遗传密码表

第一位核苷酸	第二位核苷酸				第三位核苷酸
	U	C	A	G	
U	UUU 苯丙氨酸 UUC 苯丙氨酸 UUA 亮氨酸 UUG 亮氨酸	UCU 丝氨酸 UCC 丝氨酸 UCA 丝氨酸 UCG 丝氨酸	UAU 酪氨酸 UAC 酪氨酸 UAA 终止 UAG 终止	UGU 半胱氨酸 UGC 半胱氨酸 UGA 终止 UGG 色氨酸	U C A G
C	CUU 亮氨酸 CUC 亮氨酸 CUA 亮氨酸 CUG 亮氨酸	CCU 脯氨酸 CCC 脯氨酸 CCA 脯氨酸 CCG 脯氨酸	CAU 组氨酸 CAC 组氨酸 CAA 谷胺酰胺 CAG 谷胺酰胺	CGU 精氨酸 CGC 精氨酸 CGA 精氨酸 CGG 精氨酸	U C A G
A	AUU 异亮氨酸 AUC 异亮氨酸 AUA 异亮氨酸 AUG 起始 甲硫氨酸	ACU 苏氨酸 ACC 苏氨酸 ACA 苏氨酸 ACG 苏氨酸	AAU 天冬酰胺 AAC 天冬酰胺 AAA 赖氨酸 AAG 赖氨酸	AGU 丝氨酸 AGC 丝氨酸 AGA 精氨酸 AGG 精氨酸	U C A G
G	GUU 缬氨酸 GUC 缬氨酸 GUA 缬氨酸 GUG 缬氨酸	GCU 丙氨酸 GCC 丙氨酸 GCA 丙氨酸 GCG 丙氨酸	GAU 天冬氨酸 GAC 天冬氨酸 GAA 天冬氨酸 GAG 天冬氨酸	GGU 甘氨酸 GGC 甘氨酸 GGA 甘氨酸 GGG 甘氨酸	U C A G

tRNA 上的反密码子与 mRNA 的密码子配对时，密码子的第一位、第二位碱基是严格按照碱基配对原则进行的，而第三位碱基配对则不是很严格，这种现象称为摆动性（wobble）。特别是 tRNA 反密码子中除 A、G、C、U 4 种碱基外，往往在第一位出现 I（次黄嘌呤）。次黄嘌呤的特点是与 U、A、C 都可以形成碱基配对，这就使带有次黄嘌呤的反密码子可以识别更多的简并密码子。如反密码子 IGC 可阅读 GCU、GCC、GCA 3 个密码子，而这 3 个密码子都可以编码同一种氨基酸——丙氨酸。反密码子的第一位如是 U 可以和 A、G 配对，如是 G 可与 U、C 配对，但 A 和 C 只能与 U 和 G 配对（表 10-6）。在已知一级结构的 tRNA 中，其反密码子的第一位碱基为 U、G、C、I，还没有发现 A。摆动性的存在，合理地解释了密码子的简并性，同时也使基因突变造成的危害程度降至最低。

表 10-6 密码子与反密码子配对的摆动现象

反密码子第一位碱基	A	C	G	U	I
密码子第三位碱基	U	G	U,C	A,G	A,U,G

(4) 通用性　无论是原核生物还是真核生物，无论是体内还是体外，遗传密码子都是通用的，但也有少数例外，有四种密码子在线粒体和细胞质中对应的信息不一样。

（二）tRNA

tRNA 又称转运核糖核酸，是一种由 76～90 个核苷酸所组成的 RNA，会折叠成苜蓿叶状的核酸二级结构，呈三叶草形，它由氨基酸臂、二氢尿嘧啶环、反密码环、额外环和 TψC 环五部分组成。其中氨基酸臂是 tRNA 分子 3′端的 CCA 序列，在氨酰-tRNA 合成酶催化下，连接特定种类的氨基酸。反密码子臂（anticodon arm）有 5 个碱基，包括反密码子

(anticodon)。每一个 tRNA 包括一个特异的三联反密码子序列，能够与编码氨基酸的一个或者多个密码子匹配。在翻译的过程中，tRNA 可借由自身的反密码子识别 mRNA 上的密码子，将该密码子对应的氨基酸转运至核糖体正在合成中的多肽链上。每个 tRNA 分子理论上只能与一种氨基酸接附，但是遗传密码有简并性，使得有多于一个以上的 tRNA 可以跟同一种氨基酸接附。

（三）rRNA

核糖体是细胞内一种核糖核蛋白颗粒，主要由 RNA（rRNA）和蛋白质构成，其功能是与 mRNA 结合，在多种翻译因子的辅助下读取其中的遗传信息，并按照特定的信息利用 tRNA 转运来的氨基酸合成蛋白质。

核糖体是细胞内蛋白质合成的场所，由核糖体蛋白和 rRNA 被排列成两个不同大小的核糖体亚基结合形成。原核细胞的核糖体沉降系数为 70S，它由沉降系数为 30S 的小亚基和沉降系数 50S 的大亚基组成。70S 核糖体包含 3 种沉降系数不同的 rRNA，其中小亚基包含 16S rRNA，大亚基包含 5S rRNA 和 23S rRNA。真核细胞的核糖体沉降系数为 80S，它由沉降系数为 40S 的小亚基和沉降系数为 60S 的大亚基组成。80S 核糖体包含 4 种沉降系数不同的 rRNA，其中，小亚基包含 18S rRNA，而大亚基则包含 5S rRNA、5.8S rRNA 和 28S rRNA。

蛋白质合成过程是在核糖体的大小亚基相互配合下完成的。在进行翻译过程中，从细胞核中转录得到的 mRNA 首先和核糖体小亚基结合并读取 mRNA 信息，随后再和大亚基构成完整的核糖体，执行蛋白质合成功能。当核糖体完成对一条 mRNA 单链的翻译后，大小亚基会再次分离。

核糖体含有三个 RNA 结合位点：A、P 和 E 位点。其中核糖体 A 位点是核糖体内接受新氨酰-tRNA 的位点，主要部分位于大亚基中。核糖体 P 位点是核糖体内前一个 tRNA 将其肽基或甲酰甲硫氨酰基转移至后一个 tRNA 上的位点，该位点在大亚基中的区域含有肽酰转移酶。核糖体 E 位点是空载 tRNA 离开核糖体的位点。

二、参与蛋白质生物合成的酶及蛋白因子

生物体内蛋白质翻译是一个复杂的细胞活动进程，参与翻译生化反应的有多种酶，但其核心生化反应主要由两类酶参与：催化腺苷化反应和 tRNA 装载的氨酰-tRNA 合成酶，催化肽键合成的核糖体核酶。下面将进一步探讨蛋白质翻译过程中的酶及蛋白因子。

（一）氨酰-tRNA 合成酶

氨基酸酰基转运核糖核酸合成酶，又称氨酰-tRNA 合成酶（aminoacyl tRNA synthetase，ARS），是一类催化特定氨基酸或其前体与对应 tRNA 发生酯化反应而形成氨酰 tRNA 的酶。此酶能专一性地辨认氨基酸的侧链和 tRNA，所以每一种氨基酸与 tRNA 的连接都需要专一性的氨酰-tRNA 合成酶来催化，因此氨酰-tRNA 合成酶的种类与标准氨基酸的数量一样，都为 20 种。最终 mRNA 的遗传信息能准确无误地反映在蛋白质的氨基酸序列上。

在翻译过程中，每种 tRNA 分子都需要与相应的氨基酸结合，然后将这些氨基酸运送到核糖体中进行蛋白质合成。这种结合是在一系列氨酰-tRNA 合成酶的作用下完成的，这些酶通过酯化反应将正确的氨基酸与对应的 tRNA 分子相连接。氨酰-tRNA 合成酶参与的合成分两步进行：第一步是在氨酰-tRNA 合成酶作用下，催化底物 ATP 分子的磷酸基团和

氨基酸的羟基结合形成氨酰-AMP，并释放出一分子无机焦磷酸（PPi）；第二步反应是酶和氨酰-AMP形成复合物再与正确的tRNA分子结合，催化氨基酸从氨酰-AMP转移到tRNA的3′端核糖上。具有校正活性的氨酰-tRNA酶可水解错误的氨酰-tRNA以确保tRNA结合的正确性。

（二）翻译因子

翻译过程中还需要多种蛋白质因子协助，它们在翻译的不同阶段发挥作用，分为三类：起始因子（initiation factor，IF）、延伸因子（elongation factors，EF）和释放因子（release factor，RF）。

起始因子是一类在蛋白质翻译起始的过程中发挥作用的蛋白质。原核细胞的起始因子共有三种，分别为PIF-1、PIF-2和PIF-3。其中PIF1与30S亚基A位点结合，协助30S亚基和mRNA的结合，并防止不符的氨酰tRNA错误进入核糖体的A位点。PIF-2是一种GTP结合蛋白，协助第一个氨酰tRNA进入核糖体。PIF-3能够阻止核糖体大、小亚基的提前结合。真核起始因子种类多且复杂，已鉴定的真核起始因子共有12种。这些真核起始因子通过与核糖体、mRNA和tRNA之间的相互作用来完成真核生物的翻译起始。

延伸因子是在mRNA翻译时促进多肽链延伸的蛋白质。原核细胞进行翻译时需要三种延伸因子的参与，分别为EF-Tu、EF-Ts以及EF-G。真核细胞有两种延伸因子，分别为eEF1和eEF2。

释放因子是蛋白质合成过程中识别终止密码子，引起完整的肽链和核糖体从mRNA上释放的蛋白质。原核生物的翻译终止有RF1、RF2、RF3三种释放因子的参与。其中RF1识别终止密码子UAA和UAG，RF2识别终止密码子UAA和UGA，RF3是一种GTP结合蛋白，刺激RF1和RF2活性，协助肽链释放，肽链释放后，负责RF1和RF2与核糖体的分离。真核生物的翻译终止只涉及eRF1和eRF3两种释放因子，其中eRF1能识别所有终止密码子（UAA、UAG、UGA），eRF3作用类似于RF3，协助eRF1从核糖体释放肽链。

三、蛋白质生物合成的过程

翻译的过程大致可分为三个阶段：起始、延长、终止。翻译主要在细胞质内的核糖体中进行，氨基酸分子通过转运RNA被带到核糖体上。生成的多肽链（即氨基酸链）需要通过正确折叠形成蛋白质，许多蛋白质在翻译结束后还需要进行翻译后修饰，才能具有真正的生物学活性。

（一）氨基酸的活化

氨基酸在进行多肽链合成之前，必须先经过活化，氨酰tRNA是它的激活形式。这个活化过程由氨酰-tRNA合成酶催化，此酶催化氨基酸的α-羧基与tRNA的3′-羟基偶联ATP水解而发生酯化反应，生成氨酰tRNA（图10-12）。每种氨基酸和相对应的tRNA结合，在氨酰-tRNA合成酶催化下，利用ATP供能，在氨基酸羧基上进行活化，首先形成氨酰-AMP，再与氨酰-tRNA合成酶结合形成三联复合物，此复合物再与特异的tRNA作用，将

$$\text{ATP+氨基酸} \xrightarrow[\text{Mg}^{2+}\text{或Mn}^{2+}]{\text{氨酰-tRNA合成酶}} \text{氨酰-AMP-酶+PPi}$$

图10-12 氨基酸的活化

氨基酸转移到 tRNA 的氨基酸臂（即 3′-末端 CCA-OH）上。

（二）多肽链合成的起始

翻译的起始需要寻找翻译起点（起始密码子），由 mRNA 结合核糖体小亚基、起始氨酰-tRNA（fmet-tRNA）和核糖体大亚基组装成翻译起始复合物。蛋白质的合成在真核细胞中从 N 端的甲硫氨酸（Met）开始，在原核细胞中从甲酰甲硫氨酸（formyl Met，fMet）开始。翻译的起始过程需要起始因子参与。

原核生物待翻译 mRNA 5′端上游的 Shine-Dalgarno 序列（SD 序列）可与核糖体小亚基 16S rRNA 3′端的反 SD 序列互补而结合（图 10-13）。紧接 S-D 序列的短核苷酸序列可被小亚基核糖体蛋白识别结合，mRNA 在这两方面作用下实现在小亚基上定位。在 mRNA 与小亚基结合后，fMet-tRNA 结合于 mRNA-小亚基复合体的起始密码子上，形成 30S 翻译起始复合物；大亚基再与该复合体结合，形成 70S 翻译起始复合物。

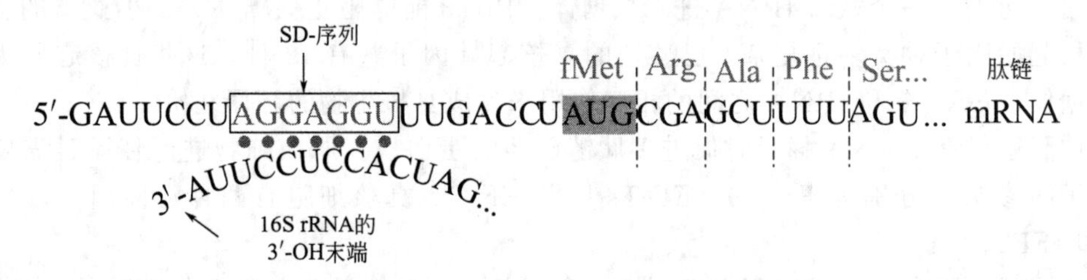

图 10-13　原核生物中 S-D 序列与 16S rRNA 结合

真核生物通常仅有一个起始密码，不需要 S-D 序列作标志，而需要起始因子的参与。通过起始因子之间以及不同的真核起始因子与核糖体、mRNA 和起始 tRNA 之间的相互作用，来完成真核生物的翻译起始。相较于原核生物，真核生物的翻译起始过程更多地依赖于蛋白质与蛋白质以及蛋白质与 RNA 之间的相互作用。mRNA 的起始密码子标志着 mRNA 上蛋白质信息的开始位置。翻译开始时，核糖体的小亚基与 mRNA 的起始密码子结合，而细胞中的氨基酸被激活，和 tRNA 结合，由 tRNA 将氨基酸运送至核糖体。

（三）多肽链的延伸

翻译的延伸是指核糖体不断将新的氨基酸连接到已有肽链（或起始氨基酸）的羧基端，直至合成出完整肽链的过程。翻译起始后，核糖体沿 mRNA 链由 5′端向 3′端移动。从起始密码子处开始，核糖体利用氨酰-tRNA 携带的氨基酸合成肽链。核糖体每翻译一个三联体密码子就在延伸中肽链的 C 端添加一分子氨基酸，其自身也同时顺着 mRNA 移动一段距离。肽链延伸阶段是一个不断循环的过程，在多肽链上每增加一个氨基酸都需要经过进位（entrance）、转肽（transpeptidaton）和移位（translocation）三个步骤（图 10-14）。

1. 进位

按照核糖体 A 位内 mRNA 部分密码子的引导，将具有对应反密码子的氨酰-tRNA 结合在核糖体 A 位点的过程，称为“进位”。原核细胞翻译过程中，结合了三磷酸鸟苷（GTP）的延伸因子 EF-Tu 与氨酰-tRNA 形成三元复合物并进入核糖体 A 位。EF-Ts 催化水解复合物携带的 GTP 产生能量完成进位。之后，EF-Tu 和二磷酸鸟苷（GDP）脱离核糖体，EF-Tu 则释放出 GDP，并与 EF-Ts 重新复合形成 EF-T，以待再次被利用。真核细胞翻译过程中，氨酰-tRNA 由 eEF-1 以三元复合物的形式带入核糖体的 A 位。GTP 水解后，eEF-1·GDP 离开核糖体，与结合在 A 位上的氨酰-tRNA 分离。

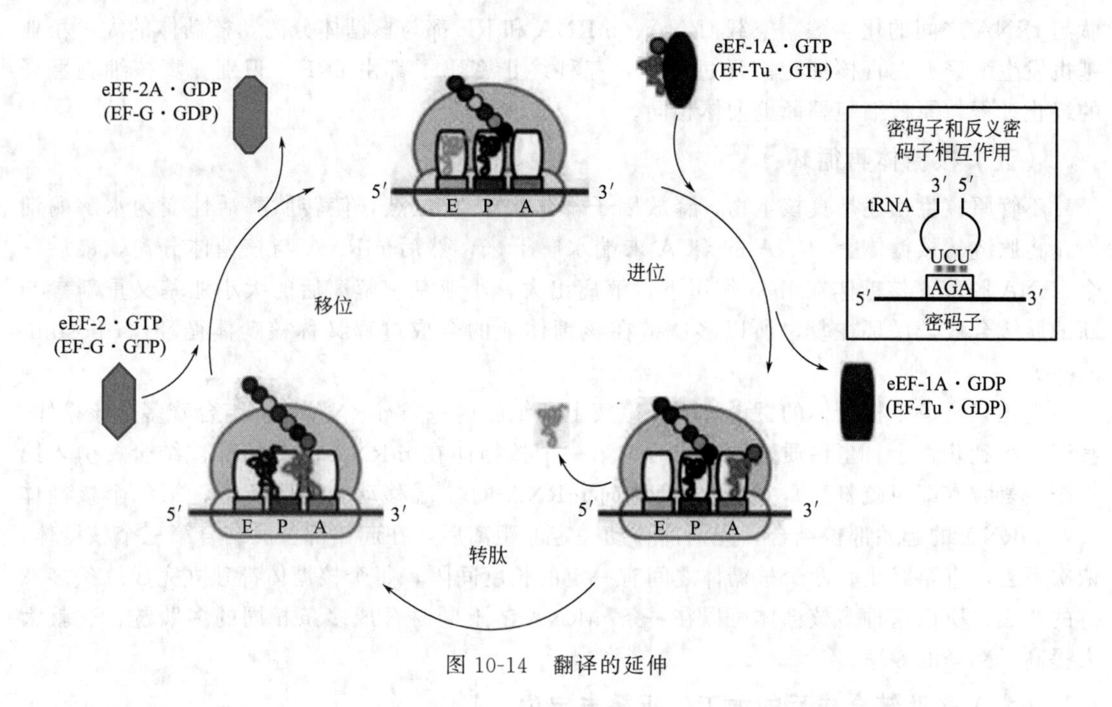

图 10-14　翻译的延伸

2. 转肽

核糖体的肽酰转移酶催化位于核糖体 P 位点上的氨基酸 α-COOH，与 A 位上的氨基酸 α-NH_2 之间脱水缩合形成肽键，从而使 P 位点上的氨基酸连接到 A 位氨基酸的氨基上，此步骤称为“转肽”。转肽步骤完全由核糖体大亚基内的核酶催化完成。在转肽这一步骤中生成的肽酰-tRNA 将占据核糖体 A 位点，而 P 位点中刚卸载甲酰甲硫氨酰基或甲酰甲硫肽酰基的空载 tRNA 则将进入核糖体的 E 位点。

3. 移位

转肽作用发生后，新形成的肽酰-tRNA 位于 A 位点，具有转位酶活性的 EF-G 能催化 GTP 水解提供能量，将位于核糖体 A 位点的肽酰-tRNA 推入 P 位点的步骤称为“移位”。同时使 P 位点中没有负荷氨基酸的 tRNA 进入 E 位点，并使 E 位的 tRNA 排出核糖体。核蛋白体沿着 mRNA 向 3′端方向移动一组密码子，使得原来结合二肽酰-tRNA 的 A 位点转变成了 P 位点，而 A 位点空出，为新氨酰-tRNA 进位提供空间。

肽链延伸的过程中，每增加一个氨基酸残基，即重复上述进位、转肽、移位的步骤，循环每完成一次，肽链的 C 端便加入一个氨基酸分子，直至翻译进入终止阶段。实验证明 mRNA 上的信息阅读是从 5′端向 3′端进行，而肽链的延伸是从氨基端到羧基端，所以多肽链合成的方向是 N 端到 C 端。

（四）多肽链合成的终止

当核糖体到达编码序列的末端并且终止密码子进入 A 位点时，翻译进入终止（termination）阶段。此阶段主要包括新生肽链的释放与核糖体的解离等过程。翻译的终止需要释放因子的参与。释放因子分为两类，Ⅰ类因子负责终止密码子识别和肽基 tRNA 水解。Ⅱ类因子具有 GTP 酶活性，可以辅助Ⅰ类因子进入肽基转移酶中心（PTC）。原核细胞翻译过程中，终止密码子由Ⅰ类释放因子识别，RF-1 或 RF-2 进入核糖体 A 位与终止密码子互补配对后使翻译停止，RF-3可使核糖体内部的肽酰转移酶改变构象，从而发挥酯酶活性水解多肽与tRNA之间的化学键。空载tRNA、mRNA和RF都与核糖体分离，核糖体的大、小亚基也发生解聚。在真核细胞翻译过程中，三种终止密码子都由eRF-1识别。真核细胞翻译的终止过程与原核细胞翻译也大体相同。

（五）核糖体再循环

不管原核生物还是真核生物，释放因子都作用于A位点，使转肽酶活性变为水解酶活性，将肽链从核糖体上tRNA的CCA末端水解下来，然后mRNA与核糖体分离，最后一个tRNA脱落，核糖体在IF-3作用下，解离出大、小亚基。解离后的大小亚基又重新参与新的肽链合成，循环往复，所以多肽链在核糖体上的合成过程又称核糖体循环（ribosome cycle）。

上述只是单个核糖体的翻译过程，事实上在细胞内一条mRNA链上结合着多个核糖体，甚至可多到几百个。蛋白质开始合成时，第一个核糖体在mRNA的起始部位结合，引入第一个蛋氨酸（即甲硫氨酸），然后核糖体向mRNA的3′端移动一定距离后，第二个核糖体又在mRNA的起始部位结合，先向前移动一定的距离后，在起始部位又结合第三个核糖体，依次下去，直至终止。两个核糖体之间有一定的长度间隔，每个核糖体都独立完成一条多肽链的合成，所以这种多核糖体可以在一条mRNA链上同时合成多条相同的多肽链，这就大大提高了翻译的效率。

（六）多肽链合成后的加工、折叠与定位

在核糖体上直接合成的蛋白质通常没有生物活性，新生肽链在合成的同时或合成后，需要经历加工、修饰和折叠等过程才能形成具有特定结构和功能的成熟蛋白质。蛋白质的成熟所需要经历的生化过程包括肽链的剪切、新生肽链的折叠、二硫键的形成，及蛋白质氨基酸残基的糖基化作用、羟基化作用、磷酸化作用等多种化学修饰。蛋白质翻译后修饰可调节蛋白质活性、定位以及与其他细胞分子的相互作用，进一步增加了从基因组水平到蛋白质组的复杂性。多肽的加工和修饰影响的是蛋白质的结构，定位影响的是蛋白质的分布。

1. 肽链合成后的加工

肽链合成后的加工指的是肽链在核糖体上合成后，经过细胞内各种修饰处理，成为有生物活性的成熟蛋白质的过程。对新生肽链的加工方式可分为三类：一是对肽链主链的修饰处理，即肽链的剪接；二是对氨基酸残基的修饰，包括泛素化、磷酸化、糖基化、甲基化和乙酰化作用等；三是蛋白质高级结构的形成，包括多肽链的折叠、亚基聚合及辅因子（如金属离子、各种辅酶等）的添加。

（1）肽链的剪接　肽链的剪接是指新生肽链合成后需要在特定蛋白水解酶的作用下，切除某些肽段或氨基酸残基，使蛋白质一级结构发生改变，进而形成成熟蛋白质的翻译后加工过程。

蛋白质的合成都是从N端的甲硫氨酸或甲酰甲硫氨酸开始，肽链合成后位于肽链N端的fMet或残基通常在氨肽酶的催化作用下被切除。部分原核生物需要在脱甲酰酶的作用下将多肽链N端fMet的甲酰基切掉而保留Met，而更多的原核生物要把整个甲酰甲硫氨酸切掉。真核生物则要把Met切掉，甚至还要切掉更多的末端氨基酸残基。

信号肽（signal peptide）是N-末端一段编码长度为5～30的疏水性氨基酸序列，是用于引导新合成蛋白质运输的短肽链。当信号肽序列合成后，信号肽能够被内质网膜上的受体

识别并与之相结合。在信号肽的引导下，新合成的蛋白质进入内质网腔，而信号肽序列则在信号肽酶的作用下被切除。

（2）共价修饰　蛋白质的翻译后修饰会通过附上其他的生物化学官能团、改变氨基酸的化学性质，或造成结构的改变来扩展蛋白质的功能。蛋白质的共价修饰是调节蛋白质活性的重要机制，能够赋予蛋白质分子功能的高度特异性和有效性。常见的蛋白质共价修饰有磷酸化、糖基化、泛素化、乙酰化和甲基化等。

2. 蛋白折叠

蛋白折叠（protein folding）是蛋白质获得其功能性结构和构象的过程。从核糖体上释放出来的多肽链由氨基酸组成，按照一级结构中氨基酸侧链的性质如亲水性、疏水性、带正电、带负电等特性，通过残基间的相互作用发生自主卷曲，形成一定的空间结构。

蛋白质的正确折叠通常需要分子伴侣的协助。分子伴侣（chaperone）是指能够结合和稳定另外一种蛋白质的不稳定构象，并能通过有控制地结合和释放，促进新生多肽链的折叠、多聚体的装配或降解，及细胞器蛋白的跨膜运输的一类蛋白质。分子伴侣通过与其底物蛋白的结合与释放，参与其在体内的正确加工与输送过程。分子伴侣不含有蛋白质正确折叠的空间信息，但是能够阻止非天然蛋白质分子内或分子间的不正确相互作用，从而增加蛋白质正确折叠的概率。分子伴侣能识别错误的蛋白构象，使其在蛋白质折叠中扮演关键角色。

蛋白质的错误折叠可能引发疾病，如阿尔茨海默病、牛海绵状脑病（俗称疯牛病）、可传播性海绵状脑病、亨丁顿舞蹈症和帕金森病等，都是由一些细胞内的重要蛋白质发生突变，导致蛋白质聚沉或错误折叠而引发的。

3. 蛋白质的转运

不论是原核生物还是真核生物，在细胞质内合成的蛋白质需定位于细胞特定的区域。绝大多数蛋白质的合成部位只有一个，即细胞质中的核糖体。但是成熟的蛋白质在细胞上均有不同的定位，即在细胞内或细胞外的不同部位执行生理功能，有些蛋白质合成后要分泌到细胞外，如各种蛋白质类激素和消化酶原，这些蛋白质叫作分泌蛋白。有的蛋白质在细胞质中起作用，如催化糖酵解反应的各种酶；有的蛋白质在细胞膜上起作用，如各种细胞外的信号受体；有的蛋白质在特殊的细胞器内起作用，如参与光合作用的蛋白质在叶绿体中起作用，参与细胞有氧呼吸的蛋白质在线粒体中起作用；有的蛋白质在细胞核中起作用，如各种组蛋白和转录因子。在细胞质中合成的蛋白质到达细胞的特定部位，并执行正常生理功能的定向输送过程称为蛋白质转运，或称为肽链的转运。一般说来，蛋白质转运可分为两大类：若某个蛋白质的合成和转运是同时发生的，则属于翻译转运同步机制；若蛋白质从核糖体上释放后才发生转运，则属于翻译后转运机制。

四、真核生物蛋白质生物合成的特点

原核生物没有细胞核，因此它们的 mRNA 在转录的同时就可以被翻译。真核细胞中转录是在细胞核中进行的，然后 mRNA 被运输到细胞质进行翻译。原核生物与真核生物的蛋白质合成过程有很多的区别，真核生物的更复杂。

真核生物与原核生物在蛋白质合成中机制相似，存在以下相同点：①两者在进行蛋白质合成时均以 mRNA 为翻译模板；②翻译起始时均需起始因子参与形成起始复合物；③蛋白质合成需由 GTP 提供能量以完成转位过程。

由于真核生物和原核生物进化上的差异，两者在蛋白质的合成中又存在许多不同点：①

两者的 mRNA 结构稍有差异，原核生物 mRNA 上有 SD 序列帮助核糖体定位和起始翻译，真核生物 mRNA 上有 5′端帽子结构和 3′端 poly（A）尾巴来帮助起始翻译和稳定 mRNA 结构；②两者的起始复合物形成顺序存在明显差异，原核生物 mRNA 靠 SD 序列先与核糖体小亚基结合，再结合上甲酰甲硫氨酰-tRNA 和大亚基形成起始复合物，而真核生物 mRNA 无 SD 序列，是先由甲硫氨酰-tRNA 结合核糖体小亚基，再借助帽子结构结合蛋白质及其他起始因子，之后 mRNA 才能与已结合甲硫氨酰-tRNA 的核糖体小亚基结合，加上大亚基形成起始复合物；③原核生物翻译过程需要 3 种起始因子的参与，真核生物则需多达 12 种起始因子参与。

五、蛋白质合成抑制剂

（一）mRNA 合成抑制剂

RNA 的转录能被一些特异性的抑制剂抑制，有的抑制剂是治疗某些疾病的药物，有的则是研究转录机理的重要试剂。按照作用机理的不同，转录抑制剂分为两大类。第一类抑制剂能特异性地与 DNA 链结合，抑制模板的活性，使转录不能进行。这类抑制剂同时抑制 DNA 复制，例如：放线菌素 D、鹅膏蕈碱等。第二类抑制剂作用于 RNA 聚合酶，使 RNA 聚合酶的活性改变或丧失，从而抑制转录的进行。这类抑制剂只抑制转录，不影响复制，是研究转录机制和 RNA 聚合酶性质的重要工具。

鹅膏蕈碱抑制 mRNA 合成，进而阻断蛋白质合成，是剧毒物质。能产生鹅膏蕈碱的毒蘑菇是毒鹅膏菌（又称鬼笔鹅膏），误食少许即可导致肝细胞坏死，最终导致患者昏迷甚至死亡。鹅膏蕈碱结合在 RNA 聚合酶的背面，远离活性位点及 DNA 和 RNA 的结合位点，所以它并不阻止磷酸二酯键的形成，而是阻止酶在 DNA 模板上的移位，从而阻断 RNA 的延伸。它结合在酶的两个亚基之间，通过阻止酶的构象变化抑制其移位。

抗生素可作为转录的抑制剂，包括抗细菌药与抗真菌药。放线菌素能够在转录起始复合物的位置结合 DNA，与 DNA 形成复合体，阻止 RNA 聚合酶合成 RNA。利福平通过结合 DNA 依赖性 RNA 聚合酶的 β-亚基来抑制细菌 mRNA 的转录。

（二）核糖体抑制剂

在原核生物的蛋白质合成中，通常可以使用某些抗生素来抑制或阻断翻译的进行，其基本原理是竞争性抑制作用或共价结合而占据了核糖体的活性位点。由于原核生物的核糖体结构与真核生物不同，这些抗生素可以特异性消灭感染真核宿主的原核生物，而不会对宿主造成影响。

氨基糖苷类抗生素如链霉素、卡那霉素和新霉素等是具有氨基糖与氨基环醇结构的一类抗生素，在临床上主要用于对革兰氏阴性菌、绿脓杆菌等感染的治疗。氨基糖苷类药物与细菌的核糖体 30S 亚基以及 mRNA 起始密码子结合，形成无法移动的链霉素单体复合物，使蛋白质的合成停止在起始阶段，从而影响细菌的生存。

四环素类抗生素是由放线菌产生的一类广谱抗生素，包括金霉素、土霉素、四环素及半合成衍生物甲烯土霉素、多西环素、二甲胺四环素等，其结构均含并四苯基本骨架。四环素能够抑制蛋白质翻译从而抑制细胞生长，它能与细菌核糖体 30S 亚基上的 16S rRNA 结合，抑制氨酰-tRNA 进入核糖体 A 位点，从而抑制蛋白质的合成。

本章小结

DNA是携带遗传信息的载体，DNA的生物合成方式有两种：一种是依靠DNA的自我复制，另一种是通过mRNA反转录。DNA复制时，分别以DNA的两条链为模板，按照半保留复制的方式，在DNA聚合酶等蛋白质分子的参与下，以四种脱氧核苷酸为原料，按照碱基配对原则，从5′→3′方向合成子代DNA分子。DNA分子复制过程中，有一条是连续合成的前导链，而另一条链是不连续合成的后随链。

DNA复制时，DNA拓扑异构酶可以松弛DNA分子双螺旋，解旋酶能够解开DNA双链。引物酶合成的RNA引物，在DNA聚合酶Ⅲ催化下能连续地合成DNA链。后随链的RNA引物是靠DNA聚合酶Ⅰ的5′→3′外切酶活性切除的，切除引物后的空隙，再靠DNA聚合酶Ⅰ填补，最后在连接酶作用下，形成长链。DNA复制过程具有很高的准确性。原核细胞的DNA聚合酶Ⅰ和真核细胞的DNA聚合酶δ，都具有3′→5′外切酶活性，可以校正复制中出现的碱基错配。DNA的合成也可以靠反转录酶的催化而完成，即以RNA分子为模板，合成DNA分子。

环境和生物体内的因素都可能造成DNA的序列发生改变。这些因素能导致DNA的点突变、碱基缺失、插入或转位、DNA链的断裂等后果，进而影响生物细胞的功能和遗传特性，甚至会导致细胞死亡，也有可能使细胞获得新的功能或进化。生物在进化过程中获得的DNA修复功能，对生物的生存和维持遗传的稳定性至关重要。对有些DNA的损伤，细胞能将其完全修复到原样。对较严重的损伤，细胞可采取重组修复、SOS修复等方式进行反应，以期提高细胞的存活率，但不能完全消除DNA的损伤，会带给细胞较高的突变率。DNA的损伤和修复与遗传、突变、寿命、衰老、辐射效应、肿瘤发生、某些毒剂的作用以及某些遗传性疾病等有密切的关系。

转录是以DNA为模板合成RNA的过程，经过转录DNA分子中贮存的遗传信息传递到RNA分子中，再由mRNA作为模板指导蛋白质的合成。转录是从DNA的特定位置开始的，以DNA分子中的一条链为模板，在RNA聚合酶作用下，以四种单核苷酸为原料，按照5′→3′方向完成RNA的合成。原核生物的RNA聚合酶能够特异性地识别并结合DNA启动子区域。启动子序列中－10区和－35区决定了转录的强度和准确度。真核生物中位于－20区的TATA框和－70和－110区域的元件是控制真核生物RNA转录的关键，转录作用停止于DNA模板的终止信号。

转录生成的RNA必须经过必要的加工修饰，才能成为有生物功能的RNA分子。原核生物转录生成的mRNA属于多顺反子，转录与翻译的过程同时进行。而真核生物转录生成的mRNA为单顺反子，而且具有复杂的转录加工修饰，包括5′端加帽，3′端加尾，RNA剪切和编辑等。人们在研究rRNA前体的加工过程中发现了具有催化作用的RNA分子，称为核酶，打破了酶的本质是蛋白质的传统观念。

蛋白质分子是由氨基酸通过肽键连接起来的。参与生物体合成蛋白质分子的氨基酸要在氨酰-tRNA合成的酶作用下进行活化。蛋白质合成的启动阶段，首先要形成由起始因子、GTP、mRNA和大、小亚基构成的70S起始复合物。肽链延伸阶段是一个不断循环的过程，在多肽链上每增加一个氨基酸都需要经过进位、转肽和移位三个步骤。合成终止时，在终止因子参与下，转肽酶将合成的肽链水解离开核糖体，核蛋白体也从mRNA脱落，重新进入又一个循环。蛋白质合成时，在同一条 mRNA 链上，可同时附着多个核糖体，能够同时合成相同的多条肽链。

思考题

1. 原核生物与真核生物中的 DNA 聚合酶有哪些种类以及各自的功能是什么？
2. DNA 复制时前导链与后随链的合成有哪些异同？
3. DNA 连接酶催化的连接反应与 DNA 聚合酶 $5' \rightarrow 3'$ 聚合活性有何异同？
4. 什么是反转录？有什么生物学意义？
5. 为什么说细胞对 DNA 损伤的修复能力对细胞的生存是至关重要的？
6. 哪些因素会导致 DNA 结构的变化？细胞能采取哪些措施保持 DNA 遗传结构的稳定性？
7. 生物细胞修复受损伤 DNA 的方式有哪些？修复的结果如何？
8. 简述 RNA 聚合酶的组成及各亚基的功能。
9. 简述原核生物与真核生物各自启动子的结构特点及功能。
10. 真核生物 mRNA 转录后加工包括哪些内容？
11. 肽链合成的过程是怎样的？
12. 简述真核生物与原核生物蛋白质合成的主要异同。

第十一章

肝胆生物化学

【知识目标】 熟悉肝脏在糖、脂类、蛋白质、维生素以及激素等物质代谢中发挥的作用，了解肝细胞受损时物质代谢紊乱的表现；掌握生物转化作用的概念、反应类型；熟悉胆汁酸的合成、分类及其功能，掌握胆汁酸的肠肝循环，了解初级胆汁酸和次级胆汁酸的种类；熟悉胆红素的生成、结合及其运输过程，掌握两种胆红素性质的差异以及胆素原的肠肝循环；了解三种黄疸的病因及临床表现；了解常用的肝功能试验类型及其临床意义。

【能力目标】 应用胆素原的肠肝循环等理论知识，解释临床上新生儿黄疸及成人黄疸疾病发生的原理，通过理论联系实际，培养学以致用的能力。

【素质目标】 理解肝功能对于维持人体健康的重要意义，在日常生活中增强保肝护肝的预防保健意识，养成健康的饮食和作息习惯。

肝脏位于人体腹部右上方，成人肝脏约重 1～1.5kg，其中水分约占 70%，其余化学成分主要有蛋白质、糖类和脂质等。肝脏承担着维持生命的重要功能，是人体重要的代谢器官，具有分泌胆汁、储藏糖原，调节蛋白质、脂肪和糖类的新陈代谢等功能，被誉为“物质代谢中枢”。肝脏还有解毒、造血和凝血等作用。肝脏具有双重血液供应，即门静脉和肝动脉。通过这两种供血途径，肝脏可以获得来自消化道的营养物质和来自肺脏的氧气。肝脏还有双重输出通道，即肝静脉和胆道系统，具有丰富的血窦，使得血液流经肝脏时速度缓慢，便于血液和肝脏细胞进行物质交换。肝细胞内含有种类极其丰富的酶，使肝脏能够完成各种各样的代谢活动。

肝脏中的蛋白质含量较高，占肝脏干重的二分之一，这些蛋白质一部分是肝细胞内各种生物膜的主要成分，另一部分是肝细胞内各种酶类，其中有些酶是肝脏组织所独有的。如肝细胞微粒体中含有多种生物转化酶，保障了体内生物转化作用的正常进行。肝脏细胞含有丰富的线粒体，可发生物质氧化为机体供能。糖类、脂肪酸和氨基酸等通过三羧酸循环和氧化磷酸化反应在肝细胞中产生能量。肝细胞中分布着大量的内质网和核糖体，为脂类代谢和蛋白质合成提供了场所。在肝脏的毛细胆管周围分布有大量的高尔基体和溶酶体，前者与物质转运和排泄有关，后者含有的水解酶类与细胞的溶解和坏死有关。

第一节　肝脏在物质代谢中的作用

要点

肝脏在糖代谢中的作用	肝脏通过肝糖原的合成与分解、糖异生维持血糖的相对稳定，尤其是大脑和红细胞的能量供应。
肝脏在脂类代谢中的作用	①肝脏在脂类的消化、吸收、运输、分解与合成中起重要作用；②肝脏是脂肪酸分解合成、酮体生成、胆固醇代谢、磷脂和脂蛋白合成的主要场所。
肝脏在蛋白质代谢中的作用	①肝脏是合成蛋白质、分解氨基酸、合成尿素的重要器官；②肝脏能合成多种血浆蛋白。
肝脏在维生素和激素代谢中的作用	①肝脏在维生素的吸收、储存和代谢转化方面起重要作用；②肝脏与多种激素的灭活与排泄有密切关系。

一、肝脏在糖代谢中的作用

肝脏是维持人体血糖浓度的主要调节器官之一。肝内能进行糖酵解、糖异生、糖原合成与分解，以及磷酸戊糖途径等糖代谢过程。在空腹状态下或短时间饥饿时，肝脏可以将肝糖原分解为葡萄糖，以维持血糖浓度稳定。当饥饿时间进一步延长，肝脏通过糖异生途径将乳酸、甘油等非糖物质转化为葡萄糖供人体利用。相反，在大量进食含糖食物后，食物中糖类经小肠消化吸收，通过血液循环进入肝脏，一部分被肝脏细胞分解消耗，一部分转变为肝糖原储存起来，剩余部分则转化为脂肪，最后以极低密度脂蛋白（VLDL）的形式被排出肝细胞，从而维持血糖浓度的相对平衡。肝脏作为糖异生的主要器官，可将甘油、乳糖及生糖氨基酸等转化为葡萄糖或糖原。剧烈运动及饥饿时，肝脏还能将果糖及半乳糖转化为葡萄糖，作为血糖的补充来源。

当肝细胞发生严重损伤时，机体容易发生糖代谢紊乱。此时肝脏中肝糖原的合成与分解及糖异生过程均难以正常进行，肝脏维持血糖浓度恒定的能力下降，机体因此容易发生低血糖；进食后，肝损伤患者由于肝糖原合成能力下降，无法及时将经小肠消化吸收进入血液的葡萄糖转化为肝糖原储存起来，容易引发饮食性高血糖，机体表现为耐糖能力下降。

二、肝脏在脂类代谢中的作用

肝脏在脂类的消化、吸收、运输、分解和转运等代谢过程中均发挥着重要作用。肝细胞中内源性脂类的合成十分活跃。例如，脂肪酸和三酰甘油的合成、胆固醇和磷脂的合成等均主要在肝脏中进行。同时，在饥饿时，肝脏又能合成酮体供应肝外组织。

（一）肝脏是脂类消化和吸收的主要场所

肝细胞合成和分泌的胆汁酸，是包括脂溶性维生素在内的脂质消化和吸收所必需的。当肝细胞发生损伤导致肝功能不全时，胆汁的分泌能力下降；当胆管阻塞时，即出现胆汁排出障碍，胆汁的合成减少或者排出受阻均可导致脂质消化不良，患者出现食欲不振、恶心厌油、脂肪摄入性腹泻等病症。

（二）肝脏是脂肪酸分解和酮体生成的主要场所

肝脏承担着机体三酰甘油合成和脂肪酸氧化供能的主要任务。进食后，肝脏将过剩的葡萄糖和某些氨基酸分解为乙酰 CoA，进而转变为脂肪酸，后者被用来合成三酰甘油。此外，一些来自小肠所吸收的外源性脂肪酸也可经肝脏 β-氧化反应彻底分解，释放能量供肝脏利用。肝脏可将上述代谢途径产生的三酰甘油、胆固醇和磷脂一起组装为极低密度脂蛋白，并将其分泌入血液，最终被肝外组织利用。当机体发生较长时间饥饿时，机体脂肪代谢产生的脂肪酸主要通过肝脏进行分解利用。例如，肝通过 β-氧化将脂肪酸分解为乙酰 CoA，乙酰 CoA 的一部分经过三羧酸循环彻底氧化释放能量；另一部分则被肝脏转变为酮体并输送至肝外组织，作为脂质能源为脑和肌肉等组织所氧化利用。

（三）肝脏调节体内胆固醇代谢、维持胆固醇水平平衡

机体内的胆固醇主要在肝脏中合成（约占全身总胆固醇含量的 75%）。肝脏通过胆汁酸的生成和分泌，达到排出和降解胆固醇的作用。当发生胆道阻塞时，血浆中的胆固醇含量就会升高。此外，肝脏通过合成卵磷脂胆固醇脂酰基转移酶（LCAT）并分泌入血浆，使血浆中游离的胆固醇结合卵磷脂分子中的脂酰基形成胆固醇脂。当发生肝损伤时，胆固醇的合成和分解排泄受阻，LCAT 的合成也受阻，此时血浆中的胆固醇和胆固醇脂含量均会降低。

（四）肝脏是磷脂和脂蛋白合成的主要场所

肝内磷脂的合成与三酰甘油的合成及转运有密切关系。机体内大量的磷脂和其他脂类及载脂蛋白在肝脏中合成脂蛋白，并用于脂类物质运输。当肝功能发生障碍或合成磷脂的原料不足时，肝中磷脂合成减少，此时二酰甘油生成三酰甘油明显增多，且其运输受阻，导致三酰甘油在肝内堆积，形成脂肪肝（肝中脂类含量大于 10%）。此外，肝脏是合成 VLDL 和高密度脂蛋白（HDL）的主要器官。机体脂肪组织动员出的游离脂肪酸通过与肝脏合成的血浆清蛋白结合而完成运输。因此，脂类的运输和转化也依赖于正常的肝功能。

三、肝脏在蛋白质代谢中的作用

肝脏中的蛋白质合成代谢十分活跃。肝脏主要通过合成蛋白质、分解氨基酸，以及合成尿素等形式来进行蛋白质代谢。肝脏可以通过转氨基、脱氨基、脱羧基和转甲基等氨基酸的合成和分解过程来调节氨基酸代谢，实现各种非必需氨基酸的合成和转变。其中，合成尿素并排出体外是肝脏特有的功能，也是肝脏清除氨基酸分解代谢产生的有毒物质氨的重要解毒途径。

肝脏合成的大量蛋白质除满足自身需要外，还被输出到肝外组织中，满足机体其他器官对蛋白质的需求。例如，血浆中的蛋白质 90%以上在肝脏中合成。除 γ-球蛋白外，其他的血浆蛋白包括清蛋白、凝血酶原和凝血因子、纤维蛋白原、α-球蛋白和 β-球蛋白等均在肝内合成。由于凝血因子主要在肝脏中合成，因此肝功能严重损伤的病人，可能出现凝血障碍及出血倾向。

血浆中主要蛋白质成分——清蛋白几乎全部在肝脏中合成。正常情况下，成人每天合成的清蛋白占肝脏合成总蛋白质的25%左右。清蛋白是血浆中游离脂肪酸和胆红素等脂溶性物质的非特异性运输载体，还维持着血浆胶体渗透压的平衡。当血浆清蛋白含量过低时，病人可能出现水肿或腹水。肝功能受损严重的病人，其血浆清蛋白含量明显减少，这种指标变化在临床上可作为严重慢性肝细胞损伤的辅助诊断依据，见表11-1。

表11-1　血浆蛋白合成的场所及主要生理功能

蛋白组成	合成场所	主要生理功能
清蛋白	只在肝脏内合成	维持血浆胶体渗透压、合成组织蛋白的原料
α_1-球蛋白	主要在肝内合成	形成血浆蛋白,运输脂类
α_2-球蛋白	主要在肝内合成	形成血浆蛋白,运输脂类
β-球蛋白	大部分在肝内合成	形成血浆蛋白,运输脂类
纤维蛋白原	只在肝内合成	参与凝血
凝血酶原	只在肝内合成	参与凝血
甲胎蛋白	主要在胚胎肝中合成	—

当肝细胞发生癌变时，癌细胞内编码甲胎蛋白（α-fetoprotein，α-AFP）的AFP基因表达失控，癌细胞合成和分泌的AFP增多，导致血浆中的AFP含量升高。因此，AFP是原发性肝癌的重要血清肿瘤标志物。

肝脏还是体内除支链氨基酸以外的所有氨基酸分解和转变的重要场所。肝脏中的转氨基、脱氨基、脱羧基、转甲基等反应十分活跃。例如，当肝细胞损伤时，原本主要存在于肝细胞中的谷丙转氨酶（ALT）可进入血浆中，导致血液中ALT活性升高，因此血液中ALT含量检测指标有助于肝病诊断。

知识链接

肝的代谢与肝硬化

肝硬化（liver cirrhosis）是进行性肝纤维化的末期，是肝脏的弥漫性病理生理状态，其特征是肝组织发生慢性坏死性炎症，出现异常结节和致密的纤维化间隔，伴随充血和塌陷。酒精和病毒性肝炎是肝硬化的主要诱发因素。肝硬化每年造成全球上百万人死亡，也是我国一种常见的慢性疾病，其起病隐匿，进展缓慢，早期症状易被忽视，一旦发现多数患者病症已经较重，故肝硬化晚期病人生存期较短。当肝硬化导致肝细胞发生损伤甚至肝功能不全时，胆汁的分泌能力下降，患者常出现食欲不振、恶心厌油、脂肪摄入性腹泻，并伴有黄疸等病症；肝硬化患者蛋白质代谢出现障碍，血浆清蛋白合成受阻，因此患者常有出血倾向和贫血，易并发肝性脑病等；此外，肝硬化患者肝脏激素灭活作用受阻，常引起患者体内激素水平异常升高，病人易发生肝腹水，或出现肝掌、蜘蛛痣等症状。

肝脏既可将有毒的氨转变为无毒的谷氨酰胺，又可通过鸟氨酸循环将氨合成为尿素随尿排出，以解除氨的毒性作用。严重的肝病患者常因肝脏解氨毒能力不足，导致血氨升高引发氨中毒，严重时可引发肝性脑病。此外，肝脏同时也是胺类物质生物转化的主要场所。机体氨基酸代谢产生的有毒物质芳香胺类化合物，依赖于肝细胞合成的肝单胺氧化酶催化分解。肝损伤患者因体内芳香胺类物质无法及时被分解清除，脑组织神经递质功能发生异常，导致病人大脑发生异常抑制，引发肝性脑病。

四、肝脏在维生素代谢中的作用

肝脏是维生素吸收、储存、运输及转化的重要场所，参与多种维生素和辅酶的代谢。肝脏是脂溶性维生素吸收的重要场所，也是储存维生素A、维生素E、维生素K和维生素B_{12}的主要场所。例如，肝脏中维生素A的储存量占体内总量的95%。因此，当机体因缺乏维生素A导致夜盲症时，可适当食用动物肝脏补充维生素。另外，肝脏还参与维生素的体内运输。例如，肝脏几乎不储存维生素D，但肝脏通过合成视黄醇结合蛋白和维生素D结合蛋白来分别实现对维生素A和维生素D的运输。肝脏还是维生素转化的主要场所。例如，胡萝卜素在肝脏中转化为维生素A，维生素B_1在肝脏中转变为焦磷酸硫胺素（TPP），维生素D_3在肝脏中转化为25-羟基维生素D_3。维生素K是肝脏参与合成凝血因子不可缺少的物质。此外，肝脏还可将泛酸转变为辅酶A（CoA）。

五、肝脏与激素的灭活作用

激素的灭活过程主要是通过一系列生物转化反应实现激素的降解或失活。体内激素在完成生物调节作用后，主要在肝脏中实现转化，最后随尿液排出体外。通过激素灭活过程，肝脏得以调节体内激素作用的时间和强度。肝细胞损伤严重时，患者因体内的激素灭活功能不足，导致体内雌激素、醛固酮、抗利尿激素等水平升高，出现男性乳房异常发育、蜘蛛痣、肝掌（雌激素使局部小动脉扩张）等症状。

第二节　肝的生物转化作用

要点

生物转化作用的概念与意义	①生物转化是指机体通过化学反应将非营养物质转变为极性或水溶性物质排出体外的过程；②肝通过生物转化作用保护机体。
生物转化作用的反应类型	①生物转化反应分为第一相反应（包括氧化反应、还原反应、水解反应）和第二相反应（主要指结合反应）。
生物转化作用的特点和影响因素	①生物转化反应具有连续性、多样性、解毒与致毒双重性的特点；②生物转化作用受年龄、性别、营养、疾病、遗传等因素影响。

一、生物转化作用的概念和意义

生物转化作用（bioconversion）又称“代谢转化”，是指机体对内源性、外源性的非营养物质进行代谢转变，使其水溶性提高，极性增强，易通过胆汁或尿液排出体外。肝脏是机体发生生物转化反应的主要场所，另外肺、肾脏、胃肠道和皮肤等器官中也能发生少量生物转化反应。进入机体的绝大部分非营养物质或者有毒物质都是通过肝脏生物转化作用实现毒性降低或转化为无毒物质。

非营养物质主要是指既不作为构建组织细胞的成分，又不能氧化供能的物质。其来源有外源性也有内源性，外源性的非营养性物质如：药物、毒物、色素、食品添加剂及其他化学物质等；体内物质代谢产生的内源性非营养性物质如：发挥作用后的激素、神经递质，具有强烈生物作用的氨、胺，以及胆红素等一些有毒的中间代谢物质。它们往往难以直接从体内排出。生物转化的主要意义就在于使非营养物质水溶性增大，易于排泄，毒性或活性改变(多数是降低或消除，但也有个别反而增强)，机体借此来维持体内稳态平衡。

肝脏中的生物转化作用不等于解毒作用。这是因为某些没有毒性的物质经过肝脏生物转化反应后，也可能变为有毒物质。例如，烟草中的 3，4-苯并芘原本没有致癌毒性，但是被人体摄入，最终在肝脏细胞内经加单氧酶作用后，转化成 7，8-二氢二醇-9，10 环氧化物，后者对人体有较强的致癌风险。

二、生物转化作用的反应类型

生物转化反应按类型划分主要包括第一相反应和第二相反应。第一相反应主要包括氧化反应、还原反应、水解反应等，第二相反应主要指结合反应。在非营养物质代谢过程中，非营养物质经过第一相反应后极性与水溶性的增加效果往往不够明显，还需要通过第二相结合反应获得更强的极性及水溶性以完成生物转化作用，最终得以顺利排出体外。

（一）第一相反应

第一相反应可以让许多非营养物质获得极性更强的基团，或使其水溶性增加，或直接分解并排出体外。

1. 氧化反应

氧化反应是最常见的生物转化反应类型。与肝脏细胞氧化反应有关的酶主要有加单氧酶、单胺氧化酶和脱氢酶。其中加单氧酶是氧化异源物最重要的酶，该酶存在于肝细胞微粒体内且依赖于细胞色素 P450。在氧化反应中，该酶催化氧分子中的一个氧原子加到许多脂溶性底物中，形成羟化物或环氧化物，另一个氧原子则被 NADPH 还原成水。故该酶又称羟化酶或者混合功能氧化酶（mixed function oxidase，MFO）。

$$RH+O_2+NADPH+H^+ \longrightarrow ROH+NADP^++H_2O$$

加单氧酶系是肝脏中非常重要的代谢药物和毒物的生物转化酶系统，进入机体内的药物或毒物有超过一半经过加单氧酶系氧化。该酶还参与维生素 D_3 的羟化、胆汁酸和类固醇激素的合成等许多重要反应过程的羟化反应。许多毒物、药物在加单氧酶系的催化下其水溶性增加、活性降低，有利于被机体排泄。例如，化工原料甲苯为有毒物质，在肝脏中经加氧羟化生成对-甲酸，极性增强，易排出体外。加单氧酶系可被某些药物诱导生成，如苯巴比妥类药物可诱导加单氧酶的合成，长期服用此类药物的病人对异戊巴比妥、氨基比林等药物的转化及耐受能力增强。黄曲霉素 B_1 是一种剧毒物质，其在人体内的生物转化过程见图 11-1。

第二种氧化酶是单胺氧化酶系（monoamine oxidase，MAO)。该类酶主要氧化脂肪族和芳香族胺类化合物。MAO 存在于线粒体中，是一种含有黄素腺嘌呤二核苷酸（FAD）的黄素蛋白，可将胺类化合物氧化为醛类物质，然后在细胞内的醛脱氢酶催化下氧化成酸。机体内的氨基酸类物质经肠道菌群分解后生成的胺类物质（如组胺、色胺、酪胺、腐胺等）以

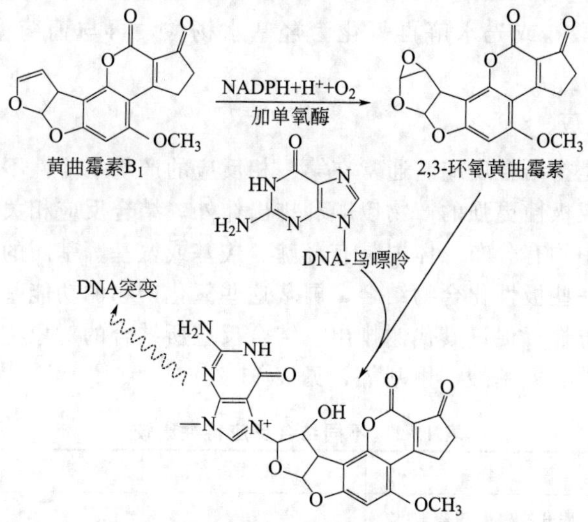

图 11-1　黄曲霉素 B_1 在人体内的生物转化

及 5-羟色胺、儿茶酚胺类物质，就是在该酶的催化下进行氧化脱氨，最终被排出体外。

$$RCH_2NH_2+H_2O_2 \longrightarrow RCHO+NH_3+H_2O$$

知识链接

乙醇的生物转化和酒精肝

进入体内的乙醇 90%～98%是在肝脏中进行处理的。肝内的乙醇脱氢酶将乙醇氧化为乙醛，乙醛再被氧化为乙酸，最终代谢为二氧化碳和水。长期大量饮酒直接损伤肝细胞，同时酒精代谢过程消耗肝细胞大量的氧和 NADPH，使肝细胞内能量耗竭，加重了肝损伤。酒精肝又称酒精性肝病（ALD），是全球范围内最普遍的慢性肝病。酒精肝可从酒精性脂肪肝演变成酒精性脂肪性肝炎。慢性酒精性肝炎可能诱发肝纤维化和肝硬化，部分情况下甚至导致肝细胞癌。此外，严重的酒精性脂肪性肝炎可导致酒精性肝炎，这是酒精肝的急性临床表现，与肝衰竭和高死亡率相关。长期过量饮酒的人群更容易出现酒精性脂肪肝，进而诱发肝硬化等晚期肝脏疾病。近年来，随着生活水平的提高和频繁的社交应酬，酒的饮用量猛增，由此导致酒精肝的发病率呈明显上升趋势。

第三种氧化酶为醇脱氢酶（alcohol dehydrogenase，ADH）与醛脱氢酶系（aldehyde dehydrogenase，ALDH）。肝细胞中活跃着 ADH 和 ALDH，前者以 NAD^+ 为辅酶，可催化醇类物质氧化为醛；后者再将醛和醛类物质氧化为酸，如乙醇在肝中的转化。

2. 还原反应

硝基还原酶和偶氮还原酶是肝细胞微粒体中最主要的还原酶，分别催化硝基化合物和偶氮化合物，从 NADPH 或 NADH 接受氢，最终得到相应的胺类还原产物。许多化妆品和染料中的偶氮化合物都是通过还原反应进行转化的。

3. 水解反应

肝脏细胞中含有丰富的水解酶类，如酯酶、酰胺酶和糖苷酶，可分别水解脂类、酰胺类和糖苷类化合物，以避免这些化合物在肝脏中过度积累产生不良影响。其水解产物经过第二相反应进一步代谢，最终排出体外。例如，乙酰水杨酸在肝脏代谢过程中，先经过水解反应得到水杨酸，或先水解再氧化为羟基水杨酸，再与葡萄糖醛酸发生结合反应进一步转化。

（二）第二相反应

第二相反应主要是指结合反应。通常在第一相反应的产物水溶性不够的情况下，还需经过第二相结合反应生成极性更强的产物以顺利排出体外。结合反应相关的酶在肝脏细胞微粒体、细胞质或线粒体中均有分布。体内具有羟基、羧基或氨基等基团的氧化产物均可通过第二相结合反应与其他一些极性化合物结合，屏蔽这些氧化产物的功能基团，增加水溶性，进而降低其生物活性或毒性，促进其代谢排出。结合反应所结合的对象主要有葡萄糖醛酸、乙酰基、硫酸、谷胱甘肽、氨基酸、甲基等，见表11-2。

表11-2　不同结合反应特性比较

结合反应类型	供体	酶类	底物类型
葡萄糖醛酸结合	尿苷二磷酸葡萄糖醛酸(UDPGA)	葡萄糖醛酸基转移酶	酚、醇、羧酸、胺、羟胺、磺胺、巯基化合物
硫酸结合	3′-磷酸腺苷-5′-磷酰硫酸(PAPS)	硫酸基转移酶	醇、酚、芳香胺类
酰基化结合	乙酰辅酶A	乙酰基转移酶	芳香胺类
甲基化结合	*S*-腺苷甲硫氨酸(SAM)	甲基转移酶	生物胺、吡啶喹啉、异吡唑
谷胱甘肽结合	谷胱甘肽(GSH)	谷胱甘肽-*S*-转移酶	卤化有机物、环氧化物、胰岛素
甘氨酰基结合	甘氨酸(Gly)	酰基转移酶	酰基CoA

1. 葡萄糖醛酸结合反应

例如，糖醛酸循环代谢途径产生的尿苷二磷酸葡萄糖（uridine diphosphate glucose, UDPG）可在肝细胞微粒体中的尿苷二磷酸葡萄糖醛酸基转移酶（UDP-glucuronyl transferase, UGT）的催化下，得到尿苷二磷酸葡萄糖醛酸（UDPGA），后者可为多种含极性基团的化合物分子（如醇、酚、胺、羧酸）提供具有多个羟基和可解离羧基的葡萄糖醛酸基，得到极性更强的β-D-葡萄糖醛酸苷，使其易排出体外。通常含有羟基或羧基的药物（如酚、吗啡、苯巴比妥类）、胆红素、类固醇激素等代谢产物，均可在肝脏内发生葡萄糖醛酸结合反应。其中含有羟基的化合物与UDPGA结合成醚，含有羧基的化合物则结合为酯。

2. 硫酸结合反应

提供活性硫酸供体的化合物主要是3′-磷酸腺苷-5′-磷酰硫酸（PAPS），该化合物可将硫酸基转移到类固醇、酚类、芳香胺类等化合物上，得到相应的硫酸酯，从而易被机体排出体外。如体内雌酮主要经此类结合转化反应而失活，故严重肝病患者会出现雌性激素水平增高的一系列症状，如男性患者的女性性征发育等。

3. 酰基化结合反应

此类反应主要是某些胺类的化合物如烟肼、磺胺、苯胺等，经乙酰基转移酶的催化，获得来自乙酰辅酶A的乙酰基，转化为乙酰化衍生物。例如，在服用抗结核病药物异烟肼的病人肝细胞内，药物经乙酰基转移酶的催化后失去活性。除此之外，磺胺类药物在肝细胞内也是通过酰基化反应被灭活。但此类药物经过转化后在体内的溶解度反而会降低，故用药时应搭配服用适量的碳酸氢钠，以提高磺胺类药物乙酰化产物的溶解度，促进其随尿液排出。

4. 甲基化结合反应

此类反应可有效代谢内源性化合物。一些内源性化合物如含有氧、氮、硫等亲核基团的化合物可以 *S*-腺苷甲硫氨酸（SAM）为甲基供体，经甲基转移酶催化失活后被排出体外。例如，儿茶酚-*O*-甲基转移酶（catechol-*O*-methyltransferase，COMT）可催化儿茶酚的羟基甲基化，生成 *O*-甲基儿茶酚；又如尼克酰胺可通过甲基化反应生成 *N*-甲基尼克酰胺。

5. 谷胱甘肽结合反应

肝细胞中含有的谷胱甘肽-*S*-转移酶（glutathione *S*-transferase，GST），可催化谷胱甘肽（GSH）与有毒的外源性环氧化物或卤代化合物结合，以消除其毒性。生成的 GSH 结合产物最终随胆汁排出体外。这类谷胱甘肽结合反应主要参与致癌物、环境污染物、抗肿瘤药物以及内源性活性物质在肝细胞中的生物转化。此外，GSH 结合反应还可以结合氧化修饰产物，以降低其细胞毒性，增加水溶性并促进其排出体外。

6. 甘氨酸结合反应

一些含有羧基的药物与毒物可与辅酶 A 结合形成酰基辅酶 A，再与甘氨酸的氨基结合，生成相应的结合产物，从而完成含羧基异源物的生物转化。例如，苯甲酰辅酶 A 与甘氨酸结合生成马尿酸，胆酸和脱氧胆酸与甘氨酸结合形成结合胆汁酸等。

三、生物转化作用的特点和影响因素

（一）生物转化作用的特点

生物转化作用具有连续性、多样性、解毒与致毒双重性等特点。

（1）生物转化的连续性　连续性是指一种物质的生物转化过程常常由连续进行的几种反应组成。一般是先进行第一相反应，再进行第二相反应。如乙酰水杨酸进入体内后先后经过水解、羟化和结合等代谢反应最终排出体外。

（2）代谢通路和产物的多样性　多样性是指同一类非营养物质可因结构上的差异发生不同类型的转化反应。甚至同一种物质也可能发生不同的生物转化反应生成不同转化产物。如解热镇痛药非那西丁的代谢途径和相应产物为：①羟化生成扑热息痛，再和葡萄糖醛酸或硫酸结合排出；②加氧羟化，再与谷胱甘肽结合，代谢为硫醚尿酸排出或与肝细胞蛋白质结合引起肝细胞坏死；③经水解反应生成对氨基苯乙醚，进一步羟化生成诱发高铁血红蛋白血症的毒性物质。

（3）解毒和致毒的双重性　生物转化作用还具有解毒与致毒双重特性。某种非营养物质经过生物转化作用后，最终的毒性可能减弱也可能增强。例如，苯并芘（benzopyrene，BP）是香烟中的一种芳香烃，为非致癌物质，但是在人体内转化为环氧化物，再经过环氧化物水解酶水解，生成对应的二醇，后者经加单氧酶系催化生成的苯并芘二醇环氧化物（DPEP-BP）具有致癌性，该化合物能与细胞内蛋白质和核酸结合，引起细胞坏死或诱发细胞癌变。环氧化合物主要通过水解清除或者与 GSH 发生结合反应以消除其体内毒性。此外，一些药物经过一系列生物转化反应后，其活性或毒性反而加强。例如，苯巴比妥经羟化反应后催眠活性消失；可待因进入体内后经去甲基反应后其镇咳活性转变为镇痛活性。

（二）影响生物转化作用的因素

生物转化作用受年龄、性别、营养状况、遗传、疾病及药物等体内外多种因素的影响。

（1）生物转化作用受年龄影响　年龄变化影响生物转化酶的转化能力及活性。新生儿生物转化酶发育不全，对药物及毒物的转化能力不足，易发生药物及毒素中毒等。例如，在新生儿体内因葡萄糖醛酸基转移酶活性较低，血液中胆红素代谢较慢，常表现为生理性黄疸。而该酶的活性在新生儿出生5～6天后逐渐升高，1～3个月后活性达到成年人水平。老年人的生物转化能力及肝生物转化酶诱导作用仍然正常，但老年人因存在肝血流量及肾的廓清速率下降等器官退化现象，对氨基比林、保泰松等药物的转化能力降低，用药后药效较强，副作用较大。

（2）生物转化作用受性别影响　某些生物转化反应存在明显的性别差异。例如，女性肝脏细胞内的乙醇脱氢酶活性较男性高，因而女性体内乙醇代谢速率高于男性。又如氨基比林在男性和女性体内的半衰期分别为13.4h和10.3h，表明氨基比林类化合物在女性体内的代谢速率比男性高。

（3）生物转化作用受营养状况影响　通常蛋白质的足量摄入可以显著增加生物转化酶的活性。反之，人体在持续数天的饥饿状态下，肝脏细胞中谷胱甘肽-S-转移酶（GST）的活性明显下降，其生物转化能力也随之降低。又如，过量饮酒后，体内乙醇被大量氧化为乙醛和乙酸，产生大量的乙酰辅酶A和NADH，使肝细胞内NAD^+/NADH比值下降，从而抑制了UDP-葡萄糖转化成UDP-葡萄糖醛酸，进而影响了肝脏内正常的葡萄糖醛酸结合反应。

（4）生物转化作用受肝脏病变影响　一些疾病尤其是严重的肝脏疾病可显著影响生物转化作用。肝脏实质性损伤可直接影响生物转化酶的合成，进而降低相关酶的含量和活性。例如，严重的肝脏疾病会导致肝细胞微粒体单加氧酶系活性降低50%以上。肝细胞的损伤也会导致NADPH合成减少，进而降低肝脏对血浆药物的清除率。一些患有肝病的患者往往伴随着肝功能低下，其对药物和毒物等外源性物质的吸收和解毒速率明显下降，导致自身对药物的治疗剂量和致毒剂量之间的差距缩小，病人肝脏容易受到异源性物质的进一步损伤，因此，临床上针对肝脏病人的用药应格外谨慎。

（5）生物转化作用受个体遗传因素影响　个体的遗传变异可导致不同变异个体之间所具有的酶类产生基因表达多态性，进而导致一些生物转化酶的分子结构和酶合成量存在明显不同。变异产生的低活性酶将造成药物代谢速率减慢、药物在体内大量积累。若变异产生了高活性酶，则导致药物在体内的作用时间异常缩短，药物代谢有毒产物累积。

（6）生物转化作用受一些毒物、药物和其他非营养物质的诱导　由于许多生物转化酶类属于诱导酶，而一些药物或毒物则可诱导这些酶的合成速率，引起药物或毒物的代谢速率加快或者其他异源性物质的生物转化速率发生改变。例如，苯巴比妥可诱导肝细胞微粒体加单氧酶系的合成，促进药物代谢过程，使得人体对苯巴比妥类催眠药物产生耐药性。此外，苯巴比妥药物也可促进机体对氯霉素、非那西丁、氢化可的松等药物的生物转化作用，诱导肝微粒体UDP-葡萄糖醛酸基转移酶的合成，有利于游离胆红素与葡萄糖醛酸的结合反应，因此在临床上可用于新生儿黄疸的治疗。

由于同一酶系常催化多种异源性物质的转化，因此若病人同时服用多种药物，可导致多种药物对同一转化酶系产生竞争性抑制作用，引起不同药物的生物转化作用相互抑制，从而改变药物在体内的作用强度，故同时服用多种药物应注意咨询医师。如保泰松会抑制双香豆素类药物的代谢，二者同时服用导致双香豆素抗凝作用增强，使机体容易发生出血。

此外，摄入的食物也会影响生物转化作用。这是由于食物中往往存在着诱导或抑制生物转化酶的成分。例如，甘蓝、萝卜、烧烤等食物中含有诱导肝细胞微粒体加单氧酶系的物质，水田芥中则含有抑制该酶的成分，食物中的黄酮类化合物也可抑制上述酶系的生物活性。

第三节　胆汁酸代谢

要点

胆汁酸的合成与分类	①胆汁酸在肝脏中由胆固醇转变而来；②胆汁酸可分为游离胆汁酸、结合胆汁酸，也可分为初级胆汁酸、次级胆汁酸。
胆汁酸的代谢	胆汁酸经过初级胆汁酸的生成、次级胆汁酸的生成以及胆汁酸的肠肝循环维持肠内胆汁酸盐浓度的稳定。
胆汁酸的主要生理功能	①胆汁酸促进脂质的消化与吸收；②胆汁酸维持胆固醇的溶解状态，促进胆固醇的排泄，抑制胆结石的形成。

一、胆汁

胆汁（bile）是由肝细胞分泌的一种液体，经胆道系统流入胆囊暂时储存，胆囊中的胆汁经胆总管排入十二指肠进入肠道。正常情况下成年人每天约分泌胆汁 300～700mL。初分泌的胆汁又称为肝胆汁（hepatic bile），为金黄色透明的黏性液体，有明显的苦味。肝胆汁在胆囊中不断浓缩，同时又混入胆囊壁分泌的黏蛋白，最终得到暗褐色黏稠不透明的胆囊胆汁（gallbladder bile），其浓度相较于肝胆汁约浓缩 5～10 倍。胆汁的主要成分为胆汁酸的钠盐和钾盐，占固体物质总量的 50%～70%，剩余成分为多种蛋白质、磷脂、脂肪和无机盐等，见表 11-3。

表 11-3　肝胆汁和胆囊胆汁的化学组成成分比较

比重/成分	肝胆汁	胆囊胆汁
总比重	1.009～1.013	1.026～1.032
pH	7.1～8.5	5.5～7.7
水/%	96～97	80～86
固体成分/%	3～4	14～20
无机盐/%	0.2～0.9	0.5～1.1
黏蛋白/%	0.1～0.9	1～4
胆汁酸盐/%	0.5～2	1.5～10
胆色素/%	0.05～0.17	0.2～1.5
总脂质/%	0.1～0.5	1.8～4.7
胆固醇/%	0.05～0.17	0.2～0.9
磷脂/%	0.05～0.08	0.2～0.5

胆汁酸（bile acid）最初由胆固醇在肝脏中转变而成，这是体内清除胆固醇的主要方式。

正常人体内每天合成的胆固醇约有 1.0～1.5g，在肝脏内由胆固醇转变的胆汁酸约为 0.4～0.6g，与肠道排泄的胆汁酸保持动态平衡。人体内含有胆汁酸约 3～5g，这些胆汁酸在肠肝循环中循环 6～12 次，以保障肠道内胆汁酸盐的浓度，使有限的胆汁酸反复被利用。肝脏合成胆汁酸盐有利于脂质消化酶消化脂质，该过程在脂类物质消化吸收中具有非常重要的作用。胆汁酸作为非营养物质，不能被彻底分解产生能量供机体利用，也不能作为生物合成材料，最终的去向是经肠道代谢排出体外。

二、胆汁酸的分类

胆汁酸是胆汁中存在的一大类胆烷酸的总称，常以不同的结构和来源分类。依据结构不同，胆汁酸可分为游离胆汁酸（free bile acid）和结合胆汁酸（conjugated bile acid）。其中游离胆汁酸又分为胆酸（cholic acid）、脱氧胆酸（deoxycholic acid）、鹅脱氧胆酸（chenodeoxycholic acid）和石胆酸（lithocholic acid）。结合胆汁酸则是由游离胆汁酸与甘氨酸或牛磺酸结合生成，如甘氨胆酸（glycocholic acid）、牛磺胆酸（taurocholic acid）等。依据来源不同，胆汁酸可分为初级胆汁酸（primary bile acid）和次级胆汁酸（secondary bile acid）。前者以胆固醇为原料直接合成，包括胆酸和鹅脱氧胆酸。初级胆汁酸在肠道中受细菌作用，发生 7α-脱羟作用所生成的胆汁酸称为次级胆汁酸，包括脱氧胆酸和石胆酸及相应的结合胆汁酸，见表 11-4。初级胆汁酸和次级胆汁酸都存在游离型和结合型两种形式。

表 11-4　胆汁酸的分类

来源分类	结构分类	
	游离胆汁酸	结合胆汁酸
初级胆汁酸	胆酸	甘氨胆酸、牛磺胆酸
	鹅脱氧胆酸	甘氨鹅脱氧胆酸、牛磺鹅脱氧胆酸
次级胆汁酸	脱氧胆酸	甘氨脱氧胆酸、牛磺脱氧胆酸
	石胆酸	甘氨石胆酸、牛磺石胆酸

三、胆汁酸的代谢及功能

（一）初级胆汁酸的生成

初级胆汁酸在肝细胞内生成，是以胆固醇为原料直接合成的（图 11-2）。初级胆汁酸的合成过程较为复杂，需经过一系列的酶促反应完成。首先，胆固醇在胆固醇 7α-羟化酶作用下，生成 7α-羟胆固醇，随后经过羟基差相异构化、加氢还原等反应，最后经侧链氧化断裂形成 24 碳的胆酰辅酶 A，后者可与甘氨酸或牛磺酸直接结合生成初级胆汁酸，包括游离型初级胆汁酸和结合型初级胆汁酸。在初级胆汁酸的合成过程中，胆固醇 7α-羟化酶是胆汁酸合成的关键酶。甲状腺素可以诱导该酶的合成，所以甲亢患者血浆胆固醇含量偏低，而甲减患者血浆胆固醇含量则偏高。胆固醇 7α-羟化酶的活性与终产物胆汁酸的负反馈调节有关。因此，通过降低肠道胆汁酸的含量，减少胆汁酸的重吸收，可以加速肝脏内胆固醇转化为胆汁酸，降低血液中胆固醇的含量。例如，临床口服药物阴离子交换树脂考来烯胺，可与胆汁酸结合为不溶性络合物，以减少肠道对胆汁酸的重吸收，促进胆汁酸的排泄，减弱胆汁酸对胆固醇 7α-羟化酶的反馈抑制作用，有利于加快肝细胞内胆固醇转化为胆汁酸，最终降低血清胆固醇的含量。食物中的胆固醇可同时抑制 HMG-CoA 还原酶的合成和诱导胆固醇 7α-羟化酶的合成。通过这两种酶的协同作用，肝细胞可维持自身胆固醇水平的动态平衡。

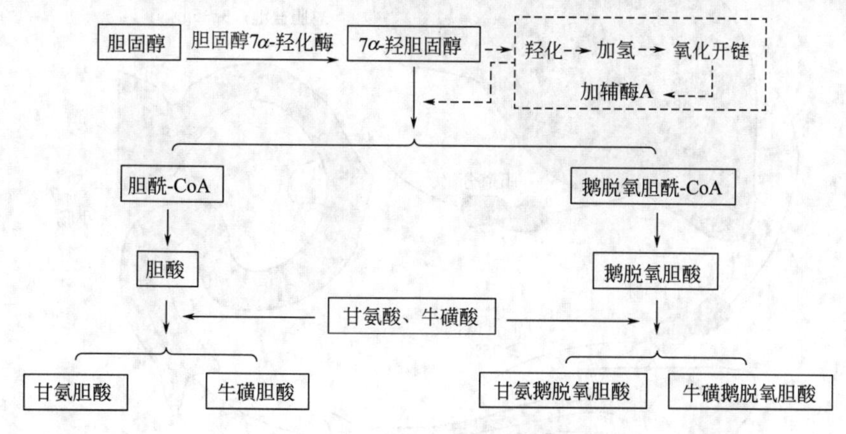

图 11-2　初级胆汁酸的生成过程

知识链接

胆石症

胆石症（gallstones）是胆囊和胆管等胆道系统内产生结石的一种疾病总称，常伴随着体内胆汁酸的代谢异常。胆石症在女性中的发病率明显大于男性。缺乏运动、肥胖和营养过剩等容易诱发胆石症。胆石症的发生与遗传、环境、生活习惯等多种因素相关。胆石症的诊断主要基于临床症状，腹部影像学检查和肝脏生化检查等。在治疗胆石症前，结石的组分及其在胆道系统中的定位检测十分重要。胆石症发作时，可引起急性胆囊炎、急性胆管炎和胆源性胰腺炎等三种常见并发症，严重时可威胁生命。目前胆石症的治疗仍是以手术为主。日常生活中保持良好的饮食和生活习惯，积极锻炼、控制体重并定期体检有助于预防和减少胆石症的发生。

（二）次级胆汁酸的生成

次级胆汁酸是肠道菌分解作用的产物。初级结合胆汁酸以钠盐和钾盐为主要形式随胆汁排入肠道，发挥协助消化脂类物质的作用，随后在小肠下段和大肠上段经肠道菌的作用，发生系列转化，先水解脱去甘氨酸和牛磺酸，重新生成胆酸和鹅脱氧胆酸，再通过 7 位脱羟基反应，使胆酸转化为脱氧胆酸、鹅脱氧胆酸转变为石胆酸，脱氧胆酸和石胆酸均为次级游离胆汁酸。次级游离胆汁酸经过肠黏膜重吸收入肝，与甘氨酸和牛磺酸结合，生成次级结合胆汁酸，再以胆汁酸盐的形式随胆汁流入胆囊中储存。另外，肠道菌群还可以将鹅脱氧胆酸分子中的 7α-羟基转变为 7β-羟基，生成熊脱氧胆酸（ursodeoxycholic acid），后者在慢性肝病治疗期间具有抗氧化应激作用，可降低肝脏内胆汁酸滞留导致的肝损伤，从而延缓疾病进程。

（三）胆汁酸的肠肝循环

胆汁酸经胆囊分泌进入肠腔后，一小部分被肠道菌作用并排出体外，绝大部分胆汁酸通过肠黏膜重吸收进入血液循环，经门静脉回到肝脏，在肝脏内再次转变为结合型胆汁酸，经胆道再次进入肠腔，该过程被称为胆汁酸的肠肝循环（enterohepatic circulation），见图 11-3。

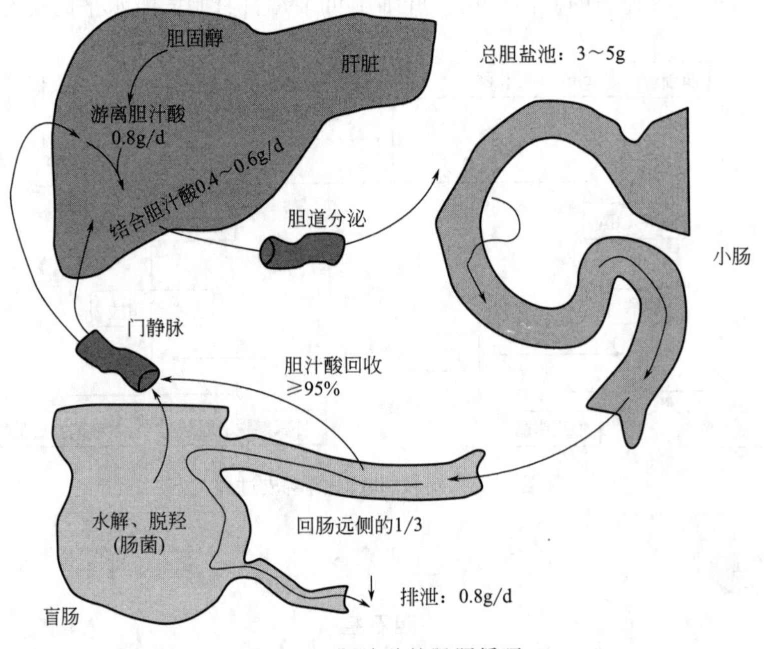

图 11-3　胆汁酸的肠肝循环

胆汁酸肠肝循环的意义在于其弥补了体内胆汁酸合成的不足，使胆汁酸能够得到充分利用并且发挥乳化脂肪的作用，促进机体对脂类食物的消化吸收。正常情况下，胆汁酸的重吸收可促进胆汁分泌，维持胆汁中的胆汁酸/胆固醇含量的比例稳定，避免形成胆固醇结石。但当肠肝循环遭到破坏时，如长时间腹泻或者病人回肠被切除后，会导致胆汁酸的重吸收发生障碍，回流入肝的胆汁酸将显著减少，此时肝脏合成胆汁酸的速度无法维持胆汁酸的正常含量。这种情况一方面会导致机体对摄入的脂类食物消化不良，另一方面造成胆汁中胆固醇过饱和，容易形成胆固醇结石。

（四）胆汁酸的主要生理功能

(1) 促进脂质的消化吸收　胆汁酸分子中同时含有亲水性的羟基和羧基，又含有疏水性的烃基和甲基，见图 11-4。其中羟基和羧基为 α 型空间配位，与疏水的烃基和甲基分布于分子的两侧，使得胆汁酸具有界面活性，成为很好的脂肪乳化剂，可将脂质乳化为 3～10μm 的细小微团，扩大脂类食物与脂肪酶的接触面积，有利于脂类食物的消化吸收。

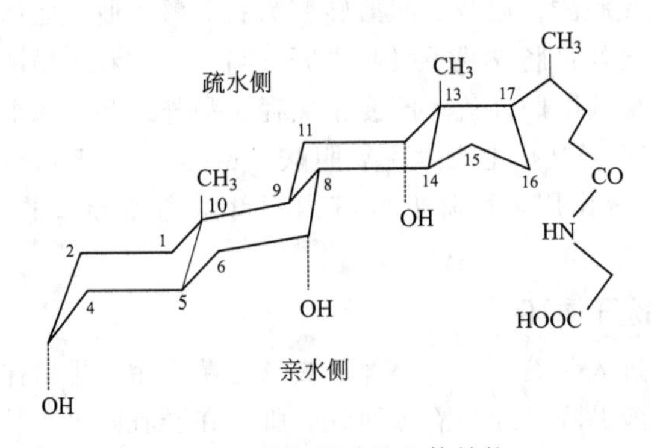

图 11-4　甘氨胆酸的立体结构

（2）促进胆固醇在胆汁中的溶解以阻止胆固醇析出　人体绝大部分胆固醇（约占胆固醇总量的99%）经肠道排出体外，其中1/3以胆汁酸的形式排出体外。胆汁中的胆固醇不溶于水，需借助胆汁酸及卵磷脂共同作用，形成可溶性微团，维持良好的分散性，避免形成沉淀而析出。胆汁中的胆固醇是否产生沉淀析出与胆汁酸盐、卵磷脂与胆固醇的比例有关。当机体因高胆固醇血症等造成胆囊中胆固醇含量过高，或胆汁酸的合成能力降低、肠肝循环减少、胆汁酸在消化道丢失过多，使得胆汁中胆汁酸盐和卵磷脂与胆固醇的比例小于10∶1时，可造成胆汁中析出胆固醇沉淀，形成结石。因此胆汁酸的正常代谢有助于防止胆石症的发生。

第四节　胆红素代谢

要点

胆红素的生成和特点	①胆红素主要来源于衰老红细胞血红蛋白释放的血红素的降解；②胆红素具有亲脂疏水性，可分为游离胆红素和结合胆红素，胆红素过量对机体有毒。
胆红素在血液与肝中的运输	①胆红素在血浆中与清蛋白结合而便于运输；②胆红素在肝中与葡萄糖醛酸结合生成水溶性的结合胆红素。
胆素原的肠肝循环	①胆素原是结合胆红素经肠道菌作用的产物；②少量胆素原经肠黏膜重吸收重新入肝，最后以原形排入肠道，构成胆素原的肠肝循环。
高胆红素血症与黄疸的发生种类	①尿胆素原、尿胆素、尿胆红素构成尿三胆，是鉴别黄疸类型的常用指标；②黄疸可分为溶血性黄疸、肝细胞性黄疸、阻塞性黄疸。

一、胆红素的生成和特点

（一）胆红素是铁卟啉类化合物的降解产物

胆色素（bile pigment）是体内铁卟啉类化合物的主要分解代谢产物，包括胆红素（bilirubin）、胆绿素（biliverdin）、胆素原（bilinogen）和胆素（bilin）。胆色素除胆素原族化合物为无色外，其余均有一定颜色，故统称胆色素。其中胆红素是胆汁的主要色素，呈现橙黄色，胆红素为亲脂性化合物。肝脏在胆色素代谢中起着重要作用。

（二）胆红素主要来自衰老红细胞的分解产物

体内含卟啉的化合物有血红蛋白、肌红蛋白、过氧化物酶、过氧化氢酶及细胞色素等。成人每日约产生250～350mg胆红素，其中约80%的胆红素来源于衰老红细胞中血红蛋白的分解，小部分来自造血过程中红细胞的过早破坏，以及非血红蛋白血红素（如细胞色素P450）、过氧化氢酶和过氧化物酶的分解。肌红蛋白由于更新率低，所占比例很小。

（三）胆红素在肝、脾和骨髓的单核吞噬细胞系统生成

红细胞的平均寿命约为120d，成年人正常生理条件下，每天约有1×10^{8}个红细胞衰老死亡，可释放出6～8g血红蛋白。衰老的红细胞膜脆性增加，可被肝、脾和骨髓中的单核吞噬细胞系统识别并吞噬。血红蛋白可被分解为珠蛋白和血红素，前者按普通蛋白质代谢途径分解为氨基酸供机体再利用；后者在肝细胞微粒体血红素加氧酶催化下消耗氧和NADPH，血红素原卟啉Ⅸ环上的α-次甲基桥（═CH—）被氧化断裂，释放出CO、Fe^{3+}，生成胆绿素。胆绿素在胆绿素还原酶的作用下，被还原为胆红素。整个过程中，血红素加氧酶是胆红素生成的调节酶，见图11-5。

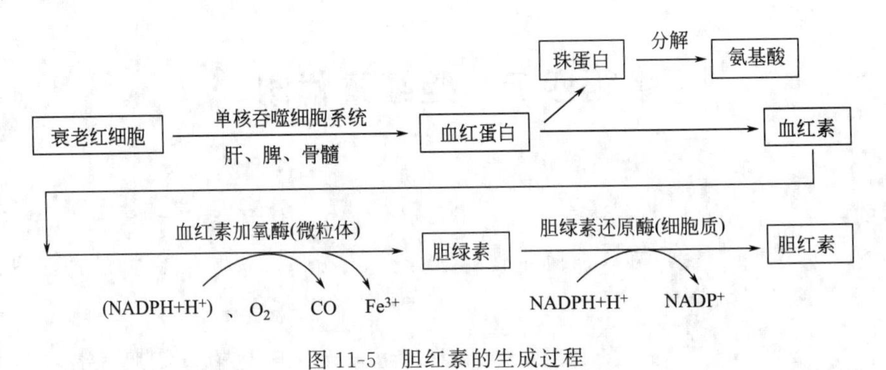

图11-5　胆红素的生成过程

（四）胆红素是体内有效的抗氧化剂

过量的胆红素对人体有害，而适宜水平的胆红素则是人体有效的内源性抗氧化剂。例如，胆红素是血清中主要的抗氧化活性成分，可有效清除血清中超氧化物和过氧化自由基。这是由于体内氧化应激反应可诱导血红素加氧酶的同工酶HO-1（同时也是一种应激蛋白）的表达水平升高，从而增加胆红素的量，以缓解机体的氧化应激状态。这种抗氧化作用是依靠胆绿素还原酶循环，即胆红素氧化得到胆绿素，后者在胆绿素还原酶催化下，被NADH或NADPH还原为胆红素，这种胆绿素还原酶循环作用极大增强了胆红素的抗氧化作用。

二、胆红素在血液中的运输

在单核吞噬细胞中生成的胆红素可自由透过细胞膜进入血液，其整个分子表现出亲脂疏水性。这类胆红素不能直接与重氮试剂反应，只有加入乙醇和尿素等辅助试剂后才能生成紫红色化合物，故被称为间接胆红素（indirect bilirubin），又称未结合胆红素。胆红素主要与清蛋白结合，以胆红素-清蛋白复合物的形式存在于血液循环中。由于间接胆红素与清蛋白以非共价键形式结合，同与葡萄糖醛酸结合的胆红素相比，依然被称为未结合胆红素，或游离胆红素。胆红素-清蛋白复合物的结合形式增加了胆红素在血浆中的溶解度，有利于胆红素在血液中的运输，同时又可限制胆红素自由穿过细胞膜，使其不至于对组织细胞产生毒性。

有研究表明，一个清蛋白分子可以结合两分子胆红素。正常人血浆胆红素含量为3.4～17.1μmol/L（2～10mg/L），每100mL血浆清蛋白能与25mg胆红素结合，故血液中的胆红素基本均与清蛋白结合。但这种结合是非特异性、非共价可逆的。这导致有些有机阴离子药物如磺胺药、脂肪酸、水杨酸可与胆红素竞争性地结合清蛋白，使胆红素游离出来。过多的游离胆红素容易穿透细胞膜进入神经细胞，干扰脑部正常功能，诱发胆红素脑病，又称核

黄疸（kernicterus）。因此有黄疸症状的病人或者处于生理性黄疸期的新生儿应慎用上述有机阴离子药物。

三、胆红素在肝脏中的代谢

肝脏对游离胆红素的代谢包括摄取、结合、排泄三个步骤。经过肝脏代谢，游离胆红素转变为结合胆红素并进入胆小管，随胆汁排入肠腔。

（一）胆红素摄取

清蛋白将来自血液中的胆红素转运至肝脏，随后清蛋白与胆红素分离开来，肝脏通过细胞膜渗透作用迅速将这种游离胆红素摄入。这是由于位于血窦表面的肝细胞膜上可能存在的载体蛋白系统可识别胆红素等有机阴离子，协助胆红素从细胞膜外转运至细胞质。此时，肝脏细胞质中的两种色素配体蛋白（ligandin）Y 蛋白和 Z 蛋白（以 Y 蛋白为主）与胆红素特异性结合，形成胆红素-Y 蛋白或胆红素-Z 蛋白复合物。结合蛋白质后的胆红素复合物水溶性显著增加，且不再返流入血液中，保证了血液中的胆红素能逆浓度透入肝细胞，并进入滑面内质网中进一步发生转化作用。需要注意的是，如果此时体内甲状腺素、四溴酚酞磺酸钠（BSP）与胆红素竞争性地结合 Y 蛋白，会导致人体肝脏处理胆红素的能力下降，或者生成的胆红素过多以至于肝脏中的胆红素返流，造成血液中胆红素水平升高，发生高胆红素血症。例如，新生儿（出生 7 周内）由于体内 Y 蛋白水平较低，肝脏代谢胆红素的能力较弱，容易产生生理性黄疸。此时临床上利用苯巴比妥等药物诱导 Y 蛋白的生成，增强肝脏转运胆红素的能力，以消除新生儿黄疸症状。

（二）胆红素结合

肝细胞最初摄取的胆红素为游离型胆红素，或称作未结合胆红素，这类胆红素在肝脏细胞内质网中与 2 分子葡萄糖醛酸结合生成水溶性结合胆红素。具体过程为：游离胆红素经过葡萄糖醛酸基转移酶的催化，与葡萄糖醛酸结合，生成胆红素葡萄糖醛酸酯。其中，由于胆红素分子中含有两个羧基，可结合两分子或一分子的葡萄糖醛酸，分别生成胆红素葡萄糖醛酸二脂和胆红素葡萄糖醛酸一脂，前者是主要产物，后者是次要产物。另外，也有少量胆红素与硫酸根结合生成硫酸酯。以上胆红素的结合反应是肝脏对有毒胆红素的一种根本性生物转化解毒方式。发生葡萄糖醛酸结合反应后的胆红素可迅速、直接与重氮试剂发生反应，因此结合胆红素又被称为直接胆红素（direct bilirubin），见图 11-6。

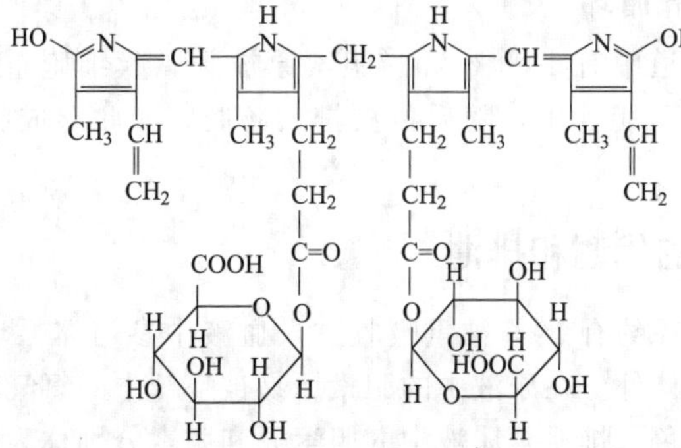

图 11-6 结合胆红素（葡萄糖醛酸胆红素）的结构

（三）胆红素排泄

结合胆红素在肝细胞滑面型内质网上合成后，水溶性增强，随后绝大部分结合胆红素经细胞高尔基体分泌，跨过肝细胞膜进入胆管系统；再通过毛细胆管膜上的主动转运载体，将结合胆红素汇入胆汁中，最后随胆汁进入肠腔。由于肝细胞向胆小管分泌结合胆红素依赖于肝细胞膜上分布的多耐药相关蛋白 2（multidrug resistance-associated protein 2）这种膜转运蛋白，这种分泌过程是肝细胞膜内外逆浓度主动转运的过程，且易受到肝脏缺氧、感染及异源性药物作用等因素影响，故被认为是肝脏代谢胆红素的限速和薄弱环节。正常人由肝脏排入肠腔的胆红素占据结合胆红素的绝大部分，仅有少量结合胆红素进入血液循环，因此尿液中一般检测不出结合胆红素。而患有重症肝炎或者肝内外胆道系统阻塞时，胆红素的排泄发生障碍，结合胆红素就返流进入血液循环，此时病人尿液中胆红素检测反应呈现阳性结果。因此尿液胆红素定性检测阳性一定程度上能反映出肝脏代谢相关疾病。

血浆中的胆红素通过肝脏细胞膜的自由扩散、肝细胞质内转运蛋白转运、内质网中的葡萄糖醛酸基转移酶催化以及肝细胞膜的主动分泌等系列作用，被肝细胞摄取、结合与转运排泄，最终使过量的胆红素不断地被机体清除。

四、胆红素在肠道中的代谢及胆素原的肠肝循环

（一）胆红素在肠道中的代谢

肠道中有少量的胆素原可被肠黏膜细胞重吸收，经门静脉入肝，其中大部分会随胆汁排入肠道，形成胆素原的肠肝循环（bilinogen enterohepatic circulation）。经肝细胞转化生成的结合胆红素随胆汁进入肠腔，在回肠下段和结肠部位的肠道菌作用下，发生水解和还原反应，生成 d-尿胆素原（d-urobilinogen）和中胆素原（mesobilinogen），进一步还原得到粪胆素原（stercobilinogen），d-尿胆素原、中胆素原、粪胆素原统称为胆素原。结合胆红素通过 β-葡萄糖醛酸酶催化，脱去葡萄糖醛酸基，得到游离胆红素。经还原反应生成的上述胆素原类化合物在接触空气后，被氧化为尿胆素、粪胆素，呈现黄褐色，统称为胆素，胆素是尿液和粪便的主要颜色体现。正常人每日自粪便排出 40～280mg 胆素原。当发生胆道阻塞时，结合胆红素发生排泄障碍无法进入肠道，此时粪便中缺少粪胆素而呈现灰白色或白陶土色。新生婴儿肠道中因缺少相关菌群而使胆红素未被细菌作用就直接排入粪便，其粪便常呈现出橙黄色。

（二）胆素原的肠肝循环

正常生理情况下，肠道中有 10％～20％胆素原被肠黏膜细胞重吸收，经门静脉入肝，其中大部分由肝细胞分泌至胆汁中，随后再次排入肠腔，如此形成胆素原的肠肝循环，如图 11-7 所示。

五、胆色素在肾脏中的代谢和排泄

在肠肝循环中的胆素原约有 10％被重吸收进入血液中参与体循环，最终这部分胆素原被肾脏代谢形成尿液排出体外。在尿液中的胆素原易被空气中的氧气氧化，形成黄褐色的胆素，因此尿液常呈现黄褐色。排泄至尿液中的胆素原和胆素分别称为尿胆素原与尿胆素。正常的成年人每天从尿液中排出约 0.5～4mg 的胆素原。但当胆道系统发生堵塞时，结合胆红素不能及时排入肠道，肠道细菌作用得到的胆素原显著减少，使得尿中胆素原也减少，从而导致尿液中胆素原含量下降甚至完全消失。此时的胆道阻塞还会造成胆汁中的结合胆红素返

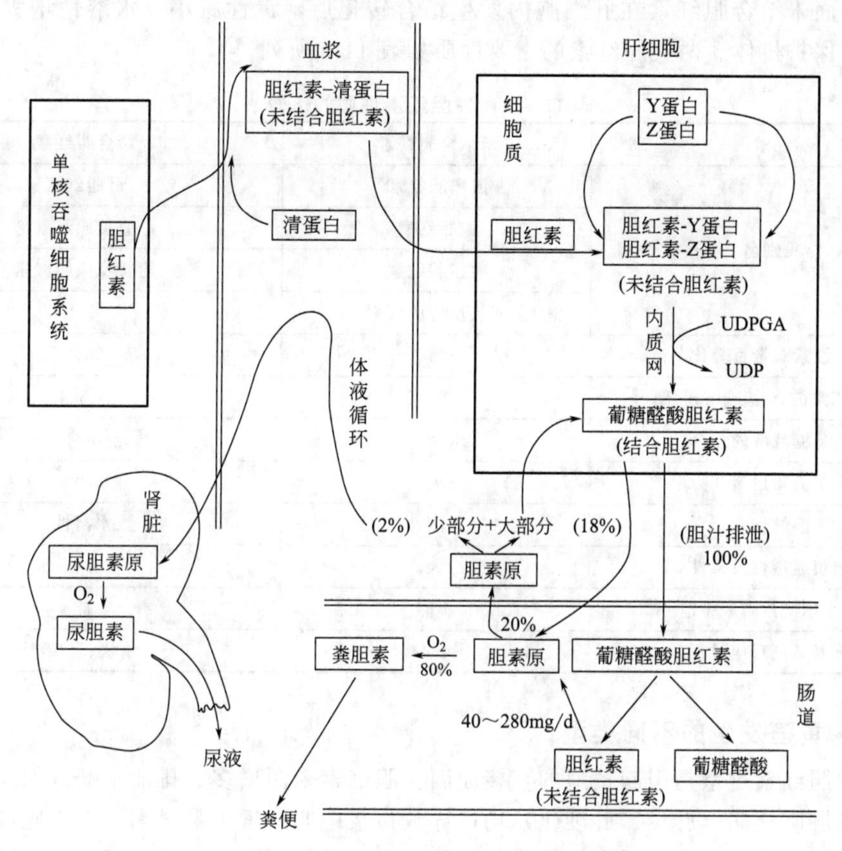

图 11-7 胆红素的代谢与胆素原的肠肝循环

流至血液中，从而使尿胆红素排泄量增加；另外，若机体发生溶血导致胆红素过量释放，此时经肝细胞排入肠道的结合胆红素也增加，受肠道作用的胆素原也增加，最终尿胆素原含量也升高。尿液的 pH 值也会影响尿胆素原含量。尿液呈现酸性时，尿胆素原可形成脂溶性分子被肾小管吸收，使尿胆素原含量下降；反之，碱性尿液会增加尿胆素原的排泄，使得尿液中尿胆素原含量上升。临床上依据尿液中的胆红素、胆素原、胆素（合称为尿三胆）的含量检测结果对不同类型的黄疸进行诊断。

六、血清胆红素与黄疸

（一）正常人血清胆红素的种类与性质

正常人血清胆红素总量为 3.4～17.1μmol/L（2～10mg/L），其中所含胆红素主要有未结合胆红素和结合胆红素两种。前者主要是来源于单核吞噬细胞系统破坏衰老红细胞所游离出来的胆红素，这类胆红素未与葡萄糖醛酸结合，占胆红素总量的 80%左右。未结合的胆红素其分子内部形成氢键，难以与重氮试剂反应，需通过乙醇或尿素破坏分子内氢键，才能与重氮试剂反应，故又被称为间接胆红素。胆红素在肝细胞滑面内质网中与葡萄糖醛酸结合而形成结合胆红素，占胆红素总量的 20%。这类胆红素分子内不含氢键，可与重氮试剂反应呈现紫色，故结合胆红素又被称为直接胆红素。正常情况下人血清结合胆红素含量低于 3.4μmol/L，在直接反应中不显紫红色。需要注意的是，未结合胆红素是脂溶性较强的化合物，容易透过细胞膜对细胞造成毒害，特别是对富含脂质的神经细胞危害更大，使神经系统功能紊乱。而未结合胆红素在肝细胞内发生结合转化后，毒性减小、水溶性增大、代谢加快，有利于保护机体。两类胆红素的主要性质如表 11-5 所列。

表 11-5　两种胆红素性质的比较

胆红素	未结合胆红素	结合胆红素
常见别名	游离胆红素	肝胆红素
	血胆红素	直接胆红素
	间接胆红素	直接反应胆红素
	间接反应胆红素	
占胆红素总量百分比	80%	20%
血清胆红素的含量/(μmol/L)	≤13.7	≤3.4
与葡萄糖醛酸的结合	未结合	结合
与血浆清蛋白亲和力	大	小
溶解性	脂溶性	水溶性
细胞膜通透性及毒性	大	小
经肾小球滤过随尿排泄	不能	能
与重氮试剂反应过程	慢、间接	快、直接

（二）黄疸发生的不同类型

血浆中胆红素过量是引起黄疸的直接原因。胆红素来源增多、排泄不畅（如发生胆道阻塞）或存在肝脏疾病（肝炎、肝硬化）均可导致血浆中胆红素含量过高。由于胆红素本身颜色为金黄色，在血清中含量过高的情况下可经组织扩散，引起组织黄染现象，故被称为黄疸(jaundice)。人体巩膜、皮肤、指甲床下和上颚等部位因富含弹性蛋白，对胆红素亲和力较强，故易被黄染。黏膜中含有能与胆红素结合的血浆清蛋白，因此也易被黄染。黄疸发病的情况取决于血清胆红素的浓度。当血清中胆红素浓度在 17.1～34.2μmol/L 之间时，肉眼不易观察到明显黄染现象，此时机体产生的是隐性黄染（occult jaundice）。当胆红素浓度超过 34.2μmol/L 时，肉眼可清楚看到组织黄染现象，此时被称为显性黄疸（clinical jaundice）。当胆红素浓度达到 7mg/dL 时，黄疸症状即十分明显。

依据黄疸发病病因不同，黄疸可分为溶血性黄疸（hemolytic jaundice）、肝细胞性黄疸（hepatocellular jaundice）和阻塞性黄疸（obstructive jaundice）三种类型。分别对应着胆红素形成过多、肝脏细胞处理胆红素能力下降和胆红素排泄障碍三个方面的病因。

1. 溶血性黄疸

溶血性黄疸又称肝前性黄疸，是由于某些疾病（恶性疟疾、过敏症等）或外源物质（药物和毒物）破坏红细胞结构，导致大量血红蛋白从单核吞噬系统细胞中溶出，进而分解出过多的未结合胆红素，超过了肝脏的转化能力，血清中游离胆红素浓度过高。此时血清中结合胆红素浓度变化却不大，与重氮试剂反应呈现间接阳性，尿胆红素则呈现阴性。由于未结合胆红素增多，肝脏对胆红素的摄取、结合和排泄也随之增多，使粪便颜色加深，尿胆素原含量增加。另外，患者还往往伴有贫血、脾肿大、末梢血液网织红细胞数量增多等特征。

2. 肝细胞性黄疸

肝细胞性黄疸又称肝原性黄疸，由于肝细胞受损变性坏死，肝细胞摄取和结合未结合胆红素的能力降低，从而不能将未结合的胆红素转化为结合胆红素，血清中未结合胆红素含量升高。此外，由于肝脏代谢胆红素的能力降低，毛细胆管受压并与肝血窦相连通，一些结合胆红素不能排入胆汁而发生返流进入血液，最终血液中未结合胆红素和结合胆红素含量均增加，重氮反应出现直接反应和间接反应双阳性。尿胆红素也呈现阳性，尿胆素原含量升高，但如果胆小管堵塞严重，则尿胆素含量反而下降。另外，粪胆素原含量正常或者减少，血清中谷丙转氨酶升高。

3. 阻塞性黄疸

胆石症、胆管炎、胆道闭锁、胆道蛔虫或肿瘤压迫等疾病，使肝细胞受损或坏死，造成胆管阻塞，使胆小管和毛细胆管压力升高直至破裂，结合胆红素又逆流进入血液循环，造成血中结合胆红素含量升高，出现组织黄染。具体可表现为：①血液中未结合胆红素无明显变化，结合胆红素浓度却显著升高；②结合胆红素因水溶性增加，容易通过肾小球过滤，使尿胆红素浓度升高，尿液颜色变深；③胆道堵塞，肝细胞内结合胆红素不能随胆汁排入肠道，肠道菌未能产生足量的胆素原，使粪便中胆素原和胆素含量显著下降，导致粪便颜色变浅，例如，阻塞性黄疸患者粪便呈现灰白色或白陶土色；④血清中结合胆固醇和碱性磷酸酶（ALP）活性明显增高；⑤胆汁中的胆盐进入血液中，刺激感觉神经末梢，导致皮肤瘙痒，刺激迷走神经，出现心跳过缓。不同类型的黄疸特征及其生化机制比较如表 11-6 和表 11-7 所列。

表 11-6　三种类型黄疸血、尿、粪临床检验特征的比较

类型	溶血性黄疸 （肝前性黄疸）	肝细胞性黄疸 （肝原性黄疸）	阻塞性黄疸 （肝后性黄疸）
黄疸发生的机制	细胞损伤过多引起的未结合胆红素生成过多	肝功能下降，肝转化胆红素的能力下降	肝内外胆道阻塞引起胆红素排泄障碍及其返流入血
血总胆红素	增高	增高	增高
血未结合胆红素	明显增高	增高	变化不明显
血结合胆红素	改变不大	增高	显著增高
重氮反应试验	间接反应阳性	直接反应和间接反应双阳性	直接反应阳性
尿胆红素	阴性	阳性	强阳性
尿胆素原	增多	变化不明显	减少或消失
尿胆素	增多	变化不明显	减少或消失
粪胆素原	增多	减少	减少或消失
粪便颜色	加深	变浅或正常	变浅或灰白色（白陶土色）

表 11-7　三种类型黄疸病理生化机制的比较

黄疸类型	表现结果	生化机制
溶血性黄疸	胆红素形成过多	①红细胞破坏过多 ②无效的血红素产生过多
肝细胞性黄疸	肝细胞受损	①肝细胞对血浆中的胆红素摄取障碍 ②结合胆红素结合发生障碍 ③肝细胞分泌胆红素发生障碍
阻塞性黄疸	胆道阻塞	①肝内胆道阻塞 ②肝外胆道阻塞

第五节　常用肝功能检查及临床意义

要点

肝功能试验的分类	肝功能试验包括蛋白质代谢功能、血清与血浆酶活性、胆色素代谢情况、物质生物转化和排泄等试验类型。
肝功能检查的临床意义	①肝功能试验类型包括急性肝细胞损伤、慢性肝细胞损伤、肝纤维化、肝癌等情况下的试验；②肝功能检查可帮助诊断或鉴别肝胆疾病、了解病情和观察疗效。

一、肝功能试验的分类

肝脏是机体物质与能量代谢的中心。肝脏参与体内糖、脂类、蛋白质、维生素和激素等物质的代谢过程，一旦肝脏发生疾病相关病变，通常会导致相关物质代谢紊乱。同时引起血液、尿液、粪便中的某些化学成分发生改变。因此，临床上借助各种肝功能检查项目诊断、鉴别肝胆疾病，了解病情和观察药物治疗疗效等。肝功能试验是依据绝大部分正常人群肝脏的正常功能及其生理生化指标而设置的一系列实验室检查项目。肝功能试验主要是指肝损伤时的肝功能检查指标。肝细胞损伤时肝功能试验类型包括急性肝细胞损伤、慢性肝细胞损伤、肝纤维化、肝癌等情况下的试验。肝细胞损伤时主要检测类别有蛋白质代谢、糖代谢、脂代谢等。

（一）急性肝细胞损伤的检验指标

病毒性肝炎、药物和化学毒物引起的肝中毒、大量摄入乙醇等因素可引起急性肝细胞损伤，此时检验的指标有：血清酶活性的测定、血清铁的测定、F 抗原等。

1. 血清酶活性的测定

血清中丙氨酸转氨酶（ALT）、天冬氨酸转氨酶（AST）、乳酸脱氢酶（LDH）、谷氨酸脱氢酶（GLDH）、腺苷脱氨酶（ADA）、鸟嘌呤酶（GU）等酶的水平可反映肝细胞损伤的程度。其中 AST 的值对反映肝细胞的损伤程度较为敏感。当发生肝损伤时，原本主要分布于肝细胞线粒体中的 AST 被释放进入血液循环中，造成 AST/ALT 比值发生改变。AST/ALT 比值在不同范围时可反映不同类型的肝细胞损伤。

2. 血清铁测定

急性肝细胞损伤时，血清铁含量明显增高。如急性肝炎，一般认为是由肝细胞坏死导致肝细胞膜破裂，大量含铁物质从肝细胞流出，进入血液循环，引起血清铁含量升高。

3. F 抗原

F 抗原又称 F 蛋白，是一种主要存在于肝细胞质中的蛋白质。正常人血清中 F 抗原水平很低（低于 10ng/mL），肝细胞损伤时血清 F 抗原浓度升高，因此，F 抗原是一项较灵敏的细胞损伤检验指标。有报道称 F 抗原在药物引起的肝细胞损伤时反应灵敏，因为药物损伤肝小叶中心的肝细胞，而这一区域 F 抗原浓度较高。肝癌时 F 抗原水平也会升高。

知识链接

非酒精性脂肪肝

非酒精性脂肪肝是指除过量饮酒史之外的其他因素导致的肝弥漫性脂肪浸润，其病变部位在肝小叶，表现为肝实质细胞脂肪变性和脂肪累积的临床病理特征。非酒精性脂肪性肝病（NAFLD）是全世界范围内肝脏异常的常见原因。其中非酒精性脂肪性肝炎（NASH）是NAFLD的亚型，可导致进行性肝病，例如肝硬化和肝癌。在NASH患者中，纤维化是肝病相关死亡率的主要预测因子。因此，对NASH进行早期和准确的诊断非常重要。目前用于诊断NASH的金标准仍是肝活检。可以预见，无需进行活检即可预测疾病的严重程度、预后以及对治疗疗效反映的生物标志物的开发，将是最新的基因组学、转录组学、蛋白质组学和代谢组学研究的重点。与NAFLD相关的上述组学信息的研究将有助于理解NAFLD发病机制。

（二）慢性肝细胞损伤的检验指标

1. 酶活性检测

γ-谷氨酰转肽酶（γ-GT）的活性可反映慢性肝细胞损伤及其病变程度。正常情况下，大部分γ-GT存在于肝细胞微粒体中，当慢性肝病有新的病变活动时，肝细胞微粒体合成γ-GT的数量增加。例如，慢性持续性肝炎（CPH）γ-GT轻度增高；慢性活动性肝炎（CAH）γ-GT明显增高。需要注意的是，当发生肝细胞严重损伤，微粒体破坏时，γ-GT合成减少，故重症肝炎和晚期肝硬化病人体内γ-GT水平反而降低。

2. 血浆蛋白含量检查

血浆清蛋白可反映肝脏合成功能，代表肝的储备功能。此外，抗凝血酶Ⅲ（AT-Ⅲ）也可反映肝脏的储备能力，借以判断慢性肝细胞损伤的病变程度。

（三）肝纤维化的生化诊断

肝纤维化是许多慢性肝病演化过程中的一类病变过程，也是早期肝硬化的常见表型。然而，常规的肝功能试验难以准确诊断肝纤维化或早期肝硬化。因此，临床上常把检查肝纤维化的血清标志物作为重要诊断依据之一。肝纤维化的实质是肝细胞外间质的结缔组织增生，其成分主要是胶原蛋白，还有各种糖蛋白和蛋白多糖等。肝组织中肝实质细胞约占78%，肝窦壁细胞约占6%～7%，由上述细胞合成和分泌的细胞外基质（extracellular matrix）约占肝重的5%。发生肝硬化时，细胞外基质成分较正常肝增加2～20倍。因此，细胞外基质成分中的胶原蛋白、有关的代谢酶、代谢产物等可作为肝纤维化的诊断标志物。

（四）原发性肝癌的生化诊断

原发性肝癌的常见诊断标志物有甲胎蛋白（AFP）、AFP异质体、异常凝血酶原（DCP，也称为γ-脱羧凝血酶原前体）、γ-GT、岩藻糖苷酶（AFU）等。需要注意的是，这些肝癌诊断标志物常常需要进行联合检测，以实现特异性和敏感性互补，提高原发性肝癌诊断的准确性，减少误诊的发生。

知识链接

原发性肝癌

原发性肝癌（primary liver cancer，PLC）是全球第五大最常见的癌症。PLC的主要病理类型包括肝细胞癌（HCC）、肝内胆管癌（ICC）和合并 HCC-胆管癌（cHCC-CC）。其中 HCC 是最常见的肝癌之一。除肝移植外，外科切除术是 HCC 最有效的局部治疗方法。肿瘤生物标志物在肿瘤的早期筛查、诊断、治疗中十分重要。当前针对新的原发性肝癌的生物标志物，包括常规血液生物标志物、组织化学生物标志物和潜在的生物标志物，以及与耐药相关的生物标志物的研究，有望阐明生物标志物与上述三种主要类型 PLC 的关系，这对于 PLC 患者的诊断和预后有重要临床意义。此外，研究一些重要的肝癌生物标志物参与的信号传导途径，也有助于弄清肝癌发病的生物学机制，以及在肝癌的早期为患者提供准确的鉴别、诊断、预后和治疗方案。

虽然肝功能检查很重要，但仍需注意以下问题：①肝脏具有较强的代偿能力，当仅发生小范围病变时，肝脏各项功能检查结果依然可能在正常值范围内；②肝功能检查的异常情况与其病理组织形态改变可能不一致；③部分肝功能检查灵敏性和特异性不高，存在误检的可能；④发生在一些非肝脏部位的病变和疾病也可引起肝功能检查指标异常。因此，临床医师对于肝功能的检查结果需要结合病人的临床表现、遗传因素和生活环境、日常习惯进行综合分析判断，才能减少诊断偏差和片面性。

二、临床上常用的肝功能检查项目及其诊断意义

（一）蛋白质代谢功能试验

这类试验是反映肝损伤时蛋白质代谢障碍的检验，是依据肝脏能合成多种血浆蛋白，且血浆清蛋白含量占血浆总蛋白的一半这一事实设计的。通常检测的项目有清蛋白和总蛋白的含量、清蛋白/球蛋白的比值、血浆蛋白电泳、血氨等。

（二）血清与血浆酶活性检查

这类试验是急性肝细胞损伤的检验指标。肝脏是含酶丰富的器官，当肝脏受损时，原本主要存在于肝细胞内的酶可被释放进入血浆中，导致血液中相关酶的含量异常升高，如 ALT、AST、LDH、MAO 等。有些酶原本主要分布在胆汁中，当发生胆汁淤积时，这些酶可随胆汁反流进入血液循环，例如 ALP、γ-GT 等。有些酶由肝细胞合成，进入血液中发挥生物活性，当患肝病时，血液中的这类酶活性显著下降，如卵磷脂胆固醇脂酰转移酶及凝血酶系中的一些凝血因子等。

（三）胆色素代谢情况检查

胆色素代谢情况检查包括血清胆红素定量和定性反应、尿三胆检查等。此类试验可用于鉴别黄疸性质。通过观察血清和尿中胆色素的变化，可以判断肝对胆红素的摄取、结合、排泄等功能。

（四）物质生物转化和排泄检查

正常情况下，外源性药物和毒物进入体内一段时间后，可经肝脏转化解毒后排出体外。当肝功能异常时，肝脏代谢药物和毒物的能力降低，部分药物和毒物积累在体内导致机体中毒。例如，肝脏对物质的摄取、转化、排泄功能中的任何一个环节发生障碍，都会导致四溴酚酞磺酸钠（BSP）在血液中积累。故临床上常用 BSP 代谢试验来评价肝脏的排泄功能，即在注射 BSP 一段时间后，测定血浆中 BSP 的浓度。需要注意的是，水杨酸和咖啡因等物质也能促进肝脏摄取 BSP，最终加快清除 BSP，因此应用该项检查时需要注意排除上述物质的

干扰。

（五）其他肝功能检查项目

迄今为止，临床上与肝功能检查相关的方法和项目已达数百种。考虑检查方法的特异性、灵敏性、可操作性、时间和经济成本等因素，目前常用的方法只有数十种，包括乙肝两对半抗原检查和甲胎蛋白、血糖、尿糖、血脂和血浆脂蛋白等成分的检查。在实际临床运用时，没有一种检测方法可以全面反映肝功能整体情况，往往需要联合多种检查方法以正确评价患者肝功能全貌，同时需要结合患者症状、体征、病程长短、疾病的转归等情况选择合适的指标检测，确保诊断的合理性和准确度。常用的检测指标及临床意义见表 11-8。

表 11-8 肝损伤时血液生化检测指标及其临床诊断意义

检测指标(缩写)	正常参考值	指标异常时的临床诊断意义
总蛋白(TP)	60～80g/L	慢性肝炎和肝硬化,可见减少
清蛋白(ALB)	35～55g/L	慢性肝炎和肝硬化
球蛋白(GLO)	20～29g/L	慢性肝炎和肝硬化
清蛋白/球蛋白(A/G)	1.5～2.5	慢性肝炎和肝硬化
谷丙转氨酶(ALT)	0～40U/L	急性病毒性肝炎、慢性肝炎和肝硬化活动期
谷草转氨酶(AST)	0～40U/L	急性病毒性肝炎、慢性肝炎和肝硬化活动期
乳酸脱氢酶(LDH)	155～300U/L	心肌梗死、肝疾病
单胺氧化酶(MAO)	0.2～0.9U/L	肝类疾病
碱性磷酸酶(ALP)	20～110U/L	骨及肝疾病
γ-谷氨酰转肽酶(GGP)	8～50U/L	急性肝炎、肝硬化、慢性肝炎活动期、肝癌
总胆红素(TBIL)	0.7～21.7μmol/L	肝胆类疾病
直接胆红素(DBIL)	0～7.84μmol/L	肝胆类疾病

本章小结

肝脏是物质代谢极其活跃的场所，具有多种重要功能。肝脏在糖代谢活动中通过糖原合成、分解与糖异生等作用来维持血糖浓度的稳定，并在脂类的消化、吸收、分解、合成、运输等代谢环节中发挥重要作用。肝脏合成的三酰甘油、胆固醇及其脂与磷脂通常以极低密度脂蛋白（VLDL）和高密度脂蛋白（HDL）的形式分泌进入血液。肝脏合成了几乎所有的血浆蛋白。体内大部分氨基酸主要由肝脏来分解。肝细胞可将体内的氨转化为尿素，以解除体内的氨毒。肝脏还承担着维生素的储存、吸收、运输、转化和利用等功能。此外，机体多种激素主要在肝脏中灭活。

肝脏对进入人体的许多非营养物质进行各种生物转化作用，使其水溶性增强，易随胆汁和尿排出体外。肝的生物转化反应包括第一相和第二相反应，前者包括氧化、还原和水解反应，后者包括结合反应。生物转化反应具有连续性、多样性、解毒与致毒双重性等特点。此外，肝的生物转化作用受年龄、性别、疾病、遗传因素、诱导物、食物等因素的影响。

胆汁酸是胆固醇在体内的主要代谢产物，其主要功能是促进脂类消化、吸收和排泄胆固醇。胆固醇 7α-羟化酶是胆汁酸合成的关键酶，同时受到胆汁酸的反馈抑制调节。胆汁酸按结构可分为游离型胆汁酸和结合型胆汁酸，按其生成部位及来源又可分为初级胆汁酸和次级胆汁酸。初级胆汁酸在肝脏中合成，包括胆酸和鹅脱氧胆酸及二者与甘氨酸和牛磺酸的结合产物。初级胆汁酸经胆汁分泌进入肠道，经肠道菌作用，发生去结合反应和脱 7α-羟基作用转变为次级胆汁酸，包括脱氧胆酸和石胆酸。进入肠道内的胆汁酸绝大部分可被肠道重吸收回到肝脏中，再随胆汁排入肠道，称为胆汁酸的肠肝循环。该循环过程使得有限的胆汁酸得到重复利用，以满足脂质消化吸收所需。

胆色素是铁卟啉化合物在体内的代谢产物，主要是胆红素，还包括胆绿素、胆素原和胆素等。胆色素来源于体内衰老红细胞被单核吞噬细胞系统破坏而释放出的血红素。胆红素在肝细胞微粒体中的血红素加氧酶催化下生成胆绿素，再还原为游离胆红素。游离胆红素是亲脂疏水的，在血液中与清蛋白结合后被转运至肝，与葡萄糖醛酸结合成水溶性强的胆红素葡萄糖醛酸酯，称为结合胆红素。后者经胆道排入肠腔，在肠道菌的作用下，脱去葡萄糖醛酸后被还原为胆素原，其中大部分胆素原随粪便排出体外，小部分胆素原可被肠黏膜细胞重吸收，经门静脉流回肝脏。重吸收的胆素原大部分进入体循环以原型再次排入肠道，构成胆素原的肠肝循环，其余少部分胆素原进入体循环经肾小球滤出随尿液排出，称为尿胆素原。粪胆素原和尿胆素原可被氧化为粪胆素和尿胆素。尿胆红素、尿胆素原和尿胆素合称尿三胆。胆色素代谢异常可产生黄疸。黄疸主要分为溶血性黄疸、肝细胞性黄疸、阻塞性黄疸，临床上可结合患者病史及其血、尿、粪便中的胆红素及其代谢产物的检查结果诊断、鉴别黄疸及其类型。

思考题

1. 怎样理解肝脏是机体物质代谢的“中枢”？
2. 肝脏的生物转化反应有哪些类型？其转化反应有何特点？
3. 肝脏如何发挥解毒作用？
4. 试举例说明生物转化反应涉及的代谢通路和产物的多样性特点。
5. 胆汁酸有何生理功能？其肠肝循环有何意义？
6. 简述胆汁酸的分类及其依据。
7. 游离胆红素向结合胆红素转化的生理意义是什么？
8. 不同类型的黄疸分别对应哪些胆红素代谢异常特征？
9. 肝功能的检测指标有何临床指导意义？
10. 为减少诊断偏差，临床上肝功能检查需要注意哪些问题？

参考文献

[1] 钱民章，陈建业．生物化学．2版．北京：科学出版社，2016.
[2] 王玮．简明生物化学．北京：科学出版社，2011.
[3] 张丽萍，杨建雄．生物化学简明教程．5版．北京：高等教育出版社，2015.
[4] 简清梅，王明跃．生物化学．北京：化学工业出版社，2013.
[5] 王冬梅，吕淑霞．生物化学．2版．北京：科学出版社，2018.
[6] 郭蔼光，范三红．基础生物化学．3版．北京：高等教育出版社，2018.
[7] 杨荣武．生物化学．北京：科学出版社，2013.
[8] 唐炳华．简明生物化学．10版．北京：中国中医药出版社，2019.
[9] 曹雪涛．医学免疫学．7版．北京：人民卫生出版社，2019.
[10] 杨革．微生物学．北京：化学工业出版社，2020.
[11] 朱圣庚，徐长法．生物化学．4版．北京：高等教育出版社，2017.
[12] 刘志国．生物化学．北京：化学工业出版社，2020.
[13] 赵冬艳．生物化学．北京：化学工业出版社，2020.
[14] 张一鸣．生物化学与分子生物学．2版．南京：东南大学出版社，2018.
[15] 袁婺洲．基因工程．2版．北京：化学工业出版社，2019.
[16] 刘世利．CRISPR基因编辑技术．北京：化学工业出版社，2021.
[17] 刘国琴，杨海莲．生物化学．3版．北京：中国农业大学出版社，2019.
[18] 胡耀辉．食品生物化学．2版．北京：化学工业出版社，2017.
[19] 何旭辉，陈志超．生物化学．2版．北京：人民卫生出版社，2019.
[20] 晁相蓉，余少培，赵佳．生物化学．北京：中国科学技术出版社，2017.
[21] 田华．生物化学．3版．北京：科学出版社，2012.
[22] 常桂英，邢力，刘飞．生物化学．2版．北京：化学工业出版社，2018.
[23] 徐跃飞．生物化学．4版．北京：人民卫生出版社，2018.
[24] 李玉珍，赵丽，孙百虎．生物化学．北京：化学工业出版社，2017.
[25] 李宪臻．生物化学．武汉：华中科技大学出版社，2008.
[26] 王永敏，姜华．生物化学．北京：中国轻工业出版社，2017.
[27] 周爱儒．生物化学．7版．北京：人民卫生出版社，2008.
[28] 查锡良，药立波．生物化学与分子生物学．8版．北京：人民卫生出版社，2013.
[29] 冯作化，药立波．生物化学与分子生物学．3版．北京：人民卫生出版社，2015.
[30] 李刚，马文丽．生物化学．4版．北京：北京大学医学出版社，2014.
[31] 施红．生物化学．2版．北京：中国中医药出版社，2017.
[32] 葛均波，徐永健，王辰．内科学．9版．北京：人民卫生出版社，2018.
[33] 朱玉贤，李毅，郑晓峰，等．现代分子生物学．5版．北京：高等教育出版社，2019.
[34] 王继峰．生物化学．2版．北京：中国中医药出版社，2007.
[35] 万福生，揭克敏．医学生物化学．北京：科学出版社，2010.
[36] Roy Baker R，Murray Robert K. 生物化学．张晓伟，译．北京：人民卫生出版社，2017.
[37] 周春燕，药立波．生物化学与分子生物学．9版．北京：人民卫生出版社，2018.
[38] 倪菊华，郑戈萍，刘观昌．医学生物化学．4版．北京：北京大学医学出版社，2015.
[39] 李凌，费小雯．生物化学学习指导．郑州：郑州大学出版社，2020.
[40] John W Baynes，Marek H Dominiczak. 医学生物化学．5版．北京：北京大学医学出版社，2021.
[41] Hames D，Hooper N. 生物化学．王学敏，焦炳华，译．3版．北京：科学出版社，2010.
[42] 陈彻，席亚明．生物化学（英文版）．北京：高等教育出版社，2012

[43] 杨荣武．生物化学原理．2 版．北京：高等教育出版社，2012.
[44] 于自然，黄熙泰．现代生物化学．北京：化学工业出版社，2004.
[45] 黄治森，张光毅．生物化学与分子生物学．北京：科学出版社，2004.
[46] Moran L A，HortonR A，Serimgeour G，et al. Principles of Biochemistry. 5th ed. New York：Pearson Education inc，2011.
[47] Garrett R H，Grishaam C M. Biochemistry. 4th ed. New York：Brooks Cole，2010.
[48] Campbell M K，Farre S O. Biochemistry. 7th ed. New York：Brooks Cole，2011.
[49] Weaver R F. Molecular Biology. 5th ed. New York：McGraw-Hill Companies，2011.
[50] Nelson D L，Cox M M. Lehninger Principles of Biochemistry，4th ed. New York：W H Freeman and Company，2004.
[51] Voet D J，Voet J G. Biochemjstry. 3rd ed. New York：John Wiley & Sons Inc，2004.
[52] Garrett R H，Grisham C M. Biochemistry. 3 版．北京：高等教育出版社，2005.
[53] Berg J M，Tymoczko J L，Stryer L. Biochemistry. 5th ed. New York：W H Freeman and Company，2002.
[54] Lodish H，Berke A，Matsudaira P，et al. Molecular Cell Biology. 5th ed. New York：W H Freeman and Company，2004.
[55] Stryer L. Biochemistry. 6th ed. New York：W H Freeman and Company，2006.